普通高等教育“十三五”规划教材
电子信息科学与工程类专业规划教材

单片微型计算机原理及应用

（第2版）

徐春辉　陈忠斌　章海亮　主　编
张永贤　吴　翔　李　宋　高彦丽　聂　森　副主编

電子工業出版社
Publishing House of Electronics Industry
北京・BEIJING

内 容 简 介

本书从微型计算机的基本结构和工作原理入手，以AT89S51单片机为例介绍单片微型计算机的结构、工作原理及应用。注重基础性和实用性相结合，从二进制数和基本逻辑电路为起点阐述微型计算机的基本工作原理，并通过丰富的实例清楚、透彻地介绍基本概念、基本理论、基本方法。引入并尽早介绍Keil μVision和Proteus，配备丰富的课堂演示实例，将实验室搬入课堂，使读者能够在学习之初就获得单片机应用系统设计调试的初步能力，并在后续的学习中不断强化和提高。本书采用汇编和C51双语言方案。本书提供配套电子课件、习题解答、教学指南和程序代码。

本书可作为高等学校本科非计算机专业相关课程的教材，也可供相关领域工程技术人员学习参考。

图书在版编目（CIP）数据

单片微型计算机原理及应用/徐春辉，陈忠斌，章海亮主编. —2版. —北京：电子工业出版社，2017.8
ISBN 978-7-121-32236-5

Ⅰ.①单…　Ⅱ.①徐…　②陈…　③章…　Ⅲ.①单片微型计算机－高等学校－教材　Ⅳ.①TP368.1

中国版本图书馆CIP数据核字（2017）第169360号

策划编辑：王羽佳
责任编辑：王羽佳　　特约编辑：曹剑锋
印　　刷：北京盛通数码印刷有限公司
装　　订：北京盛通数码印刷有限公司
出版发行：电子工业出版社
　　　　　北京市海淀区万寿路173信箱　邮编　100036
开　　本：787×1 092　1/16　印张：22.75　字数：664千字
版　　次：2013年8月第1版
　　　　　2017年8月第2版
印　　次：2024年7月第14次印刷
定　　价：49.90元

凡所购买电子工业出版社图书有缺损问题，请向购买书店调换。若书店售缺，请与本社发行部联系，联系及邮购电话：（010）88254888，88258888。

质量投诉请发邮件至zlts@phei.com.cn，盗版侵权举报请发邮件至dbqq@phei.com.cn。

本书咨询联系方式：（010）88254535　wyj@phei.com.cn。

前 言

“单片机原理及应用”是电气与电子信息类、机械类等众多工科专业的必修课。在以往的教学安排中，很多学校都是将“微机原理”作为基础必修课，将“单片机原理及应用”作为专业课来开设的，这样，微型计算机的基础理论和实用技术都得以完整体现。随着高等学校教学改革的深入和本科生教学总学时的减少，许多高校的非计算机专业已经将这两门课程压缩成为一门课程，并且从偏向于实用性的角度出发，这门课程一般也命名为“单片微机原理及应用”或相关名称。虽然课程名称未变，但教学内容和教学目标都发生了很大变化。为了便于在较少的学时内使读者既能掌握单片机技术以直接解决工程实际问题，又能较系统地获取微机原理的基础知识与基础理论，为今后进一步拓展微机应用的深度和广度打下基础，这就要求对教学内容和教材做出改革。本教材正是基于这样一种思路编写的。在具体内容的组织安排上，重点考虑了如下几个问题。

（1）在内容安排上，本书以数字电子技术为起点，以单片微型计算机技术的学习为主线，围绕这条主线补充微机原理的基础理论，从而将“微机原理”和“单片机原理及应用”这两门课程的内容有机地结合在一起，达到了理论性与实用性兼具的要求。这样安排既有利于读者掌握单片机技术，又有利于读者系统地掌握微型计算机的基础知识和基本理论。

（2）技术的发展使得单片机的开发工具不断推陈出新，如 Keil μVision、Proteus 这些单片机软硬件的调试及仿真软件目前已得到广泛应用。这些软件既是单片机开发者的强大工具，也是单片机技术学习者得力的学习助手。因此，本书着力引入了这些新的技术与工具。本书尽量靠前安排这些工具软件的教学内容，以便读者能尽早将这些工具软件用于本课程的学习。除此之外，在所有涉及硬件的例题中给出 Proteus 的仿真方案，供教师用于演示，从而起到将实验室搬入课堂的效果，同时也能达到活跃课堂气氛、提高学生学习兴趣的目的。

（3）考虑到汇编语言在单片微机原理学习上的重要性，本书依然把它作为基本的编程语言，并在教学内容体系上保持独立完整，不受 C51 语言程序设计部分的影响。同时，考虑到 C51 语言在单片机开发工程中的广泛使用，本书也引入了 C51 程序设计的知识，并在编程例题中同时提供汇编语言和 C51 语言的程序清单，以便对照学习。这部分内容作为基础教学内容的拓展部分加以星号标识，供教师根据学时数的情况选讲或交由学生自学。

（4）单片机作为嵌入式微控制器，在工业测控系统、智能仪器和家用电器中得到了广泛应用。市场上单片机的品种繁多，但 51 系列单片机仍不失为单片机中的主流机型。其内部结构相对简单，是初学者学习单片机技术的最好对象，掌握了 51 系列单片机再延伸到其他单片机就比较容易了。而且 51 系列单片机有丰富的教学参考资料和价廉质优、易于获取的开发工具相配合，开发工具所提供的优秀的软/硬件仿真功能，为初学者学习单片机工作原理及提高程序设计和调试能力带来极大的便利。因此，本书以 51 系列单片机为核心，以系列中最具典型性、代表性的 AT89S51 为具体分析产品，系统地介绍单片微型计算机原理及应用。

（5）由于课时和篇幅所限，本书不可能做到面面俱到，因此，在内容的安排上侧重于把基本原理和基本方法讲清、讲透。同时，为了拓宽读者的视野，本书对单片机应用的新技术和新器件也做了介绍，这部分知识作为拓展部分加星号标识，供教师选用。

（6）为了达到强化基础、突出应用和便于自学的目的，本书力求文字精练、通俗易懂、深入浅出。书中提供了大量例题和应用实例，并对其进行了详尽的说明和论述，在每章最后设计了针对性较强的习题与思考题，以帮助学生更好地巩固、理解课堂所学的内容。

（7）单片机原理及应用是一门实践性很强的课程，实验在课程的教学中起着非常重要的作用。但是，不同专业的侧重点不一样，不同学校的实验条件也可能不一样，因此，很难设置一套完美的实验方案普适所有的用户。本书作者准备另外编写单独的实验与课程设计指导书，供用户自由选用。

（8）为服务于使用本书作为教材的教师，本书配套完整的教学支持资源，包括多媒体电子课件、调试通过的例题源程序文件、供教师课堂演示用的Proteus仿真的项目文件、习题与思考题的参考答案。教师可通过华信教育资源网（http://www.hxedu.com.cn）免费注册下载。

本书深入浅出，层次分明，实例丰富，内容实用，可操作性强，特别适合作为普通高等学校非计算机类专业相关课程的教材，亦可作为高职高专或培训班的教材。

全书共分为16章。第1章主要以一个简单易懂的应用实例展示单片机应用系统设计所要面对的基本问题，从而为读者的学习指明方向；第2章介绍微型计算机的基础知识和基本原理，为单片机技术的学习打下基础；第3～10章详细介绍51系列单片机（AT89S51）的硬件结构、指令系统、程序设计方法、软/硬件模拟调试方法及片内各功能部件的原理与使用；第11～15章介绍单片机系统扩展技术和各种常用硬件接口及软件设计；第16章结合实例介绍单片机应用系统的设计与调试。全书的参考学时数为48～72学时。教师可根据实际情况，对各章节所讲授的内容进行取舍。

本书由华东交通大学徐春辉、陈忠斌、章海亮担任主编，张永贤、吴翔、李宋、高彦丽、聂森担任副主编，全书由徐春辉统稿和整理。

本书在编写过程中得到了国家级科学技术奖评审专家、“新世纪百千万人才工程”国家级人选、华东交通大学杨辉教授的大力支持，在此表示衷心感谢。

由于计算机技术的发展日新月异，作者水平有限，书中疏漏和不足之处敬请读者批评指正。

编　者

2017年8月

目　录

第1章 绪 论

内容提要

本章介绍计算机的基本结构、发展概况、分类及嵌入式计算机系统的开发和应用特点。

教学目标

- 了解单片机的应用领域，知道单片机能干什么，以便提高学习的兴趣。
- 了解单片微型计算机系统应用开发的特点，增加今后学习的针对性。

1.1 计算机的诞生、发展及基本结构

世界上第一台数字电子计算机 ENIAC 是 1946 年 2 月 15 日在美国宾夕法尼亚大学诞生的，虽然这台计算机体积庞大，占地面积 170 平方米，重达 30 吨，与现代计算机相比，性能还非常低，每秒只能执行 5000 次加法运算，但它的问世却标志着计算机时代的到来，对人类的生产和生活方式产生了巨大的影响。

随着电子技术的迅猛发展，电子计算机也不断更新换代，迄今为止，已经历了电子管计算机、晶体管计算机、集成电路计算机、超大规模集成电路计算机和目前正在盛行的高性能智能计算机这样五代，目前计算机正在向超高性能和超小体积两个方向发展。

尽管工艺和技术都发生了天翻地覆的变化，但是自从 1945 年由冯·诺依曼（John Von Neumann）提出“存储程序”工作原理以来，迄今为止，不论是巨型机、大型机、中型机、小型机还是微型机都遵循这个原理，存储程序计算机的工作原理可以归纳为 3 点：①计算机是通过执行程序来完成指定的任务的；②程序在执行之前存放在计算机的存储部件中；③程序不需要人工干预而自动执行。依据这个原理构建的计算机的基本组成如图 1-1 所示。由图可知，由输入设备、输出设备、运算器、控制器和存储器等五大部件组成计算机的硬件系统。

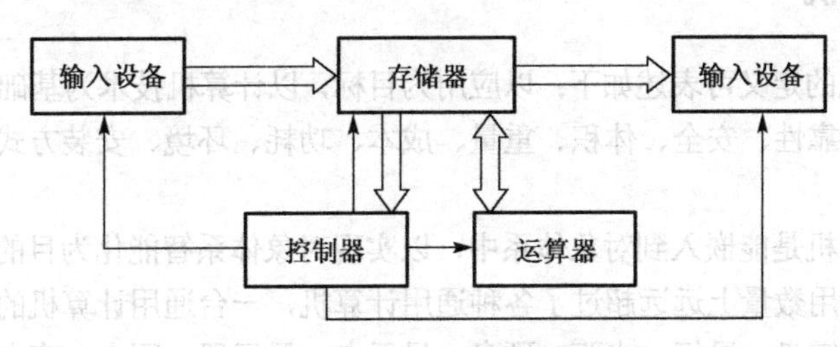

图 1-1 计算机的基本组成结构

输入设备的作用是把程序和原始数据转换成计算机能够直接识别与接收的代码，并存入计算机。例如，键盘就是一种输入设备。

存储器用来存放计算机中的所有信息，包括程序、原始数据、运算的中间结果及最终结果等。由于计算机只能直接识别和接收二进制代码，故无论是指令还是数据都是以二进制代码存放在计

算机中的。

运算器用来完成算术运算和逻辑运算。

控制器是解释输入计算机中的命令并发出相应控制信号的机构，它是全机的指挥中枢。在控制器的控制下执行命令及原始数据的输入、机器内部的信息处理、处理的结果输出、外部设备与主机的信息交换，以及对异常情况和特殊请求的处理等操作。

输出设备的作用是把计算机处理的中间结果和最终结果，以人们可以识别的字符、汉字、图形及图像等形式记录下来或显示出来，供用户分析、判断和永久保存。

图 1-1 只是一个非常概念化的框图，具体到某些不同种类的计算机，图中方框内的具体组成可能会大相径庭，如早期的计算机其控制器体积可能会大到需要一个或多个机柜来安放，而在微型计算机系统中，通常把运算器和控制器集成在一个芯片上，合称为中央处理器，简称 CPU（Central Processing Unit）。

1.2 计算机类型划分

计算机的类型根据视角的不同有多种划分方法。例如，根据计算机体系结构、运算速度、结构规模、适用领域、价格等指标，可以将计算机分为微型机、小型机、中型机、大型机和巨型机。随着计算机技术的飞速发展，计算机技术和产品对其他行业的广泛渗透，目前较为流行的分类方法是以应用为中心，按照计算机的用途进行分类。按照用途，计算机可分为通用计算机和嵌入式计算机（专用计算机）两大类。

1.2.1 通用计算机

通用计算机的硬件系统及系统软件均由有关的计算机公司设计制造，其用途不是针对某一个或某一类用户的，而是可以满足许多用户。例如，目前国内外广泛使用的台式 PC 或笔记本电脑，用户可直接在市场上购买，在厂家提供的软件支持下工作。就算是使用要求较高的用户，可能也只需要配上少量的软件或硬件，即可满足目标任务的需求。

对于各种服务器或高性能计算机，它们具有更高的性能，可以适用于许多领域或部门的需求。它们也可以视为通用计算机。

1.2.2 嵌入式计算机

嵌入式计算机系统的定义可表述如下：以应用为目标，以计算机技术为基础，软/硬件可裁剪，适应对功能、实时性、可靠性、安全、体积、重量、成本、功耗、环境、安装方式等方面有严格要求的专用计算机系统。

可见，嵌入式计算机是能嵌入到对象体系中，以实现对象体系智能化为目的的一类专用计算机系统。嵌入式计算机在应用数量上远远超过了各种通用计算机，一台通用计算机的外部设备中就包含了多个嵌入式微处理器，键盘、鼠标、光驱、硬盘、显示卡、显示器、网卡、声卡、打印机、扫描仪、数码相机、手机等均是由嵌入式处理器控制的。在制造工业、过程控制、通信、仪器、仪表、汽车、船舶、航空、航天、军事装备、家用电器等方面无不是嵌入式计算机的应用领域。图 1-2 所示是在一辆家用小汽车中嵌入式计算机的使用情况。

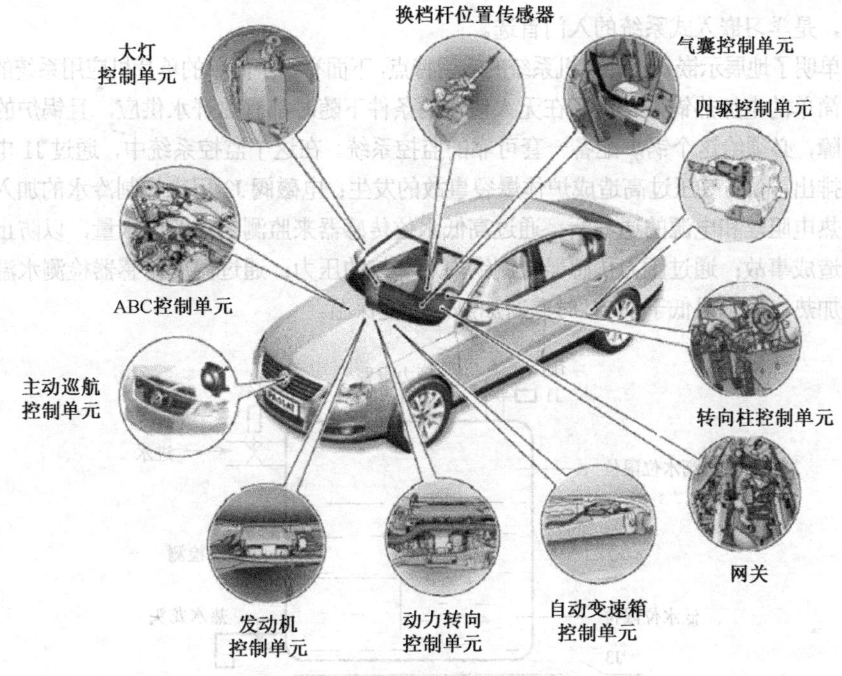

图 1-2 汽车电控系统中的单片机应用

1.3 嵌入式计算机的类别及应用特点

1.3.1 嵌入式计算机的类别

按处理器体系结构的不同，可以将嵌入式计算机系统分成 4 类，分别是：嵌入式微处理器（Micro Processor Unit，MPU）、嵌入式微控制器（Micro Controller Unit，MCU）、嵌入式 DSP 处理器（Digital Signal Processor，DSP）和嵌入式片上系统（System on Chip，SoC）。

1.3.2 嵌入式计算机系统的应用特点

在通用计算机系统中，由于具有良好的人机界面，用户不需要对计算机本身有过多的了解，只需要掌握系统和工具软件的使用，就可以解决许多问题。为人们广为使用的 PC 加上 Windows 操作系统就是这类计算机系统的一个典型。

在嵌入式计算机系统的应用中，为了在特定的应用场合下实现特定的功能，必须对计算机系统进行二次开发，即利用设备供应商所提供的部件，进行硬件系统和软件系统集成来构成嵌入式计算机。对某些特殊要求的计算机，如要求体积特别小、工作温度特别高、振动特别剧烈等无法进行系统集成时，则需要由设计者从元器件开始设计嵌入式系统或者采用片上系统（SoC）进行嵌入式系统的设计。这就要求系统开发者熟练地掌握计算机的软/硬件系统。

1.4 单片微型计算机应用系统举例

嵌入式计算机系统的应用实例有很多，例如，在手机、空调、洗衣机等和人们的生活密切相关的设备中都不乏其身影，而单片机应用系统是中低档嵌入式系统的主流，具有简单易学、易开发、应用较广的特点，是学习嵌入式系统的入门首选。

为了简单明了地展示嵌入式计算机系统的应用特点，下面举一个简单的单片机应用系统的例子。图1-3所示为一个简单的电加热锅炉。为了在无人值守的条件下随时都有热开水供应，且锅炉的安全生产还必须得到保障，必须给这个锅炉配备一套可靠的监控系统。在这个监控系统中，通过J1电磁阀来控制高压蒸汽的排出，以防气压过高造成炉体爆裂事故的发生；电磁阀J2用来控制冷水的加入；继电器J3用来控制加热电阻丝和电源的通与断；通过高低水位传感器来监测锅内的储水量，以防止过多进水或缺水干烧而造成事故；通过压力传感器检测锅内水蒸气的压力；通过温度传感器检测水温，以保证水烧开后停止加热，当水温低于95℃时重新加热，以便保温。

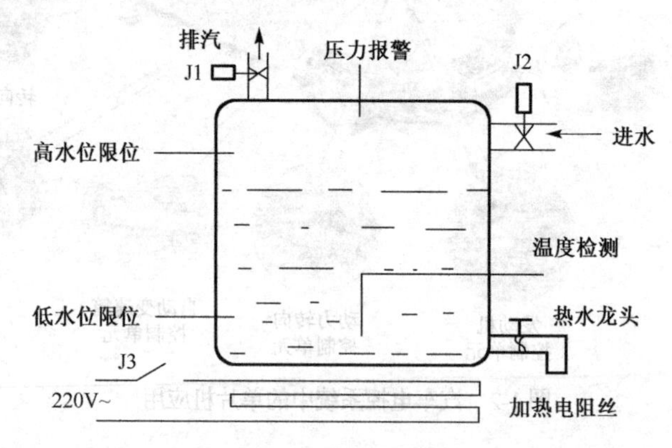

图1-3　电加热锅炉

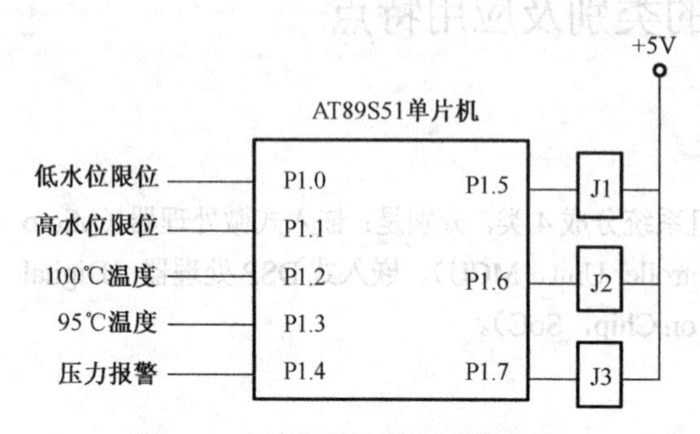

图1-4　电加热锅炉单片机控制系统

为了能自动获取锅炉的状态，并产生适当的操作，使锅炉能按所设计的要求工作，设计了以AT89S51单片机为核心的电加热锅炉单片机控制系统，如图1-4所示。在这里，为了简化系统，假设各传感器都能将有效的动作信号转换为TTL高电平信号输出，单片机通过有关端口的引脚获取这些电平信号。同样为了简化起见，对炉温的控制也是采用开关控制而非连续控制，更没有使用控制算法。

在电加热锅炉单片机控制系统中，通过接口的引脚，将有关检测信号输入单片机，根据输入信号判断锅炉的状态，进而通过引脚输出控制信号控制相关继电器动作，从而实现对锅炉的控制，使其按照要求安全工作。

为使系统实现预期的功能，单片机必须运行相应的程序，程序流程图如图1-5所示。具体程序清单暂且略去。

将硬件系统设计、制作、连接调试完毕，并将所编制的程序经过图1-6所示的单片机开发装置调试成功后，将程序代码写入单片机的程序存储器。至此，整个系统的软硬件系统开发完毕，系统上电后，整个电加热锅炉就可以按照所要求的功能开始工作了。

通过这个简单的例子可以认识到，要设计一个嵌入式计算机应用系统，除了要掌握程序设计方面的软件知识外，还必须掌握计算机本身的结构、工作原理及与外部连接方面的硬件知识，这也是学习本门课程的目标之一。

为了解计算机的工作原理，进而掌握其应用系统的设计和开发，下面将从最基础的数制出发，一步一步地将计算机的基本工作原理展示出来。

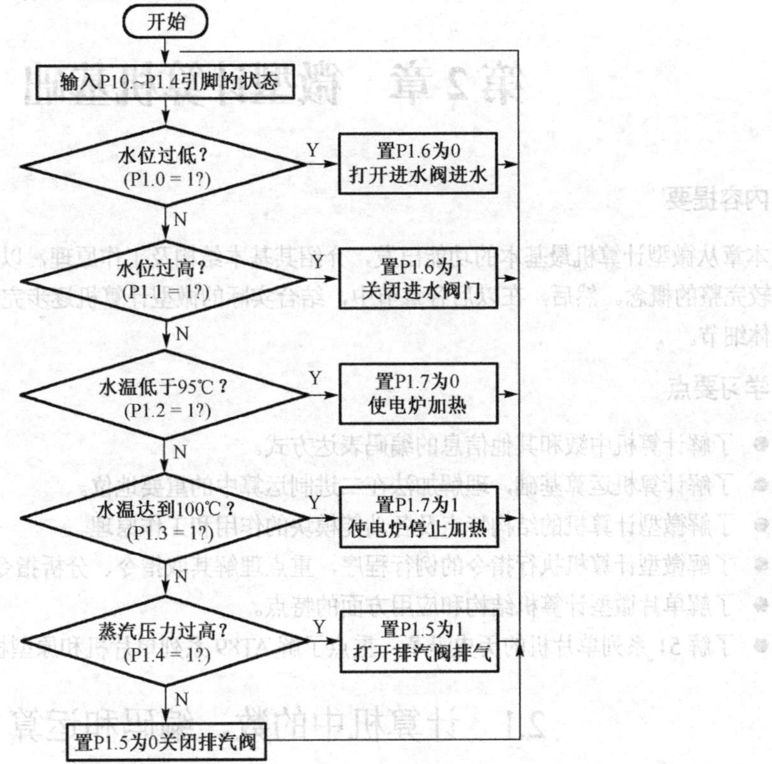

图 1-5 电加热锅炉单片机控制程序流程图

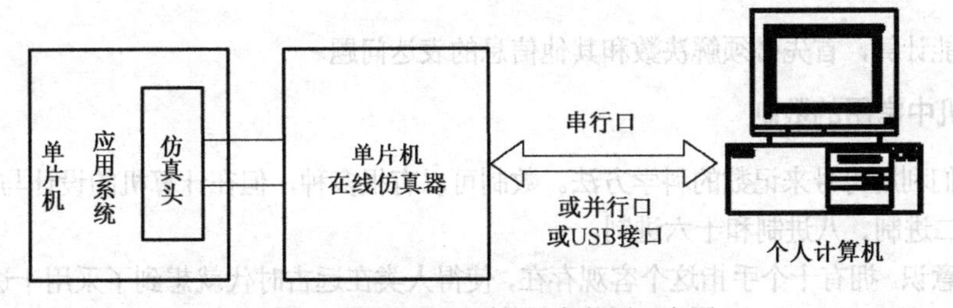

图 1-6 单片机应用系统开发装置示意图

习题与思考题 1

1.1 简述计算机的基本组成结构。

1.2 简述单片微型计算机系统应用和开发的特点。

第2章 微型计算机基础

内容提要

本章从微型计算机最基本的功能出发，介绍其基本结构及工作原理，以便在有限的学时内给读者一个较完整的概念。然后，在以后各章节中，结合实际的微型计算机逐步完善微型计算机原理及应用的具体细节。

学习要点

- 了解计算机中数和其他信息的编码表达方式。
- 了解计算机运算基础，理解加法在二进制运算中的重要地位。
- 了解微型计算机的结构特点及各功能模块的作用和工作原理。
- 了解微型计算机执行指令的例行程序，重点理解其取指令、分析指令和执行指令的过程。
- 了解单片微型计算机结构和应用方面的特点。
- 了解51系列单片机的历史沿革，重点了解AT89系列单片机和原型机的关系。

2.1 计算机中的数、编码和运算

2.1.1 计算机中常用的数制及相互转换

计算机要能计算，首先必须解决数和其他信息的表达问题。

1. 计算机中常用的数制

数制是人们利用符号来记数的科学方法。数制可以有很多种，但在计算机的设计与使用上，常用的有十进制、二进制、八进制和十六进制。

存在决定意识。拥有十个手指这个客观存在，使得人类在远古时代就想到了采用十进制数来记数。计算机要能计算，首先必须解决记数问题。如果用物理器件的一个状态来表示和存储一个数的话，显然基数越多系统越复杂，而基数最少的二进制只有“0”和“1”两个基数，因而可以方便地用二值电路来表达。用电路来组成计算机，有运算迅速、电路简便、成本低廉等优点，这也正是在计算机中为什么要使用二进制的根本原因。

虽然二进制数便于机器表达，但其过于冗长的缺点却给人们的书写、阅读及记忆带来了不便，于是十六进制数便应运而生。八进制数的引入也是基于这个原因。

2. 不同数制间的转换

由于人们习惯用十进制记数，在研究问题或讨论解题的过程时，总是用十进制数来考虑和书写。考虑成熟后，要把问题变成计算机能够“看得懂”的形式时，就得把问题中的所有十进制数转换成二进制代码。这就需要用到“十进制数转换成二进制数的方法”。在计算机运算完毕得到二进制数的结果时，又需要用到“二进制数转换为十进制数的方法”，才能把运算结果用十进制形式显示出来。3种常用数制间的转换方法可总结为如图2-1所示。

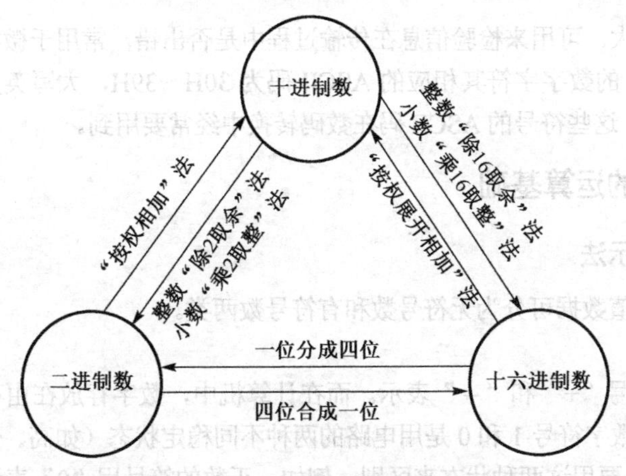

图 2-1　3 种常用数制间的转换方法

2.1.2　微型计算机中常用的编码

由于微型机不但要处理数值计算问题，还要处理大量非数值计算问题，因此，不论是十进制数还是英文字母、汉字及某些专用符号等，都必须变换成二进制代码。这样，它们才能被计算机识别、接收、存储、传送和处理。

微型计算机中常用的编码有十进制数的编码和非数值数据的编码两大类。常用的十进制数的编码有 BCD 码、余 3 码和格雷码；常用的非数值数据的编码有 ASCII 码和汉字编码。下面重点介绍 BCD 码和 ASCII 码。

1．BCD 码（十进制数的二进制编码）

在微型机中，十进制数除了转换成二进制数进行处理外，还可用二进制数对其进行编码（通常用 4 位二进制数表示一位十进制数），使它既具有二进制数的形式又具有十进制数的特点。二-十进制码又称为 BCD 码（Binary Coded Decimal）。由于 4 位二进制数能编出 16 个码，其中有 6 个是多余的，应该放弃不用。而这种多余性便产生了多种不同的 BCD 码，其中最常用的是 8421 码。8421 码与十进制数的对照关系见表 2-1。从表中可以看出，在 8421BCD 码中决不允许出现 1010～1111 这 6 个代码（它们被称为禁用码）。10 以上的十进制数至少需要两位 BCD 码（即 8 位二进制数）来表示，而且不应该出现禁用码，否则就不是 BCD 码。因此 BCD 数是由 BCD 码构成的，是以二进制形式出现的，但它不是真正的二进制数。例如，十进制数 25 的 BCD 码形式为 00100101B（即 25H），而它等值的二进制数为 00011001B（即 19H）。

表 2-1　8421BCD 码编码表

十进制数	8421 码	十进制数	8421 码
0	0000	5	0101
1	0001	6	0110
2	0010	7	0111
3	0011	8	1000
4	0100	9	1001

2．ASCII 码

由于微型机需要进行非数值处理（如指令、数据的输入、文字的输入及处理等），必须对字母、文字及某些专用符号进行编码。微型机系统的字符编码多采用美国信息交换标准代码，即 ASCII 码（American Standard Code for Information Interchange）。

ASCII 码是 7 位代码，共可为 128 个字符编码，如附录 A 所示。包括 96 个图形字符和 32 个控制字符。在 8 位微型计算机中，信息通常是按字节存储和传送的，一个字节有 8 位，而 ASCII 码共有 7 位，作为一个字节还多出一位，多出的位为最高位，常用作奇偶校验，故称为奇偶校验位。奇偶校验位在信息传送时用途很大，可用来检验信息在传输过程中是否出错，常用于微型计算机通信中。

请读者注意，0～9 的数字字符其相应的 ASCII 码为 30H～39H，大写英文字母 A～F 其相应的 ASCII 码为 41H～46H，这些符号的 ASCII 码在数码转换中经常要用到。

2.1.3 微型计算机的运算基础

1. 带符号数的表示法

计算机中处理的数值数据可分为无符号数和有符号数两类。

（1）机器数与真值

数学中的正负用符号“+”和“－”表示。而在计算机中，数字存放在由存储元件构成的寄存器或存储器中，二进制的数字符号 1 和 0 是用电路的两种不同稳定状态（如高、低电位）来表示的。数的符号“+”或“－”也要用这两种状态来区别。例如，正数的符号用“0”表示，负数的符号用“1”表示。用来表示数的符号的数位被称为“符号位”（通常为最高数位），这样就使数的符号也“数码化”了，即从表达形式上看符号位与数值位毫无区别。这种符号数码化的数被称为机器数，而把原来的带正负号的数称为相应机器数的真值。

机器数是计算机中数的基本形式，为了运算方便，机器数通常有原码、反码和补码 3 种形式。关于原码和反码的定义及求取方法在先修课程中已有详尽介绍，在此不再赘述。下面重点介绍补码的定义及运算。

（2）补码的概念及定义

首先以日常生活中经常遇到的钟表为例来说明补码的概念。假定现在是北京标准时间 2 时整，而一只表却指向 3 时整。为了校正此表，可以采用倒拨和顺拨两种方法。倒拨就是反时针减少 1 小时（把倒拨视为减法，相当于 $3-1=2$），时针指向 2。还可将时针顺拨 11 时，时钟同样也指向 2。把顺拨视为加法，相当于 $3+11=12$（自动丢失）$+2=2$。这个自动丢失的数（12）就称为模（mod），即一个系统的量程或此系统所能表示的最大数。上述的加法就称为“按模 12 的加法”，用数学式可表示为

$$3+11=2(\text{mod } 12)$$

因时针转一圈会自动丢失一个数 12，故 $3-1$ 与 $3+11$ 是等价的。称 11 和 -1 对模 12 互补，11 是 -1 对模 12 的补码。引进补码的概念后，就可将原来的减法 $3-1=2$ 转化为加法 $3+11=2(\text{mod } 12)$，这正是引入补码的主要意义。

可以分别从模和反码这两个概念引出补码的具体定义，下面分别阐述之。

① 以模的概念定义补码

通过上面的例子不难理解计算机中负数的补码表示法。设寄存器（或存储单元）的位数为 n 位，则它能表示的无符号数的最大值为 2^n-1，逢 2^n 进一（即 2^n 自动丢失）。换言之，在字长为 n 的计算机中，数 2^n 和 0 的表示形式一样。若机器中的数以补码表示，则数的补码以 2^n 为模。即

$$[X]_{补}=2^n+X(\text{mod } 2^n) \tag{2-1}$$

由式（2-1）可知：

若 X 为正数，则$[X]_{补}=X$，即正数的补码是它本身。

若 X 为负数，则$[X]_{补}=2^n+X=2^n-|X|$，即负数的补码等于 2^n（模）加上其真值，或者等于 2^n（模）减去其真值的绝对值。

② 利用反码定义补码

若 $X\geqslant 0$，则$[X]_{补}=[X]_{反}=[X]_{原}$

若 $X<0$，则$[X]_{补}=[X]_{反}+1$ (2-2)

(3) 补码的求取方法

根据前述介绍可知，正数的补码等于原码。下面介绍负数求补码的 3 种方法。

① 利用模求补码

按式（2-1）有：$[X]_{补} = 2^n + X = 2^n - |X|$

即负数的补码等于 2^n（模）加上其真值，或者等于 2^n（模）减去其真值的绝对值。

【例 2-1】 已知 $X = -1001011B$，试求$[X]_{补}$。

解：根据式(2-1)可知

$$[X]_{补} = 2^n + X = 2^8 - 1001011B = 10110101B$$

② 利用十六进制数形式求取补码的便捷方法

二进制数常常以十六进制数的形式来表示，对于十六进制数的补码依然可以用式（2-1）来定义和计算。以 8 位微型机中常用的单字节数为例，此时，$n = 8$，模 $2^n = 2^8 = 100H$，式（2-1）可改造为

$$[X]_{补} = 100H + X \tag{2-3}$$

如果 $X \geqslant 0$，则$[X]_{补} = X$

如果 $X < 0$，则$[X]_{补} = 100H - |X|$

这种求补码的方法在分析数据时便于手工计算。例如，$X = -2$，则 X 的补码用单字节十六进制数表达，就是$[X]_{补} = 100H - 02H = FEH$。

③ 根据反码求补码

首先求真值对应的原码，再求相应的反码，最后根据式（2-2）得到原数对应的二进制形式的补码。这种利用取反加 1 求负数补码的方法，便于在逻辑电路中利用非门电路和加法计数器的功能实现。

(4) 由补码求取真值的方法

需要特别指出的是，在计算机中凡是带符号的数一律用补码表示，且符号位参加运算，其运算结果也用补码表示。若结果的符号位为“0”，则表示结果为正数，此时可以认为它是以原码形式表示的（正数的补码即为原码）；若结果的符号位为“1”，则表示结果为负数，它也是以补码形式表示的。若要用原码来表示该结果，还需要对结果求补，即

$$[[X]_{补}]_{补} = [X]_{原} \tag{2-4}$$

求得 X 的原码后只需简单地对符号位做出处理就可得到对应的真值。

【例 2-2】 已知 $[X]_{补} = 10011001B$，求 X。

解：根据式（2-4）可得$[X]_{原} = [[X]_{补}]_{补} = 11100111B$，所以 $X = -1100111B$。

2. 补码运算规则

既然在计算机中凡是带符号的数一律都是用补码表示的，因此，对这些带符号数直接进行运算时实际上是用补码进行的运算。那么，这些补码运算的结果与真值间是什么关系呢？应该如何转换呢？这正是补码运算规则要阐述的问题。

(1) 补码的加法

设 X 和 Y 是两个带符号的二进制数，则根据式（2-1）有

$$[X+Y]_{补} = 2^n + (X+Y) = (2^n + X) + (2^n + Y) = [X]_{补} + [Y]_{补}$$

由此得

$$[X+Y]_{补} = [X]_{补} + [Y]_{补} \tag{2-5}$$

即两个数和的补码等于两个数补码的和。

得到两数和的补码后，再对其求补，即得到两数之和的原码。

（2）补码的减法

两个带符号数相减，有如下基本公式

$$X-Y=X+(-Y)$$

$$[X-Y]_{补}=[X+(-Y)]_{补}=[X]_{补}+[-Y]_{补}$$

由此得

$$[X-Y]_{补}=[X]_{补}+[-Y]_{补} \tag{2-6}$$

即两数差的补码等于被减数的补码与减数的相反数的补码之和。这说明了在补码运算中，减法运算可以转化为加法来实现。

这里的关键在于求$[-Y]_{补}$。如果已知$[Y]_{补}=Y_{n-1}Y_{n-2}\cdots Y_0$，那么对于$[Y]_{补}$的每一位（包括符号位）都按位求反，然后再加1，结果即为$[-Y]_{补}$。

一般称$[-Y]_{补}$为对$[Y]_{补}$“变补”，即$[[Y]_{补}]_{变补}=[-Y]_{补}$，它有别于$[[Y]_{补}]_{补}=[Y]_{原}$。

已知$[Y]_{原}$求$[Y]_{补}$的过程叫求补；已知$[Y]_{补}$求$[-Y]_{补}$的过程叫变补。变补并不是一种编码，而只是一个操作过程，这一点务必注意。

【例2-3】 用补码运算求64－65。

解：① $[64]_{补}$=01000000B，$[65]_{补}$=01000001B，$[-65]_{补}$=10111111B。

② 做加法：$[64]_{补}+[-65]_{补}$=01000000B+10111111B=11111111B。

③ 求真值：由于是负数，要对结果除符号位外取反加1，结果即为－(00000001B)＝－1。

3．数值数据运算的溢出问题

（1）溢出的概念

在微型计算机中，带符号数都是以补码形式存放的。根据指令，这些数可以进行加法运算，也可以进行减法运算。但在实际机器中只有加法器，减法运算也是通过加法运算来完成的，且运算结果也是用补码表示的。由于计算机的字长有一定范围，所以一个带符号数也是有一定范围的。

表2-2列出了8位二进制数的概况。由表可以看出，8位二进制数的原码和反码形式所表示的数的范围都是–127～+127，而补码表示的数的范围是–128～+127。

当两个带符号位的二进制数进行补码运算时，若运算结果的绝对值超过了这个范围，数值部分便会占据符号位的位置，从而造成错误的运算结果，这就是溢出。

【例2-4】 用补码运算求64＋65。

解：① $[64]_{补}$＝01000000B，$[65]_{补}$＝01000001B。

② 做加法：$[64]_{补}+[65]_{补}$＝01000000B＋01000001B＝10000001B。

结果为一个负数，这显然是错误的，原因就在于，在字长为8位的情况下，64＋65的结果是129，超过了单字节补码所能表达的范围，因此，出现了溢出错误。

（2）采用补码进行加减运算时要注意的几个问题

① 补码运算时，其符号位要与数值部分一样参加运算，但结果不能超出其所能表示的数的范围，否则会出现溢出错误。无符号数的加减运算结果超出数的范围的情况称为产生进位或借位，计算机中有专门的标志用来记录运算时产生进位、借位或溢出的情况，只要适当处理这些标志，如将进位加到高位上或者将借位从更高位上减去就不会出错，所以在多字节数的加减运算时，必须考虑进位和借位的处理。

② 采用了补码以后，符号位参与运算后如有进位出现，只要是没有产生溢出错误，则可把这个进位舍去，不影响运算结果，运算后的符号就是结果的符号。

表 2-2　8 位二进制数的表示形式

二进制数码形式	看作无符号十进制数	看作带符号十进制数		
		原　码	反　码	补　码
00000000	0	+0	+0	+0
00000001	1	+1	+1	+1
00000010	2	+2	+2	+2
⋮	⋮	⋮	⋮	⋮
01111110	126	+126	+126	+126
01111111	127	+127	+127	+127
10000000	128	−0	−127	−128
10000001	129	−1	−126	−127
10000010	130	−2	−125	−126
⋮	⋮	⋮	⋮	⋮
11111101	253	−125	−2	−3
11111110	254	−126	−1	−2
11111111	255	−127	−0	−1

4. 二进制数的运算

微型计算机中的运算分为两类：一类是算术运算，包括加、减、乘、除；另一类是逻辑运算，包括逻辑乘、逻辑加、逻辑非和逻辑异或等。具体运算规则在先修课程中已有详尽介绍，在此不再赘述。

算术运算有加、减、乘、除共 4 种，根据前面的分析，引入补码后，减法可以转化为加法来实现，乘法可以利用加法和移位通过编程来实现，而除法也可以利用减法和移位通过程序来实现。更复杂的运算如指数、对数及其他函数的运算都可运用数值计算的方法最终转化为四则运算式来实现。由此可以看出，加法是计算机最基本的运算功能，加法器是计算机运算器的核心部件。

2.2　微型计算机的基本结构

微型计算机简称微型机或微机，是在小型机的基础上吸取大、中型机某些新技术并借助于集成电路技术而发展起来的一种计算机，因此，它在结构上与通常意义上的计算机有许多共性，但也有其自身的特性。和其他计算机相比，微型计算机的最大特点是采用了微处理器，另一个特点是采用了总线结构，其中三总线结构尤为普遍，目前已成为微型机的一种基本结构。通过三总线，微处理器、RAM、ROM 及 I/O 接口连为一个整体。图 2-2 所示为微型计算机的基本结构框图。由图可知，它与绪论所述计算机的组成基本相同。

下面分别介绍微型机的各组成部分及工作原理。

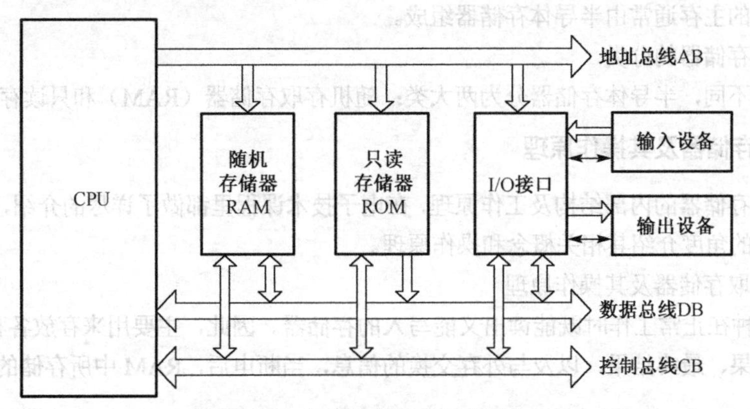

图 2-2　微型计算机的基本结构

2.2.1 存储器的组成及功能

1. 存储器概述

（1）存储器的作用

存储器（Memory）是计算机不可或缺的重要组成部分。它既可用来存储数据，也可用以存放计算机运行的程序。

（2）存储容量及其计量单位

存储容量是指存储器能够记忆的信息总量。存储器使用的计量单位有如下这些：

① 位（Bit）：存储一个二进制数位。

② 字节（Byte）：将8个二进制位看成一个整体，组成一个字节。

③ 字（Word）：字节的整数倍，有8位字、16位字、32位字等。

在微型计算机中，存储器容量的计量单位最常用的是字节，常用B来表示，当字节数较多时，可用KB、MB、GB或TB等为单位，它们之间的换算关系是：1KB = 1024B，1GB = 1024MB，1TB = 1024GB。

（3）存储单元的地址及地址译码

一个存储器可以包含数以千计的存储单元。所以，一个存储器可以存储很多数据，也可以存放很多计算步骤——称为程序（Program）。为了便于存入和取出，每个存储单元必须有一个固定的地址。因此，存储器的地址也必定是数以千计的。为了减少存储器向外引出的地址线，在存储器内部都自带有译码器。根据二进制编码译码的原理，除地线公用之外，n根导线可以译成2^n个地址号。

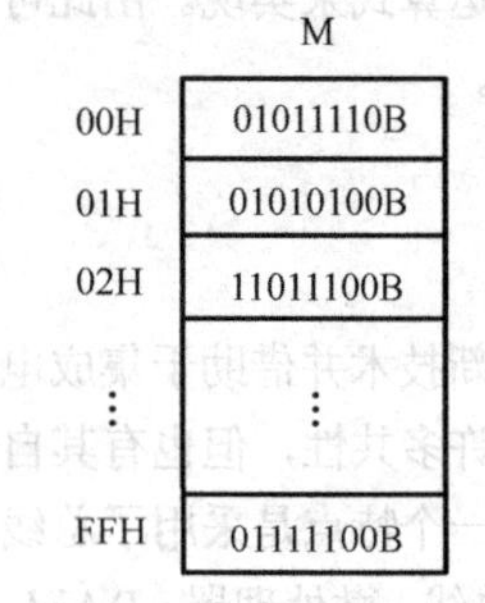

图2-3 存储器单元示意图

（4）存储器单元示意图

通常可用图2-3所示的示意图来表示存储器的相关信息。图中M表示存储器，长方框表示存储单元，每个单元通常可存储8位二进制数。长方框内的数字（可用二进制数也可用十六进制数）表示该存储单元的内容。长方框左面的数字（常用十六进制数）表示该存储单元的地址。注意不要将存储单元地址与其内容相混淆。例如，地址为01H的存储单元，其内容为01010100B，常表示为(01H) = 54H。

（5）存储器的分类

计算机存储器包括主存储器和辅助存储器。

主存储器简称主存或内存，主要存放当前正在或将要使用的程序和数据。

辅助存储器简称辅存或外存，主要用来存放暂时不用的程序、数据等。

微型计算机的主存通常由半导体存储器组成。

（6）半导体存储器的分类

根据用途的不同，半导体存储器分为两大类：随机存取存储器（RAM）和只读存储器（ROM）。

2. 半导体存储器及其操作原理

关于半导体存储器的内部结构及工作原理，在电子技术课程里都做了详尽的介绍，在此不再赘述。下面仅从使用者的角度介绍其相关概念和操作原理。

（1）随机存取存储器及其操作原理

RAM 是一种在正常工作时既能读出又能写入的存储器。因此，主要用来存放各种输入数据、输出数据、中间结果、最终结果，以及与外存交换的信息，当断电后，RAM中所存储的信息都将消失。

① RAM 的组成

RAM 的组成框图如图 2-4 所示。其中存储单元矩阵是存储器的主体，用来存储信息，存储单元矩阵由许多存储单元组成，每个存储单元的位置用“地址”表示，存储单元的总数决定了该存储器的容量。存储器地址寄存器（MAR）用来存放欲访问存储单元的地址。存储器地址译码器（MAD）的作用是对存放在地址寄存器中的地址进行译码，以选择所指定的存储单元。存储器数据寄存器（MDR）有两个作用：在进行读操作时，用来存放从被选单元中读出的数据；在进行写操作时，用来存放欲写入被选单元的数据。

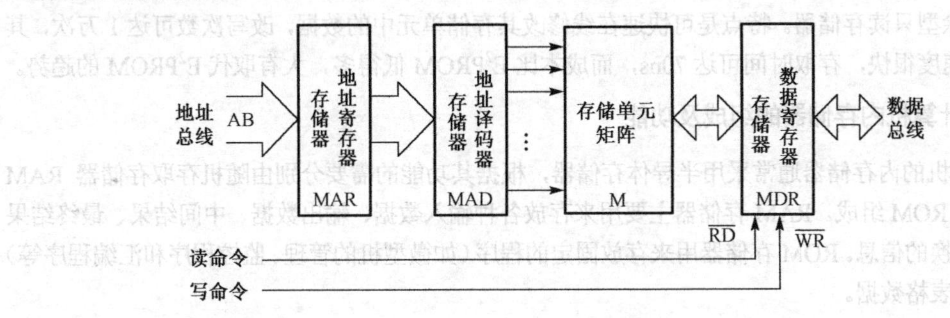

图 2-4　RAM 组成框图

② 随机存取存储器的基本操作

RAM 的基本操作是读操作和写操作。若为写操作，则 CPU 先发出欲写入的存储单元地址，通过 AB 送到 MAR 选中的相应存储单元，接着 CPU 发出欲写入的数据，经 DB 达到 MDR，然后 CPU 发出写命令，将 MDR 中的内容存入被选存储单元。若为读操作，则 CPU 先发出欲读出存储单元的地址，通过 AB 送到 MAR，经 MAD 选中指定的单元，接着 CPU 发出读命令，读出被选存储单元中的内容并送 MDR，再经 DB 送至 CPU。

③ RAM 的分类

根据 RAM 工作方式的不同，可将 RAM 分成静态 RAM 和动态 RAM 两类。

静态 RAM 常用双极型晶体管触发器作为记忆元件（也有用 MOSFET 的），只要有电源加于触发器，数据即可长期保留。

动态 RAM 则用电容及 MOSFET 作为记忆元件。由于电容会漏电，因而常需“刷新”，这就要求每隔 2ms 充电一次，为此还须另加一个刷新电源。

虽然动态 RAM 比静态 RAM 便宜，集成度也更高，但因需要刷新，电路上稍为麻烦，因而大多数对存储器容量要求不是很高的微型机都采用静态 RAM。

（2）只读存储器及其操作原理

① 只读存储器

只读存储器简称 ROM（Read Only Memory）。ROM 是一种永久性数据存储器，其中的数据一般由专门的装置或通过特别的手段写入，数据一旦写入，不能随意改写，在切断电源之后，数据也不会消失。计算机对 ROM 的操作过程与 RAM 的类似，只是由于 ROM 的只读性，在正常工作时，计算机对 ROM 的操作没有写入这一功能。

② ROM 的分类

向 ROM 中写入信息称为 ROM 编程。根据编程方式不同，ROM 可分为以下几种。

- 掩模 ROM。在制造过程中编程，是以掩模工艺实现的，因此称为掩模 ROM。这种芯片存储结构简单，集成度高，但由于掩模工艺成本较高，因此只适合于大批量生产。

- 可编程ROM（PROM）。芯片出厂时没有任何程序信息，用独立的编程器写入。但PROM只能写一次，写入内容后，就不能再修改。
- EPROM。用紫外线擦除，用电信号编程。在芯片外壳的中间位置有一个圆形窗口，对该窗口照射紫外线就可擦除原有的信息。使用编程器可将调试完毕的程序写入。
- E^2PROM（EEPROM）。一种用电信号编程，也用电信号擦除的ROM芯片。对E^2PROM的读写操作与RAM几乎没有什么差别，只是写入的速度慢一些，但断电后仍能保存信息。
- Flash ROM。又称闪速存储器（简称闪存），是在EPROM、E^2PROM的基础上发展起来的一种电擦除型只读存储器。特点是可快速在线修改其存储单元中的数据，改写次数可达1万次，其读写速度很快，存取时间可达70ns，而成本比E^2PROM低得多，大有取代E^2PROM的趋势。

3. 微型计算机内存储器的组成及功能

微型计算机的内存储器通常采用半导体存储器，根据其功能的需要分别由随机存取存储器RAM与只读存储器ROM组成。RAM存储器主要用来存放各种输入数据、输出数据、中间结果、最终结果以及与外存交换的信息。ROM存储器用来存放固定的程序（如微型机的管理、监控程序和汇编程序等）以及存放各种表格数据。

2.2.2 微处理器的结构及工作原理

微处理器亦称微处理机，简称为CPU，它是微机的中央处理部件。

CPU包括运算器和控制器两部分，其作用是从存储器中取出指令并对其进行分析，产生相应的微操作（最基本而又简单的逻辑功能动作）序列，以实现诸如向存储器或I/O设备写入数据或从存储器或I/O设备读出数据、执行算术和逻辑操作、处理数据、识别外设的中断请求信号并做出适当的响应等功能。典型微处理器的逻辑原理如图2-5所示。下面对其各功能部件分别来介绍。

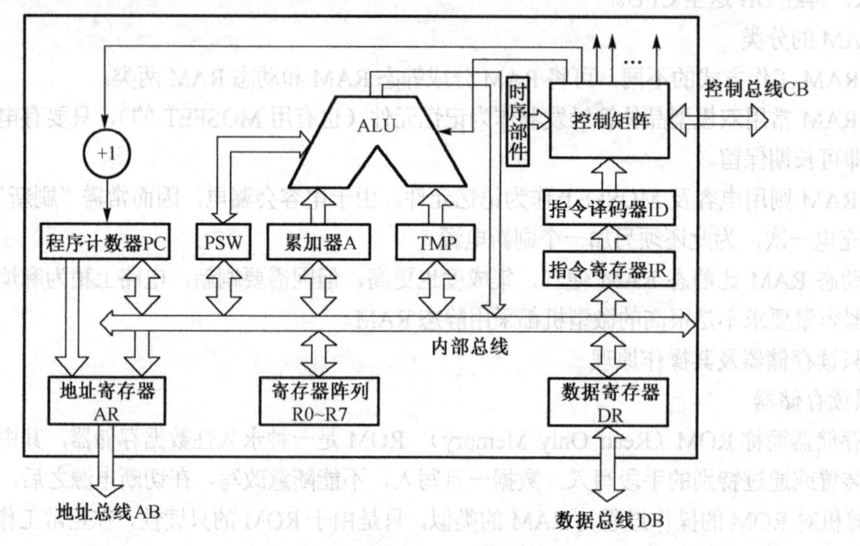

图2-5 典型微处理器结构框图

1. 运算器

运算器用于对二进制数进行算术和逻辑运算，其操作过程是在控制器控制下进行的。运算器主要由算术逻辑单元ALU、累加器A、寄存器阵列、暂存寄存器TMP和程序状态字寄存器PSW等5部分组成。

（1）算术逻辑单元 ALU

① 可控反向器及加法/减法器电路

根据补码的运算原理，引入补码后就可将减法转化成加法来实现。因此，要通过加法器实现如此的运算，需要增加一个求补码的运算功能，即需要一个电路，实现“按位取反，末位加 1”的功能。为此，只需在加法器的基础上增加可控反向器即可构建二进制数加法器 / 减法器电路。图 2-6 所示是以 4 位二进制数为例的情况。这个电路既可作为加法器电路（当 SUB=0），又可作为减法器电路（当 SUB=1）。

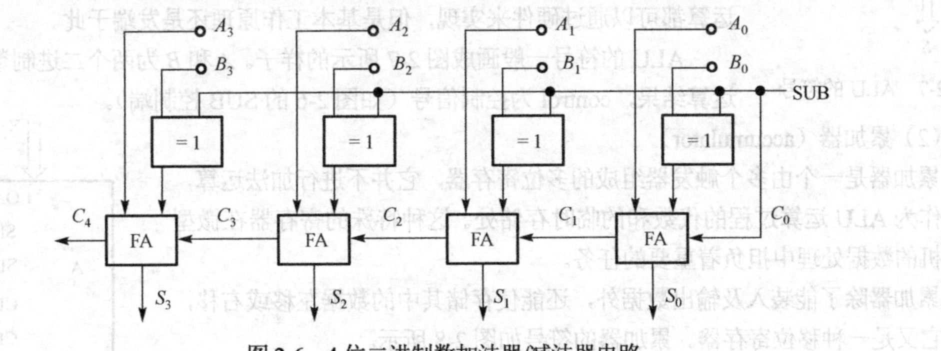

图 2-6　4 位二进制数加法器/减法器电路

如果有下面两个二进制数：

$$A = A_3A_2A_1A_0$$
$$B = B_3B_2B_1B_0$$

则可将这两个数的各位分别送入该电路的对应端，于是：

当 SUB = 0 时，电路做加法运算：$A + B$。

当 SUB = 1 时，电路做减法运算：$A - B$。

图 2-6 所示电路的原理如下：当 SUB = 0 时，各位的可控反相器的输出与 B 的各位同相，各位均按位相加。结果 $S = S_3S_2S_1S_0$，而其和为 $C_4S = C_4S_3S_2S_1S_0$。

当 SUB = 1 时，各位的可控反相器的输出与 B 的各位反相。注意，最右边第一位（即 S_0 位）也是用全加器，其进位输入端与 SUB 端相连，因此其 $C_0 = \text{SUB} = 1$，所以此位相加即为

$$A_0 + \overline{B}_0 + 1 = S_0\text{，进位 } C_1$$

其他各位为

$$A_i + \overline{B}_i + C_i = S_i\text{，进位 } C_{i+1}\ (i = 1\sim3)$$

因此其总和输出 $S = C_4S_3S_2S_1S_0$，此时 C_4 如不等于 0，则要被舍去，由此得

$$S = A_3A_2A_1A_0 + \overline{B}_3\overline{B}_2\overline{B}_1\overline{B}_0 + 1 = A + \overline{B} + 1$$

由于在计算机中，凡是带符号数都以补码的形式存储，所以 $\overline{B} + 1$ 实际上就是$(-B)_补$，故

$$S = A + (-B)_补 = (A - B)_补$$
$$(A - B)_原 = (S)_补$$

② 算术逻辑单元

顾名思义，这个部件既能进行二进制数的四则运算，也能进行布尔代数的逻辑运算。

上面介绍的二进制补码加法器/减法器就是最简单的算术部件。通过编制相应的程序，乘法和除法运算也可以利用这个部件来实现。

如果在这个基础上，再增加一些门电路，就可以进行逻辑运算了，由此就构成了一个简单的算术逻辑单元。为了不使初学者陷入复杂的电路分析之中，这里不打算在逻辑运算问题上开展讨论。

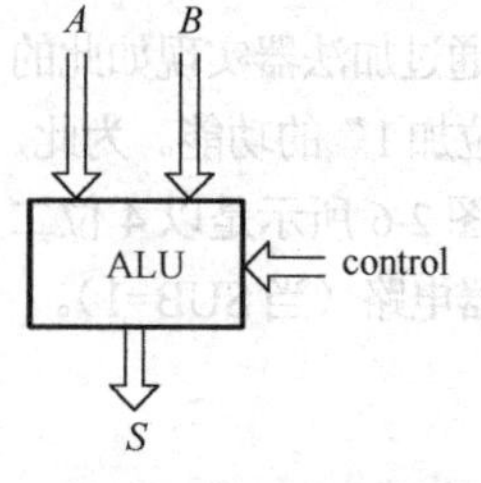

图2-7 ALU的符号

为了便于从原理上理解算术逻辑单元的结构和工作原理，上面分析和介绍的只是最简单的算术逻辑单元。当前流行的计算机其算术逻辑单元比这要复杂得多，定点乘、除法乃至浮点运算，甚至更复杂的如快速傅里叶变换等这样的运算都可以通过硬件来实现，但是基本工作原理还是发端于此。

ALU的符号一般画成图2-7所示的样子。A和B为两个二进制数，S为其运算结果，control为控制信号（如图2-6的SUB控制端）。

（2）累加器（accumulator）

累加器是一个由多个触发器组成的多位寄存器，它并不进行加法运算，而是作为ALU运算过程的代数和的临时存储处。这种特殊的寄存器在微型计算机的数据处理中担负着重要的任务。

累加器除了能装入及输出数据外，还能使存储其中的数据左移或右移，所以它又是一种移位寄存器。累加器的符号如图2-8所示。

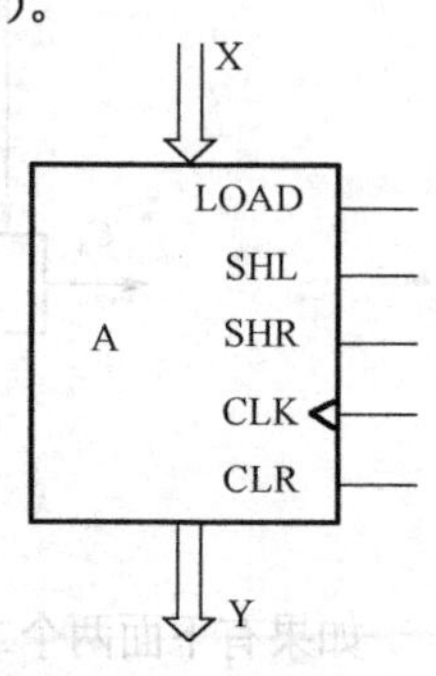

图2-8 累加器的符号

（3）其他寄存器

暂存寄存器TMP用来暂存将要送到ALU中的数。寄存器阵列包含多个工作寄存器，用于存放操作数或运算的中间结果。

程序状态字寄存器PSW（Program Status Word）也称为标志寄存器，用来记录程序运行过程中形成的状态。例如，累加器A中的运算结果是否为零、最高位是否有进位或借位、低四位向高四位是否有进位或借位等，都可以记录到PSW中去。

2．控制器

计算机是根据事先存储的程序对全机实行控制的，而程序是指能实现某一功能的指令序列。控制器就是根据指令来对各种逻辑电路发布命令的机构，它是计算机的指挥中心。控制器主要由指令部件、时序部件、控制矩阵和其他辅助电路组成。

（1）指令部件

指令部件是一种能对指令进行分析、处理和产生相应控制信号的逻辑部件，也是控制器的核心。通常，指令部件由程序计数器（Program Counter，PC）、指令寄存器（Instruction Register，IR）和指令译码器（Instruction Decoder，ID）3部分组成。

① 指令和指令格式

计算机从开始工作到一系列操作的完成，都是根据预先编好的程序自动进行的，即计算机的工作过程就是执行程序的过程。程序就是一系列按一定顺序排列的指令。

- 指令

所谓指令，就是指挥机器工作的指示或命令。计算机中的控制器靠指令指挥机器工作，人则用指令表达自己的意图。

- 指令系统

一台计算机所能执行的各种不同指令的集合称为计算机的指令系统。每一台计算机均有自己特定的指令系统。这个系统反映了计算机的基本功能，是在设计计算机时规定下来的。

- 指令的表达形式

计算机的指令有两种表达形式。

第一种是用二进制数码表示的形式，称为机器指令或简称为机器码。只有机器码才能被计算机所直接识别和执行。为简洁起见，机器码也常用十六进制数码的形式表达。

机器指令不便于记忆和阅读。为了编写程序的方便，人们采用便于记忆的符号（助记符，也称汇编符）来表示机器指令，从而形成了所谓的汇编符指令（或助词符指令），这就是指令的第二种表达形式。汇编符指令是机器指令的符号表示，所以它与机器指令一一对应。汇编符指令必须转换成机器指令后，计算机才能识别和执行。

● 机器指令的格式

一条指令通常包括两方面的信息：一是指出要机器执行什么样的操作，这部分信息由操作码提供；二是操作数的信息，这部分信息提供操作数在存储器或通用寄存器中的地址，也可直接提供操作数本身，这部分信息对应的代码称为操作数信息码。在指令的机器代码中，这两部分信息都是用二进制数码表示的，其基本格式如下：

操作码	操作数信息码

操作码和操作数信息码这两部分各占多少位二进制数码，要视具体的指令而定，但是整条指令的长度通常是以字节为单位的。因此，指令可分为单字节指令、双字节指令和三字节指令等。

② 程序计数器 PC

指令和数据都是以二进制代码的形式存放在存储单元内的，从存储单元的内容区分不出指令与数据，为此在控制器中设置一个专门寄存器用来存放当前要执行的指令在存储器中的位置信息（即存储器地址），以便根据此地址去读取指令，这个寄存器就是程序计数器 PC。

由于程序在存储器中按顺序进行存放，当顺序执行指令时，每执行一条指令，微操作控制电路输出“加 1”信号，PC 就自动加 1，为顺序地取下一条指令做好准备，这就使计算机能自动、连续地工作。当执行转移类指令时，微操作控制电路不输出“加 1”信号，而输出相应的控制信号，将转移地址送入 PC 中，从而实现程序的转移。在 8 位微处理器中，程序计数器 PC 通常为 16 位。

③ 指令寄存器 IR

指令寄存器 IR 用来暂时存放从存储器中取出的当前要执行指令的操作码。该指令码在 IR 中得到寄存和缓冲，被送到指令译码器 ID 中译码后就知道该指令进行哪种操作，并在时序部件帮助下去推动微操作控制部件完成指令的执行。

④ 指令译码器 ID

指令译码器 ID 的作用是对指令操作码进行分析，在其输出端产生各种控制电平，以形成相应的微操作，用以实现指令执行过程中所需要的功能控制。

为了更清晰地了解控制器的这 3 部分的结构和工作原理，以及这 3 部分是如何共同作用产生执行指令所需要的控制信号序列的，下面以一个简单的模型计算机为例进行说明。

在这个简单的模型机中，只有 5 条指令，这 5 条指令的功能及操作码如表 2-3 所示。

表 2-3　模型机指令表

助记符	操作码	功能
LDA	0000	将操作数存入 A
ADD	0001	将 A 中的数与操作数相加，结果回存到 A
SUB	0010	将 A 中的数与操作数相减，结果回存到 A
OUT	1110	将 A 中的内容送给输出寄存器
HLT	1111	封锁时钟信号使计算机停止工作

对于这样一个计算机，其操作码的有效部分只有 4 位二进制数，其指令译码器设计成如图 2-9 所示的结构。当 0000B 送到这个译码器的输入端，即 $I_7I_6I_5I_4$ = 0000，此时译码器的输出线中 LDA 高电平有效，其他输出线为低电平无效。这个例子表明，正是通过指令译码器，代表指令操作码的这样一个二进制数码和一个相应的的控制信号关联上了。

（2）时序部件

时序部件由时钟系统和脉冲分配器组成，用于产生微操作控制部件所需的定时脉冲信号。其中，时钟系统（Clock System）产生机器的时钟脉冲序列，脉冲分配器（Pulse Distributor）又称为节拍发生器，用于产生机器节拍。由环形计数器构建的用于模型机的时序部件如图2-10所示。

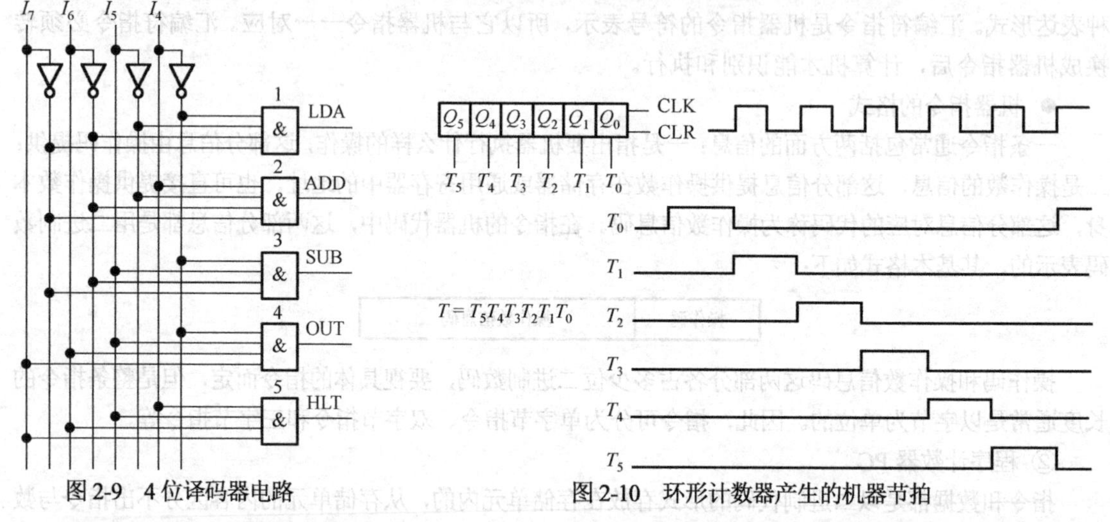

图2-9　4位译码器电路　　　　图2-10　环形计数器产生的机器节拍

若将环形计数器的输出视为一个字 T，则 $T=T_5T_4T_3T_2T_1T_0$，这就是一个6位的环形字，用它可以控制6条电路，使它们依次轮流为高电位。称 T_0、T_1、T_2、T_3、T_4 和 T_5 为机器节拍。

通常把时序部件的一次工作循环称为一个机器周期。可见，此模型机中一个机器周期为6个机器节拍之和。

（3）控制矩阵（CM）

控制矩阵可以为ID输出信号配上节拍电位和节拍脉冲，也可将外部进来的控制信号组合，共同形成相应的微操作控制信号序列，控制相关部件按照严格的先后顺序执行指令所要求的各种微操作，最终完成规定的操作。图2-11所示为模型机的控制矩阵。

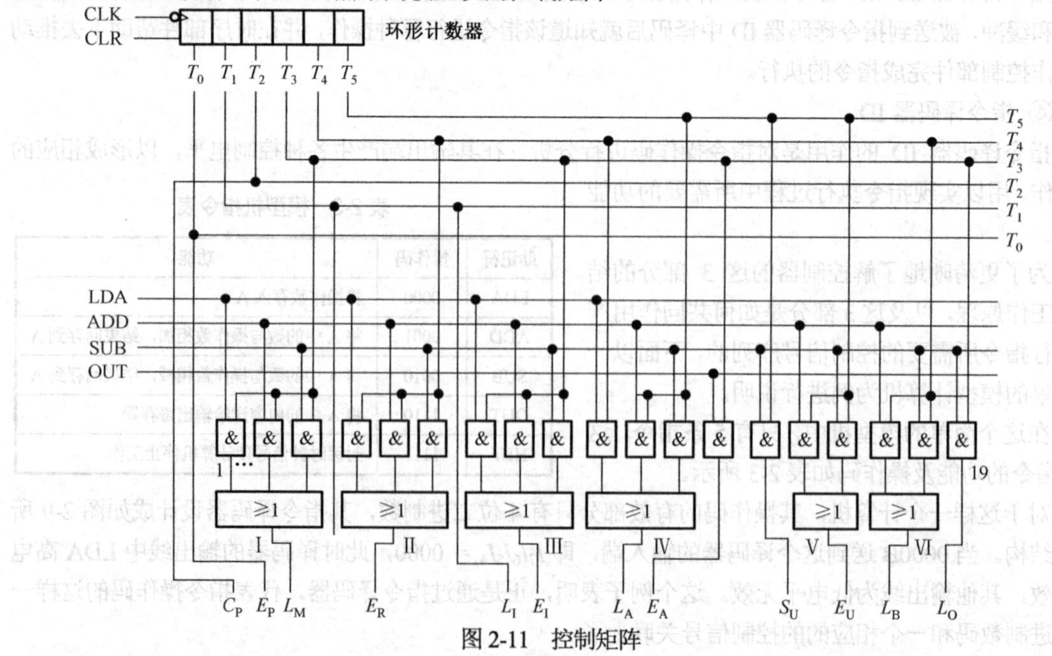

图2-11　控制矩阵

由图可见，控制矩阵由门电路组成的复杂树状网络构成，输出端共有 12 路，组成控制器的控制字 CON：

$$CON = C_P E_P L_M E_R L_I E_I L_A E_A S_U E_U L_B L_O$$

控制字的各位为模型机的相应部件提供控制信号。为实现某条指令的功能，只要按顺序发出相应的控制字序列，即可控制相应部件完成相应的微操作。

控制矩阵的输入信号由指令译码器和环形计数器提供。来自指令译码器的电平信号代表了相关的指令，而环形计数器在一个机器周期里可以提供 6 个节拍电位，这样，在一个机器周期里控制字可以提供 6 个不同的值，从而产生 6 组微操作。一般来说，操作较为简单的指令，在一个机器周期里即可完成，而操作复杂的指令可增加机器周期，从而获得更多的微操作来最终完成指令的功能。

控制字和相关部件的操作之间的关系，在 2.2.4 节微型计算机的总线连接结构中将会有所介绍，具体指令执行时的情况，因牵涉更多的电路细节，在此就不展开分析了。

总之，只要设计好控制矩阵，就可以使得控制矩阵在指令译码器和环形计数器两路输入信号的共同作用下，输出完成相应指令所需要的一系列控制信号，在这一系列控制信号的控制下，相应部件就可以产生一系列的微操作，最终完成指令所要求的功能。

只有 5 条指令的控制矩阵就已经这么复杂了，由此可知要扩大指令系统，其控制矩阵的结构及设计上的问题是相当复杂的。这种从结构上用逻辑电路的方法来实现控制字的方法称为硬件方法。也有用软件来实现这个目标的，尤其在指令系统较大、控制字较长（即位数很多）的情况下，常用软件方法——微程序法。

（4）其他辅助电路

上面由指令部件、时序部件、控制矩阵组成的部分称为控制器。为了实现控制动作，还需要下述几个电路，如图 2-12 所示。

时钟脉冲发生器：用以产生时钟脉冲信号，一般由两部分组成，即时钟振荡器和射极跟随器。前者一般都是石英晶体振荡器，后者则用以降低输出电阻，以便有更大的电流输出，因为在计算机中还有许多部件需要获得时钟脉冲信号。

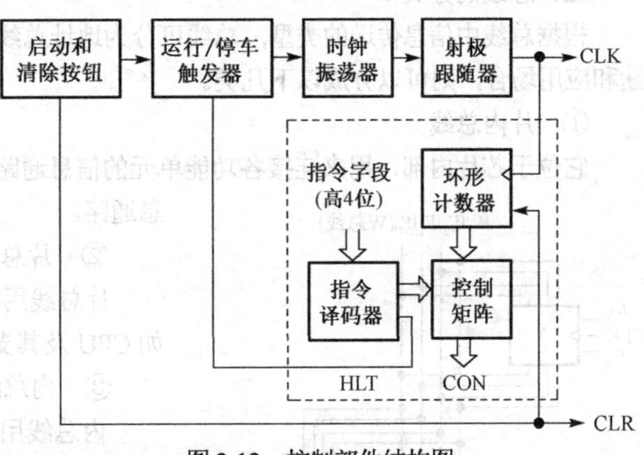

图 2-12　控制部件结构图

运行/停车触发器：这个电路既接收来自按钮的“运行”脉冲信号，也接收来自指令译码器的“HLT”停车信号，而其输出就去启动时钟振荡器。

“启动”和“清除”按钮：这是由人工直接操作的电气开关，可同时输出两路信号，一路用于控制运行/停车触发器，另一路用于对环形计数器及计算机中其他部件的复位操作。

2.2.3　输入/输出设备及其接口电路

微机的输入/输出设备亦称外部设备，简称 I/O 设备，如键盘、鼠标、扫描仪、硬盘驱动器、打印机等。为了使这些设备能与 CPU 交换信息，并对它们进行输入/输出控制，必须要有输入/输出接口电路，简称 I/O 接口电路。微机的 I/O 接口电路都已做成独立的大规模集成电路芯片。常用的 I/O 接口电路芯片有以下 4 种。

（1）并行输入/输出接口电路（Parallel Input/Output Controller）：通常做成可编程的 8 位通用的接口电路，只要编制不同的程序就可适用于不同的场合。例如，它既可以作为键盘输入接口，又可以作为打印机的输出接口电路。

（2）串行输入/输出接口电路（Serial Input/Output Controller）：有很多外部设备，由于工作速度较慢，或者离主机较远，往往采用串行数据传送方式，它只需要一对通信线就可传送各种信号。串行接口电路能把计算机的并行信息转变为串行信息发送出去，也能把从通信线路上收到的串行信息转变为并行信息提供给计算机。

（3）计数/定时电路（Counter/Timer Circuit）：通常也做成可编程序的接口电路，可用程序设定的方法实现计数及定时功能。

（4）直接存储器存取接口电路（Direct Memory Access）：它提供存储器和I/O设备间不经CPU控制而直接传送数据的功能。

2.2.4 微型计算机的总线连接结构

微型机在结构形式上采用了总线结构，所有的部件都通过系统总线连接在一起，实现微机内部各部件间的信息交换。

1. 总线的基本概念

（1）总线的定义

将多个装置或部件连接起来并传送信息的公共通道称为总线（Bus）。总线实际上是印制电路板上的一组传输信号的短路线，通常也可通过带状的扁平电缆引出。这一组线的数目则取决于微处理器本身的结构。

（2）总线的分类

根据总线中信息传送的类型，总线可分为地址总线、数据总线和控制总线。若按总线的规模、用途和应用场合，则可以分成以下几类。

① 片内总线

它位于芯片内部，用来连接各功能单元的信息通路，如CPU内部、ALU单元和寄存器之间的信息通路。

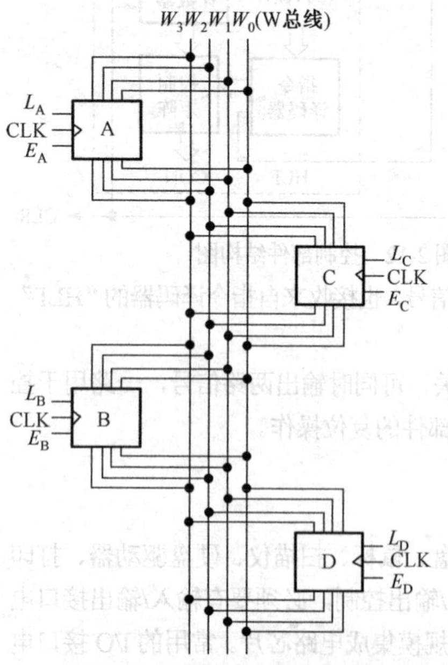

图2-13　总线结构的原理图

② 片总线

片总线用在印制电路板上连接各芯片之间的公共通路，如CPU及其支持芯片与其局部资源之间的通路。

③ 内总线

内总线用来连接微机系统各插件板卡，是微机系统最重要的一种总线，如PC系列机中的ISA总线、EISA总线和PCI总线。

④ 外总线

外总线又称通信总线，是微机系统与系统之间、微机系统与外部设备之间的连接通道。这种总线数据传输方式可以是并行的，也可以是串行的。数据传输速率比内总线低。不同的应用场合有不同的总线标准。例如，串行通信的EIA RS-232C总线、USB（Universal Serial Bus，通用串行总线）等。

（3）总线信息的传递方向

总线信息的传递方向有单方向传送信息和双方向传送信息两种。

2. 总线的结构及工作原理

为了阐明总线的结构及工作原理，下面从一个简单例子入手。设有A、B、C、D共4个4位寄存器，它们都有 L 门（数据装入控制门电路）和 E 门（数据输出控制门电路），其符号分别附以 A、B、C 和 D 的下标，要求其中的任意两个寄存器都可以互传数据。为达到这个要求，如果各个寄存器输入输出端相互连接的话，显然用于连接的数据线既多且乱。为解决这个问题，必须采用总线结构。此情况下，由于是 4 位寄存器，只要有 4 条数据线即可沟通它们之间的信息来往。图 2-13 所示是总线结构的原理图。

为了避免信息在公共总线 W 中乱窜，必须规定在某一时钟节拍（通常为 CLK 正半周），只有一个寄存器 L 门为高电位，和另一寄存器的 E 门为高电位，其余各门则必须为低电位。这样，E 门为高电位的寄存器的数据就可以传送到 L 门为高电位的寄存器中去。

如果将各个寄存器的 L 门和 E 门按次序排成一列，则可称其为控制字 CON：

$$\mathrm{CON} = L_A E_A L_B E_B L_C E_C L_D E_D$$

表 2-4 所示为实现信息传输所需相应控制字的组合情况。控制字中哪些位为高电平，哪些位为低电平，将由控制器发出并传送到各寄存器上去。在此控制字的控制下，信息就可以在各寄存器之间有序传送了。

上面只是一个简单的概念化的例子，实际情况要复杂的多，但是基本原理都是一样的。

表 2-4　控制字的意义

控制字 CON								信息流通
L_A	E_A	L_B	E_B	L_C	E_C	L_D	E_D	
1	0	0	1	0	0	0	0	数据由 B→A
0	1	1	0	0	0	0	0	数据由 A→B
0	1	0	0	1	0	0	0	数据由 A→C
0	1	0	0	0	0	1	0	数据由 A→D
0	0	1	0	0	0	0	1	数据由 D→B
1	0	0	0	0	1	0	0	数据由 C→A

3．总线结构符号图

为了简化作图，不论总线包含几条导线，都用一条粗线表示，这就是总线结构符号图，如图 2-14 所示。在图 2-14 中，有两条总线，一条称为数据总线，专门让数据信息在其中流通；另一条称为控制总线，发自控制器，它能将控制字各位分别送至各寄存器。控制器也有一个时钟，能把 CLK 脉冲送达各寄存器。

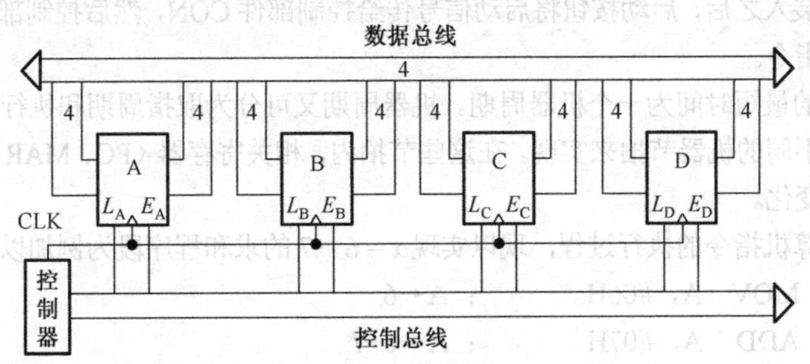

图 2-14　总线结构的符号图

4．微型计算机的总线连接结构

微型计算机的系统总线通常由地址总线、数据总线和控制总线组成。

（1）数据总线（Data Bus，DB）

用来在微处理器和存储器以及输入/输出接口之间传送数据。例如，从存储器中取数据到CPU，把运算结果从CPU送到外部输出设备等。通常，微处理器的位数和外部数据总线的位数一致。数据总线是双向的，即数据可从CPU输出，也可从外部送入CPU。

（2）地址总线（Address Bus，AB）

AB也称地址母线，因其上仅传送MPU的地址码而得名。当微处理器MPU和存储器或外部设备交换信息时，必须指明要和哪个存储单元或哪个外部设备交换。因此，地址总线AB必须和所有存储器的地址线对应相连，也必须和所有I/O接口设备码线相连。这样，当微处理器MPU对存储器或外设读/写数据时，只要把存储单元地址码或外设的设备码送到地址总线上便可选中工作。地址总线由所选CPU型号决定。地址总线的数目决定了CPU可以直接访问的内存储器的单元数目。地址总线是单向的，即数据从CPU传出到存储器或外设，在8位机中，它通常为16根，CPU可直接访问的内存储器的单元数目为64KB（2^{16}B）。

（3）控制总线（Control Bus，CB）

控制总线可以传送CPU送出的控制信号，也可以传送其他部件输入到微处理器的信号。对于每一条具体的控制线，信号的传送方向则是固定的，不是输入CPU就是从CPU输出。控制总线的数目与微处理器的位数没有直接关系，一般受引脚的限制，控制总线的数目不会太多。

微型计算机采用总线结构，使之在系统结构上简单、规则，易于扩展。可以认为，一台微型计算机就是以CPU为核心，其他部件通过三态门全部“挂接”在与CPU相连的系统总线上。有了总线结构以后，系统中各功能部件之间的相互关系就变为各个部件面向总线的单一关系。一个部件只要满足总线的标准就可以连接到采用这种总线标准的系统中。

采用总线结构后，在每一时刻，一种总线上只能有一组信号，这对提高计算机的运行速度也产生了不利影响。

要注意的是，微型计算机的外部结构特点是三总线结构，所有部件都通过三组总线分别传送各类信息。而CPU的内部结构特点是单总线结构，即CPU内部的所有部件都通过一组总线来传送各种信息。

2.3 微型计算机的指令执行过程

微型计算机是通过执行程序来实现其功能的。那么，有了上述硬件系统后，微机又是如何执行程序的呢？

在程序和数据装入之后，启动按钮将启动信号传给控制部件CON，然后控制部件产生控制字，以便取出和执行每条指令。

执行一条指令的最短时间为一个机器周期。机器周期又可分为取指周期和执行周期。取指过程和执行过程机器通过不同的机器节拍来实现。在这些节拍内，相关寄存器（PC、MAR、IR、A、PSW等）的内容都可能发生变化。

为弄清微型计算机指令的执行过程，现以实现 $x = 6 + 7$ 的求和程序段为例加以说明。

```
7406H    MOV  A，#06H      ；A←6
2407H    ADD  A，#07H      ；A←6+7
```

上述程序段包括两条指令，左边为指令的机器码，右边为指令的汇编符（即助记符）。每条指令均为双字节，其中第一个字节为操作码，第二个字节为操作数信息码。第一条指令的作用是把数字“6”传送到累加器A中，第二条指令是加法指令，它把A中的“6”和指令提供的加数“7”相加，结果存到累加器A中。假设此程序的机器码已装入从0000H～0003H的程序存储器区域，程序计数器PC也预置为 0000H，第一条指令的过程示意如图 2-15 所示。

机器根据 PC 中的地址从第一条指令开始执行。取指令和执行指令的过程如下。

1. 第一条指令的执行过程

（1）微操作控制电路发出微操作控制信号，将 PC 的内容送入存储器地址寄存器 MAR 中，同时使程序计数器 PC 中内容加 1 而变成 0001H 以便读取指令的下一个字节。

（2）MAR 中的地址经存储器中的地址译码器 MAD 译码后，选中 0000H 单元工作，然后微操作控制电路发出读命令，将被选中的 0000H 单元的内容 01110100B（74H）读至存储器的数据寄存器 MDR 中。

（3）在微操作控制信号的作用下，MDR 的内容 74H 经数据总线 DB 及 CPU 的内部数据总线送至指令寄存器 IR 中，然后送入指令译码器 ID 中。

（4）指令译码器 ID 结合时序部件产生 74H 操作码的微操作序列，该微操作序列把程序计数器 PC 中的地址 0001H 送入 MAR 后发出新的读命令，同时又使 PC 自动加 1，而生成 0002H，为取第二条指令做好准备。

（5）存储器在 MAR 中新的地址 0001H 和 74H 微操作序列的共同作用下，把 0001 单元的内容 06H 送入数据寄存器 MDR 中。

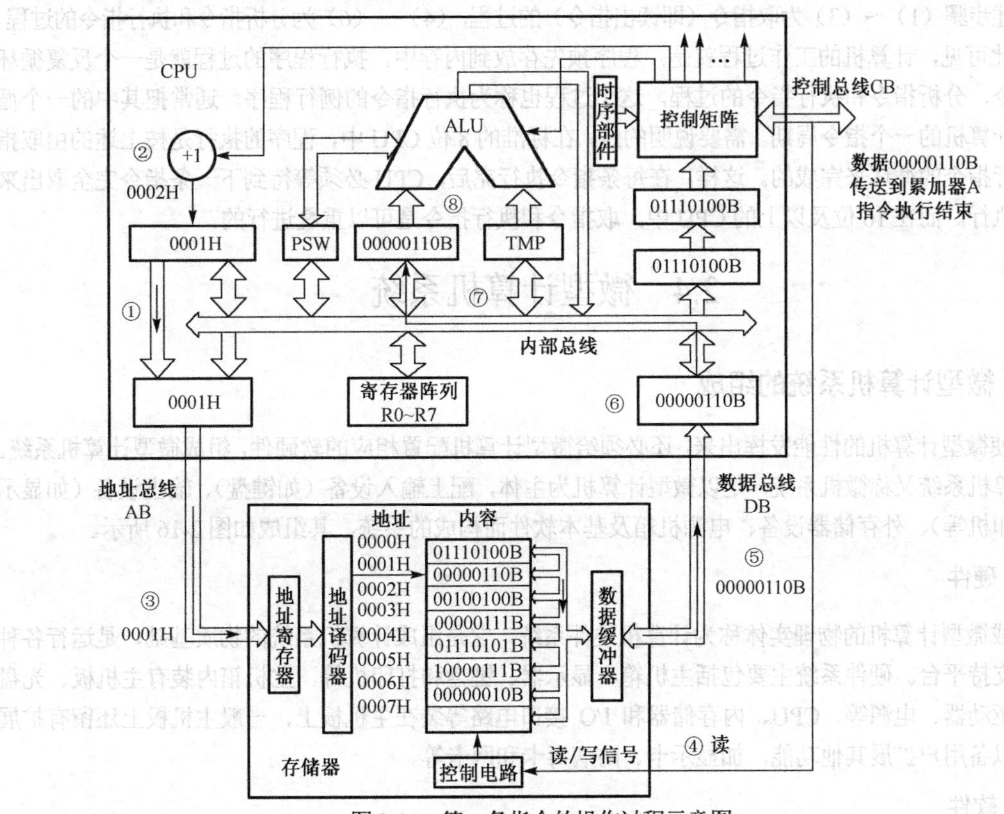

图 2-15 第一条指令的操作过程示意图

（6）74H 微操作控制序列使 MDR 中的 06H 送入累加器 A 中，并根据 A 的内容修改 PSW 的内容。至此第一条指令执行完毕。

2. 第二条指令的执行过程

（1）第一条指令执行完后，PC 的内容已变为 0002H，微操作控制电路发出微操作控制信号，将 PC 的内容送入存储器地址寄存器 MAR 中，同时使程序计数器 PC 中的内容加 1 而变成 0003H，以便读取第二条指令的下一个字节。

（2）MAR 中的地址经地址译码器 MAD 译码后，选中 0002H 单元，然后微操作控制电路发出读命令，将被选中的 0002H 单元中的内容 00100100B（24H）读至存储器的数据寄存器 MDR 中。

（3）在微操作控制信号的作用下，MDR 的内容 24H 经数据总线 DB 及内部数据总线送至 IR 缓冲后送入指令译码器 ID 中。

（4）指令译码器 ID 结合时序部件产生 24H 操作码的微操作序列，该微操作序列把程序计数器 PC 中的内容 0003H 送入 MAR，并发出读命令，同时又使 PC 自动加 1，而变成 0004H，为取下一条指令做好准备。

（5）24H 的微操作序列把从存储器读出的操作数 07H 从 MDR 送入 TMP，并会同累加器 A 中的另一操作数 06H，在算术逻辑单元 ALU 中完成两数的求和操作，并根据运算结果修改 PSW 的内容。

（6）24H 的微操作序列把求和操作结果从算术逻辑单元 ALU 经 CPU 内部数据总线送入累加器 A。至此，第二条指令执行完毕。

上述步骤（1）～（3）为取指令（即读出指令）的过程，（4）～（6）为分析指令和执行指令的过程。

由此可见，计算机的工作过程就是：程序预先存放到内存中，执行程序的过程就是一个反复循环的取指令、分析指令和执行指令的过程，这个过程也称为执行指令的例行程序。通常把其中的一个循环称为计算机的一个指令周期。需要说明的是，在标准的 8 位 CPU 中，程序的执行是按上述的由取指令和执行指令的循环来完成的。这样，在每条指令执行完后，CPU 必须等待到下一条指令完全取出来后才能执行。而在 16 位及以上的 CPU 中，取指令和执行指令是可以重叠进行的。

2.4 微型计算机系统

2.4.1 微型计算机系统的组成

要使微型计算机的性能发挥出来，还必须给微型计算机配置相应的软硬件，组成微型计算机系统。微型计算机系统又称微机系统，是以微型计算机为主体，配上输入设备（如键盘）、输出设备（如显示器、打印机等）、外存储器设备、电源机箱及基本软件而构成的系统，其组成如图 2-16 所示。

1. 硬件

构成微型计算机的物理实体称为计算机硬件系统，它是组成计算机系统的物质基础，是运行各种软件的支持平台。硬件系统主要包括主机箱、显示器、键盘和打印机等。主机箱内装有主机板、光盘和硬盘驱动器、电源等，CPU、内存储器和 I/O 接口电路等装在主机板上，一般主机板上还留有扩展插槽，以备用户扩展其他功能，加显示卡、防病毒卡和网卡等。

2. 软件

为解决某些特定问题所编制的具有特定功能的各种程序、文件、数据等统称为计算机软件系统。一台计算机使用起来是否方便和有效，主要是看它配备的软件是否丰富。

计算机的软件从形式看有 3 类，即目标程序、汇编语言源程序和高级语言源程序。

从使用的角度看，计算机的软件系统又可分为系统软件和应用软件。

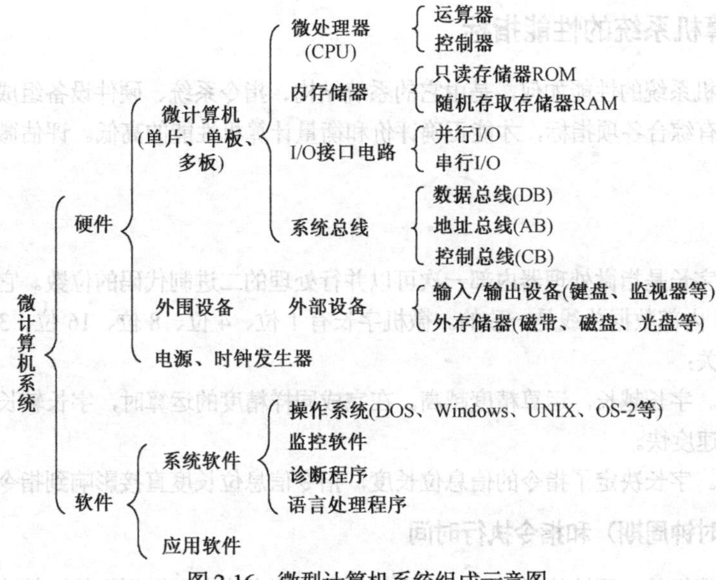

图 2-16　微型计算机系统组成示意图

（1）系统软件

系统软件是为了最大限度地发挥计算机的功能，便于使用、管理和维护计算机硬件的软件，它也是应用软件的支撑软件，可以为应用软件提供很好的运行环境。系统软件主要包括如下几类。

① 监控程序和操作系统

监控程序又称管理程序。它通常在单板机和单片机系统中使用，用于对系统的键盘、LED 显示器和被控对象进行监督和管理。

操作系统是在监控程序基础上发展起来的，是用来控制和管理计算机硬件和软件资源、合理地组织计算机的工作流程以及方便用户使用计算机的程序。目前常用的操作系统有 Windows、UNIX、MAC、Linux 等。

② 语言处理程序

汇编语言源程序和高级语言源程序都要经过相应的语言处理程序的编译，才能变成目标程序。例如，将汇编语言源程序翻译成目标程序的汇编程序（Assember）、将高级语言源程序翻译成目标码的编译程序（Compiler）都是语言处理程序。

③ 数据库和数据库管理系统

数据库是人们进行大量数据存储、共享和处理的有力工具，也是现代信息管理系统的核心软件。数据库管理系统是一种能对数据库中数据进行组织管理的软件，它有一整套数据的定义工具，以确保数据的安全性、可靠性和共享性。

④ 诊断程序

诊断程序是一种能对用户程序和计算机故障进行诊断和测试的程序。例如，对 CPU 速度的测试、对 RAM 的诊断和对磁盘磁道的检测等。诊断程序常常固化在标准的 CMOS 器件中，开机后用户可随时使用。

（2）应用软件

应用软件是指用户为了解决某一领域的实际问题而编制的计算机应用程序，具有明显的针对性和专用性。有些应用程序是由计算机公司研制开发的带有通用性的产品，称为应用软件包，如办公自动化系统、财务管理系统、过程控制软件包和图形处理程序等。

2.4.2 微型计算机系统的性能指标

一台微型计算机系统的性能如何，是由它的系统结构、指令系统、硬件设备组成和软件配备情况等因素决定的。只有综合各项指标，才能正确评价和衡量计算机性能的高低。评估微型计算机性能的主要指标如下。

1. 字长

微型计算机的字长是指微处理器内部一次可以并行处理的二进制代码的位数。它与微处理器内部的寄存器以及CPU内部数据总线是一致的。微机字长有1位、4位、8位、16位、32位、64位等。字长与下述参数有关：

（1）运算精度。字长越长，运算精度越高。在完成同样精度的运算时，字长较长的计算机比字长较短的计算机运算速度快。

（2）指令长度。字长决定了指令的信息位长度，指令信息位长度直接影响到指令的处理功能。

2. 主频（或时钟周期）和指令执行时间

主频是微型计算机的主要性能指标之一，主频很大程度上决定了微型机的运算速度，主频的单位是兆赫兹（MHz）。

指令执行时间是指计算机执行一条指令所需的平均时间，其长短反映了计算机运行速度的快慢。它一方面取决于微处理器的时钟频率（主频），另一方又取决于计算机指令系统的设计、CPU的体系结构等。微处理器指令执行速度表示为每秒运行多少百万条指令（Millions of Instructions Per Second，MIPS）。

3. 内部存储器容量

存储容量是衡量微型计算机内部存储器能存储二进制信息量大小的一个技术指标。通常把8位二进制代码称为一个字节（byte），把16位二进制代码称为一个字（word），把32位二进制代码称为一个双字。存储容量一般以字节为最基本的计量单位。

4. 指令系统

微机的核心部件CPU都有各自的指令系统，一般来说，指令的条数越多，其功能就越强。

5. 外设配置

在微机系统中，外设占据了重要地位。计算机信息的输入、输出、存储等都必须由外设来完成，外设对整体系统的性能有重大影响。

6. 系统总线

系统总线是连接微机系统各功能部件的公共数据通道，其性能直接关系到微机系统的整体性能。

7. 系统软件配置

系统软件也是计算机系统不可缺少的组成部分。软件功能的强弱，是否支持多任务、多用户操作等，都是微机硬件系统性能能否得到充分发挥的重要因素。

8. 性能/价格比

性能/价格比越高越好。这里所讲的性能是指综合性能，包括硬件和软件的各种性能。而价格也应考虑整个系统的价格。

2.4.3　微型计算机的分类

微型计算机可以从多个角度进行分类。

按微处理器位数分类，微型计算机可分为 1 位机、4 位机、8 位机、16 位机、32 位机、64 位机等。按应用形态分类，微型计算机可分为通用计算机系统和嵌入式计算机系统。按组装形式和系统规模分类，微型计算机可分为多板机（系统机）、单板微型计算机和单片微型计算机。

2.5　单片微型计算机概述

2.5.1　什么是单片微型计算机

所谓单片微型计算机，是指将一台微型计算机的主要部件——中央处理单元（CPU）、存储器（RAM、ROM）、并行 I/O 接口、串行 I/O 接口、定时器/计数器、中断系统、系统时钟电路及系统总线等，集成在一片半导体硅片上而组成的一种微型计算机，其典型结构如图 2-17 所示。其基本结构和工作原理与一般微型计算机类同，具有微型计算机的属性，因而被称为单片微型计算机，简称单片机。

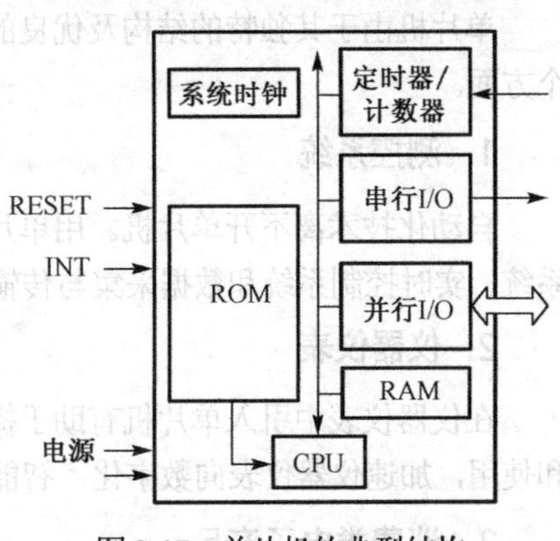

图 2-17　单片机的典型结构

单片机主要应用于测控领域。单片机使用时，通常处于测控系统的核心地位并嵌入其中，所以国际上通常把单片机称为嵌入式控制器（Embedded MicroController Unit，EMCU），或微控制器（MicroController Unit，MCU）。而我国习惯使用“单片机”这一名称。

单片机是计算机技术发展史上的一个重要里程碑，标志着计算机正式形成了通用计算机系统和嵌入式计算机系统两大分支。

2.5.2　单片机的发展历史

单片机的发展大致分为 4 个阶段。

第一阶段（1974—1976 年）：单片机初级阶段。因工艺限制，单片机采用双片的形式而且功能比较简单。

第二阶段（1976—1978 年）：低性能 8 位单片机阶段。1976 年 Intel 公司的 MCS-48 单片机（8 位）极大地促进了单片机的变革和发展，但这个阶段仍处于低性能阶段。

第三阶段（1978—1983 年）：高性能 8 位单片机阶段。1978 年，Zilog 公司推出 Z8 单片机，1980 年，Intel 公司在 MCS-48 系列基础上推出 MCS-51 系列，Motorola 公司推出 6801 单片机，使单片机的性能及应用跃上新的台阶。

此后，各公司的 8 位单片机迅速发展。推出的单片机普遍带有串行 I/O 口、多级中断系统、16 位定时器/计数器，片内 ROM、RAM 容量加大，且寻址范围可达 64KB，有的片内还带有 A/D 转换器。由于这类单片机的性能价格比高，所以被广泛应用，在目前依然是应用数量最多的单片机。

第四阶段（1983—现在）：8 位单片机巩固发展及 16 位单片机、32 位单片机推出阶段。16 位单片机的典型产品是 Intel 公司的 MCS-96 系列单片机。而 32 位单片机除了具有更高的集成度外，其数据处理速度比 16 位单片机提高许多，性能比 8 位、16 位单片机更加优越。目前，除 8 位单片机得到广泛应用外，16 位单片机、32 位单片机也得到高端用户的青睐。

2.5.3 单片机的特点

单片机是集成电路技术与微型计算机技术高速发展的产物，以其卓越的性能得到了广泛应用，已深入到了检测、控制等各个领域，并表现出如下显著的特点：

① 小巧灵活、成本低、易于产品化，可以方便地嵌入各种测控设备、仪器仪表。

② 抗干扰能力强，适应温度范围宽，能在现场可靠地运行。

③ 实时控制功能强。单片机面向控制，可以直接通过I/O口进行各种操作，运行速度快，对实时事件的响应和处理速度快，能针对性地解决从简单到复杂的各类控制任务。

④ 具有通信接口，可以很方便地实现多机和分布式控制系统。

⑤ 简单方便，易于普及。单片机技术是易于掌握的技术。应用系统设计、组装、调试已经是一件容易的事情，工程技术人员通过学习可很快掌握其应用设计技术。

2.5.4 单片机的应用

单片机由于其独特的结构及优良的特性，在嵌入式系统中得到了广泛应用，概括而言包括如下几个方面。

1．测控系统

自动化技术离不开单片机。用单片机可以构成各种工业控制系统、工业过程控制系统、智能控制系统、实时控制系统和数据采集与传输等，以达到测量与控制的目的。

2．仪器仪表

在仪器仪表中引入单片机有助于提高仪器仪表的精度和准确度，简化结构，减小体积而易于携带和使用，加速仪器仪表向数字化、智能化、多功能化方向发展。

3．消费类电子产品

单片机在家用电器中的应用已经非常普及，如洗衣机、电冰箱、空调、电视机、微波炉、消毒柜等常见家电中都带有单片机。嵌入单片机后，消费类电子产品的功能和性能得到了大大的提高。

4．通信设备

在调制解调器、各类手机、传真机、程控电话交换机、信息网络及各种通信设备中，单片机也已经得到广泛应用。

5．武器装备

在现代化的武器装备中，如飞机、军舰、坦克、导弹、鱼雷制导、智能武器装备、航天飞机导航系统，都有单片机嵌入其中。

6．各种终端及计算机外部设备

计算机网络终端（如银行终端）及计算机外部设备（如打印机、硬盘驱动器、绘图仪、传真机、复印机等）中都使用了单片机作为控制器。

7．汽车电子设备

单片机已经广泛地应用在各种汽车电子设备中，如汽车安全系统、汽车信息系统、智能自动驾驶系统、汽车卫星导航系统、汽车紧急请求服务系统、汽车防撞监控系统、汽车自动诊断系统及汽车黑匣子等。

8．分布式多机系统

在比较复杂的多节点测控系统中，常采用分布式多机系统。一般由若干台功能各异的单片机组成，各自完成特定的任务，它们通过串行通信相互联系、协调工作。在这种系统中，单片机往往作为一个终端机，安装在系统的某些节点上，对现场信息进行实时的测量和控制。

综上所述，从工业自动化、自动控制、智能仪器仪表、消费类电子产品等方面，直到国防尖端技术领域，单片机都发挥着十分重要的作用。

2.5.5 单片机的发展趋势

为满足不同用户的需求，各生产厂商竞相推出能满足不同需要的产品。单片机的发展趋势向着大容量、高性能化、外围电路内装化等方面发展，主要表现在如下几个方面。

1．改进 CPU 结构

（1）增加 CPU 数据总线宽度。例如，各种 16 位单片机和 32 位单片机，数据处理能力要优于 8 位单片机。另外，8 位单片机内部采用 16 位数据总线，其数据处理能力明显优于一般 8 位单片机。

（2）采用双 CPU 或多 CPU 结构，以提高微处理器的处理能力。

（3）开发串行接口总线结构，用 I^2C、SPI 串行总线代替并行总线，大大简化了单片机的外部接口电路连接。

2．改善存储器性能

（1）片内程序存储器普遍采用闪速（Flash）存储器，提高了存储器的可靠性和使用寿命。

（2）存储容量扩大化。目前有的单片机片内程序存储器容量可达 128KB 甚至更多，使得单片机应用系统基本上可不用外扩展程序存储器，简化了系统结构。

（3）单片机编程保密化。

（4）在线编程化。

3．改进片上 I/O 口的性能

（1）增加并行口驱动能力，以减少外部驱动芯片。目前有的单片机可以直接输出大电流（15～25mA）和高电压，能够直接驱动 LED 和 VFD（荧光显示器）。

（2）有些单片机设置了一些特殊的串行 I/O 接口功能，为构成分布式、网络化系统提供方便条件。

4．低电压、低功耗、CMOS 化

目前 8 位单片机产品已 CMOS 化，采用 CMOS 工艺的单片机具有功耗低的优点，且配置有空闲、掉电等省电运行方式。在这些状态下工作的单片机消耗电流仅在 μA 或 nA 量级，非常适用于用电池供电的便携式、手持式的仪器仪表及其他消费类电子产品。

5．外围电路内装化

随着集成电路技术及工艺的不断发展，把众多外围电路全部装入片内，即系统的单片化也是单片机一个发展方向。例如，美国 Cygnal 公司的 8 位单片机 C8051F020，内部采用流水线结构，大部分指令的完成时间为 1 或 2 个时钟周期，峰值处理能力为 25MIPS。片上集成有 8 通道 A/D、两路 D/A、两路电压比较器，内置温度传感器、定时器、可编程数字交叉开关和 64 个通用 I/O 口、电源监测、看门狗、多种类型的串行接口（两个 UART、SPI）等。一片芯片就是一个“测控”系统。

综上所述，单片机正在向多功能、高性能、高速度、低电压、低功耗、低价格、外围电路内装化

以及片内程序存储器和数据存储器容量不断增大的方向发展。

2.5.6 单片机的主要制造厂商和机型

目前，单片机的生产和应用呈百花齐放、百家争鸣的态势，常见的单片机有众多厂商生产的51系列、ATMEL公司的AVR系列、Microchip公司的PIC系列、TI公司的MSP430系列、Motorola公司的MC68H系列、凌阳公司的凌阳单片机以及诸多公司推出的32位ARM系列，林林总总，不一而足。

各类单片机的指令系统各不相同，功能各有所长，其中市场占有最高的当属与Intel公司MCS-51兼容的51系列单片机。

2.5.7 51系列单片机简介

1. MCS-51系列单片机

MCS是Intel公司单片机的系列符号，如MCS-48、MCS-51、MCS-96系列单片机。MCS-51系列是在MCS-48系列基础上于20世纪80年代初发展起来的，是最早进入我国并曾经在我国得到广泛应用的单片机主流品种。MCS-51系列品种丰富，当时经常使用的是基本型和增强型，如表2-5所示。

（1）基本型

典型产品：8031/8051/8751。

8031内部包括一个8位CPU、128B RAM、21个特殊功能寄存器（SFR）、4个8位并行I/O口、一个全双工串行口、两个16位定时器/计数器、5个中断源，但片内无程序存储器，需外扩程序存储器芯片。

8051在8031的基础上，片内集成4KB 掩模ROM作为程序存储器。

8751与8051相比，片内集成的4KB EPROM取代了8051的4KB掩模ROM来作为程序存储器。

（2）增强型

Intel公司在基本型基础上，推出增强型52子系列，典型产品有8032/8052/8752。和基本型相比，内部RAM增到256B，片内拥有的程序存储器扩展到8KB，16位定时器/计数器增至3个，6个中断源，串行口通信速率提高5倍。

表2-5 MCS-51系列单片机经典产品

	型号	程序存储器	片内RAM	定时器/计数器	并行I/O口	串行口	中断源/中断优先级	引脚数目（个）
基本型	8031/80C31	无	128B	2×16	4×8	1	5/2	40
	8051/80C51	4KB ROM	128B	2×16	4×8	1	5/2	40
	8751/87C51	4KB EPROM	128B	2×16	4×8	1	5/2	40
增强型	8032/80C32	无	256B	3×16	4×8	1	6/2	40
	8052/80C52	4KB ROM	256B	3×16	4×8	1	6/2	40

2. 51系列单片机

20世纪80年代中期以后，Intel公司已把主要精力集中在高档CPU芯片的开发、研制上，逐步淡出单片机芯片的开发和生产。MCS-51 系列单片机由于其设计上的成功，以及较高的市场占有率，成为许多厂家、电气公司竞相选用的对象。因此，Intel公司以专利形式把8051内核技术转让给许多半导体芯片生产厂家，如ATMEL、Philips、Cygnal、ANALOG、LG、ADI、Maxim、DALLAS等。这些厂家生产的兼容机在内核结构和指令系统方面与MCS-51相同，因而被统称为51系列单片机或简称为51单片机。51系列单片机和原型机相比，制造工艺得到不断改进，并且许多新的功能模块被增加进来，性能不断提高，因此，至今仍得到了广泛应用。近年来，世界上单片机芯片生产厂商推出的51系列单片机主要产品如表2-6所示。

3. AT89C5x/AT89S5x 系列单片机

在众多 51 系列单片机中，ATMEL 公司的 AT89C5x/AT89S5x 系列，尤其是 AT89C51/AT89S51 和 AT89C52/AT89S52，在 8 位单片机市场中占有较大的市场份额。ATMEL 公司 1994 年以 E^2PROM 技术与 Intel 公司的 80C51 内核的使用权进行交换。ATMEL 公司的技术优势是闪速（Flash）存储器技术，将 Flash 技术与 80C51 内核相结合，形成了片内带有 Flash 存储器的 AT89C5x/AT89S5x 系列单片机。

表 2-6　51 系列单片机的主要产品

生产厂家	单片机型号
ATMEL 公司	AT89C5x/AT89S5x 系列
Philips（菲利浦）公司	80C51、8xC552、P89LPC900 系列
Cygnal 公司	C80C51F 系列高速 SoC 单片机
LG 公司	GMS90/97 系列低价调速单片机
ADI 公司	ADμC8xx 系列高精度单片机
Maxim 公司	DS89C420 高速（50MIPS）单片机系列
华邦公司	W78C51、W77C51 系列高速低价单片机
AMD 公司	8-515/535 单片机
Siemens 公司	SAB80512 单片机
宏晶科技公司	STC 系列单片机

AT89C5x/AT89S5x 系列与 MCS-51 系列在原有功能、引脚及指令系统方面完全兼容。此外，某些品种又增加了一些新的功能，如看门狗定时器 WDT、ISP（在系统编程，也称在线编程）及 SPI 串行接口技术等。片内 Flash 存储器允许在线（+5V）电擦除、电写入或使用编程器对其重复编程。另外，AT89C5x/AT89S5x 单片机还支持由软件选择的两种节电工作方式，非常适于低功耗的场合。与 MCS-51 系列的 87C51 单片机相比，AT89C51/AT89S51 单片机片内的 4KB Flash 存储器取代了 87C51 片内的 4KB EPROM。AT89S51 片内的 Flash 存储器可在线编程或使用编程器重复编程，且价格较低。因此 AT89C51/AT89S51 单片机作为代表性产品受到用户欢迎，AT89C5x/AT89S5x 单片机是目前取代 MCS-51 系列单片机的主流芯片之一。

AT89S5x 的“S”档系列机型是 ATMEL 公司继 AT89C5x 系列之后推出的新机型，代表性产品为 AT89S51 和 AT89S52。基本型的 AT89C51 与 AT89S51 以及增强型的 AT89C52 与 AT89S52 的硬件结构和指令系统完全相同。使用 AT89C51 的系统，在保留原来软/硬件的条件下，完全可以用 AT89S51 直接代换。与 AT89C5x 系列相比，AT89S5x 系列的时钟频率以及运算速度有了较大的提高，如 AT89S51 工作频率的上限为 24MHz，而 AT89S51 则为 33MHz。AT89S51 片内集成有双数据指针 DPTR、看门狗定时器，具有低功耗空闲工作方式和掉电工作方式。目前，AT89S5x 系列已逐渐取代 AT89C5x 系列。

表 2-7 所示为 ATMEL 公司 AT89C5x/AT89S5x 系列单片机主要产品片内硬件资源。由于种类多，要依据实际需求来选择合适的型号。

表 2-7　AT89C5x/AT89S5x 系列单片机主要产品片内硬件资源

型　号	片内 Flash ROM（KB）	片内 RAM（B）	I/O 口线（位）	定时器/计数器（个）	中断源（个）	引脚数目（个）
AT89C1051	1	128	15	1	3	20
AT89C2051	2	128	15	2	5	20
AT89C51	4	128	32	2	5	40
AT89S51	4	128	32	2	5	40
AT89C52	8	256	32	3	8	40
AT89S52	8	256	32	3	8	40
AT89LV51	4	128	32	2	5	40
AT89LV52	8	256	32	3	8	40
AT89C55	20	256	32	3	8	44

表 2-7 中，AT89C1051 与 AT89C2051 为低档机型，均为 20 个引脚。当低档机满足设计需求时，就不要采用较高档次的机型。如对程序存储器和数据存储器的容量要求较高，还要单片机运行速度尽量要快，则可考虑选择更高档的 AT89S51/AT89S52，因为它们的最高工作时钟频率为 33MHz。当程序需要多于 8KB 以上的空间时，可考虑选用片内 Flash 容量 20KB 的 AT89C55。

在表2-7中，“LV”代表低电压，它与AT89S51的主要差别是其工作电压为2.7～6V。AT89LV51的低电压电源工作特性使其特别适于电池供电的仪器仪表和各种野外操作的设备中。

通过上面的介绍，可见单片微型计算机的种类繁多。作为单片机的学习者，不可能也没有必要去掌握每一种单片机。只需要以一个产品为对象，掌握其结构、工作原理及应用方法。掌握了分析问题、解决问题的方法，那么触类旁通，以后碰上其他种类的单片机将可以很快地掌握。51系列单片机在我国推广的时间最早，因而学习资料和实验器材也是最丰富的。

因此，从易学性及实用性角度出发，本书选用最具典型性和代表性，同时也是各种增强型、扩展型等衍生品种基础的AT89S51作为51单片机的代表性机型来介绍单片微型计算机的原理及应用。

习题与思考题2

2.1　什么叫数制？在计算机的设计和使用上常用的数制有哪些？

2.2　为什么微型计算机要采用二进制？十六进制代码能为微型计算机直接执行吗？为什么要使用十六进制数？

2.3　将下列各二进制数分别转换为十进制数和十六进制数。

（1）11010B　（2）110100B　（3）10101011B　（4）11111B

2.4　将下列各数分别转换为二进制数和十六进制数。

（1）129D　（2）253D　（3）0.625　（4）111.111

2.5　把下列十六进制数转换成十进制数和二进制数。

（1）AAH　（2）BBH　（3）C.CH　（4）DE.FCH　（5）ABC.DH　（6）128. 08H

2.6　什么叫原码、反码及补码？

2.7　已知原码如下，写出其反码及补码（其最高位为符号位）。

（1）$[X]_{原}=01011001B$（2）$[X]_{原}=11011011B$（3）$[X]_{原}=11111100B$

2.8　当微机把下列数视为无符号数时，它们相应的十进制数为多少？若把它们视为补码，最高位为符号位，那么它们相应的十进制数又是多少？

（1）10001110B　（2）10110000B　（3）00010001B　（4）01110101B

2.9　先将下列十六进制数转换为二进制数，然后分别完成逻辑乘、逻辑加和逻辑异或操作。

（1）33H和BBH　（2）ABH和FFH　（3）78H和0FH

2.10　已知x和y，试分别计算$[x+y]_{补}$和$[x-y]_{补}$，并指出是否产生溢出（设补码均用8位表示）。

（1）$x=+1001110B$，$y=+0010110B$　（2）$x=+0101101B$，$y=-1100100B$

（3）$x=-0101110B$，$y=+0111011B$　（4）$x=-1000101B$，$y=-0110011B$

2.11　写出下列各数的BCD码。

（1）45　（2）98　（3）124　（4）1998

2.12　用十六进制形式写出下列字符的ASCII码。

（1）CD　（2）COMPUTER　（3）HELLO　（4）F365

2.13　ALU是什么部件？它能完成什么运算功能？

2.14　累加器有何用处？

2.15　控制字是什么意思？试举个例子说明之。

2.16　ROM和RAM各有何特点和用处？

2.17　为什么要建立“地址”这个概念？

2.18　除地线公用外，5根地址线和11根地址线各可选多少个地址？

2.19　译码器有何用处？

2.20　存储地址寄存器（MAR）和存储数据寄存器（MDR）各有何用处？

2.21　微型计算机的基本结构是怎样的？包括哪些主要部件？

2.22　指令、指令系统和程序三者间有什么区别和联系？

2.23　控制部件包括哪些主要环节？各有何用处？

2.24　环形计数器有何用处？什么叫环形字？

2.25　试说明下列各部件的作用：

（1）程序计数器 PC　（2）指令寄存器 IR　（3）指令译码器 ID

2.26　什么叫例行程序？什么叫机器周期、取指周期和执行周期？本章所论模型式计算机的机器周期包括几个时钟周期（机器节拍）？机器周期是否一定是固定不变的？

2.27　微型计算机系统的硬件和软件包括哪些部分？各部分的作用是什么？

2.28　什么叫单片机？和一般型计算机相比，单片机有何特点？

2.29　除了单片机这一名称之外，单片机还可称为（　　）和（　　）。

2.30　MCS-51 系列单片机的基本型芯片分别为哪几种？它们的差别是什么？

2.31　MCS-51 系列单片机与 51 系列单片机的异同点是什么？

2.32　试说明单片机主要应用在哪些领域。

第3章　51系列单片机的硬件结构与时序

内容提要

本章以51系列单片机中结构相对简洁、实用的AT89S51为具体对象，介绍其片内硬件结构、引脚功能、存储器结构、特殊功能寄存器功能、4个并行I/O口的结构和特点，对复位电路和时钟电路的设计以及执行指令的时序也进行了详细介绍，最后对节电工作模式进行简要介绍。

学习要点

- 掌握AT89S51单片机的片内硬件结构，了解其硬件资源及各功能部件的作用。
- 重点掌握存储器结构及特殊功能寄存器的作用。
- 了解复位电路与时钟电路的设计。
- 理解单片机取指令和执行指令的时序及各控制信号的作用，为应用系统的硬件设计打下基础。

通过前面的学习，我们了解了微型计算机的基本结构和工作原理。但是，只了解这些概念化的知识对实际工作还是缺乏指导意义。必须以一种实用的微型计算机为对象，详细了解其结构、工作原理及应用，进而获得实用知识，掌握分析问题、解决问题的方法。

下面以51系列单片机中的AT89S51为具体对象，分析其结构、工作原理及应用。

3.1　AT89S51单片机的结构概述

AT89S51单片机的片内硬件组成结构如图3-1所示。它把那些作为控制应用所必需的基本功能部件都集成在一块集成电路芯片上，具有如下功能部件和特性。

（1）8位微处理器（CPU）。

（2）数据存储器（128B RAM）。

（3）程序存储器（4KB Flash ROM）。

（4）4个8位并行I/O口（P0口、P1口、P2口、P3口）。

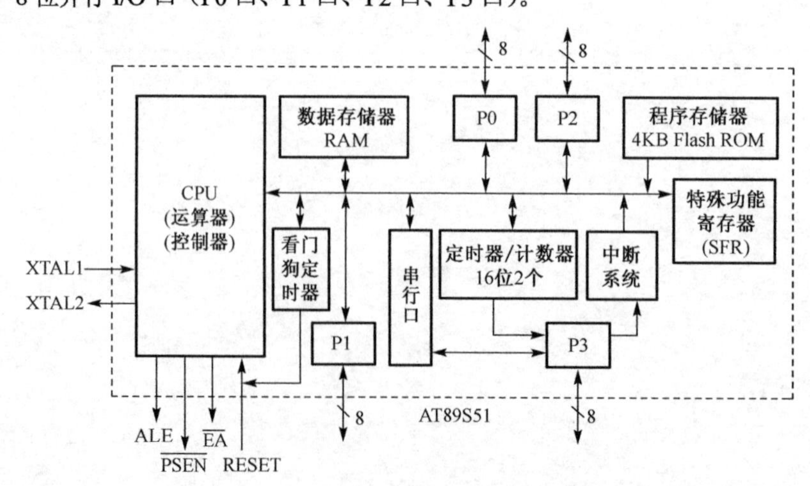

图3-1　AT89S51单片机片结构框图

（5）一个全双工的异步串行口。

（6）两个可编程的 16 位定时器/计数器。

（7）一个看门狗定时器。

（8）中断系统，具有 5 个中断源、5 个中断向量。

（9）特殊功能寄存器（SFR）26 个。

（10）低功耗节电模式有空闲模式和掉电模式，且具有掉电模式下的中断恢复模式。

（11）3 个程序加密锁定位。

与较早的 MCS-51 系列的单片机及其兼容机 AT89C51 相比，AT89S51 主要做了如下改进：

（1）增加了在线可编程功能（In System Program，ISP），灵活的在线编程方式（字节和页编程）使得现场程序调试和修改更加方便灵活。

（2）数据指针增加到两个，方便了对片外 RAM 的访问过程。

（3）新增加了看门狗定时器，提高了系统的抗干扰能力。

（4）增加了掉电标志。

（5）增加了掉电状态下的中断恢复模式。

AT89S51 片内的各功能部件通过片内单一总线连接而成（如图 3-1 所示），其基本结构仍然是 CPU 加上外围芯片的传统微型计算机结构模式。但 CPU 对各种功能部件的控制是采用特殊功能寄存器（Special Function Register，SFR）的集中控制方式。

AT89S51 完全兼容 AT89C51 单片机及更早的其他 51 系列的单片机。使用 AT89C51 单片机的系统在充分保留原来软、硬件的条件下，完全可以用 AT89S51 直接替换。

3.2　AT89S51 单片机的外部引脚

要使用 AT89S51 单片机构建应用系统，必须首先了解 AT89S51 的引脚，熟悉并牢记各引脚的位置和功能。AT89S51 与 51 系列单片机中各种型号芯片的引脚是互相兼容的。目前 AT89S51 单片机多采用 40 个引脚的双列直插封装（DIP）方式，如图 3-2 所示。此外，还有 44 个引脚的 PLCC 和 TQFP 封装方式的芯片。

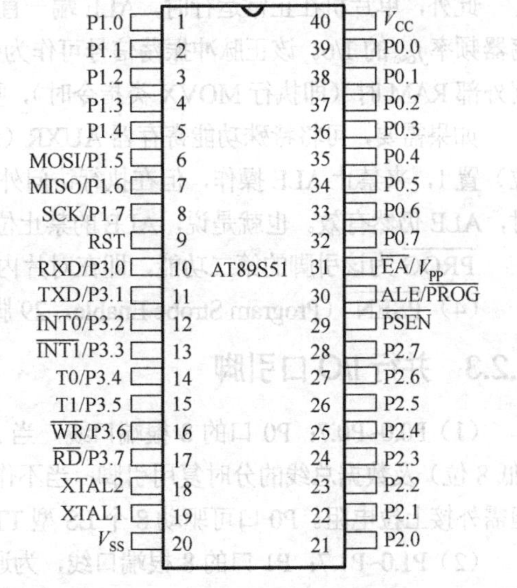

图 3-2　AT89S51 单片机双列直插封装方式的引脚图

双列直插封装方式的 40 个引脚，按其功能可分为如下 3 类：

（1）电源及时钟引脚：V_{CC}、V_{SS}；XTAL1、XTAL2。

（2）控制引脚：$\overline{PSEN}$、ALE/$\overline{PROG}$、$\overline{EA}$/V_{PP}、RST（即 RESET）。

（3）I/O 口引脚：P0、P1、P2、P3，为 4 个 8 位 I/O 口的外部引脚。

下面结合图 3-2 介绍各引脚的功能。

3.2.1　电源及时钟引脚

1．电源引脚

电源引脚用于接入单片机的工作电源。

（1）V_{CC}（40 脚）：接+5V 电源。

（2）V_{SS}（20脚）：接数字地。

2. 时钟引脚

（1）XTAL1（19脚）：片内振荡器反相放大器和时钟发生器电路的输入端。当使用片内振荡器时，该引脚连接外部石英晶体和微调电容；当采用外接时钟源时，该引脚接外部时钟振荡器的信号。

（2）XTAL2（18脚）：片内振荡器反相放大器的输出端。当使用片内振荡器时，该引脚连接外部石英晶体和微调电容；当采用外部时钟源时，该引脚悬空。

3.2.2 控制引脚

此类引脚提供控制信号，有的引脚还具有复用功能。

（1）RST（RESET，9脚）：复位信号输入端，高电平有效。在此引脚加上持续时间大于两个机器周期的高电平，就可以使单片机复位。在单片机正常工作时，此引脚应为小于等于0.5V的低电平。

当看门狗定时器溢出输出时，该引脚将输出长达96个时钟振荡周期的高电平。

（2）$\overline{EA}$/V_{PP}（Enable Address/Voltage Pulse of Programming，31脚）：$\overline{EA}$（External Access Enable）为该引脚的第一功能，即外部程序存储器访问允许控制端。

当该引脚接高电平时，在PC值不超出0FFFH（即不超出片内4 KB Flash存储器的地址范围）时，单片机读片内程序存储器（4KB）中的程序；当PC值超出（即超出片内4 KB Flash存储器地址范围）时，将自动转向读取片外60KB（1000H～FFFFH）程序存储器空间中的程序。

当$\overline{EA}$引脚为低电平时，只读取外部程序存储器中的内容，读取的地址范围为0000H～FFFFH，片内的4 KB Flash程序存储器不起作用。

V_{PP}为该引脚的第二功能，即在对片内Flash进行编程时，V_{PP}引脚接入编程电压。

（3）ALE/$\overline{PROG}$（Address Latch Enable/Programming，30脚）：ALE为CPU访问外部程序存储器或外部数据存储器提供一个地址锁存信号，将低8位地址锁存在片外的地址锁存器中。

此外，单片机在正常运行时，ALE端一直有正脉冲信号输出，一般情况下，此信号频率为时钟振荡器频率f_{osc}的1/6。该正脉冲振荡信号可作为外部定时或触发信号使用，但要注意，每当AT89S51访问外部RAM时（即执行MOVX类指令时），要丢失一个ALE脉冲。

如果需要，可将特殊功能寄存器AUXR（地址为8EH，将在本章后面介绍）的第0位（ALE禁止位）置1，来禁止ALE操作，但在执行访问外部程序存储器或外部数据存储器指令MOVC或MOVX时，ALE仍然有效。也就是说，ALE的禁止位不影响对外部存储器的访问。

$\overline{PROG}$为该引脚的第二功能，即在对片内Flash存储器编程时，此引脚作为编程脉冲输入端。

（4）$\overline{PSEN}$（Program Strobe Enable，29脚）：片外程序存储器的读选通信号，低电平有效。

3.2.3 并行I/O口引脚

（1）P0.0~P0.7：P0口的8根端口线，当AT89S51扩展外部存储器或I/O接口时，作为地址总线（低8位）及数据总线的分时复用引脚；当不作为地址/数据总线使用时也可作为通用的I/O口线使用，但需外接上拉电阻。P0口可驱动8个LS型TTL负载。

（2）P1.0~P1.7：P1口的8根端口线，为通用的I/O口引脚，P1口可驱动4个LS型TTL负载。另外，MOSI/P1.5、MISO/P1.6和SCK/P1.7也可用于对片内Flash存储器串行编程和校验，它们分别是串行数据输入、输出和移位脉冲引脚（注意，51系列单片机的原型机不具有这项功能）。

（3）P2.0~P2.7：P2口的8根端口线，当AT89S51扩展外部存储器或I/O口时，为高8位地址总线引脚，输出高8位地址。当不作为地址总线使用时，P2口也可作为通用的I/O口使用。P2口可驱动

4 个 LS 型 TTL 负载。

（4）P3.0~P3.7：P3 口的 8 根端口线，可作为通用 I/O 端口线使用。P3 口可驱动 4 个 LS 型 TTL 负载。

P3 口还可提供第二功能，其第二功能的定义见表 3-1。需要特别注意的是，第二功能优先于第一功能，只有不使用第二功能的那些端口线才能使用其第一功能。

至此，AT89S51 单片机的 40 个引脚已介绍完毕，读者应熟记每一个引脚的功能，这对于掌握 AT89S51 单片机及应用系统的硬件电路设计十分重要。

表 3-1　P3 口的第二功能

引脚	P3 口的第二功能定义
P3.0	RXD（串行口数据接收端）
P3.1	TXD（串行口数据发送端）
P3.2	$\overline{INT0}$（外部中断 0 中断请求输入端）
P3.3	$\overline{INT1}$（外部中断 1 中断请求输入端）
P3.4	T0（定时器/计数器 0 计数脉冲输入端）
P3.5	T1（定时器/计数器 1 计数脉冲输入端）
P3.6	$\overline{WR}$（外部数据存储器写选通信号输出端）
P3.7	$\overline{RD}$（外部数据存储器读选通信号输出端）

3.3　AT89S51 单片机的 CPU

和一般的微型计算机一样，AT89S51 的 CPU 也是由运算器和控制器构成的，其具体部件的构成情况及与单片机其他部分的连接关系如图 3-3 所示，下面对其细节逐一介绍。

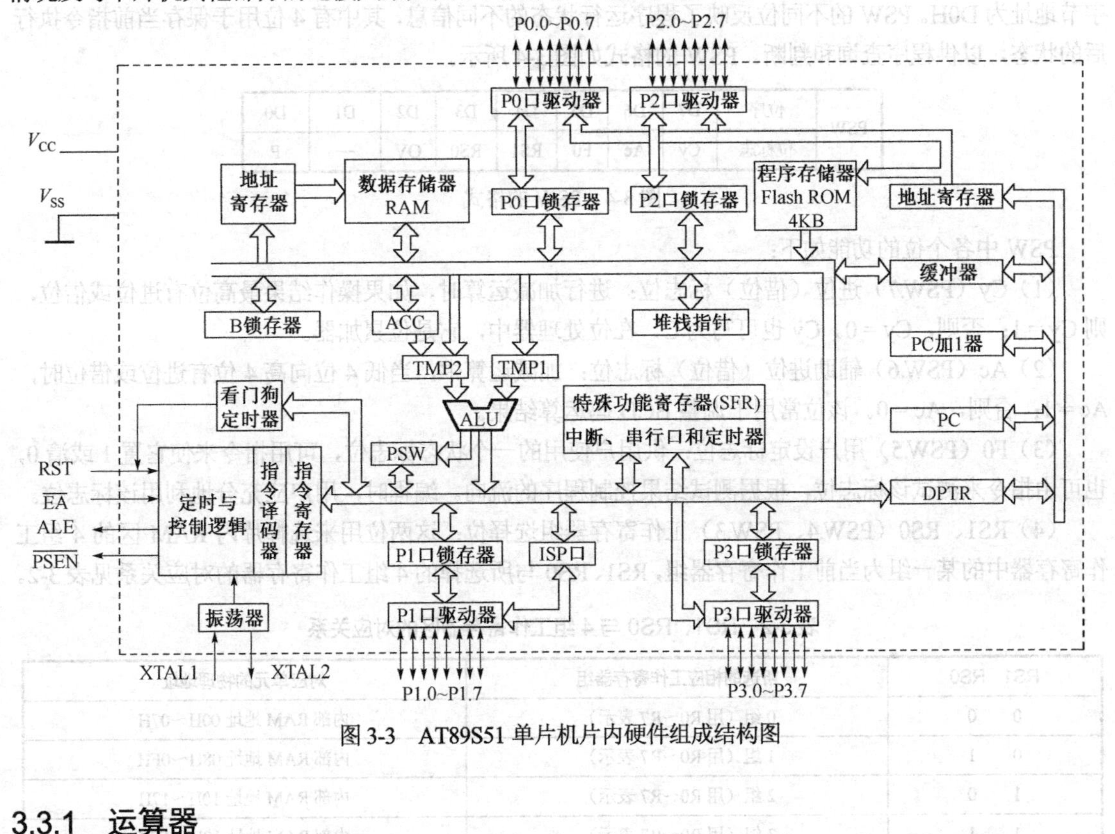

图 3-3　AT89S51 单片机片内硬件组成结构图

3.3.1　运算器

运算器包括算术逻辑运算单元 ALU、累加器 A、程序状态字寄存器 PSW、位处理器及两个暂存器 TMP1、TMP2 等，主要用来对操作数进行算术、逻辑和位操作运算。

1. 算术逻辑运算单元 ALU

ALU 的功能十分强大，它不仅可对 8 位数据进行加、减、乘、除等基本算术运算，还可进行逻辑与、逻辑或、逻辑异或、移位、求补和清 0 等操作。此外，AT89S51 的 ALU 还具有位处理功能，它可对位（bit）变量进行位处理，如置 1、清 0、取反、测试转移及逻辑与、或等操作。

2. 累加器 A

累加器 A 是 CPU 中使用最频繁的一个 8 位寄存器，它也可以用 ACC 表示，但是“A”与“ACC”并非仅仅是表达形式上的不同，它们的含义是有所不同的，其区别将在第 4 章介绍。

累加器的作用如下：

（1）累加器 A 是 ALU 单元的输入数据源之一，它又是 ALU 运算结果的存放单元。

（2）CPU 中的数据传送大多都通过累加器 A，故累加器 A 又相当于数据的中转站。为解决累加器结构所带来的“瓶颈堵塞”问题，AT89S51 增加了一部分可以不经过累加器的传送指令。

累加器 A 的进位标志 Cy 还具有一个特殊功能，即它同时又是位处理机的位累加器，在位处理指令中起着重要的作用。

3. 程序状态字寄存器 PSW

AT89S51 的程序状态字寄存器 PSW（Program Status Word）位于单片机片内的特殊功能寄存器区，字节地址为 D0H。PSW 的不同位反映了程序运行状态的不同信息，其中有 4 位用于保存当前指令执行后的状态，以供程序查询和判断。PSW 的格式如图 3-4 所示。

PSW	位序	D7	D6	D5	D4	D3	D2	D1	D0
	位标志	Cy	Ac	F0	RS1	RS0	OV	—	P

图 3-4 PSW 的格式

PSW 中各个位的功能如下：

（1）Cy（PSW.7）进位（借位）标志位：进行加减运算时，如果操作结果最高位有进位或借位，则 Cy = 1；否则，Cy = 0。Cy 也可写为 C，在位处理器中，它是位累加器。

（2）Ac（PSW.6）辅助进位（借位）标志位：加减运算中，当低 4 位向高 4 位有进位或借位时，Ac = 1；否则，Ac = 0。该位常用于调整 BCD 码运算结果。

（3）F0（PSW.5）用户设定标志位：供用户使用的一个状态标志位，可用指令来使它置 1 或清 0，也可由指令来测试该标志位，根据测试结果控制程序的流向。编程时，用户应充分地利用该标志位。

（4）RS1、RS0（PSW.4、PSW.3）工作寄存器组选择位：这两位用来选择片内 RAM 区的 4 组工作寄存器中的某一组为当前工作寄存器组，RS1、RS0 与所选择的 4 组工作寄存器的对应关系见表 3-2。

表 3-2 RS1、RS0 与 4 组工作寄存器区的对应关系

RS1 RS0	所选的相应工作寄存器组	对应单元的物理地址
0 0	0 组（用 R0～R7 表示）	内部 RAM 地址 00H～07H
0 1	1 组（用 R0～R7 表示）	内部 RAM 地址 08H～0FH
1 0	2 组（用 R0～R7 表示）	内部 RAM 地址 10H～17H
1 1	3 组（用 R0～R7 表示）	内部 RAM 地址 18H～1FH

（5）OV（PSW.2）溢出标志位：当执行算术指令时，用来指示运算结果是否产生溢出。如果结果产生溢出，OV＝1；否则，OV＝0。

（6）PSW.1位：保留位，未做定义，不可使用。

（7）P（PSW.0）奇偶标志位：该标志位表示指令执行完时，累加器A中1的个数是奇数还是偶数。

P＝1，表示A中1的个数为奇数。

P＝0，表示A中1的个数为偶数。

此标志位对串行通信中的串行数据传输有重要意义。在串行通信中，常用奇偶检验的方法来检验数据串行传输的可靠性。

3.3.2 控制器

控制器的主要任务是识别指令，并根据指令的性质控制单片机各功能部件，从而保证单片机各部分能自动协调地工作。

控制器主要包括程序计数器、指令寄存器、指令译码器、定时及控制逻辑电路等。其功能是控制指令的读入、译码和执行，从而对单片机的各功能部件进行定时和逻辑控制。

程序计数器PC是控制器中最基本的寄存器，它是一个独立的16位计数器，是不可访问的，即用户不能直接使用指令对PC进行读/写。当单片机复位时，PC中的内容为0000H，即CPU从程序存储器0000H单元取指令，开始执行程序。

PC的基本工作过程是：CPU读指令时，PC的内容作为所取指令的地址发送给程序存储器，然后程序存储器按此地址输出指令字节，同时PC自动加1，这也就是为什么PC被称为程序计数器的原因。

PC中内容的变化轨迹决定了程序的流程。由于PC是不可访问的，当顺序执行程序时自动加1；执行转移程序或子程序、中断子程序调用时，由运行的指令自动将其内容更改成所要转移的目的地址。

程序计数器的计数宽度决定了程序存储器的地址范围。AT89S51中的PC位数为16位，故可对64KB（$=2^{16}$B）的程序存储器进行寻址。

3.4 AT89S51单片机存储器的结构

AT89S51单片机存储器采用的是哈佛结构，即程序存储器和数据存储器是分开的，并且对这两个不同的存储器空间的访问采用的是不同的指令。

从功能上讲，AT89S51单片机的存储器空间可以分为：程序存储器空间、数据存储器空间、特殊功能寄存器和位地址空间，而从所处的物理位置来看，又可以分为片内和片外，具体构成情况如图3-5所示。下面分别加以介绍。

3.4.1 程序存储器空间

程序存储器是只读存储器（ROM），用于存放程序和表格之类的固定常数。AT89S51有16条地址线，因此，从逻辑上讲，AT89S51的程序存储空间可达64KB。但是，直接可以使用的只是地址范围0000H～0FFFH，位于片内的4KB程序存储器。其他地址空间必须扩展相应的物理器件后才能使用。可外扩的程序存储器空间最大为64KB，地址范围为0000H～FFFFH。有关程序存储器的使用应注意以下两点。

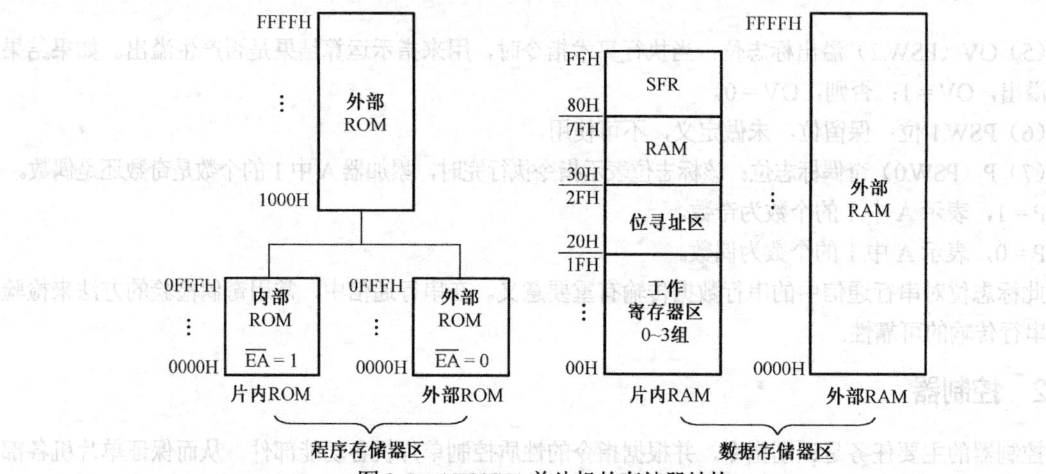

图 3-5　AT89S51 单片机的存储器结构

（1）整个程序存储器空间可分为片内和片外两部分，CPU 访问片内和片外程序存储器可由 $\overline{EA}$ 引脚上所接的电平来确定。

$\overline{EA}$ 引脚接高电平时，CPU 从片内 0000H 开始取指令，当 PC 值超出 0FFFH（0000H～0FFFH 为片内 4KB Flash 存储器的地址范围）时，会自动转向片外程序存储器空间 1000H～FFFFH 执行程序。

$\overline{EA}$ 引脚接地时，单片机只能执行片外程序存储器（地址范围为 0000H～FFFFH）中的程序，此时片内程序存储器被屏蔽掉了。

表 3-3　5 个中断源的中断入口地址

中断源	入口地址
外部中断 0（$\overline{INT0}$）	0003H
定时器 0（T0）	000BH
外部中断 1（$\overline{INT1}$）	0013H
定时器 1（T1）	001BH
串行口	0023H

（2）程序存储器空间中具有特定意义的 6 个地址单元。

64KB 程序存储器空间中有 5 个特殊单元分别对应于 5 个中断源的中断服务程序的入口地址，见表 3-3。由此表可以看出每相邻两个中断入口间隔仅 8 个单元，而这 8 个单元直接存放中断服务程序往往是不够用的。所以，一般的做法是在此位置安排一条转移指令跳向真正的中断服务处理程序。

AT89S51 复位后程序存储器 PC 的内容为 0000H，程序从程序存储器中的 0000H 地址开始执行。为绕过中断入口地址，一般也在该单元存放一条转移指令，转向主程序的入口地址。

3.4.2　数据存储器空间

由图 3-5 可见，数据存储器空间分为片内与片外两部分。

1．片内数据存储器

AT89S51 的片内数据存储器（片内 RAM）共有 128 个单元，字节地址为 00H～7FH。图 3-6 所示为 AT89S51 片内数据存储器的结构。

地址为 00H～1FH 的 32 个单元是 4 组通用工作寄存器区，每个组包含 8 个单字节工作寄存器，名字皆为 R0～R7。用户可以通过指令改变特殊功能寄存器 PSW 中的 RS1、RS0 这两位来切换当前使用的工作寄存器组。

地址为 20H～2FH 的 16 个存储单元，它们的每一位也被编上了地址，因此这一块是可位寻址区，包含 128 个可位寻址的位单元。

地址为 30H～7FH 的单元为用户 RAM 区，只能进行字节寻址，通常用于存放数据及作为堆栈区使用。

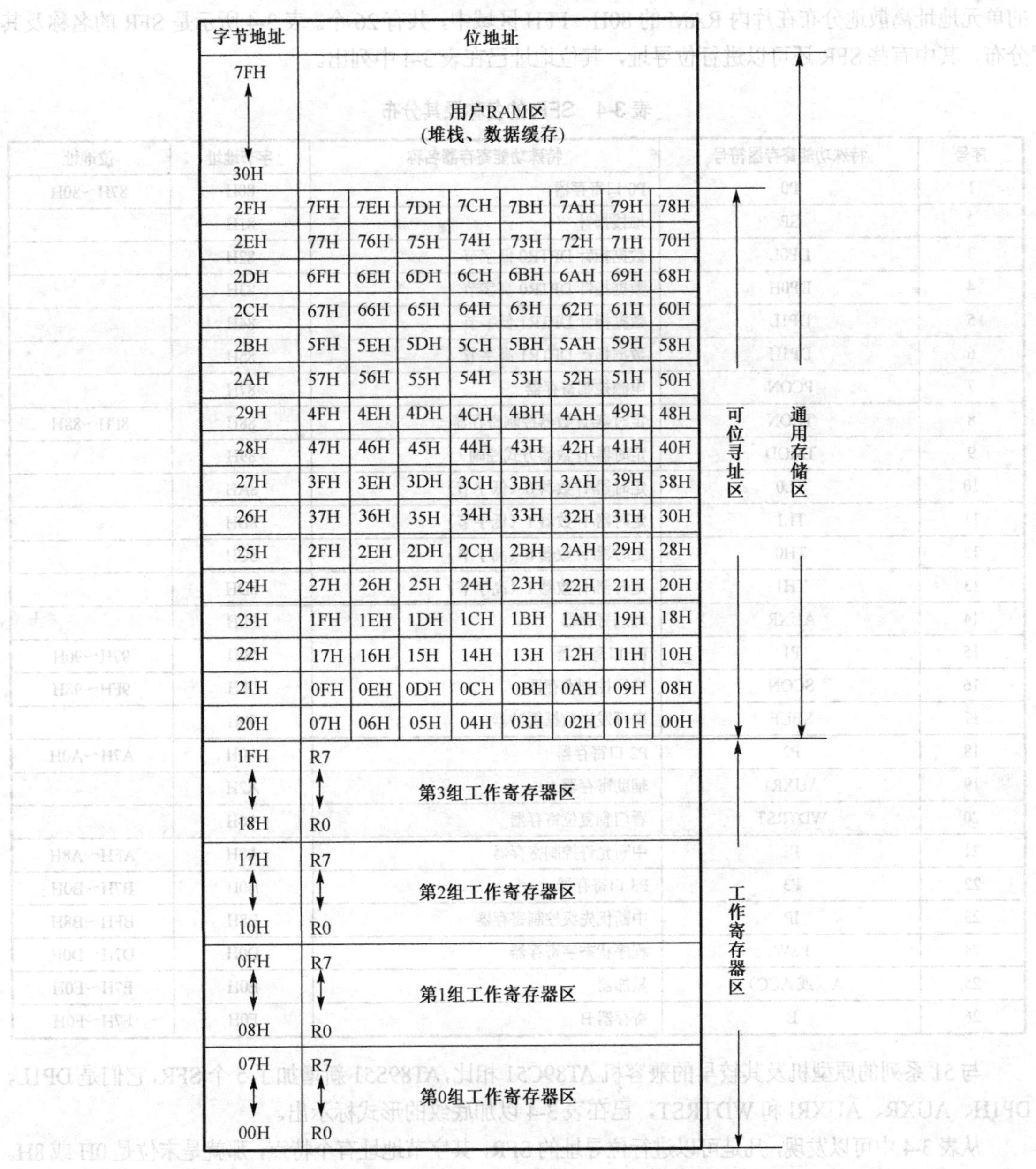

图 3-6　AT89S51 片内数据存储器的结构

2．片外数据存储器

当片内 128B 的 RAM 不够用时，需要外扩数据存储器，AT89S51 最多可外扩 64KB 的 RAM。注意，片内 RAM 与片外 RAM 两个空间是相互独立的，通过不同的指令进行访问。因此，虽然片内 RAM 与片外 RAM 的低 128B 地址是相同的，但由于使用的是不同的访问指令，所以不会发生冲突。

3.4.3　特殊功能寄存器

AT89S51 中的 CPU 对片内各功能部件的控制，采用的是特殊功能寄存器集中控制方式，也就是通过设定特殊功能寄存器的内容，使得对应功能部件的功能做出相应的改变。特殊功能寄存器（SFR）

的单元地址离散地分布在片内RAM的80H～FFH区域中，共有26个。表3-4所示是SFR的名称及其分布，其中有些SFR还可以进行位寻址，其位地址已在表3-4中列出。

表3-4 SFR的名称及其分布

序号	特殊功能寄存器符号	特殊功能寄存器名称	字节地址	位地址
1	P0	P0口寄存器	80H	87H～80H
2	SP	堆栈指针	81H	
3	DP0L	数据指针DPTR0低字节	82H	
4	DP0H	数据指针DPTR0高字节	83H	
5	DP1L	数据指针DPTR1低字节	84H	
6	DP1H	数据指针DPTR1高字节	85H	
7	PCON	电源控制寄存器	87H	
8	TCON	定时器/计数器控制寄存器	88H	8FH～88H
9	TMOD	定时器/计数器方式控制	89H	
10	TL0	定时器/计数器0（低字节）	8AH	
11	TL1	定时器/计数器1（低字节）	8BH	
12	TH0	定时器/计数器0（高字节）	8CH	
13	TH1	定时器/计数器1（高字节）	8DH	
14	AUXR	辅助寄存器	8EH	
15	P1	P1口寄存器	90H	97H～90H
16	SCON	串行控制寄存器	98H	9FH～98H
17	SBUF	串行发送数据缓冲器	99H	
18	P2	P2口寄存器	A0H	A7H～A0H
19	AUXR1	辅助寄存器1	A2H	
20	WDTRST	看门狗复位寄存器	A6H	
21	IE	中断允许控制寄存器	A8H	AFH～A8H
22	P3	P3口寄存器	B0H	B7H～B0H
23	IP	中断优先级控制寄存器	B8H	BFH～B8H
24	PSW	程序状态字寄存器	D0H	D7H～D0H
25	A（或ACC）	累加器	E0H	E7H～E0H
26	B	寄存器B	F0H	F7H～F0H

与51系列的原型机及其较早的兼容机AT89C51相比，AT89S51新增加了5个SFR，它们是DP1L、DP1H、AUXR、AUXR1和WDTRST，已在表3-4以加底纹的形式标示出。

从表3-4中可以发现，凡是可以进行位寻址的SFR，其字节地址有个特点，那就是末位是0H或8H。另外，没有定义的地址单元是无物理器件与之相对应的，若读/写这些单元，得到的将是一个随机数。

SFR块中的累加器A和程序状态字寄存器PSW已在前面介绍过，下面简单介绍SFR块中的某些SFR，余下的SFR将在后续的有关章节介绍。

1. 堆栈及堆栈指针SP

(1) 堆栈的概念

所谓堆栈，是指一个连续的数据存储区域，其操作原则为“先进后出”或“后进先出”。这里所说的进与出就是数据的入栈与出栈，即先入栈的数据由于存放在栈的底部，因此后出栈；而后入栈的数据存放在栈的顶部，因此先出栈，这和往枪械弹仓压入子弹及从弹仓里退出子弹的情形非常类似。

（2）堆栈指针SP及其作用

堆栈有栈顶和栈底之分。栈底地址一经设定后固定不变，它决定了堆栈在RAM中的物理位置。如前所述，堆栈共有两种操作：进栈和出栈。但不论是数据进栈还是数据出栈，都是对堆栈的栈顶单元进行的，即对栈顶单元的写和读操作。为了指示栈顶地址，要设置堆栈指针SP（Stack Pointer），SP的内容就是堆栈栈顶的存储单元地址。当堆栈中空无数据时，栈顶地址和栈底地址重合。

AT89S51单片机的堆栈是设在内部RAM中的，因此堆栈指针是一个8位寄存器，这就是特殊功能寄存器中的SP，它可指向内部RAM 00H～7FH的任何单元。AT89S51的堆栈结构属于向上生长型的堆栈（即每向堆栈压入1个字节数据时，SP的内容自动增1；反之则为向下生长型）。单片机复位后，SP中的内容为07H，使得堆栈实际上从08H单元开始，考虑到08H～1FH单元分别是属于1～3组的工作寄存器区，若在程序设计中要用到这些工作寄存器区，则最好在主程序开始的位置就安排指令把SP的值改置为30H或更大的值，以避免堆栈区与工作寄存器区或位寻址区发生冲突。

（3）堆栈的功能

堆栈主要是为子程序调用和中断调用而设立的。堆栈的具体功能有两个：保护断点和保护现场。

① 保护断点。因为无论是子程序调用操作还是中断服务子程序调用操作，最终都要返回主程序。因此，应预先把主程序的断点在堆栈中保护起来，为程序的正确返回做准备。

② 保护现场。在单片机执行子程序或中断服务程序时，很可能要用到单片机中的一些寄存器单元，这会破坏主程序运行时这些寄存器单元中的原有内容。所以在执行子程序或中断服务程序之前，要把单片机中有关寄存器单元的内容保存起来，送入堆栈，这就是所谓的“保护现场”。在子程序或中断服务程序的操作完成返回主程序之前，再把有关内容从堆栈取出，回送相关寄存器单元，这称为“恢复现场”。

（4）堆栈的操作

堆栈的操作有两种：一种是数据压入（PUSH）堆栈，另一种是数据弹出（POP）堆栈。每次当一个字节数据压入堆栈以后，SP自动加1；一个字节数据弹出堆栈后，SP自动减1。例如，假设(SP) = 60H，CPU执行一条子程序调用指令或响应中断后，PC内容（断点地址）进栈，PC的低8位PCL的内容压入到61H单元，PC的高8位PCH的内容压入到62H，此时，(SP) = 62H。

（5）堆栈的使用方式

堆栈的使用有两种方式。一种是自动方式，即在调用子程序或中断时，断点地址自动进栈。程序返回时，断点地址再自动弹回PC。这种堆栈操作无须用户额外采取措施，因此称为自动方式。另一种是指令方式，即使用专用的堆栈操作指令，执行进出栈操作，其进栈指令为PUSH，出栈指令为POP。例如，保护现场就是一系列指令方式的进栈操作；而恢复现场则是一系列指令方式的出栈操作。具体需要保护多少数据由用户决定。

2. 寄存器B

寄存器B是为执行乘法和除法操作设置的。在不执行乘、除法操作的情况下，可把它当作一个普通寄存器来使用。

乘法中，两个乘数分别在A、B中，执行乘法指令后，乘积存放在BA寄存器对中。B中放乘积的高8位，A中放乘积的低8位。

除法中，被除数取自A，除数取自B，商存放在A中，余数存放于B中。

3. AUXR寄存器

AUXR是辅助寄存器，其格式如图3-7所示。

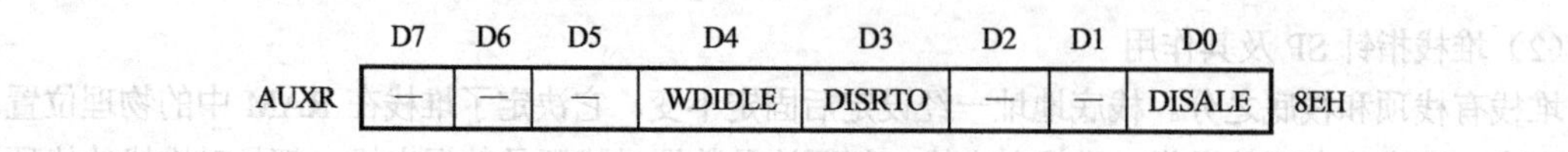

图3-7　AUXR寄存器的格式

图中，DISALE是ALE信号的禁止/允许位。

DISALE = 0，ALE有效，发出恒定频率脉冲。

DISALE = 1，ALE仅在CPU执行MOVC和MOVX类指令时有效，不访问外部存储器时，ALE不输出脉冲信号。

DISRTO：禁止/允许WDT溢出时复位信号的输出。

DISRTO = 0，WDT溢出时，在RST引脚输出一个高电平脉冲。

DISRTO = 1，RST引脚仅为输入脚。

WDIDLE：WDT在空闲模式下的禁止/允许位。

WDIDLE = 0，WDT在空闲模式下继续计数。

WDIDLE = 1，WDT在空闲模式下暂停计数。

4．数据指针DPTR（DPTR0和DPTR1）

数据指针DPTR是一个16位的寄存器，实际上是由两个8位的寄存器DPH和DPL拼成。其中DPH为DPTR的高8位，DPL为DPTR的低8位。DPTR用于提供所要访问的数据存储单元的地址，这个地址既可以位于片外数据存储区，也可以指向程序存储区中的数据区。

为便于访问数据存储器，AT89S51在MCS-51原型机的基础上增加了一个数据指针，设置了DPTR0和DPTR1这么两个数据指针寄存器。但是，在程序中这两个数据指针都用DPTR表示，至于当前这个DPTR对应的是DPTR0还是DPTR1，要由特殊功能寄存器AUXR1中的DPS位设定。当DPS = 0时，对应的是DPTR0；当DPS = 1时，则是DPTR1。此时，DPH对应的是DP0H（或DP1H），而DPL对应的是DP0L（或DP1L）。AT89S51复位时，默认选用DPTR0。

5．AUXR1寄存器

AUXR1是另一个辅助寄存器，其格式如图3-8所示。

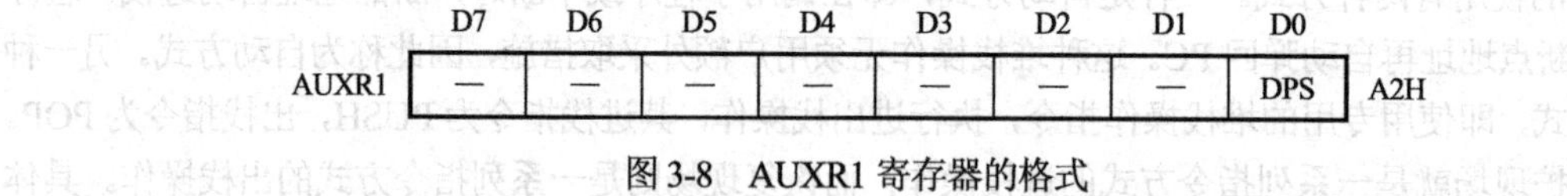

图3-8　AUXR1寄存器的格式

图3-8中，DPS是数据指针寄存器选择位。DPS = 0，选择数据指针寄存器DPTR0。DPS = 1，选择数据指针寄存器DPTR1。

6．看门狗定时器WDT

看门狗定时器WDT包含一个14位计数器和看门狗定时器复位寄存器（WDTRST）。当CPU由于干扰，程序陷入死循环或“跑飞”状态时，看门狗定时器WDT提供了一种使程序恢复正常运行的有效手段。

有关WDT在抗干扰设计中的应用及低功耗模式下运行的状态，将在相应的章节中具体介绍。

上面介绍的特殊功能寄存器除了SP和B以外，其余的均为AT89S51在MCS-51原型机的基础上新增加的SFR。

3.4.4　位地址空间

AT89S51 在 RAM 和 SFR 中共有 211 个可寻址位的位地址，位地址分布的范围为 00H～FFH，其中 00H～7FH 这 128 位处于片内 RAM 字节地址 20H～2FH 单元中，见表 3-5。其余的 83 个可寻址位分布在特殊功能寄存器 SFR 中，见表 3-6。可被位寻址的特殊功能寄存器有 11 个，共有位地址 88 个，其中有 5 个位未使用，其余 83 个位的位地址离散地分布于片内数据存储器区字节地址为 80H～FFH 的范围内，相应特殊功能寄存器的最低位位地址等于其字节地址，并且其字节地址的末位都为 0H 或 8H。

表 3-5　AT89S51 片内 RAM 的可寻址位及其位地址

字节地址	地址位							
	D7	D6	D5	D4	D3	D2	D1	D0
2FH	7FH	7EH	7DH	7CH	7BH	7AH	79H	78H
2EH	77H	76H	75H	74H	73H	72H	71H	70H
2DH	6FH	6EH	6DH	6CH	6BH	6AH	69H	68H
2CH	67H	66H	65H	64H	63H	62H	61H	60H
2BH	5FH	5EH	5DH	5CH	5BH	5AH	59H	58H
2AH	57H	56H	55H	54H	53H	52H	51H	50H
29H	4FH	4EH	4DH	4CH	4BH	4AH	49H	48H
28H	47H	46H	45H	44H	43H	42H	41H	40H
27H	3FH	3EH	3DH	3CH	3BH	3AH	39H	38H
26H	37H	36H	35H	34H	33H	32H	31H	30H
25H	2FH	2EH	2DH	2CH	2BH	2AH	29H	28H
24H	27H	26H	25H	24H	23H	22H	21H	20H
23H	1FH	1EH	1DH	1CH	1BH	1AH	19H	18H
22H	17H	16H	15H	14H	13H	12H	11H	10H
21H	0FH	0EH	0DH	0CH	0BH	0AH	09H	08H
20H	07H	06H	05H	04H	03H	02H	01H	00H

表 3-6　SFR 中的位地址分布

特殊功能寄存器符号	位地址								字节地址
	D7	D6	D5	D4	D3	D2	D1	D0	
B	F7H	F6H	F5H	F4H	F3H	F2H	F1H	F0H	F0H
ACC	E7H	E6H	E5H	E4H	E3H	E2H	E1H	E0H	E0H
PSW	D7H	D6H	D5H	D4H	D3H	D2H	D1H	D0H	D0H
IP	–	–	–	BCH	BBH	BAH	B9H	B8H	B8H
P3	B7H	B6H	B5H	B4H	B3H	B2H	B1H	B0H	B0H
IE	A7H	–	–	ACH	ABH	AAH	A9H	A8H	A8H
P2	A7H	A6H	A5H	A4H	A3H	A2H	A1H	A0H	A0H
SCON	9FH	9EH	9DH	9CH	9BH	9AH	99H	98H	98H
P1	97H	96H	95H	94H	93H	92H	91H	90H	90H
TCON	8FH	8EH	8DH	8CH	8BH	8AH	89H	88H	88H
P0	87H	86H	85H	84H	83H	82H	81H	80H	80H

3.5　AT89S51 单片机的并行输入/输出接口

AT89S51 单片机共有 4 个 8 位并行 I/O 口，分别记为 P0、P1、P2 和 P3，在逻辑上被映射为 4 个特殊功能寄存器，如表 3-4 所示。由图 3-3 可以看出，端口是一个组合体，端口的每一位均由输出锁存器、输出驱动器、输入缓冲器及引脚组成。这 4 个端口除了可按字节输入/输出外，还可以按位寻址，便于位控功能的实现。

3.5.1　P0 口

P0 口是一个双功能的 8 位并行口，字节地址为 80H，位地址为 80H～87H。端口的各位具有完全相同但又相互独立的电路结构，P0 口某一位的位电路结构如图 3-9 所示。

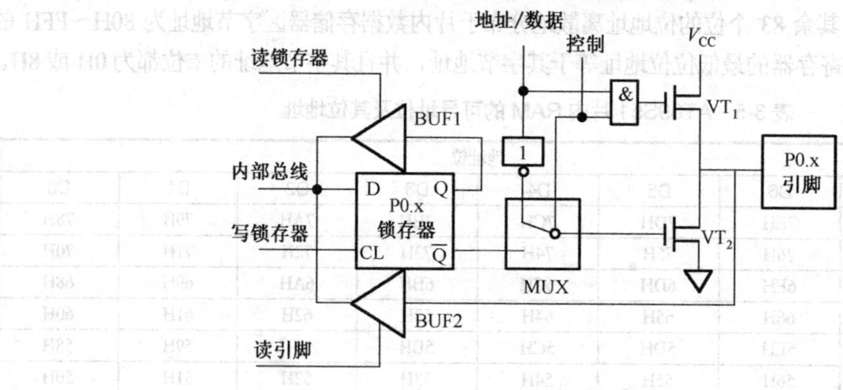

图 3-9　P0 口的位电路结构

1. P0 口的工作原理

（1）P0 口用作地址/数据总线

AT89S51 外扩存储器或 I/O 口时，P0 口作为单片机系统分时复用的地址/数据总线。

当作为地址或数据总线输出时，“控制”信号为 1，硬件自动使转接开关 MUX 打向上方，接通反相器的输出，同时使与门处于开启状态。当输出的地址/数据信息为 1 时，与门输出为 1，上方的场效应管导通，下方的场效应管截止，P0.x 引脚输出为 1；当输出的地址/数据信息为 0 时，上方的场效应管截止，下方的场效应管导通，P0.x 引脚输出为 0。这说明 P0.x 引脚的输出状态随地址/数据状态的变化而变化。输出电路是上、下两个场效应管形成的推拉式结构，大大提高了负载能力，上方的场效应管这时起到内部上拉电阻的作用。

当 P0 口作为数据总线输入时，仅从外部存储器（或外部 I/O 口）读入信息。此时，对应的“控制”信号为 0，MUX 接通锁存器的 $\overline{Q}$ 端。由于 P0 口作为地址/数据复用方式访问外部存储器时，CPU 自动向 P0 口写入 FFH，使下方的场效应管截止，由于“控制”信号为 0，上方的场效应管也截止，从而保证数据信息的高阻抗输入，从外部存储器或 I/O 口输入的数据信息直接由 P0.x 引脚通过输入缓冲器 BUF2 进入内部总线。

通过上述分析可知，P0 口是具有高电平、低电平和高阻抗输入 3 种状态的端口。因此，P0 口作为地址/数据总线使用时是一个真正的双向端口，简称双向口。

（2）P0 口用作通用 I/O 口

当 P0 口不作为系统的地址/数据总线使用时，P0 口也可作为通用的 I/O 口使用。

当用作通用的 I/O 口时，对应的“控制”信号为 0，MUX 打向下方，接通锁存器的 $\overline{Q}$ 端，与门输出为 0，上方的场效应管截止，形成的 P0 口输出电路为漏极开路输出。

P0 口用作通用 I/O 口输出时，来自 CPU 的“写锁存器”脉冲加在 D 锁存器的 CL 端，内部总线上的数据写入 D 锁存器，并由引脚 P0.x 输出。当 D 锁存器为 1 时，$\overline{Q}$ 端为 0，下方场效应管截止，输出为漏极开路，此时，必须外接上拉电阻才能有高电平输出；当 D 锁存器为 0 时，下方场效应管导通，P0 口输出为低电平。

P0 口用作通用 I/O 口输入时，有两种读入方式：“读锁存器”和“读引脚”。当 CPU 发出“读锁存器”指令时，锁存器的状态由 Q 端经上方的三态缓冲器 BUF1 进入内部总线；当 CPU 发出“读引脚”指令时，为使输入信息的状态能在引脚上体现，此时锁存器的输出状态必须为 1（即 $\overline{Q}$ 端为 0），从而使下方场效应管截止，引脚的状态经下方的三态缓冲器 BUF2 进入内部总线。

2. P0 口总结

综上所述，P0 口具有如下特点：

（1）当 P0 口用作地址/数据复用总线时，是一个真正的双向口，用作与外部存储器或外部 I/O 口的连接，输出低 8 位地址和输出/输入 8 位数据。

（2）当 P0 口用作通用 I/O 口时，由于需要在片外接上拉电阻，此时端口已不存在高阻抗（悬浮）状态，因此是一个准双向口。对于准双向口，为保证输入信号通过引脚正确读入，应首先向锁存器写 1。单片机复位后，锁存器自动被置为 1；当 P0 口由原来的输出状态转变为输入状态时，应首先置锁存器为 1，方可执行输入操作。

一般情况下，P0 口大多作为地址/数据复用总线使用，此时就不能再作为通用 I/O 口使用。只有在没有扩展存储器或 I/O 接口的情况下，P0 口才可以作为通用 I/O 口使用。

3.5.2 P1 口

P1 口是单功能的通用 I/O 口，字节地址为 90H，位地址为 90H～97H，其某一位的位电路结构如图 3-10 所示。

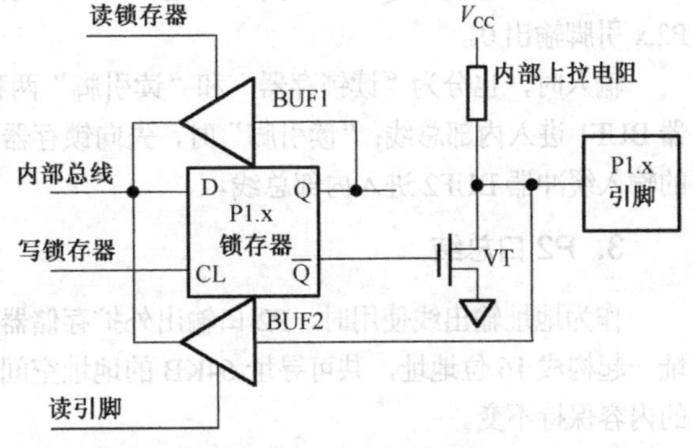

图 3-10　P1 口的位结构图

1. P1 口的工作原理

（1）P1 口作为输出口

此时，若 CPU 输出 1，Q＝1，$\overline{Q}$＝0，场效应管截止，P1 口引脚的输出为 1；若 CPU 输出 0，Q＝0，$\overline{Q}$＝1，场效应管导通，P1 口引脚的输出为 0。

（2）P1 口作为输入口

此时，同样分为“读锁存器”和“读引脚”两种方式。“读锁存器”时，锁存器的输出端 Q 的状态经输入缓冲器 BUF1 进入内部总线；“读引脚”时，先向锁存器写 1，使场效应管截止，P1.x 引脚上的电平经输入缓冲器 BUF2 进入内部总线。

2. P1 口总结

P1 口由于有内部上拉电阻，没有高阻态输入状态，故称为准双向口。作为输出口时，不需要外接上拉电阻。

P1 口“读引脚”输入时，必须先向锁存器写 1。

3.5.3 P2 口

P2 口也是一个双功能口，字节地址为 A0H，位地址为 A0H～A7H，其某一位的位电路结构如图 3-11 所示。

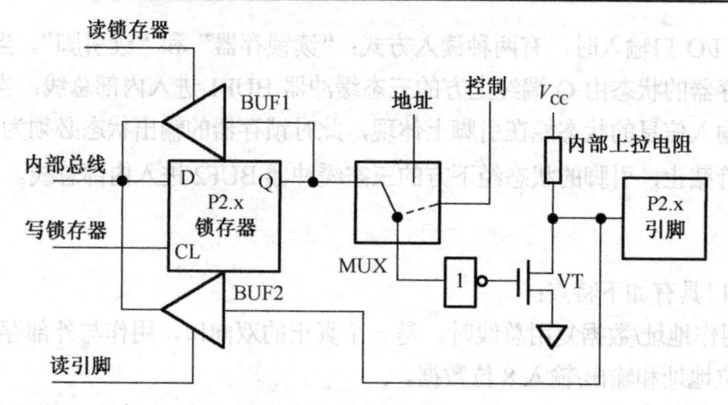

图3-11 P2口的位结构图

1. P2口的工作原理

（1）P2口用作地址总线

在内部控制信号作用下，MUX与“地址”接通。当“地址”线为0时，场效应管导通，P2.x引脚输出0；当“地址”线为1时，场效应管截止，P2.x引脚输出1。

（2）P2口用作通用I/O口

在内部控制信号作用下，MUX与锁存器的Q端接通。

CPU输出1时，Q = 1，场效应管截止，P2.x引脚输出1；CPU输出0时，Q = 0，场效应管导通，P2.x引脚输出0。

输入时，也分为“读锁存器”和“读引脚”两种方式。读锁存器时，Q端信号经上方的输入缓冲器BUF1进入内部总线；“读引脚”时，先向锁存器写1，使场效应管截止，P2.x引脚上的电平经下方的输入缓冲器BUF2进入内部总线。

3. P2口总结

作为地址输出线使用时，P2口输出外扩存储器或I/O口的高8位地址，与P0口输出的低8位地址一起构成16位地址，共可寻址64KB的地址空间。当P2口作为高8位地址输出口时，输出锁存器的内容保持不变。

作为通用I/O口使用时，P2口为一个准双向口。功能与P1口一样。

一般情况下，P2口大多作为高8位地址总线口使用，这时就不能再作为通用I/O口使用。只有在不作为地址总线口使用的情况下，P2口才能作为通用I/O口使用。

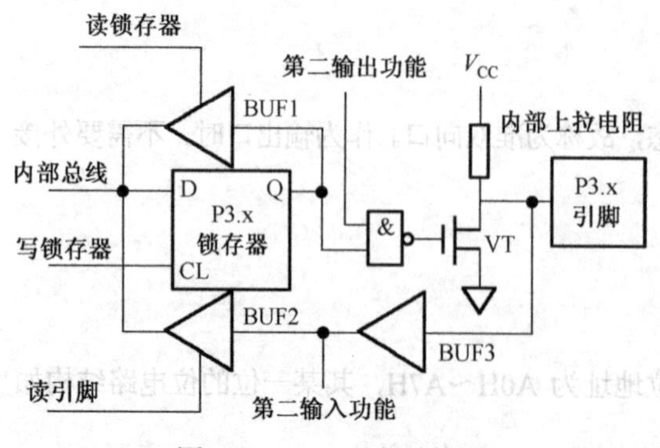

图3-12 P3口的位结构图

3.5.4 P3口

P3口同样是一个双功能口，字节地址为B0H，位地址为B0H～B7H，其某一位的位电路结构如图3-12所示。

1. P3口的工作原理

（1）P3口用作第一功能——通用I/O口

当P3口用作通用I/O口输出时，内部“第二输出功能线”自动拉为高电平，以保证“与非门”对锁存器输出信号的畅通。CPU输出为1时，Q = 1，场效应管截止，P3.x 引脚输出为 1；CPU 输出 0 时，Q＝0，场效应管导通，P3.x 引脚输出为 0。

当 P3 口用作第一功能通用 I/O 口输入时，内部“第二输出功能线”依然是自动拉为高电平，操作也分为“读锁存器”和“读引脚”两种方式。“读锁存器”时，锁存器的输出端 Q 的状态经输入缓冲器 BUF1 进入内部总线；“读引脚”时，应使锁存器处于置 1 的状态，使场效应管截止，P3.x 引脚信息通过输入 BUF3 和 BUF2 进入内部总线，完成“读引脚”操作。

（2）P3 口用作第二输入/输出功能口

当 P3 口相应端口线作为第二功能输出线使用时，锁存器自动置为高电平 1，以保证“与非门”对第二输出功能信号的畅通。当第二输出功能信号输出为 1 时，场效应管截止，P3.x 引脚输出为 1；当第二输出功能信号输出为 0 时，场效应管导通，P3.x 引脚输出为 0。

当 P3 口相应端口线作为第二功能输入线使用时，该位的锁存器和“第二输出功能”端都自动置为 1，使场效应管处于截止状态，P3.x 引脚的信息由输入缓冲器 BUF3 的输出端获得。

3. P3 口总结

P3 口内部有上拉电阻，不存在高阻抗输入状态，为准双向口。

P3 口的各位如不设定为第二功能则自动处于第一功能。在更多情况下，根据需要，相关的端口线被置为第二功能，剩下的端口线可作第一功能（通用 I/O 线）使用，此时，宜采用位操作形式。

P3 口作为第二功能的输出/输入，或第一功能通用输入，均须将相应位的锁存器置 1。实际应用中，由于复位后 P3 口锁存器自动置 1，满足第二功能条件，所以不需要任何设置工作，就可以进入第二功能操作。

综上所述，AT89S51 单片机的 4 个并行 I/O 端口，由于功能不同，其结构、工作原理及驱动能力也各异。P0 口作为地址总线（低 8 位）及数据总线使用时，为双向口；作为通用的 I/O 口使用时，必须外接上拉电阻，这时的 P0 口成为准双向口。P1 口、P2 口、P3 口均有内部上拉电阻，皆为准双向口。

要特别注意准双向口与双向口的差别。准双向口仅有两个状态。而双向口多了一个高阻输入的“悬浮”状态。为什么 P0 口要有高阻“悬浮”态呢？这是由于 P0 口作为数据总线使用时，多个数据源都挂在数据总线上，当 P0 口不需要与其他数据源打交道时，需要与数据总线高阻“悬浮”隔离。而准双向 I/O 口则无高阻的“悬浮”状态。另外，准双向口作为通用的 I/O 口输入使用时，一定要向该口先写入“1”。这就是准双向口与双向口的差别。

3.6　AT89S51 单片机的时钟电路与时序

3.6.1　AT89S51 单片机的时钟电路

时钟电路用于产生单片机工作所需要的时钟信号。单片机本身如同一个复杂的同步时序电路，为了保证同步工作，电路应在唯一的时钟信号控制下，严格地按规定时序工作。时钟频率直接影响单片机的速度，电路的质量直接影响系统的稳定性。常用的时钟电路有两种方式：内部时钟方式和外部时钟方式。

1. 内部时钟方式

AT89S51 单片机系统使用内部时钟方式时电路图如图 3-13 所示。

在 AT89S51 芯片内部有一个高增益反向放大器，其输入端为芯片引脚 XTAL1，输出端为引脚 XTAL2，在芯片的外部通过这两个引脚跨接晶体振荡器 CYS 和微调电容器 C_1、C_2 形成反馈电路，就构成了稳定的自激振荡器，振荡器频率范围通常是 1.2～12MHz。晶体振荡器频率高，则系统的时钟频率也越高，单片机运行的速度也就越快。

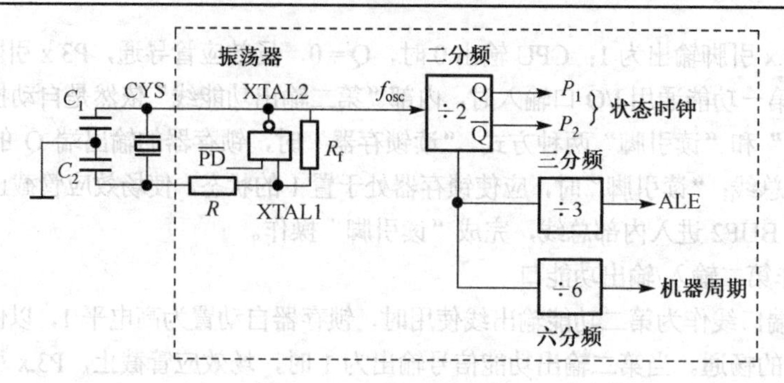

图 3-13 内部时钟电路图

图 3-13 中，使用晶体振荡器时，C_1、C_2 取值 30±10pF；使用陶瓷振荡器时，C_1、C_2 的取值虽然没有严格的要求，但电容的大小影响振荡电路的稳定性和快速性，通常取值在 20～30pF。在设计电路板时，晶振和电容等应尽可能靠近芯片，以减小分布电容，保证振荡器振荡的稳定性。

PD 是特殊功能寄存器 PCON 中的一个控制位，当 PD＝1 时，振荡器停止工作，系统进入低功耗工作状态。

振荡电路产生的振荡脉冲并不直接使用，而是经分频后再为系统所用。振荡脉冲在片内通过一个时钟发生器二分频后才作为时钟信号（我们要注意振荡脉冲和时钟脉冲之间的二分频关系）。

片内时钟发生器实质上是一个二分频的触发器，其输入来自振荡器，输入为二相时钟信号，即状态时钟信号，其频率为 $f_{osc}/2$；状态时钟三分频后为 ALE 信号，其频率为 $f_{osc}/6$；状态时钟六分频后为机器周期，其频率为 $f_{osc}/12$（osc 是 oscillator 的缩写）。

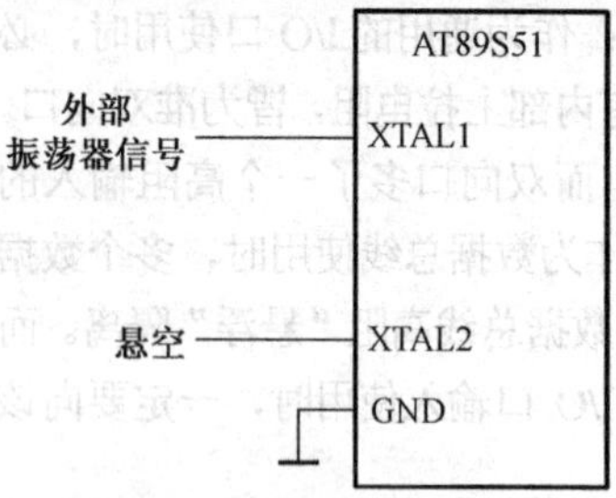

图 3-14 外部时钟方式电路

2. 外部时钟方式

也可以引入外部脉冲信号作为单片机的振荡器脉冲。对于 AT89S51 单片机而言，这时外脉冲信号是经 XTAL1 引脚注入的，而 XTAL2 引脚悬空，对外部信号的占空比没有要求，但高低电平持续的时间不应小于 20ns。这种方式常用于多块芯片同时工作，这样便于同步，如图 3-14 所示。

3. 时钟信号的输出

当使用片内振荡器时，XTAL1、XTAL2 引脚还能为应用系统中的其他芯片提供时钟，但需增加驱动能力。其引出的方式有两种，如图 3-15 所示。

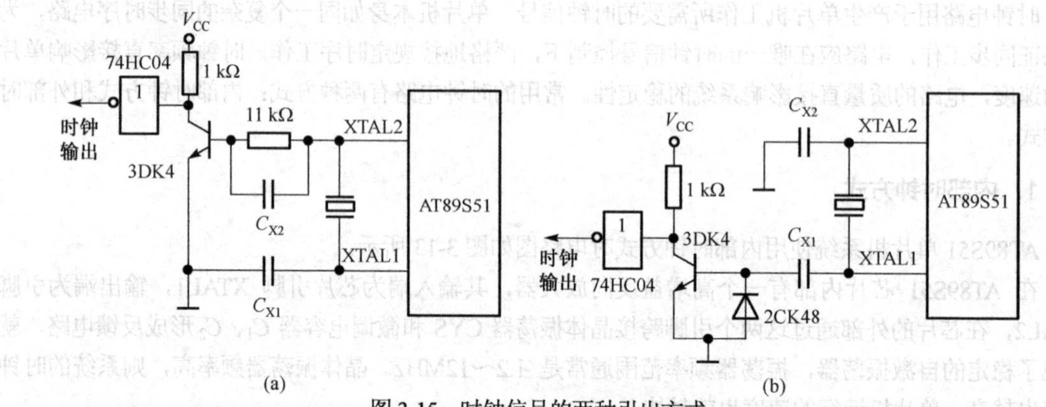

图 3-15 时钟信号的两种引出方式

3.6.2　时序与时序定时单位

所谓时序，是指在执行指令的过程中，CPU 的控制器所发出的一系列特定的控制信号在时间上的相互关系。也就是说，时序所研究的是指令执行中各信号之间的相互关系。

CPU 发出的控制信号有两类：一类是用于单片机内部的，用户不能直接接触此类信号，不必对它做过多的了解；另一类是通过控制总线送到片外的，人们通常以时序图的形式来表明相关信号的波形及出现的先后次序。为了说明信号的时间关系，需要定义定时单位。51 单片机的定时单位共有 4 个，从小到大依次是时钟周期、状态周期、机器周期和指令周期，如图 3-16 所示。

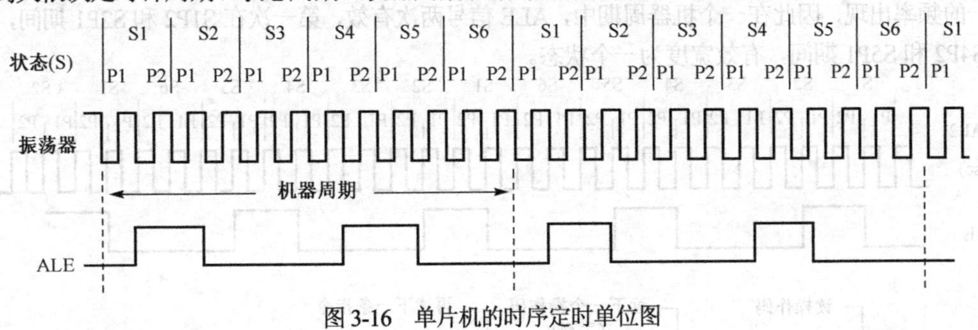

图 3-16　单片机的时序定时单位图

1．时钟周期

时钟周期也称振荡周期，定义为时钟频率的倒数，是单片机的基本时间单位。若时钟晶体的振荡频率为 f_{osc}，则时钟周期 $T_{osc} = 1/f_{osc}$。

2．机器周期

CPU 完成一个基本操作所需要的时间称为机器周期。单片机中常把执行一条指令的过程分为几个机器周期。每个机器周期完成一个基本的操作，如取指令、读或写数据等。AT89S51 单片机每 12 个时钟周期为一个机器周期，即 $T_{cy} = 12/f_{osc}$。若 $f_{osc} = 6\text{MHz}$，则 $T_{cy} = 2\mu\text{s}$，若 $f_{osc} = 12\text{MHz}$，则 $T_{cy} = 1\mu\text{s}$。

3．状态

AT89S51 的机器周期包括 12 个时钟周期，分为 6 个状态，即 S1～S6。每个状态又分为两拍：P1 和 P2，一个节拍就是一个振荡周期。因此，一个机器周期中的 12 个时钟周期表示为 S1P1, S1P2, S2P1, …, S6P2，如图 3-16 所示。

4．指令周期

指令周期是执行一条指令所需要的时间。AT89S51 单片机中按字节可分为单字节、双字节、三字节指令，因此执行一条指令的时间也不同。对于简单的单字节指令，取出指令立即执行，只需一个机器周期的时间，而有些复杂的指令，如转移、乘、除指令则需要两个或多个机器周期。

从指令的执行时间上看，单字节和双字节指令一般为单机器周期和双机器周期，三字节指令都是双机器周期，只有乘、除指令占用 4 个机器周期。

5．ALE 信号

ALE 信号是为地址锁存而定义的，以时钟脉冲 1/6 的频率出现，一般在一个机器周期中，ALE 信号两次有效。

3.6.3 AT89S51指令的取指/执行时序

AT89S51单片机的指令按其长度可分为单字节指令、双字节指令和三字节指令，执行这些指令所需要的机器周期的数目是不同的，概括起来共有以下几种情况：单字节指令中，只有乘法指令和除法指令是4个机器周期，其余均为单机器周期或双机器周期；双字节指令为单机器周期或双机器周期；三字节指令都是双机器周期。

图3-17所示是几种典型的单机器周期和双机器周期指令的取指/执行时序。图中，ALE是地址锁存信号，该信号每有效一次就能对存储器进行一次读指令操作。一般情况下，ALE信号以振荡脉冲六分之一的频率出现，因此在一个机器周期中，ALE信号两次有效，第一次在S1P2和S2P1期间，第二次在S4P2和S5P1期间，有效宽度为一个状态。

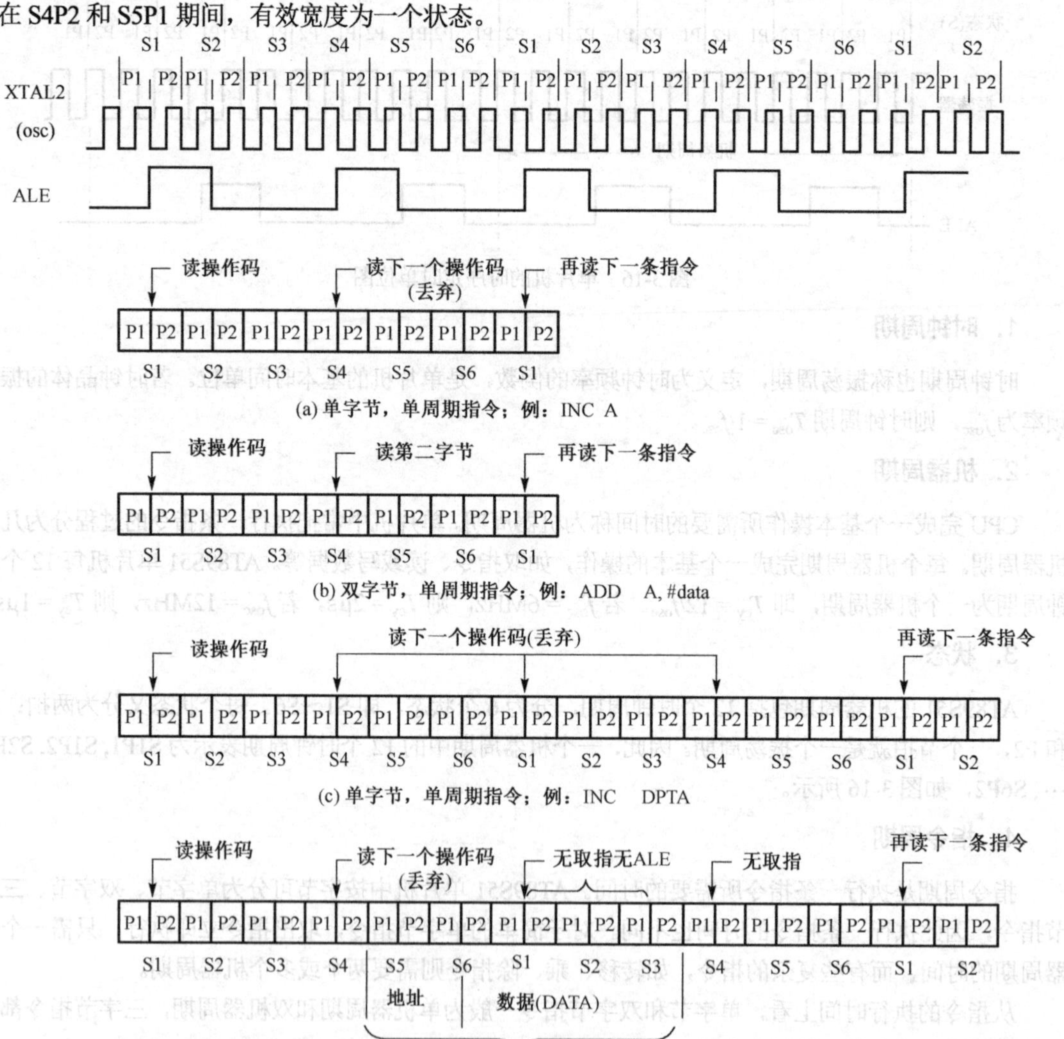

图3-17 AT89S51指令的取指/执行时序图

现对几个典型指令的时序做如下说明。

（1）单字节单机器周期指令（例如INC A）

这类指令只需进行一次读指令操作，ALE第一次有效时读出当前要执行的指令，第二次有效时读出的实际上是下一条指令的操作码，因此自动丢弃不作处理。

（2）双字节单机器周期指令（例如ADD　A，#data）

这种情况下，对应于ALE的两次读操作都是有效的，第一次是读指令操作码，第二次是读指令第二字节（本例中是立即数）。

（3）单字节双机器周期指令（INC　DPTR指令）

这类指令执行的过程相对复杂一点，因此需要两个机器周期的时间，但是指令的代码却相对简单，只有一个字节，CPU在第一个机器周期的S1状态取得指令代码后，虽然在本指令周期内依照例行安排还会读3次操作码，但因为不是本指令需要的代码，自动丢弃不做处理。

（4）单字节双机器周期指令（MOVX类指令）

如前所述，每个机器周期内有两次读指令操作，但MOVX类指令情况有所不同，因为执行这类指令时，先对ROM读取指令，然后对外部RAM进行读/写操作。第一机器周期时，与其他指令一样，第一次读指令操作（操作码）有效，第二次读指令操作无效，第二机器周期时不产生读指令操作。

此外，时序图中只画出了取指令操作的有关时序，而没有画出指令执行的情况。实际上，每条指令都有具体的操作，例如算术和逻辑操作在节拍1进行，片内寄存器对寄存器传送操作在节拍2进行等。

3.6.4　AT89S51对片外存储器的操作时序

前面就AT89S51单片机对典型指令的取指/执行过程做了简要介绍，从中得出一个重要的规律，就是不管什么指令，CPU都是在第一个机器周期的第一个S状态完成操作码的获取，然后在后续的处理过程中，通过对不同指令操作码的分析而做出相应的变化。

下面将对指令执行过程中，CPU对存储器的操作过程中有关控制信号及数据的具体时序配合情况做进一步的介绍。

AT89S51单片机对片外存储器的操作时序分两种：执行非MOVX类指令的时序和执行MOVX类指令的时序，如图3-18和图3-19所示。

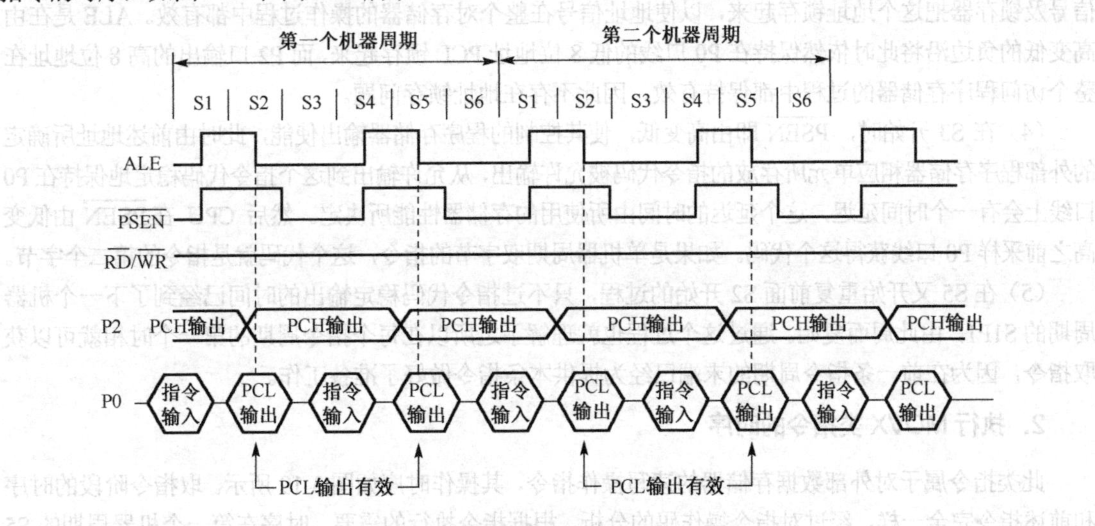

图3-18　执行非MOVX类指令的时序图

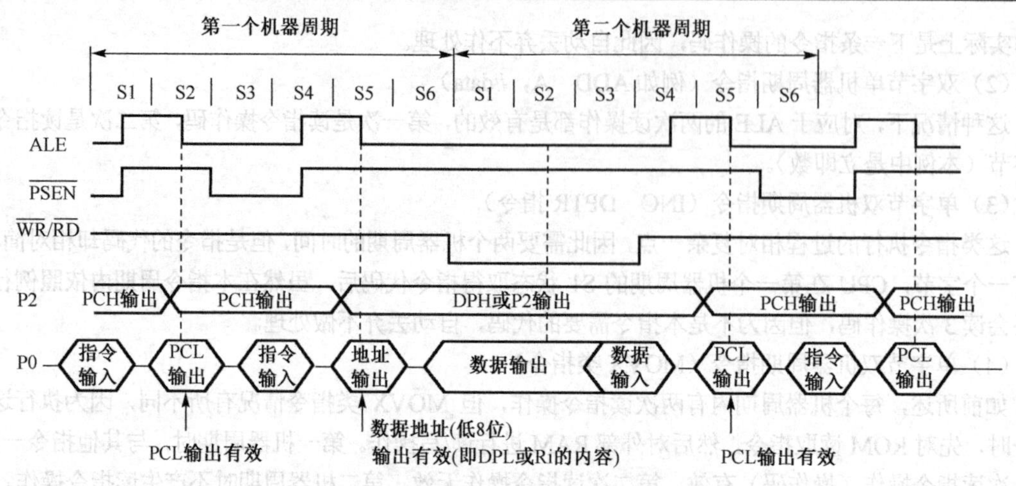

图 3-19　执行 MOVX 类指令的时序图

1. 执行非 MOVX 类指令的时序

执行非 MOVX 类指令的时序如图 3-18 所示。对此时序说明如下：

（1）在每个机器周期都是安排了两次取指令代码的操作。

（2）在每个指令周期的首个 S1P1 时相，作为数据总线的 P0 口线上就已经稳定地保持着来自程序存储器的本条指令的操作码，于是在 $\overline{\text{PSEN}}$ 信号由低变高之前 CPU 采样 P0 口获得该指令的操作码。当 $\overline{\text{PSEN}}$ 信号变为高电平后，由 $\overline{\text{PSEN}}$ 选通的程序存储器输出使能失效，P0 口上的指令代码消失，P0 口线呈高阻态。

（3）在 S2 期间，来自 PC 的 16 位地址信号分别通过 P0 和 P2 口输出。其中 P0 口提供低 8 位地址，P2 口提供高 8 位地址。由于这个低 8 位地址信号在 P0 口只能保持到 S2 的末端，因此需要利用 ALE 信号及锁存器把这个地址锁存起来，以使地址信号在整个对存储器的操作过程中都有效。ALE 是在由高变低的负边沿将此时依然保持在 P0 口线的低 8 位地址 PCL 锁存起来，而 P2 口输出的高 8 位地址在整个访问程序存储器的过程中都保持有效，因此不存在地址锁存问题。

（4）在 S3 开始时，$\overline{\text{PSEN}}$ 即由高变低，使其控制的程序存储器输出使能，此时由前述地址所确定的外部程序存储器相应单元所存放的指令代码被允许输出，从允许输出到这个指令代码稳定地保持在 P0 口线上会有一个时间延迟，这个延迟的时间由所使用的存储器性能所决定。然后 CPU 在 $\overline{\text{PSEN}}$ 由低变高之前采样 P0 口线获得这个代码。如果是单机器周期双字节的指令，这个代码就是指令的第二个字节。

（5）在 S5 又开始重复前面 S2 开始的过程，只不过指令代码稳定输出的时间已经到了下一个机器周期的 S1P1，由此周而复始。通过这个过程也就理解了之所以在每个指令周期的第一个时相就可以获取指令，因为在前一条指令周期的末端已经为提供本条指令做好了准备工作。

2. 执行 MOVX 类指令的时序

此类指令属于对外部数据存储器的读写操作指令，其操作时序如图 3-19 所示。取指令阶段的时序和前述指令完全一样，经过对指令操作码的分析，根据指令执行的需要，时序在第一个机器周期的 S5 到第二个机器周期的 S4 之间发生了变化，主要体现在如下 4 个方面：

（1）为访问外部数据存储器，在第一个机器周期的 S5 开始时，来自 DPL 或 R*i* 的外部数据存储器地址的低 8 位地址信号通过 P0 口输出，同样这个低 8 位地址信号也需要利用 ALE 信号及锁存器锁存起来。ALE 由高变低时的负边沿将此时依然保持在 P0 口线的低 8 位地址信号锁存起来，而来自 DPH

或 P2 口锁存器的外部数据存储器地址的高 8 位地址在整个访问数据存储器的过程中一直在 P2 口线上保持有效，因此也不存在地址锁存问题。

（2）在第二个机器周期的始端，$\overline{RD}$ 或 $\overline{WR}$ 由高变低实现对外部数据存储器的读或写的选通。

当执行读外部数据存储器的操作时，$\overline{RD}$ 信号有效，此时由前述地址所确定的外部数据存储器单元的内容被允许输出。同样，从允许数据输出到数据真正在数据总线上建立起来会有一个由数据存储器性能决定的时间延迟。然后，在 $\overline{RD}$ 由低变高之前，CPU 采样数据总线，获得这个数据。

当执行写外部数据存储器的操作时，$\overline{WR}$ 信号有效，同时来自 CPU 的输出数据也在 P0 口线建立起来，通过数据存储器的数据线写入由前述地址所确定的外部数据存储器单元内。写入过程时间的长短取决于所采用的存储器，当然，这个写入过程必须在 $\overline{WR}$ 变高之前完成，否则写入失败，表明这种存储器和单片机时序配合不上。不过，一般的半导体存储器和单片机在时序上都是相配的。

（3）当 $\overline{RD}$ 或 $\overline{WR}$ 由低变高后，对外部数据存储器的操作即告结束。然后，在 S5 又开始恢复为与执行非 MOVX 类指令相同的时序。

（4）在 $\overline{RD}$ 或 $\overline{WR}$ 有效期间，$\overline{PSEN}$ 不能同时有效，由此造成 $\overline{PSEN}$ 在第一个机器周期的 S6 到第二个机器周期的 S4 之间丢失两个负脉冲。另外，在对数据存储器的操作过程中不允许 ALE 影响地址锁存器锁存的地址信号，由此也造成 ALE 在第二个机器周期中丢失一个正脉冲。

3.7　复位操作与复位电路

AT89S51 的复位是由外部的复位电路来实现的。AT89S51 片内复位结构如图 3-20 所示。

复位引脚 RST 通过一个施密特触发器与复位电路相连，这样可以滤掉低于施密特触发器触发电平的噪声干扰信号，在每个机器周期的 S5P2，施密特触发器的输出电平由复位电路采样一次，然后才能得到内部复位操作所需要的信号。在 AT89S51 单片机的 RST 引脚上输入高电平并至少保持两个机器周期（即 24 个振荡周期）以上时，复位过程即可完成。如果 RST 引脚持续保持高电平，单片机就处于循环复位状态。复位操作通常有两种基本形式：上电自动复位、手动按键复位，如图 3-21 和图 3-22 所示。

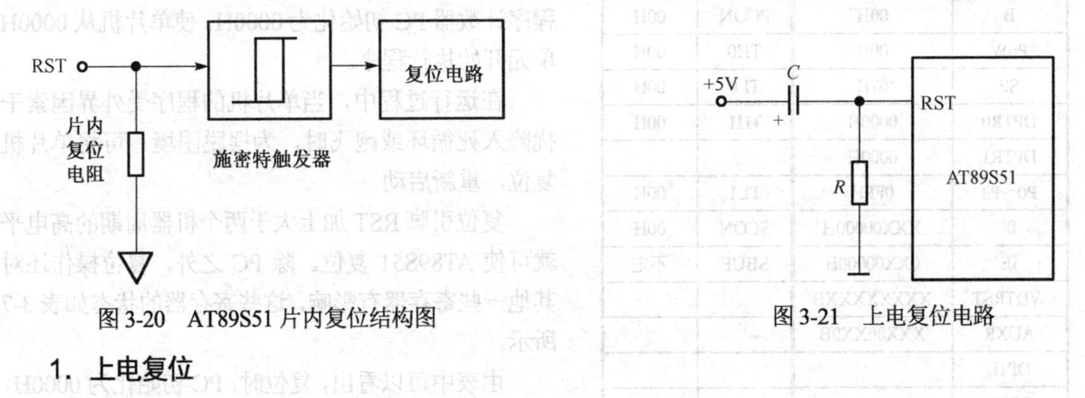

图 3-20　AT89S51 片内复位结构图　　图 3-21　上电复位电路

1．上电复位

上电自动复位操作要求接通电源后自动实现复位操作。最简单的上电自动复位电路如图 3-21 所示。上电自动复位是通过外部复位电路的电容充电来实现的。当电源接通时，只要 V_{CC} 的上升时间不超过 1ms，就可以实现自动上电复位。当时钟频率选用 6MHz 时，C 取 22μF，R 取 1kΩ。

2．手动复位

除了上电复位外，有时还需要手动按键复位。手动按键复位要求在电源接通的条件下，在单片机运行期间，用按键开关操作使单片机复位。图 3-22 所示为兼有上电复位与按键复位的电路。

图 3-23 所示的电路能输出高、低两种电平的复位控制信号，以适应外围 I/O 接口芯片所要求的不同复位电平信号。图中 74LS122 为单稳电路，实验表明，电容 C 选择大约为 0.1μF 的较好。

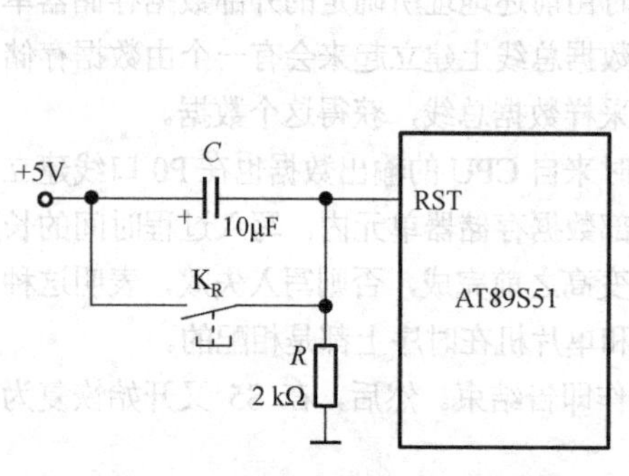

图 3-22　手动按键复位电路

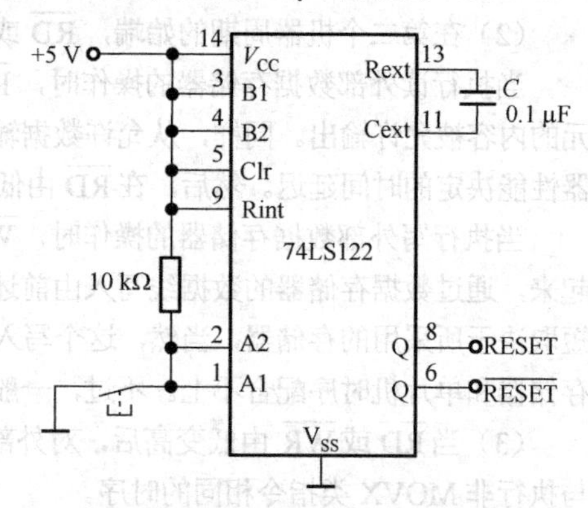

图 3-23　74LS122 组成的复位电路图

在实际应用系统设计中，若有外部扩展的 I/O 接口也需初始复位，如果它们的复位端和 AT89S51 的复位端相连，复位电路中的 R、C 参数要受到影响，这时复位电路中的 R、C 参数要统一考虑，以保证可靠地复位。如果 AT89S51 与外围 I/O 接口电路的复位电路和复位时间不完全一致，是单片机初始化程序不能正常运行，外围 I/O 接口电路的复位也可以不和 AT89S51 复位端相连，仅采用独立的上电复位电路。若 RC 上电复位电路接施密特电路输入端，施密特电路输出接 AT89S51 和外围电路复位端，则能使系统可靠地同步复位。一般来说，单片机的复位速度比外围 I/O 接口电路快些。为保证系统可靠复位，在初始化程序中应安排一定的复位延迟时间。

表 3-7　复位时片内各寄存器的状态

寄存器	复位状态	寄存器	复位状态
PC	0000H	TMOD	00H
A	00H	TCON	00H
B	00H	PCON	00H
PSW	00H	TH0	00H
SP	07H	TL0	00H
DPTR0	0000H	TH1	00H
DPTR1	0000H		
P0～P3	0FFH	TL1	00H
IP	XXX00000H	SCON	00H
IE	0XX00000H	SBUF	不定
WDTRST	XXXXXXXXB		
AUXR	XXX00XX0B		
DP1L			
DP1H			

3．复位后某些特殊寄存器状态

复位时单片机的初始化操作，其主要功能是将程序计数器 PC 初始化为 0000H，使单片机从 0000H 单元开始执行程序。

在运行过程中，当单片机的程序受外界因素干扰陷入死循环或跑飞时，为摆脱困境，可将单片机复位，重新启动。

复位引脚 RST 加上大于两个机器周期的高电平就可使 AT89S51 复位。除 PC 之外，复位操作还对其他一些寄存器有影响，这些寄存器的状态如表 3-7 所示。

由表中可以看出，复位时，PC 初始化为 0000H，SP＝07H，而 4 个 I/O 端口 P0～P3 均为高电平。

3.8　AT89S51 单片机的低功耗节电模式与看门狗定时器

AT89S51 有两种低功耗节电工作模式：空闲模式（Idle Mode）和掉电保持模式（PowerDown Mode），其目的是尽可能低降低系统功耗。在掉电保持模式下，V_{CC} 可由后备电源供电。图 3-24 所示为两种低功耗节电模式的内部控制电路。

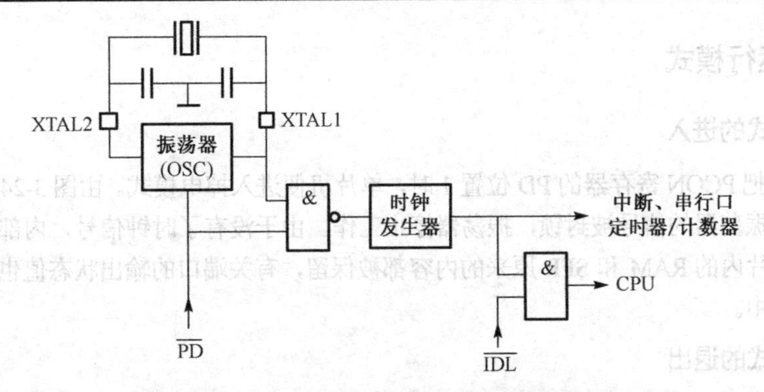

图 3-24　两种低功耗节电模式的内部控制电路

AT89S51 的两种低功耗节电模式可通过指令对特殊功能寄存器 PCON 的位 IDL 和位 PD 的设置来实现。特殊功能寄存器 PCON 的格式如图 3-25 所示，字节地址为 87H。

	D7	D6	D5	D4	D3	D2	D1	D0	
PCON	SMOD	—	—	—	GF1	GF0	PD	IDL	87H

图 3-25　特殊功能寄存器 PCON 的格式

PCON 寄存器各位的定义如下：

SMOD：串行通信的波特率选择位（该位的功能见第 9 章的介绍）。

—：保留位，未定义。

GF1、GF0：通用标志位，供用户在程序设计时使用，用户应充分利用两个标志位。

PD：掉电保持模式控制位，若 PD＝1，则进入掉电保持模式。

IDL：空闲模式控制位，若 IDL＝1，则进入空闲运行模式。

3.8.1　空闲模式

1．空闲模式的进入

如果用指令把寄存器 PCON 中的 IDL 位置 1，由图 3-24 可见，这时通往 CPU 的时钟信号被阻塞，虽然振荡器仍然运行，但是 CPU 进入空闲状态。此时，所有外围电路（中断系统、串行口和定时器）仍继续工作，SP、PC、PSW、A、P0～P3 端口等所有其他寄存器，以及内部 RAM 和 SFR 中的内容均保持进入空闲模式前的状态。

2．空闲模式的退出

系统进入空闲模式后有两种方法可退出，一种是响应中断方式，另一种是硬件复位方式。

在空闲模式下，若任何一个允许的中断请求被响应时，IDL 位被片内硬件自动清 0，从而退出空闲模式。当执行完中断服务程序返回时，将从设置空闲模式指令的下一条指令（断点处）开始继续执行程序。

另一种退出空闲模式的方法是硬件复位。当使用硬件复位退出空闲模式时，在复位逻辑电路发挥控制作用前，有长达两个机器周期的时间，单片机要从断点处（IDL 位置 1 指令的下一条指令处）继续执行程序。在这期间，片内硬件阻止 CPU 对片内 RAM 的访问，但不阻止对外部端口（或外部 RAM）的访问。为了避免在硬件复位退出空闲模式时出现对端口（或外部 RAM）的不希望的写入，系统在进入空闲模式时，紧随 IDL 位置 1 的指令后面的不应是写端口（或外部 RAM）的指令，在程序设计时要注意这一点。

3.8.2 掉电运行模式

1. 掉电模式的进入

当通过指令把PCON寄存器的PD位置1时，单片机便进入掉电模式。由图3-24可见，在掉电模式下，进入时钟振荡器的信号被封锁，振荡器停止工作。由于没有了时钟信号，内部的所有功能部件均停止工作，但片内的RAM和SFR原来的内容都被保留，有关端口的输出状态值也都保存在对应的特殊功能寄存器中。

2. 掉电模式的退出

掉电模式的退出也有两种方法：硬件复位和外部中断。硬件复位时要重新初始化SFR，但不改变片内RAM的内容。当V_{CC}恢复到正常工作水平时，只要硬件复位信号维持10ms，便可使单片机退出掉电运行模式。

3.8.3 掉电和空闲模式下的看门狗定时器WDT

掉电模式下振荡器停止工作，这也就意味着WDT停止计数。用户在掉电模式下不需要操作WDT。

用硬件复位方式退出掉电模式时，对WDT的操作与正常情况一样。而当用中断方式退出掉电模式时，应使中断输入保持足够长时间的低电平，以使振荡器达到稳定。当中断变为高电平之后，该中断被执行，在中断服务程序中清“0”寄存器WDTRST。在外部中断引脚保持低电平时，为防止WDT溢出复位，应在系统进入掉电模式之前先将寄存器WDTRST清“0”。

在进入空闲模式之前，应先设置特殊功能寄存器AUXR中的WDIDLE位，以确定WDT是否继续计数。当WDIDLE = 0时，空闲模式下的WDT保持继续计数。为防止复位单片机，用户应设计一个定时器，该定时器使器件定时退出空闲模式，然后清“0”寄存器WDTRST，再重新进入空闲模式。

当WDIDLE = 1时，WDT在空闲模式下暂停计数，退出空闲模式后，WDT恢复计数。

习题与思考题3

3.1 AT89S51单片机的片内都集成了哪些功能部件？

3.2 说明AT89S51单片机的$\overline{EA}$引脚接高电平或低电平的区别。

3.3 程序状态字PSW各位的定义是什么？

3.4 若A中的内容为63H，那么P标志位的值为（　　）。

3.5 AT89S51的寻址范围是多少？最多可以配置多大容量的外部ROM和外部RAM？

3.6 单片机的存储器在物理结构上和逻辑上有何区别？

3.7 64KB程序存储器空间有5个单元地址对应AT89S51单片机5个中断源的中断入口地址，请写出这些单元的入口地址及对应的中断源。

3.8 什么叫堆栈？AT89S51中堆栈的最大容量是多少？

3.9 片内RAM中字节地址为2AH的单元，其最低位的位地址是（　　）；片内字节地址为88H的单元，其最低位的位地址为（　　）。

3.10 内部RAM中，位地址为40H、88H的位，该位所在字节的字节地址分别为（　　）和（　　）。

3.11 判断以下有关PC和DPTR的结论是否正确。

A. 指令可以访问寄存器DPTR，而PC不能用指令访问。（　　）

B. 它们都是16位寄存器。（　　）

C. 在单片机运行时，它们都具有自动加1的功能。（ ）

D. DPTR可以分为两个8位的寄存器使用，但PC不能。（ ）

3.12 判断下列说法是否正确。

A. AT89S51中特殊功能寄存器（SFR）就是片内RAM中的一部分。（ ）

B. 片内RAM的位寻址区，只能供位寻址使用，而不能进行字节寻址。（ ）

C. AT89S51共有26个特殊功能寄存器，它们的位都是可用软件设置的，因此是可以进行位寻址的。（ ）

D. SP称为堆栈指针，堆栈是单片机内部的一个特殊区域，与RAM无关。（ ）

3.13 在程序运行中，PC的值是（ ）。

A. 当前正在执行指令的前一条指令的地址

B. 当前正在执行指令的地址

C. 当前正在执行指令的下一条指令的首地址

D. 控制器中指令寄存器的地址

3.14 AT89S51的P0口和P2口各有何作用？P0口为什么要外接锁存器？

3.15 准双向口与双向口的主要区别是什么？

3.16 AT89S51的4个并行双向口P0～P3的驱动能力各为多少？要想获得较大的输出驱动能力，是采用低电平输出还是采用高电平输出？

3.17 在AT89S51单片机中，如果采用6 MHz晶振，那么一个机器周期为（ ）。

3.18 AT89S51的ALE引脚有何作用？AT89S51不接外部RAM时，ALE信号有何特点？

3.19 AT89S51单片机扩展系统中片外程序存储器和片外数据存储器，使用相同的地址编码，是否会在数据总线上出现争总线现象？为什么？

3.20 AT89S51单片机运行出错或程序进入死循环时如何摆脱困境？

3.21 开机复位后，CPU使用哪一组工作寄存器？它们的地址是什么？如何改变当前工作寄存器组？

3.22 AT89S51单片机复位后，R4所对应的存储单元的地址为（ ），因上电时PSW＝（ ）。这时当前的工作寄存器区是（ ）组工作寄存器区。

3.23 判断下列说法是否正确。

A. 使用AT89S51且引脚$\overline{EA}=1$时，仍可外扩64 KB的程序存储器。（ ）

B. 区分片外程序存储器和片外数据存储器的最可靠的方法是，看其位于地址范围的低端还是高端。（ ）

C. 在AT89S51中，为使准双向的I/O口工作在输入方式，必须事先预置为1。（ ）

D. PC可以视为程序存储器的地址指针。（ ）

3.24 什么是空闲模式？怎么进入和退出空闲模式？

3.25 举例说明单片机工业控制系统中掉电保护的意义和方法。

第4章 51系列单片机的指令系统

内容提要

通过前面章节的学习，我们知道了微型计算机是由 CPU、存储器及输入/输出设备组成的，这些部件统称为硬件。一台计算机只有硬件是无法工作的，必须配有各种各样的软件才能实现其多样化的功能，而软件中最基础的部分就是计算机的指令系统。本章首先介绍指令系统的格式、分类及寻址方式，然后重点介绍51系列单片机的指令系统。

教学目标

- 了解51系列单片机指令系统的分类和格式。
- 熟悉51系列单片机指令系统的7种寻址方式及其使用空间。
- 掌握51系列单片机指令系统的数据传送、算术运算、逻辑运算、转移操作、位操作等指令的功能。

4.1 指令及其格式

4.1.1 指令系统概述

51系列单片机的指令系统是一种简明、易掌握、效率较高的指令系统，基本指令共有111条。

指令有功能、时间和空间3种属性。功能属性是指每条指令都对应一个特定的操作功能；时间属性是指一条指令执行所用的时间，一般用机器周期来表示；空间属性是指一条指令在程序存储器中存储所占用的字节数。

按指令空间属性来分，51系列单片机的指令可分为如下3种：

（1）单字节指令（49条）。

（2）双字节指令（45条）。

（3）三字节指令（17条）。

按时间属性来分，51系列单片机的指令也可分为3种：

（1）1个机器周期指令（64条）。

（2）2个机器周期指令（45条）。

（3）4个机器周期（2条）。

按功能属性，51系列单片机的指令可分为5类：

（1）数据传送指令（29条）。

（2）算术运算指令（24条）。

（3）逻辑运算指令（24条）。

（4）控制转移指令（17条）。

（5）位操作指令（17条）。

4.1.2　指令描述符号的约定

在详细介绍指令之前，先简单介绍描述指令的一些符号的意义。

A：表示累加器A，而ACC则表示累加器A的地址。

Rn（$n=0$～7）：当前选中的工作寄存器组中的寄存器R0～R7之一。

Ri（$i=0, 1$）：当前选中的工作寄存器组中的寄存器R0或R1。

@：间接寻址或变址寻址前缀。

#data：8位立即数。

#data16：16位立即数。

Direct：片内低128个RAM单元地址及SFR地址。

addr11：11位目的地址。

addr16：16位目的地址。

rel：一个字节的补码表示的地址偏移量，范围为 –128～+127。

bit：位寻址空间中可寻址位的地址。

(X)：表示X地址单元或寄存器中的内容。

((X))：以X单元或寄存器中的内容作为地址所指定单元的内容。

/：位操作数的取反操作前缀，表示对该数位取反，但不影响该数位的原值。

→：数据传送方向，表示箭尾一侧的内容送入箭头所指向的单元中去。

↔：表示数据交换。

4.1.3　机器指令的字节编码格式

指令的表示方法称为指令格式。一条指令通常由两部分组成：操作码和操作数信息码。操作码用来规定指令进行什么样的操作，而操作数信息码则指明指令操作的对象。操作数信息码可能是一个具体的被操作的数据，也可能是被操作数据的地址码或被操作数地址信息的编码。

指令长度不同，指令格式也就不同。在51系列单片机指令系统中，分别有单字节、双字节及三字节指令，下面分别介绍其字节编码格式。

1．单字节指令

51系列单片机指令系统中共有49条单字节指令，其格式有两种形式。

（1）8位全表示操作码

本类指令只有操作码，无操作数，操作数隐含在操作码中。例如，INC　A（累加器A加1）指令的机器码为

00000100

（2）8位代码中包含操作码和操作数信息编码（寄存器编码）

本类指令的8位二进制机器码中包含操作码和存放操作数的寄存器号。例如，MOV　A，Rn (Rn→A)指令的机器码为

11101rrr

其中，最低3位选择从哪一个寄存器中取数，如000表示R0寄存器，这部分信息只占用3位，剩余5位用于操作码，故整条指令的编码一个字节就够了。

2. 双字节指令

51 系列单片机共有 45 条双字节指令。双字节指令中的一个字节表示操作码，另一个字节表示立即数或存放操作数的地址。此时操作码、立即数或地址各占一个字节。例如，

MOV　A，#data　　；data 表示 8 位二进制数，亦称为立即数。

其机器码为

01110100	立即数（data）

3. 三字节指令

51 系列单片机系统中共有 17 条三字节指令。三字节指令中的第一个字节表示操作码，后两个字节表示操作数或操作数地址。因此，一般有下面 4 种情况。

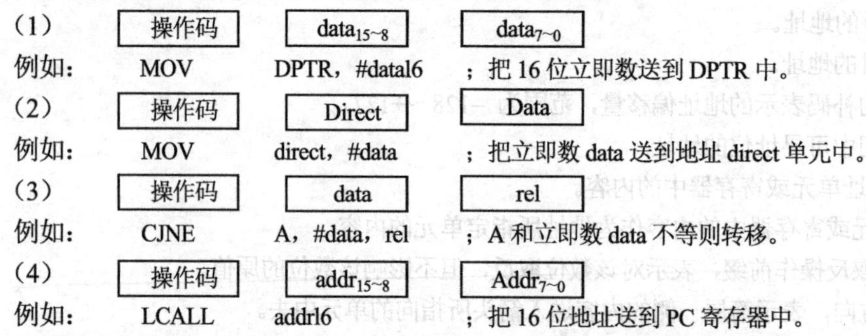

估算一条指令的字节数，可以采用以下方法：如果指令中的操作数含有累加器 A 或工作寄存器 R*n*，则这部分信息可并入操作码中，其余每出现一个立即数或地址则增加一个字节。

4.1.4 符号指令的书写格式

51 系列单片机指令系统的符号指令通常由操作助记符、目的操作数、源操作数及注释几个部分组成。其一般格式为

操作助记符　[操作数] [；注释]

操作助记符表示指令的操作功能，这是不可缺少的部分，其他部分根据不同情况可有可无。

操作数是指令执行某种操作的对象，它可以是操作数本身，可以是寄存器，也可以是操作数的地址。根据具体指令的情况，操作数的个数可为 0、1、2、3 个，各操作数之间用逗号隔开。多数指令的操作数有两个，在这种指令中，目的操作数写在左边，源操作数写在右边，其一般格式如下所示：

操作助记符　[目的操作数][，源操作数][；注释]

4.2 51 系列单片机的寻址方式

操作数是指令的重要组成部分，而获得这个将被指令处理的操作数的地址的方式就称为寻址方式。不同的计算机其寻址方式不尽相同，一般来说，寻址方式越多，计算机功能就越强，灵活性也越大。所以寻址方式对机器的性能有重大影响。51 系列单片机共有 7 种寻址方式，下面分别加以介绍。

4.2.1 立即寻址

指令编码中直接给出操作数的寻址方式称为立即寻址。在这种寻址方式中，紧跟在操作码后面的操作数称为立即数。立即数可以是一个字节，也可以是两个字节，立即数以前缀“#”符号来标识。例如，指令

MOV　A，#03H

其源操作数采用的就是立即寻址方式，该指令执行后，(A) = 03H，操作示意图如图 4-1 所示。

立即寻址所对应的寻址空间为程序存储器空间。

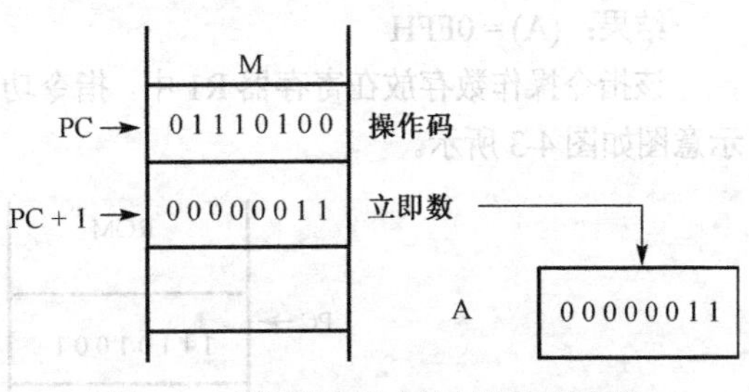

图 4-1　立即寻址指令执行情况示意图

4.2.2　直接寻址

直接寻址是指操作数的地址直接在指令中给出的寻址方式。该地址对应单元中的内容就是操作数，直接的操作数单元地址用“direct”表示。

例如，指令“MOV A，direct”中，“direct”就是操作数的单元地址。

直接寻址可访问的存储空间如下。

1．内部 RAM 低 128 单元

在指令中直接以单元地址形式给出，地址范围为 00H～7FH。

【例 4-1】 假设内部 RAM 地址为 3CH 的单元存放的数为 55H，执行指令

MOV　A，3CH　;(3CH)→A

结果为(A) = 55H，其中 3CH 就是直接地址，指令功能就是把内部 RAM 中 3CH 这个单元的内容送累加器 A，其操作过程示意图如图 4-2 所示。

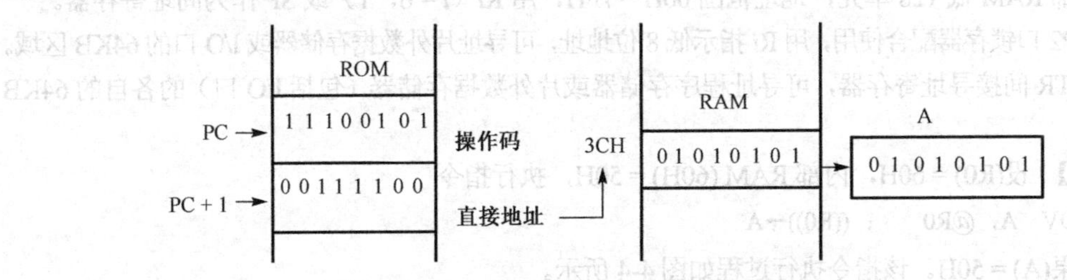

图 4-2　直接寻址指令执行情况示意图

2．特殊功能寄存器 SFR

直接寻址是 SFR 唯一的寻址方式。SFR 可以以单元地址给出，也可用寄存器符号形式给出（A，B，DFTR 除外）。

【例 4-2】 MOV　A，P1　；(P1 口)→A

这是把 SFR 中 P1 口内容送 A，它又可写成

MOV　A，90H

其中，90H 是 P1 口的地址。

4.2.3　寄存器寻址

操作数存放在寄存器中的寻址方式称为寄存器寻址。对于这种寻址方式，寻址的寄存器已隐含在指令的操作码中，寄存器用符号 R*n* 表示。寄存器寻址的寻址范围为 4 组工作寄存器 R0～R7 共 32 个工作寄存器，当前工作寄存器组的选择是通过程序状态字 PSW 中的 RS1、RS0 的设置来确定的。

【例 4-3】 假设(R1) = 0FFH，执行指令

MOV　A，R1　　；(R1)→A

结果：(A) = 0FFH

该指令操作数存放在寄存器R1中。指令功能是把寄存器R1中的内容送入累加器A，其操作过程示意图如图4-3所示。

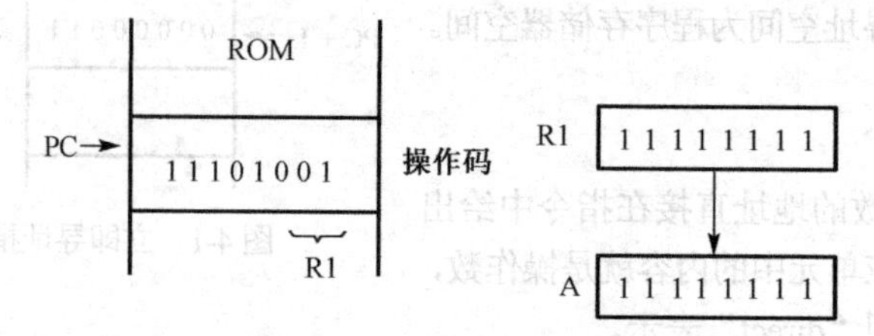

图4-3　寄存器寻址指令执行情况示意图

4.2.4　寄存器间接寻址

寄存器间接寻址是指操作数存放在以寄存器内容为地址的单元中。寄存器中的内容不再是操作数，而是存放操作数的地址。此时，操作数不能从寄存器直接得到，而只能通过寄存器间接得到。寄存器间接寻址用符号“@”表示。

51系列单片机用于间接寻址的寄存器有R0、R1、堆栈指针SP及数据指针DPTR。

寄存器间接寻址可寻址范围如下。

（1）内部RAM低128单元，地址范围00H～7FH，用Ri（i=0，1）或SP作为间址寄存器。

（2）与P2口锁存器配合使用，用Ri指示低8位地址，可寻址片外数据存储器或I/O口的64KB区域。

（3）DPTR间接寻址寄存器，可寻址程序存储器或片外数据存储器（包括I/O口）的各自的64KB区域。

【例4-4】　设(R0) = 60H，内部RAM (60H) = 50H，执行指令

MOV　A，@R0　　；((R0))→A

执行结果(A) = 50H。该指令执行过程如图4-4所示。

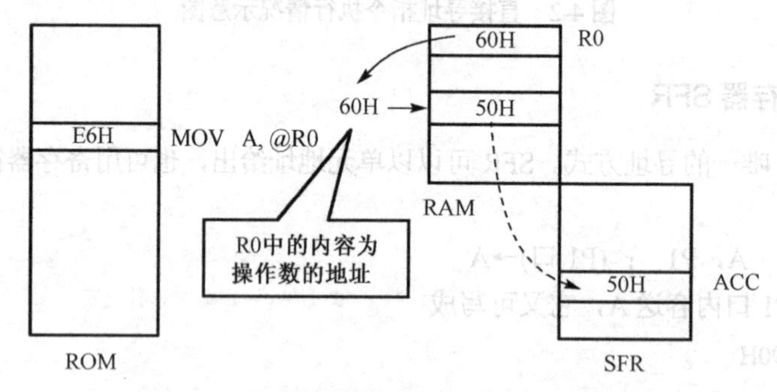

图4-4　寄存器间接寻址指令执行情况示意图

4.2.5　变址寻址（基址寄存器加变址寄存器间址寻址）

本寻址方式以DPTR或PC作为基址寄存器，以累加器A作为变址寄存器，以两者内容相加形成的16位地址作为目的地址进行寻址。

本寻址方式的指令有3条：

MOVC　A，@A+DPTR

MOVC　A，@A+PC

JMP　　@A+DPTR

前两条指令称为查表指令，适用于读程序存储器中固定的数据。例如，将固定的、按一定顺序排列的表格存放在程序存储器中，在程序运行中由A的动态参量来确定读取对应的表格参数。

第3条为散转指令，A中内容为程序运行后的动态结果，可根据A中的不同内容，实现跳向不同程序入口的跳转。

【例4-5】 设(A) = 0A4H，(DPTR) = 1234H，程序存储区 (12D8H) = 3FH，则执行指令

MOVC　A，@A+DPTR

后，(A) = 3FH。指令执行过程如图4-5所示。

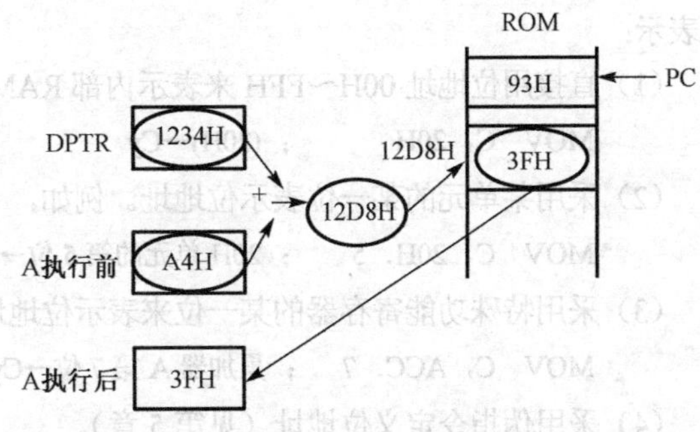

图4-5　指令MOVC　A，@A+DPTR的执行示意图

4.2.6　相对寻址方式

相对寻址用于跳转指令。本寻址方式是以该转移指令的地址（PC 值）加上它的字节数，再加上相对偏移量（rel），形成新的转移目的地址，从而控制程序转移到该目的地址。转移的目的地址用下式计算：

目的地址 = 转移指令所在的地址 + 转移指令字节数 + rel

其中，偏移量 rel 是一个字节的补码表示的带符号数，其范围是–128～+127。因此，程序转移范围是以转移指令的下条指令首地址为基准地址，相对偏移在–128～+127单元之间。

例如，指令

SJMP　rel

程序要转移到该指令的PC值加2再加上rel所得到的目的地址处。编写程序时，只需在转移指令中直接写要转向的地址标号。

例如： SJMP　LOOP

“LOOP”为目的地址标号。汇编时，由汇编程序自动计算和填入偏移量。但手工汇编时，偏移量的值由手工计算。

【例4-6】 假设指令SJMP　20H 存入2100H单元，其机器码为80H 20H，执行该指令后，程序将跳转到2122H单元取指令并执行，指令执行过程如图4-6所示。

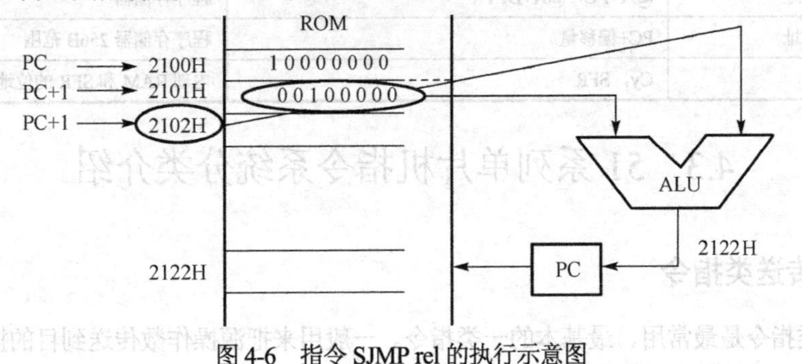

图4-6　指令SJMP rel的执行示意图

4.2.7　位寻址方式

位寻址方式是指令中给出的操作数为位寻址区的位地址 bit，bit 包括内部 RAM 的 20H～2FH 共

16个单元的128位，以及某些可以位寻址的特殊功能寄存器（单元地址能被8整除）的各位。位寻址类似于直接寻址，主要由操作码来区分，使用时需予以注意。

51系列单片机中，位操作借助于进位标志位C，作为位操作累加器，位地址可以用以下几种方法来表示：

（1）直接用位地址00H～FFH来表示内部RAM的128位。例如，

```
MOV  C，20H        ；(20H)→Cy
```

（2）采用某单元的某一位表示位地址。例如，

```
MOV  C，20H．5     ；20H单元的第5位→Cy
```

（3）采用特殊功能寄存器的某一位来表示位地址。例如，

```
MOV  C，ACC．7     ；累加器A第7位→Cy
```

（4）采用伪指令定义位地址（见第5章）。

位操作主要包括位逻辑运算以及位置位、复位等，位操作功能是51系列单片机的突出优点之一，丰富的位操作指令为逻辑运算、逻辑控制及各种状态标志的设置提供了方便，同时也为许多电路的“硬件软化”提供了一种简便而有效的实现方法。

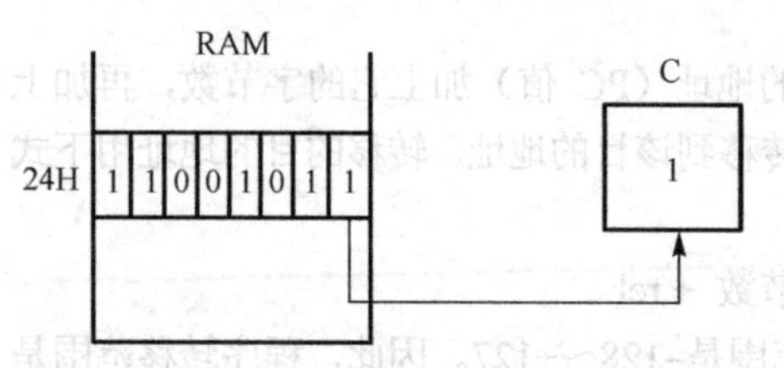

图4-7　指令MOV　C，24H.0的执行示意图

【例4-7】 分析指令MOV　C，24H.0的执行结果。

该指令的机器码为A2H 20H，相当于MOV　C，20H，指令执行完成后Cy标志位为1，操作过程如图4-7所示。

51系列单片机中7种寻址方式及其寻址空间如表4-1所示。

表4-1　寻址方式及寻址空间

序号	寻址方式	使用的变量	寻址空间
1	立即寻址		程序存储器ROM
2	直接寻址		内部RAM低128B和SFR
3	寄存器寻址	R0～R7，A，B，C，DPTR	内部RAM低128B
4	寄存器间址	@R0，@R1，SP（仅PUSH，POP）	内部RAM
		@R0，@R1，@DPTR	外部RAM
5	变址寻址	@A+PC，@A+DPTR	程序存储器
6	相对寻址	PC+偏移量	程序存储器256B范围
7	位寻址	Cy，SFR	内部RAM和SFR的位地址

4.3　51系列单片机指令系统分类介绍

4.3.1　数据传送类指令

数据传送类指令是最常用、最基本的一类指令。一般用来把源操作数传送到目的操作数。源操作数可以采用立即、直接、寄存器、寄存器间接、变址等5种寻址方式，目的操作数可以采用直接、寄存器、寄存器间接等3种寻址方式。

数据传送类指令又分为两类。一类为单纯的数据传送，即把源操作数传送（实为复制）给目的操作数，源操作数不变。表示为

源操作数 → 目的操作数

另一类为数据交换，即源操作数和目的操作数相互交换位置。表示为

源操作数 ↔ 目的操作数

数据传送类指令用到的助记符有 MOV、MOVX、MOVC、XCH、XCHD、SWAP、PUSH、POP 等 8 种。

数据传送类指令通用格式如下：

相关助记符　<目的操作数>，<源操作数>

除了把累加器作为目的操作数的那些指令会影响奇偶标志位 P 之外，数据传送类指令不影响标志位。

1. 片内数据传送指令

这类数据传送类指令的特点是数据在单片机内部传送且助记符为 MOV，传送关系如图 4-8 所示，箭头方向为数据的传送方向。

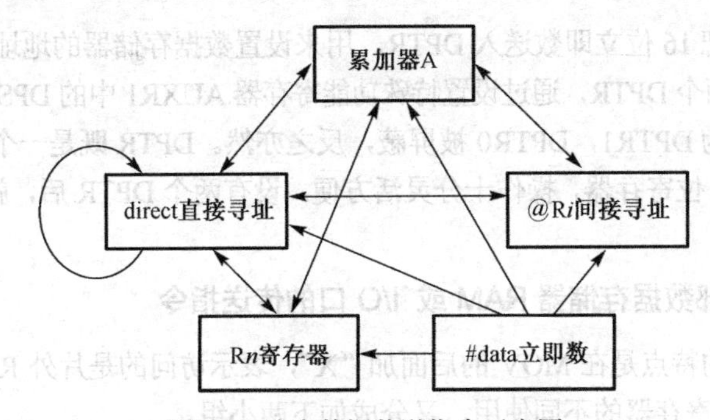

图 4-8　片内数据传送指令示意图

依据图 4-8 的传送关系，现将片内数据传送指令分 4 小类加以介绍。

（1）以累加器 A 为目的操作数的指令（4 条）

```
MOV  A，#data     ；#data→A
MOV  A，direct    ；(direct)→A
MOV  A，Rn        ；(Rn)→A，n = 0～7
MOV  A，@Ri       ；((Ri))→A，i = 0，1
```

这组指令的功能是把源操作数的内容送入累加器 A。源操作数有立即寻址、直接寻址、寄存器寻址和寄存器间接寻址等方式，例如，

```
MOV  A，#78H      ；78H→A，立即寻址
MOV  A，70H       ；(70H)→A，直接寻址
MOV  A，R6        ；(R6)→A，寄存器寻址
MOV  A，@R0       ；((R0))→A，寄存器间接寻址
```

（2）以 R*n* 为目的操作数的指令

```
MOV  Rn，A        ；(A)→Rn，n = 0～7
MOV  Rn，direct   ；(direct)→Rn，n = 0～7
MOV  Rn，#data    ；#data→Rn，n = 0～7
```

这组指令的功能是把源操作数送入当前寄存器区的 R0～R7 中的某一寄存器。

（3）以直接地址 direct 为目的操作数的指令

```
MOV  direct，A    ；(A)→(direct)
```

```
MOV   direct，#data         ；#data→(direct)
MOV   direct1，direct2      ；(direct2)→(direct1)
MOV   direct，Rn            ；(Rn)→(direct)，n=0～7
MOV   direct，@Ri           ；((Ri))→(direct)，i=0，1
```

这组指令的功能是把源操作数送入直接地址指定的存储单元。

（4）以寄存器间接地址为目的操作数的指令

```
MOV   @Ri，A                ；(A)→((Ri))，i=0，1
MOV   @Ri，direct           ；(direct)→((Ri))，i=0，1
MOV   @Ri，#data            ；#data→((Ri))，i=0，1
```

这组指令的功能是把源操作数送入R0或R1的内容作为地址所指定的内部数据存储单元中。

（5）16位数传送指令

```
MOV   DPTR，#data16         ；#data16→DPTR
```

这条指令的功能是把16位立即数送入DPTR，用来设置数据存储器的地址指针。

注意，AT89S51有两个DPTR，通过设置特殊功能寄存器AUXR1中的DPS位来选择。当DPS = 1时，指令中的DPTR即为DPTR1，DPTR0被屏蔽，反之亦然。DPTR既是一个16位数据指针，又可分为DPH和DPL两个8位寄存器，操作十分灵活方便。设有两个DPTR后，就可避免频繁的出/入堆栈操作。

2. 累加器A与外部数据存储器RAM或I/O口的传送指令

这类指令的助记符的特点是在MOV的后面加“X”，表示访问的是片外RAM或I/O口。根据对片外RAM或I/O口间址寄存器的不同使用，又分成如下两小组。

（1）以DPTR间接寻址外部数据存储器RAM或I/O口的传送指令

```
MOVX    A，@DPTR      ；((DPTR))→A，读外部RAM或I/O口
MOVX    @DPTR，A      ；(A)→(DPTR)，写外部RAM或I/O口
```

这两条指令采用16位数据指针 DPTR间接寻址，可寻址整个64KB片外数据存储器空间。执行指令时高8位地址（DPH）由P2口输出，低8位地址（DPL）由P0口输出。

（2）以R*i*间接寻址外部数据存储器RAM I/O口的传送指令

```
MOVX    A，@Ri        ；((Ri))→A，读外部RAM I/O口
MOVX    @Ri，A        ；(A)→(Ri)，写外部RAM I/O口
```

这组指令采用R*i*（*i*=0，1）进行间接寻址，默认为对片外数据存储器空间地址值在0000H～00FFH范围（也称为第0页）的外部RAM I/O口进行读/写操作。如果要利用这组指令对此地址范围外的外部RAM或I/O口进行读/写操作，则应该预先把高8位地址值送给P2口锁存器而低8位地址值依然送给R*i*寄存器，执行指令时低8位地址（R*i*）由P0口输出，如果高8位地址不为0的话，则由P2口锁存器提供的高8位地址由P2口输出，指令执行时的具体时序可参见第3章中的图3-19。

3. 查表指令

这类指令共两条，也称为程序存储器数据表项传送指令，是仅有的两条读程序存储器中表格数据的指令。由于程序存储器只读不写，因此传送为单向，仅从程序存储器中读出数据到A中。两条查表指令均采用基址寄存器加变址寄存器间接寻址方式。助记符的特点是在 MOV 的后面加“C”，这是CODE的第一个字母，意指要访问的是代码区，这是程序存储区的另一种表述。

（1）MOVC A，@A+DPTR ；((A)+(DPTR))→A

这条指令以DPTR为基址寄存器，A的内容（无符号数）和DPTR的内容相加得到一个16位地址，把由该地址指定的程序存储器单元的内容送到累加器A。

例如，(DPTR) = 8000H，(A) = 40H，执行指令

```
MOVC    A，@A+DPTR
```

将程序存储器中8040H单元内容送入A中。

本指令执行结果只与指针DPTR及累加器A的内容有关，而与该指令存放的地址及常数表格存放的地址无关，因此表格的大小和位置可以在64KB程序存储器空间中任意安排，一个表格可以为各个程序块公用，因此也称为远程查表指令。

（2）MOVC　A，@A+PC　　　；((A)+(PC))→A

本指令以PC作为基址寄存器，A的内容（无符号数）和PC的当前值（下一条指令的起始地址）相加后得到一个新的16位地址，把由该地址指定的程序存储器单元的内容送到累加器A。

例如，当(A) = 10H时，执行地址2000H处的指令

```
2000H:  MOVC    A，@A+PC
```

该指令占用一个字节，下一条指令的地址为2001H，(PC) = 2001H再加上A中的10H，得2011H，结果把程序存储器中2011H的内容送入累加器A。

这条指令的优点是不必安排指令去设置其他寄存器及PC的值，根据A的内容就可以取出表格中的常数。缺点是表格只能存放在该条查表指令所在地址之后的256个单元之内，表格大小受到限制，且表格通常只能被一段程序所用，因此也称为近程查表指令。

【例4-8】 编制根据累加器A中的无符号数（0～9）查其平方表的程序。

解：根据题意编程如下：

```
MOV     A，#03H             ；A = 03H，假设要查3的平方
MOV     DPTR，#8000H        ；DPTR = 8000H（表格的首地址）
MOVC    A，@A+DPTR          ；(03H+8000H) → A，A = 09H
```

假设平方表中的数据从程序存储器的8000H开始依次往下存放，得表格如下：

```
8000H：00H，01H，04H，09H，10H，19H，24H，31H，40H，51H
```

执行结果：A = 09H(9)。

此程序中用DPTR指向表格的首地址8000H，A中的初始值为需查表格数据项的序号（从第零项开始），开始时A = 03H，即为求表中的第3项，故执行程序后，A = 09H。由PC进行查表的应用将在下一章叙述。

4．堆栈操作指令

在51系列单片机的内部数据存储区中设定有一个按照后进先出（Last In First Out，LIFO）原则操作的区域，称为堆栈。堆栈区的一端固定，称为栈底；另一端是活动的，称为栈顶。堆栈的位置由特殊功能寄存器中的堆栈指针SP指定，SP始终指向栈顶的位置（即SP的内容是堆顶的地址），SP的初始值即为栈底的位置。

51系列单片机栈区是向上生长的，即随着数据的存入，地址是增大的。系统复位时，SP的内容为07H，栈区从内部RAM的08H单元开始安排。通常用户系统初始化时要对SP重新设置，SP的值越小，堆栈的深度越深。

堆栈操作有进栈和出栈两种，因此，在指令系统中相应有两条堆栈操作指令。

（1）进栈指令

```
PUSH   direct      ；(SP)+1→SP，(direct)→(SP)
```

执行这条指令的过程是首先将栈指针SP加1，然后把direct中的内容送到SP指示的内部RAM单元中。例如，当(SP) = 60H，(A) = 30H，(B) = 70H时，执行下列指令

```
PUSH   ACC     ；(SP)+1 = 61H→SP，(A)→61H
PUSH   B       ；(SP)+1 = 62H→SP，(B)→62H
```

执行结果：(61H) = 30H，(62H) = 70H，(SP) = 62H。

（2）出栈指令

```
POP   direct     ；((SP))→(direct)，(SP) –1→SP
```

执行这条指令的过程是首先将SP指示的栈顶单元的内容送入direct字节中，然后将SP的内容减1。例如，当(SP) = 62H，(62H) = 70H，(61H) = 30H时，执行指令

```
POP   DPH     ；((SP))→DPH，(SP) –1→SP
POP   DPL     ；((SP))→DPL，(SP) –1→SP
```

执行结果：(DPTR) = 7030H，(SP) = 60H。

5．数据交换指令

数据交换指令的功能是把两个操作数的内容进行全字节交换或半字节交换。指令如下

（1）全字节交换指令（3条）

```
XCH   A，Rn         ；(A)↔ (Rn)，n = 0～7
XCH   A，direct     ；(A)↔ (direct)
XCH   A，@Ri        ；(A)↔ ((Ri))，i = 0，1
```

这组指令的功能是将累加器A的内容和源操作数的内容相互交换。源操作数有寄存器寻址、直接寻址和寄存器间接寻址等3种方式。例如，

(A) = 80H，(R7) = 08H，(40H) = F0H，(R0) = 30H，(30H) = 0FH

执行下列指令：

```
XCH   A，R7       ；(A)↔ (R7)
XCH   A，40H      ；(A)↔ (40H)
XCH   A，@R0      ；(A)↔ ((R0))
```

执行结果：(A) = 0FH，(R7) = 80H，(40H) = 08H，(30H) = F0H。

（2）半字节交换指令

```
XCHD   A，@Ri       ；((Ri).3～((Ri).0↔ (ACC.3～ACC.0)
```

这条指令的功能是将累加器的低4位与内部RAM单元的低4位交换。例如，

(R0) = 60H，(60H) = 3EH，(A) = 59H

执行完“XCHD   A，@R0”指令后，(A) = 5EH，(60H) = 39H。

（3）累加器半字节交换指令

```
SWAP   A        ；(ACC.7～ACC.4) ↔  (ACC.3～ACC.0)
```

这条指令的功能是将累加器A的高半字节（ACC.7～ACC.4）和低半字节（ACC.3～ACC.0）互换。

【例4-9】 设(A) = 95H，执行指令SWAP   A后，结果为(A) = 59H。

【例4-10】 将片内RAM 30H单元与40H单元中的内容互换。

解：方法 1（直接地址传送法）：

```
MOV   31H，30H
MOV   30H，40H
MOV   40H，31H
```

方法 2（间接地址传送法）：

```
MOV   R0，#40H
MOV   R1，#30H
MOV   A，@R0
MOV   B，@R1
MOV   @R1，A
MOV   @R0，B
```

方法 3（字节交换传送法）：

```
MOV   A，30H
XCH   A，40H
MOV   30H，A
```

方法 4（堆栈传送法）：

```
PUSH  30H
PUSH  40H
POP   30H
POP   40H
```

4.3.2　算术运算类指令

在 51 系列单片机指令系统中，有单字节的加、减、乘、除法指令，算术运算功能比较强。算术运算指令都是针对 8 位二进制无符号数的，如要进行带符号或多字节二进制数运算，则需要编写相应的运算程序来实现。

这类指令的重要特点是运算的结果大多都要影响 PSW 的进位（Cy）、辅助进位（Ac）、溢出（OV）3 种标志位，但加 1 指令和减 1 指令不影响这些标志。

另外，凡是会更改累加器 A 的内容的指令都会影响奇偶标志位（P）。

1．加法指令

加法指令包括不带进位加法指令 ADD、带进位加法指令 ADDC 和加 1 指令 INC，ADD 多用于单字节数相加，ADDC 多用于多字节数相加。现分述如下。

（1）不带进位加法指令 ADD（4 条）

```
ADD   A，Rn          ；(A)+(Rn)→A，n = 0～7
ADD   A，direct      ；(A)+ (direct)→A
ADD   A，@Ri         ；(A)+((Ri))→A，i = 0，1
ADD   A，#data       ；(A)+#data→A
```

8 位加法指令的一个加数总是来自累加器 A，而另一个加数可由寄存器寻址、直接寻址、寄存器间接寻址和立即数寻址等不同的寻址方式得到。加的结果总是放在累加器 A 中。

使用本指令时，要注意累加器 A 中的运算结果对各个标志位的影响：

① 如果位 7 有进位，则进位标志 Cy 置 1，否则 Cy 清 0。

② 如果位3有进位，辅助进位标志Ac置1，否则Ac清0。

③ 奇偶标志位P：若A中1的个数为奇数，则P＝1，否则P＝0。

④ 如果位6有进位，而位7没有进位，或者位7有进位，而位6没有进位，则溢出标志位OV置1，否则OV清0。

溢出标志位OV的状态，只是在带符号数加法运算时才有意义。当两个带符号数相加时，OV＝1，表示加法运算超出了累加器A所能表示的带符号数的有效范围（–128～+127），即产生了溢出，表示运算结果是错误的，否则运算是正确的，即无溢出产生。

【例4-11】 设(A)＝53H，(R0)＝0FCH，问执行执行指令ADD　A，R0后的结果是什么？

解：运算式为

```
      0101 0011
+)    1111 1100
1     0100 1111
```

结果：(A)＝4FH，Cy＝1，Ac＝0，P＝1，OV＝0（位6、位7同时有进位）。

【例4-12】 (A)＝85H，(R0)＝20H，(20H)＝0AFH，问执行指令ADD　A，@R0后的结果是什么？

解：运算式为

```
      1000 0101
+)    1010 1111
1     0011 0100
```

结果：(A)＝34H，Cy＝1，Ac＝1，P＝1，OV＝1（位7有进位，位6无）。

（2）带进位加法指令

```
ADDC   A，Rn          ；(A)+(Rn)+Cy→A，n＝0～7
ADDC   A，direct      ；(A)+(direct)+Cy→A
ADDC   A，@Ri         ；(A)+((Ri))+Cy→A，i＝0，1
ADDC   A，#data       ；(A)+#data+Cy→A
```

带进位加法指令的功能是将源操作数、进位标志位Cy及累加器A的内容相加，并将结果存放在累加器A中。

这组指令对PSW各位的影响与ADD指令相同，即如果位7有进位，则进位标志Cy置1，否则Cy清0；如果位3有进位，辅助进位标志Ac置1，否则Ac清0；若A中1的个数为奇数，则奇偶标志位P置1，否则P清0；如果位6有进位，而位7没有进位，或者位7有进位，而位6没有进位，则溢出标志位OV置1，否则OV清0。

这组指令主要用于多字节数的加法运算，在进行高位字节加法时，应考虑低位字节产生的进位。

【例4-13】 设(A)＝85H，(20H)＝0FFH，Cy＝1，问执行指令ADDC　A，20H后的结果是什么？

解：运算式为

```
       1000  0101
+)     1111  1111
                1
     1 1000  0101
```

结果：(A)＝85H，Cy＝1，Ac＝1，OV＝0，P＝1。

【例4-14】 设两个16位二进制数分别存放在地址为20H，21H和30H，31H的内部RAM单元中（低8位先存），要求将这两个数相加，其和存放在地址为40H，41H的单元中，试编程实现之。

解：程序代码如下：

```
ADDM: MOV  A，20H      ；取低字节被加数
      ADD  A，30H      ；低位字节相加
      MOV  40H，A      ；结果送40H单元
      MOV  A，21H      ；取高字节被加数
      ADDC A，31H      ；加高字节和低位来的进位
      MOV  41H，A      ；结果送41H单元
      SJMP $
```

（3）加1指令（5条）

```
INC  A
INC  Rn       ；n=0～7
INC  direct
INC  @Ri      ；i=0，1
INC  DPTR
```

这组指令的功能是将源操作数的内容加1，结果再回送原来单元。这些指令只有INC　A和INC ACC会影响奇偶标志位P，其余指令均不影响PSW中的任何标志位。

指令"INC　DPTR"，是16位数加1指令。指令首先对数据指针的低8位DPL执行加1，当溢出时，就对DPH的内容进行加1，并不影响标志Cy的状态。

对于指令INC　direct，若直接地址对应的是I/O端口，则将进行"读-修改-写"操作。指令执行过程中，首先读入端口的内容（来自端口锁存器而不是端口引脚），然后在CPU中加1，继而输出到端口。

【例4-15】 试编写程序将存放在内部RAM 31H～33H单元中的数相加，其和存放在30H中（假设和不超过8位）。

解： 根据题意，该操作过程为(31H)+(32H)+(33H)→(30H)。程序如下：

```
MOV  R0，#31H
MOV  A，@R0     ；(31H)→A
INC  R0
ADD  A，@R0     ；(31H)+(32H)→A
INC  R0
ADD  A，@R0     ；A+(33H)→A
MOV  30H，A     ；存和
```

（4）十进制调整指令（1条）

```
DA  A          ；调整A的内容为正确的BCD码
```

这条指令的功能是对压缩BCD码（一个字节存放2位BCD码）的加法结果进行十进制调整。两个BCD码按二进制相加之后，必须经本指令的调整才能得到正确的压缩BCD码的和数。

① 十进制调整问题

我们知道可以用BCD码来表示十进制数，但指令系统中并没有十进制数的加法指令，对BCD码加法运算，只能借助于二进制加法指令。那么这样处理的结果对不对呢？请看下面3个例子：

```
(a) 3+5=8        (b) 7+8=15       (c) 9+8=17
     0011              0111              1001
 +)  0101          +)  1000          +)  1000
     1000              1111            1 0001
```

上述的BCD码运算中：

(a) 结果正确。

(b) 结果不正确，因为BCD码中没有1111这个编码。

(c) 结果不正确，正确结果应为17，而运算结果却是11。

可见，二进制数加法指令不能完全适用于BCD码十进制数的加法运算，需要对结果做有条件的修正，这就是所谓的十进制调整问题。

② 出错原因和调整方法

出错原因在于BCD码是4位二进制编码，而4位二进制数可产生16个编码，但BCD码只用了其中的10个，剩下6个没用到。这6个没用到的编码（1010，1011，1100，1101，1110，1111）为禁用码。

在BCD码的加法运算中，凡结果进入或者跳过禁用码区时，其结果就是错误的。1位BCD码加法运算出错的情况有两种：

- 加的结果大于9，说明已经进入禁用码区。
- 加的结果有进位，说明已经跳过禁用码区。

无论哪种错误，都是因为存在6个禁用码造成的。因此，只要出现上述两种情况之一，就必须调整。方法是把运算结果加6调整，即十进制调整修正。

十进制调整方法如下：

- 累加器低4位大于9或辅助进位位Ac = 1，则低4位加6修正。
- 累加器高4位大于9或进位位Cy = 1，则高4位加6修正。
- 累加器高4位为9，低4位大于9，高4位和低4位分别加6修正。

上述调整修正，是通过执行指令“DA　A”来自动实现的。在计算机中，遇到十进制调整指令时，中间结果的修正是由ALU硬件中的十进制修正电路自动进行的，用户不必考虑何时该加“6”，使用时只需在上述加法指令后面紧跟一条“DA　A”指令即可。

注意：“DA　A”指令不适用于减法指令。

【例4-16】 设(A) = 78H，(R5) = 49H，把它们视为两个压缩的BCD数，进行BCD加法。

解：78 + 49 = 127，但是78H+49H是否会等于127H呢？下面分析之。

执行指令

```
ADD  A，R5
DA   A
```

直接相加后，由于和的高4位大于9，低4位有进位，所以要利用“DA　A”指令分别加6，对结果进行修正，过程如图4-9所示。

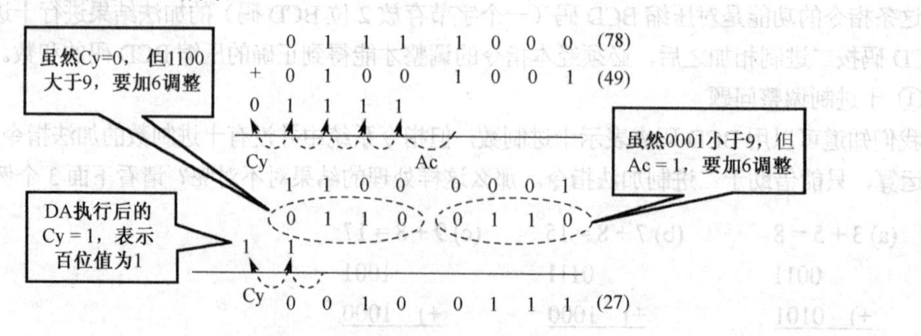

图4-9　BCD数相加及调整过程示意图

结果：(A) = 27H，且 Cy = 1，即结果为 127，正确。

【例 4-17】 设计 6 位 BCD 码的加法程序。设被加数保存在内部 RAM 中 32H、31H、30H 单元，加数保存在 42H、41H、40H 单元，相加之和保存在 52H、51H、50H 单元，忽略相加后最高位的进位。

解：程序代码如下：

```
BCDADD: MOV   A，30H     ；第一字节相加
        ADD   A，40H
        DA    A
        MOV   50H，A     ；存第一字节之和（BCD 码）
        MOV   A，31H     ；第二字节相加
        ADDC  A，41H
        DA    A
        MOV   51H，A     ；存第二字节之和（BCD 码）
        MOV   A，32H     ；第三字节相加
        ADDC  A，42H
        DA    A
        MOV   52H，A     ；存第三字节之和（BCD 码）
        SJMP  $
```

2. 减法指令

减法指令包括带借位减法指令和减 1 指令两类。

（1）带借位减法指令（4 条）

```
SUBB  A，Rn      ；  (A)–(Rn)–Cy→A，n = 0～7
SUBB  A，direct  ；  (A)–(direct)–Cy→A
SUBB  A，@Ri     ；  (A)–((Ri))–Cy→A，i = 0，1
SUBB  A，#data   ；  (A)–#data–Cy→A
```

带借位减法指令的功能是从累加器 A 中减去源操作数的内容及 Cy，结果仍存放在 A 中。

由于只有带借位的减法指令，所以要做不带借位的减法时必须先将 Cy 清 0（CLR　C），然后再做减法。

带借位减法指令对标志位的影响如下：

① 如果位 7 需借位，则 Cy 置 1，否则 Cy 清 0。

② 如果位 3 需借位，则 Ac 置 1，否则 Ac 清 0。

③ 若 A 中 1 的个数为奇数，则 P = 1；否则 P = 0。

④ 如果位 6 需借位，而位 7 不需借位，或者位 7 需借位，而位 6 不需借位，则溢出标志位 OV 置 1，否则 OV 清 0。

溢出标志位 OV 的状态，只在带符号数进行减法运算时才有意义。当两个带符号数相减时，OV = 1，表示减法运算超出了累加器 A 所能表示的带符号数的有效范围（–128～+127），即产生了溢出，表示运算结果是错误的，否则运算是正确的，即无溢出产生。

【例 4-18】 若(A) = C9H，(R2) = 54H，Cy = 1，执行指令

```
SUBB  A，R2
```

运算式为

```
    1100 1001
    0101 0100
-)          1
    0111 0100
```

结果：(A) = 74H，Cy = 0，Ac = 0，OV = 1（位6向位7借位）。

（2）减1指令（4条）

```
DEC   A          ; (A)–1→A
DEC   Rn         ; (Rn)–1→Rn，n = 0～7
DEC   direct     ; (direct)–1→direct
DEC   @Ri        ; ((Ri))–1→(Ri)，i = 0，1
```

功能是指定的变量减1。若原来为00H，减1后下溢为FFH，但不影响标志位（P标志除外）。

【例4-19】 若(A) = 0FH，(R7) = 19H，(30H) = 00H，(R1) = 40H，(40H) = 0FFH，问执行下列指令后结果是什么？

```
DEC   A          ; (A)–1→A
DEC   R7         ; (R7)–1→R7
DEC   30H        ; (30H)–1→30H
DEC   @R1        ; ((R1))–1→(R1)
```

解：结果为：(A) = 0EH，(R7) = 18H，(30H) = 0FFH，(R1) = 40H，(40H) = 0FEH，P = 1，不影响其他标志位。

3．乘除运算指令

（1）乘法指令（1条）

```
MUL   AB     ; A*B→BA
```

这条指令的功能是将累加器A和寄存器B中的两个无符号数相乘，乘积的高8位存放在B中而低8位存放在A中。

该指令对标志位的影响如下：

- 进位位Cy：执行MUL指令后Cy = 0。
- 溢出标志OV：若乘积超过0FFH，则OV = 1；否则，OV = 0。
- 奇偶标志P：跟随A的内容会做相应变化。

（2）除法指令（1条）

```
DIV   AB     ; A/B，商→A，余数→B
```

这条指令的功能是用累加器A中的8位无符号整数除以寄存器B中的8位无符号整数，所得的商（为整数）存放在A中，余数存放在B中。

该指令对标志位的影响如下：

- 进位位Cy：Cy = 0。
- 溢出标志OV：当除数B = 0时，则OV = 1；否则，OV = 0。
- 奇偶标志P：同上条。

【例4-20】 已知A = 57H和B = 10H，执行指令

```
DIV   AB
```

结果：A = 05H，B = 07H，Cy = 0，OV = 0，P = 0。

从该例可以看出：若B = 10H，则执行DIV　AB后，将A的高4位和低4位分解并分别存放于A、

B 中。

4.3.3　逻辑运算与移位指令

1. 逻辑与指令

```
ANL   A，Rn            ；(A)∧(Rn)→A，n＝0～7
ANL   A，direct        ；(A)∧(direct)→A
ANL   A，#data         ；(A)∧#data→A
ANL   A，@Ri           ；(A)∧((Ri))→A，i＝0～1
ANL   direct，A        ；(direct)∧(A)→direct
ANL   direct，#data    ；(direct)∧#data→direct
```

这组指令的功能是将两个操作数按位进行逻辑“与”运算，结果存放在目的操作数中。其中有两条指令以直接地址为目的操作数，因此便于对特殊功能寄存器的内容按需要进行修改，使用起来灵活方便。

【例 4-21】 若(A)＝07H，(R0)＝0FDH，执行指令 ANL　A，R0 后的结果是什么？

解：

```
       0000 0111
∧)     1111 1101
       ---------
       0000 0101
```

结果：(A)＝05H。

2. 逻辑或指令

```
ORL   A，Rn            ；(A)∨(Rn)→A，n＝0～7
ORL   A，direct        ；(A)∨(direct)→A
ORL   A，#data         ；(A)∨ #data→A
ORL   A，@Ri           ；(A)∨((Ri))→A，i＝0，1
ORL   direct，A        ；(direct)∨(A)→direct
ORL   direct，#data    ；(direct)∨#data→dire
```

这组指令的功能是将两个操作数按位进行逻辑“或”运算，结果存放在目的操作数中。

在实际应用中，逻辑“与”运算主要起屏蔽作用，可以把不需要的位与“0”相与，其余位与“1”相与；逻辑“或”运算常常起“合并”作用。

【例 4-22】 已知(A)＝8AH，(R1)＝73H，试编程将 A 的高 4 位与 R1 的低 4 位合并成一个字节存放在 R0 中。

解：根据题意编程如下：

```
ANL   A，#0F0H     ；屏蔽 A 的低 4 位，(A)＝80H
MOV   R0，A        ；中间结果暂存于 R0 中
MOV   A，R1        ；73H→A
ANL   A，#0FH      ；屏蔽 R1 的高 4 位，(A)＝03H
ORL   A，R0        ；合并，(A)＝83H
MOV   R0，A        ；结果存放于 R0 中
```

3. 逻辑异或指令

```
XRL   A，Rn        ；(A) ⊕(Rn)→A，n＝0～7
XRL   A，direct    ；(A) ⊕ (direct)→A
```

```
XRL   A，@Ri          ；(A)⊕((Ri))→A，i = 0，1
XRL   A，#data        ；(A)⊕#data→A
XRL   direct，A       ；(direct)⊕(A)→direct
XRL   direct，#data   ；(direct)⊕#data →direct
```

这组指令的功能是将两个操作数按位进行逻辑“异或”运算，结果存放在目的操作数中。

所谓“异或”是指相同为“0”，相异为“1”，根据“异或”的这个特性，可以利用异或操作对某些关心位进行“取反”，不关心位保持不变。

【例4-23】 若(A) = 90H，(R3) = 73H，执行指令XRL A，R3后的结果是什么？

解：

```
      1001 0000
⊕)    0111 0011
      ---------
      1110 0011
```

结果：(A) = E3H。

4．累加器“清0”及“取反”指令（2条）

（1）CLR A

这条指令的功能是：将累加器A清“0”，不影响Cy、Ac和OV等标志。

（2）CPL A

这条指令的功能是：将累加器A按位取反，不影响Cy、Ac和OV等标志。

5．移位指令（5条）

移位指令包括循环左移或右移、带进位循环左移或右移以及累加器A的半字节交换指令。

（1）左环移指令

RL A

这条指令的功能是将累加器A的各位向左循环移动1位，位7循环移入位0，不影响标志位，如图4-10所示。

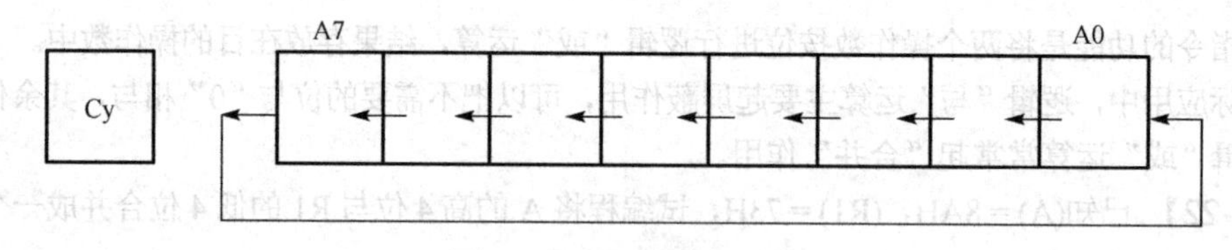

图4-10 左环移指令示意

（2）带进位左环移指令

RLC A

这条指令的功能是将累加器A的内容和进位标志位Cy一起向左环移1位，ACC.7移入Cy，Cy移入ACC.0，如图4-11所示。

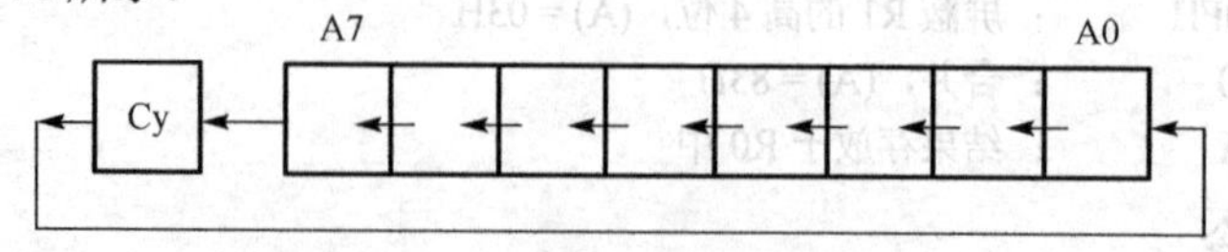

图4-11 带进位左环移指令示意

（3）右环移指令

RR　A

这条指令的功能是将累加器 A 的各位向右环移 1 位，ACC.0 移入 ACC.7，不影响其他标志位，如图 4-12 所示。

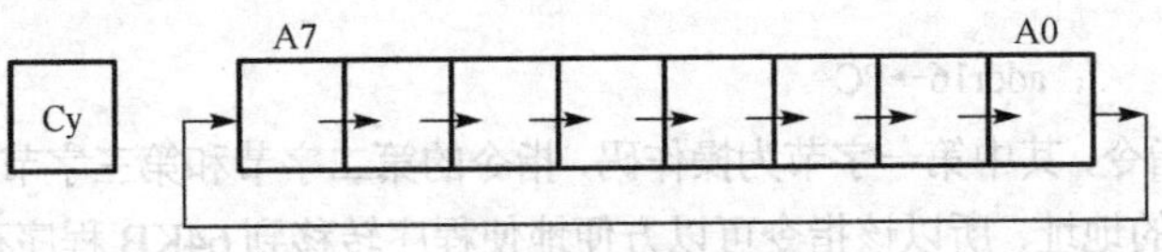

图 4-12　右环移指令示意

（4）带进位右环移指令

RRC　A

这条指令的功能是将累加器 A 的内容和进位标志 Cy 一起向右环移 1 位，Cy 移入 ACC.7，ACC.0 进入 Cy，如图 4-13 所示。

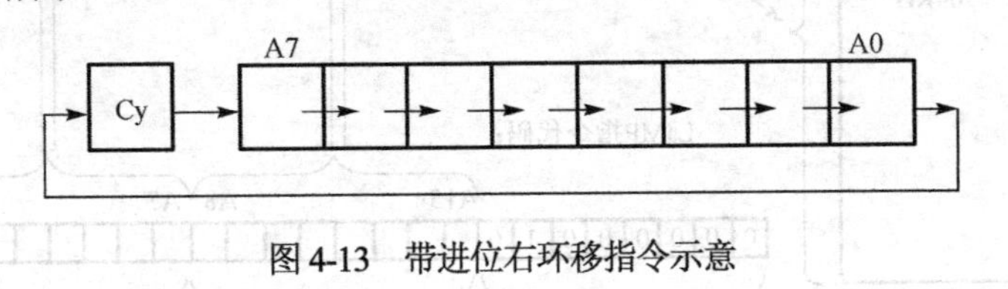

图 4-13　带进位右环移指令示意

（5）累加器半字节交换指令

SWAP　A

这条指令的功能在半字节交换指令里做过介绍，就是将累加器 A 的高半字节（ACC.7～ACC.4）和低半字节（ACC.3～ACC.0）互换，相当于执行 4 次左环移或右环移指令。

【例 4-24】 已知内部数据存储器 M1 和 M1+1 单元中存有一个 16 位二进制数（M1 中为低 8 位），请编程令其扩大到 2 倍（设该数扩大后小于 65536）。

解： 一个 16 位二进制数扩大到 2 倍就等于是把它进行一次算术左移。由于 51 系列单片机的移位指令都是单字节的移位指令，因此双字节的移位操作必须通过程序来实现。

相应程序如下：

```
CLR   C          ; Cy 清 0
MOV   R1，#M1    ; 操作数低 8 位地址送 R1
MOV   A，@R1     ; 操作数低 8 位→ A
RLC   A          ; 低 8 位操作数左移，低位补 0
MOV   @R1，A     ; 处理结果回送 M1 单元，Cy 中为最高位
INC   R1         ; R1 指向 M1+1 单元
MOV   A，@R1     ; 操作数高 8 位→ A
RLC   A          ; 高 8 位操作数左移，低位补入原低 8 位的最高位
MOV   @R1，A     ; 处理结果回送 M1+1 单元
```

4.3.4　控制转移类指令

在非顺序程序设计中（如分支和循环程序），必须强制修改程序计数器 PC 的值才能满足改变程序流向的要求，控制转移类指令就是用来实现这一要求的。控制转移指令包括无条件转移指令、条件转移指令、子程序调用和返回指令以及中断返回指令 4 种，下面分别加以介绍。

1. 无条件转移指令（4条）

这组指令的功能是当CPU执行完该指令时，程序就无条件地转移到指令所提供的地址上去。这4条指令的不同之处在于，它们所提供的转移地址的形成方式和转移范围各不相同，下面分别加以介绍。

（1）长转移指令

LJMP addr16 ；addr16→PC

这是一条三字节指令，其中第一字节为操作码，指令的第二字节和第三字节就是转移的目标地址。由于指令提供了16位的地址，所以该指令可以方便地使程序转移到64KB程序存储器的任何位置，故称为“长转移”指令。本条指令的构成和操作情况如图4-14所示。

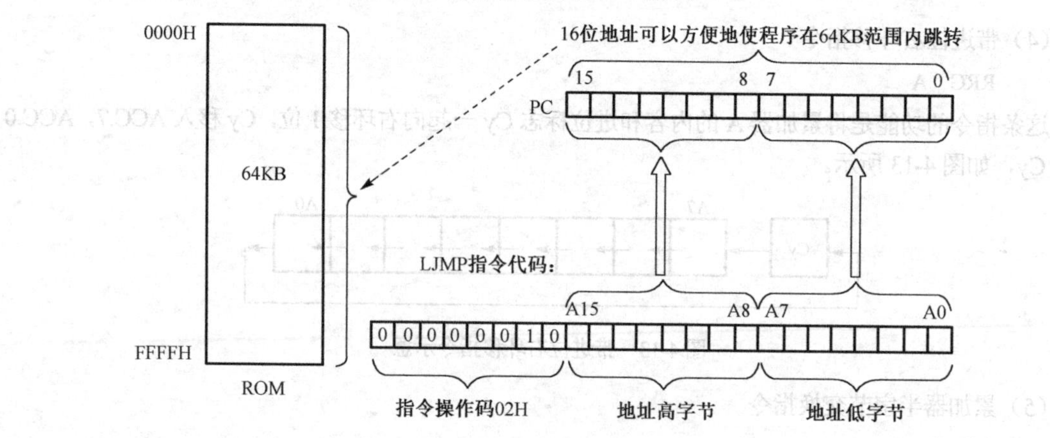

图4-14 LJMP指令图解

（2）短转移指令

AJMP addr11 ；(PC)+2→PC，addr11→$PC_{10\sim0}$，$PC_{15\sim11}$不变

这是一条双字节指令，指令代码的构成和操作情况如图4-15所示。执行该指令时，先将PC内容加2，然后将指令提供的11位地址送给PC的低11位，而高5位不变，从而实现程序的转移。由于指令中只给出低11位地址，其转移范围是2KB，但要注意转移到的位置必须和执行指令时的当前PC值（PC+2）在同一个2KB区域内。

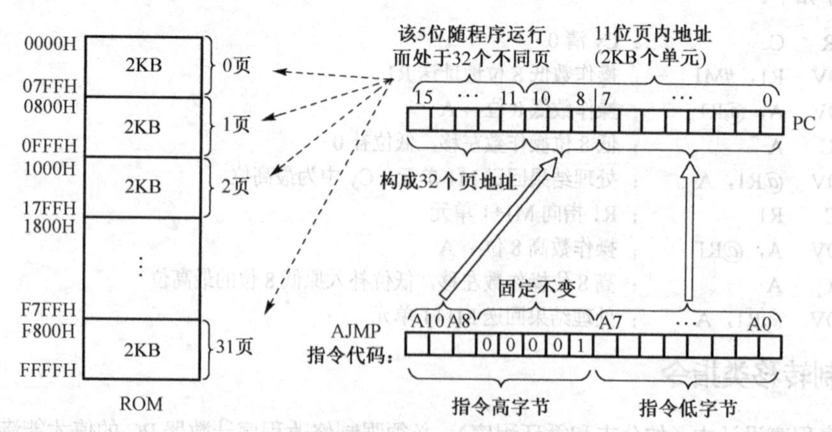

图4-15 AJMP指令图解

（3）相对转移指令

SJMP rel ；(PC)+2→PC，(PC)+ rel→PC

这是一条双字节指令，采用相对寻址方式，其中第一字节为操作码，第二字节为相对偏移量rel。寻址方式中已经介绍过，rel是一单字节补码表示的带符号数，因此它所能实现的程序转移是双向的。rel为正，向地址增大的方向转移；rel为负，向地址减小的方向转移。执行时，在PC加2（本指令为2B）之后，把指令的有符号的偏移量rel加到PC上，并计算出目的地址，因此跳转的目的地址可以在与本条指令相邻的下一条指令首地址的前128B到后127B（–128B～+127B）之间。

编程时，只需在相对转移指令中直接写上要转向的目的地址标号即可，相对偏移量由汇编程序自动计算。例如，

```
SJMP    LOOP
   …
LOOP：MOV  A，R7
   …
```

汇编时，跳到LOOP处的偏移量由汇编程序自动计算和填入。

如果“LOOP”对应的地址为1022H，指令“SJMP LOOP”的地址为1000H。执行指令 SJMP LOOP后，程序将转向1022H处执行（rel＝20H＝1022H–1000H–2）。指令代码的构成和操作情况如图4-16所示。

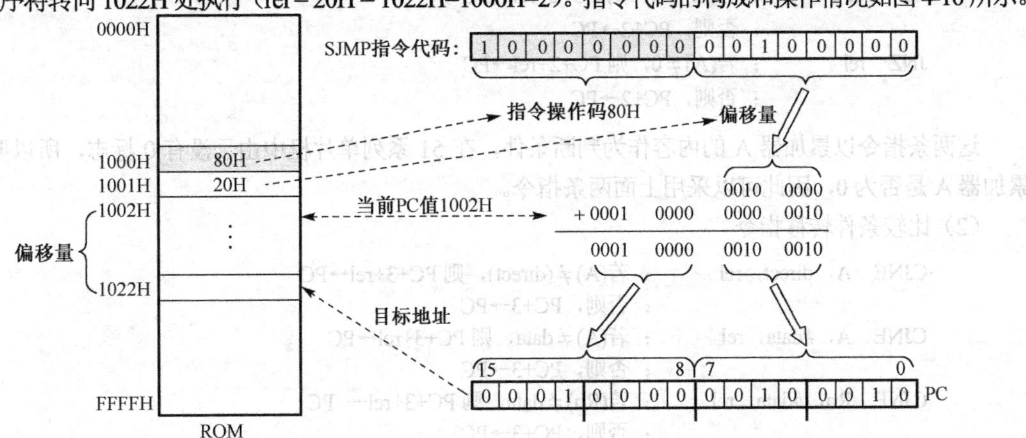

图4-16 SJMP指令图解

若执行指令

```
LOOP：SJMP  LOOP
```

则程序将“暂停”在这一句上（rel＝FEH），称为动态停机，通常在调试程序中使用，一般可写成

```
SJMP  $
```

其中符号“$”即表示本条指令的地址。

（4）间接跳转指令（散转移指令）

```
JMP   @A+DPTR        ；(PC)+1→PC，(A)+(DPTR)→PC
```

这是一条单字节的转移指令，转移的目的地址为A中的8位无符号数与DPTR中的16位无符号数之和。本指令以DPTR内容为基址，A的内容作为变址。因此，只要DPTR的内容固定，而给A赋予不同的值，即可实现程序的多分支转移。具体使用方法详见第5章的散转程序设计。另外，本指令不改变累加器A和数据指针DPTR的内容，也不影响标志位。

【例4-25】 当(A)＝00H～03H时，程序将转到ROUT0～ROUT3处执行，试编程实现之。

解： 程序设计如下：

```
         MOV   DPTR，#TABLE
         RL    A
         JMP   @A+DPTR
TABLE:   AJMP  ROUT0
         AJMP  ROUT1
         AJMP  ROUT2
         AJMP  ROUT3
```

2．条件转移指令（8条）

条件转移指令就是程序的转移是有条件的。执行条件转移指令时，如指令中规定的条件满足，则进行转移；条件不满足，则顺序执行下一指令。相当于高级语言中的 IF…THEN…语句。条件转移指令均采用相对转移方式，因此，转移的目的地址在以下一条指令首地址为中心的 256B 范围（–128～+127）内。如果转移范围达不到要求，那么可以和无条件转移指令组合使用。

（1）累加器 A 判零条件转移指令

```
JZ    rel     ；若(A)＝0，则 PC+2+rel→PC
              ；否则，PC+2→PC
JNZ   rel     ；若(A)≠0，则 PC+2+rel→PC
              ；否则，PC+2→PC
```

这两条指令以累加器 A 的内容作为判断条件，在 51 系列单片机中由于没有 0 标志，所以要判断累加器 A 是否为 0，因此可以采用上面两条指令。

（2）比较条件转移指令

```
CJNE   A，direct，rel       ；若(A)≠(direct)，则 PC+3+rel→PC
                            ；否则，PC+3→PC
CJNE   A，#data，rel        ；若(A)≠data，则 PC+3+rel→PC
                            ；否则，PC+3→PC
CJNE   Rn，#data，rel       ；若(Rn)≠data，则 PC+3+rel→ PC
                            ；否则，PC+3→PC
CJNE   @Ri，#data，rel      ；若((Ri))≠data，则 PC+3+rel→PC
                            ；否则，PC+3→PC
```

这组指令的功能是将两个无符号操作数做比较，如果它们的值不相等则转移（即 PC＝PC+3+rel)，并且影响标志位 Cy：

- 当第一操作数≥第二操作数时，Cy＝0。
- 当第一操作数<第二操作数时，Cy＝1。

否则程序继续执行，即 PC＝PC+3。需要提醒的是，这组指令只能判断是否相等，而不能判断大小，要判断大小，则需依据标志位 Cy 的值做进一步判断。

（3）减 1 条件转移指令

```
DJNZ   Rn，rel         ；(Rn)–1→Rn
                       ；若(Rn)≠0，则 PC+2+rel→PC
                       ；否则，PC+2→PC
DJNZ   direct，rel     ；(direct)–1→direct
                       ；若(direct)≠0，则 PC+3+rel→PC
                       ；否则，PC+3→PC
```

这组指令首先对源操作数做减 1 操作，然后判断结果是否为 0，不为 0 则发生转移。这组指令对于构造循环程序非常有用，可以将循环次数放入任何一个工作寄存器 R_n 或直接地址单元中，利用这两条指令就可以实现循环控制。

【例4-26】 将片内RAM 30H开始的10个单元的内容与40H开始的10个单元的内容互换。

解：编制程序如下：

```
        MOV   R7，#0AH     ；设循环次数
        MOV   R0，#30H     ；第一数据块首地址送R0
        MOV   R1，#40H     ；第二数据块首地址送R1
LOOP：  MOV   A，@R0       ；交换数据
        MOV   B，@R1
        MOV   @R1，A
        MOV   @R0，B
        INC   R0           ；修改地址
        INC   R1           ；修改地址
        DJNZ  R7，LOOP     ；若未完，则循环，转移到LOOP
        SJMP  $            ；结束
```

3. 子程序调用及返回指令（3条）

在程序设计中，为了能够实现模块化设计，并减少重复指令所占用的空间，常常把具有一定功能的公用程序段作为子程序单独编写，主程序可根据需要对其进行调用，在子程序结束之后再返回主程序继续执行。子程序调用和返回指令就是用来实现这一功能的。

（1）子程序调用指令（2条）

① 长调用指令

```
LCALL  addr16    ；(PC)+3→PC
                 ；(SP)+1→SP，PC7~0→(SP)
                 ；(SP)+1→SP，PC15~8→(SP)
                 ；addr16→PC
```

该指令可调用程序存储器64KB范围内的任何一个子程序。执行时，先把PC加3获得下一条指令的地址（断点地址），并压入堆栈（先低位字节，后高位字节），堆栈指针加2。接着把指令的第二字节和第三字节（A15～A8，A7～A0）分别装入PC的高位和低位字节中，然后从此时PC指定的地址开始执行程序。本指令执行后不影响任何标志位。

② 绝对调用指令

```
ACALL  addr11    ；(PC)+2→PC
                 ；(SP)+1→SP，PC7~0→(SP)
                 ；(SP)+1→SP，PC15~8→(SP)
                 ；addr11→PC10~0，PC15~11不变
```

本指令与AJMP指令类似，格式如图4-17所示。

第1字节	A10	A9	A8	0	1	0	0	1
第2字节	A7	A6	A5	A4	A3	A2	A1	A0

图4-17 ACALL指令格式

（2）子程序返回指令（1条）

```
RET      ；((SP))→PC15~8，(SP)-1→SP
         ；((SP))→PC7~0，(SP)-1→SP
```

功能：从堆栈中弹出调用子程序时压入的返回地址，使程序从调用指令（LCALL 或 ACALL）的下条指令开始继续执行。本指令不影响任何标志位。

4. 中断返回指令（1条）

```
RETI      ; ((SP))→PC15~8, (SP)-1→SP
          ; ((SP))→PC7~0, (SP)-1→SP
```

本指令用于中断服务程序的返回，功能与 RET 指令相似，不同之处在于：该指令清除了中断响应时被置 1 的单片机内部中断优先级寄存器的中断优先级状态，其他操作相同。

5. 空操作指令（1条）

```
NOP    ; (PC)+1→PC
```

本条指令不产生任何控制操作，只是将程序计数器 PC 的内容加 1，在时间上消耗一个机器周期，一般用于程序中的等待或延时。

4.3.5 位操作类指令

位操作指令是 51 系列单片机的显著特点，它是以位（bit）为单位进行运算和操作的。在 51 系列单片机中，有一个布尔（位）处理器、位累加器 C（由进位标志位 Cy 充当）和位寻址区，可以实现位传送、位运算、位控制转移等功能。

1. 位传送指令（2条）

```
MOV   C, bit    ; (bit)→Cy
MOV   bit, C    ; Cy→(bit)
```

这两条指令的功能是在位累加器 C 与位地址为 bit 的位单元之间进行位数据的传送。在指令中 Cy 用 C 表示，以便于书写。值得注意的是，两个位地址中的内容不能直接传送，需借助 Cy 间接传送。

2. 位置位/复位指令（4条）

```
CLR    C      ; 0→Cy
CLR    bit    ; 0→bit
SETB   C      ; 1→Cy
SETB   bit    ; 1→bit
```

这组指令是对位累加器 Cy 及位地址指定的位单元进行清 0 和置位操作。

【例 4-27】 编程将存于 30H（低 8 位）、31H（高 8 位）的 16 位二进制数循环左移 1 位。

解：根据题意其循环过程如图 4-18 所示。

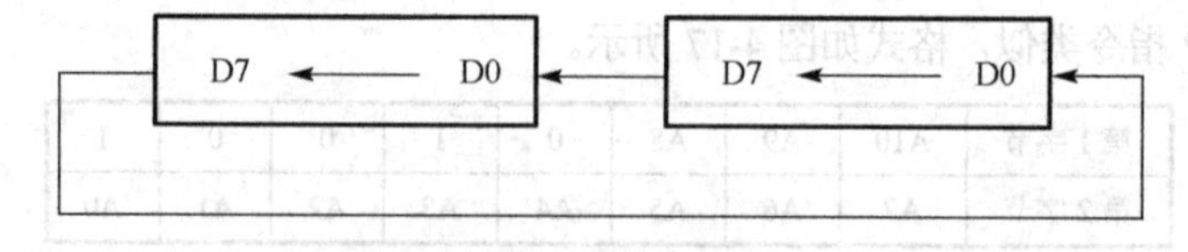

图 4-18 循环过程图示

需要将低 8 位的最高位移到高 8 位的最低位，并将高 8 位的最高位移到低 8 位的最低位，程序如下：

```
MOV   A, 31H         ; 取高 8 位
MOV   C, ACC.7       ; 最高位送 Cy
MOV   A, 30H         ; 取低 8 位
```

```
    RLC   A          ；低 8 位带进位左移
    MOV   30H，A      ；存低 8 位
    MOV   A，31H      ；取高 8 位
    RLC   A          ；高 8 位带进位左移
    MOV   31H，A      ；存高 8 位
```

3. 位运算指令（6 条）

ANL	C，bit	；$(Cy) \wedge (bit) \rightarrow Cy$
ANL	C，/bit	；$(Cy) \wedge \overline{(bit)} \rightarrow Cy$
ORL	C，bit	；$(Cy) \vee (bit) \rightarrow Cy$
ORL	C，/bit	；$(Cy) \vee \overline{(bit)} \rightarrow Cy$
CPL	C	；$\overline{(Cy)} \rightarrow Cy$
CPL	bit	；$\overline{(bit)} \rightarrow bit$

本类指令包括逻辑“与”、逻辑“或”、逻辑“非”3 种。指令中的“/bit”表示在运算时取（bit）之后，先对其取反再运算，但是（bit）的内容并不改变。

【例 4-28】 可以利用单片机的位操作指令编写的程序实现数字逻辑电路的功能，这被称为硬件软化。试编程实现图 4-19 所示电路的功能。

参考程序如下：

```
LOG:  MOV   C，P1.1
      ORL   C，P1.2
      ANL   C，/P1.0
      CPL   C
      MOV   F0，C
      MOV   C，P1.4
      ANL   C，P1.5
      CPL   C
      ANL   C，P1.3
      ORL   C，F0
      CPL   C
      MOV   P1.7，C
      RET
```

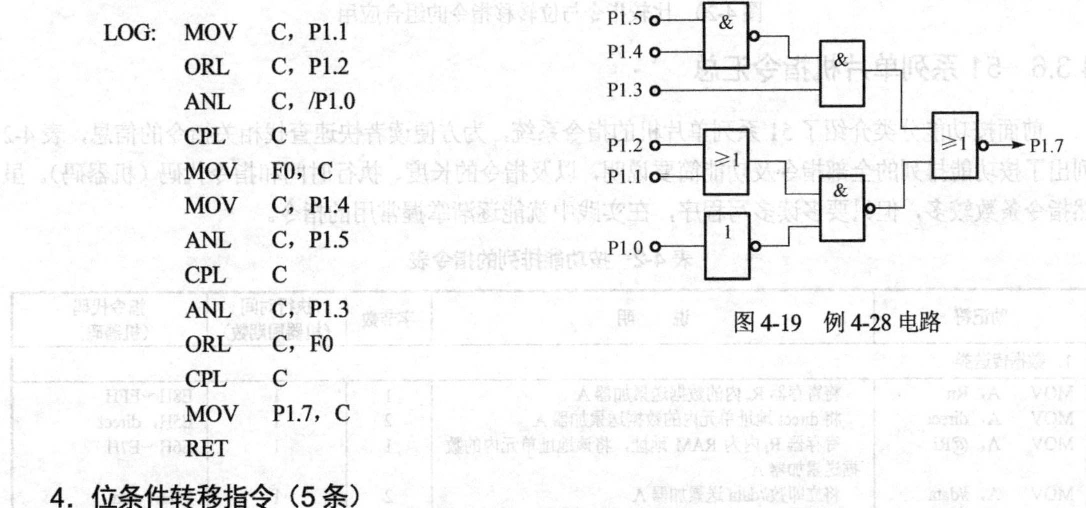

图 4-19　例 4-28 电路

4. 位条件转移指令（5 条）

JC	rel	；若 Cy = 1，则(PC)+2+rel→PC
		；否则，(PC)+2→PC
JNC	rel	；若 Cy = 0，则(PC)+2+rel→PC
		；否则，(PC)+2→PC
JB	bit，rel	；若(bit) = 1，则(PC)+3+rel→PC
		；否则，(PC)+3→PC
JNB	bit，rel	；若(bit) = 0，则(PC)+3+rel→PC
		；否则，(PC)+3→PC
JBC	bit，rel	；若(bit) = 1，则(PC)+3+rel→PC，0→bit
		；否则，(PC)+3→PC

这组指令也属于条件转移指令，分别判断 Cy 或 bit 给定位单元的内容是“0”还是“1”，条件满足时就转移，否则顺序执行下一条指令。上述最后一条指令的功能是，在发生转移的同时将该给定位

清零，该指令主要在中断时使用。

比较条件转移指令CJNE与位条件转移指令JC、JNC一起使用，可以比较无符号数的大小，比较流程如图4-20所示。

【例4-29】 判断累加器A与30H单元内容（无符号数）的大小，若(A) = (30H)则转向LOOP1；若(A)>(30H)则转向LOOP2；若(A)<(30H)则转向LOOP3。

解： 按照图4-20的流程编写程序如下

```
        CJNE   A，30H，NEXT   ；若A≠(30H)，则转NEXT
        SJMP   LOOPl          ；若A = (30H)，则转LOOPl
NEXT:   JNC    LOOP2          ；若A≥(30H)，则转LOOP2
        JC     LOOP3          ；若A < (30H)，则转LOOP3
```

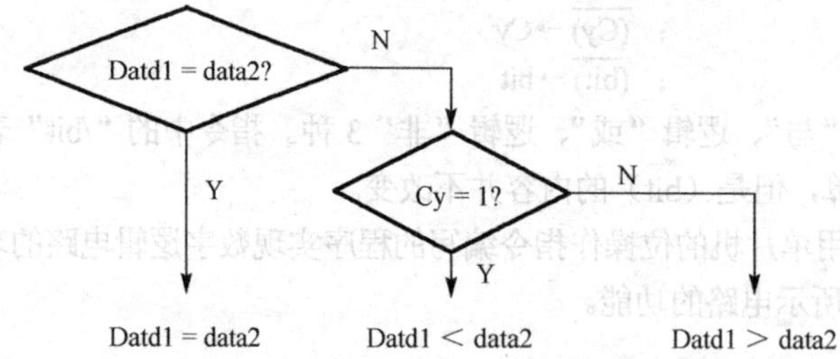

图4-20　比较指令与位转移指令的组合应用

4.3.6　51系列单片机指令汇总

前面按功能分类介绍了51系列单片机的指令系统，为方便读者快速查找相关指令的信息，表4-2列出了按功能排列的全部指令及功能简要说明，以及指令的长度、执行时间和指令代码（机器码）。虽然指令条数较多，但只要多读多写程序，在实践中就能逐渐掌握常用的指令。

表4-2　按功能排列的指令表

助记符	说　明	字节数	执行时间（机器周期数）	指令代码（机器码）
1. 数据传送类				
MOV　A，Rn	将寄存器R_n内的数据送累加器A	1	1	E8H～EFH
MOV　A，direct	将direct地址单元内的数据送累加器A	2	1	E5H，direct
MOV　A，@Ri	寄存器R_i内为RAM地址，将该地址单元内的数据送累加器A	1	1	E6H～E7H
MOV　A，#data	将立即数#data送累加器A	2	1	74H，data
MOV　Rn，A	将累加器A内的数据送寄存器R_n	1	1	F8H～FFH
MOV　Rn，direct	将direct地址单元内的数据送R_n寄存器	2	2	A8H～AFH，direct
MOV　Rn，#data	将立即数#data送寄存器R_n	2	1	78H～7FH，data
MOV　direct，A	将累加器的数据送direct地址单元内	2	1	F5H，direct
MOV　direct，Rn	将R_n的数据送 direct地址单元内	2	2	88H～8FH，direct
MOV　direct1，direct2	direct2地址单元内的数据送direct1地址单元	3	2	85H，direct2，direct1
MOV　direct，@Ri	寄存器R_i内为RAM地址，将该地址单元内的数据送direct地址单元内	2	2	86H～87H，direct
MOV　direct，#data	将立即数#data送片内RAM direct地址单元内	3	2	75H，direct，data
MOV　@Ri，A	寄存器R_i内为片内RAM的地址，将累加器A内的数据送该地址单元内	1	1	F6H～F7H
MOV　@Ri，direct	寄存器R_i内为片内RAM的地址，将direct地址单元内的数据送该地址单元内	2	2	A6H～A7H，direct
MOV　@Ri，#data	寄存器R_i内为片内RAM的地址，将立即数#data送该地址单元内	2	1	76H～77H，data
MOV　DPTR，#data16	将16位立即数送数据指针寄存器DPTR	3	2	90H，dataH，dataL
MOVC　A，@A+DPTR	(A)+(DPTR)构成ROM地址，将该地址内的数据送累加器A内	1	2	93H

续表

助记符	说　明	字节数	执行时间（机器周期数）	指令代码（机器码）
MOVC　A，@A+PC	(A)+(PC)构成ROM地址，将该地址内的数据送累加器A内	1	2	83H
MOVX　A，@Ri	寄存器 R_i 内为片外RAM地址，将该地址单元内的数据送累加器A	1	2	E2H～E3H
MOVX　A，@DPTR	将DPTR寄存器所指外部RAM地址单元内的数据送累加器A	1	2	E0H
MOVX　@Ri，A	R_i 内为片外RAM地址，将累加器A内的数据送到该地址单元内	1	2	F2H～F3H
MOVX　@DPTR，A	将累加器A的数据送数据指针DPTR寄存器所指外部RAM地址单元内	1	2	F0H
PUSH　direct	将direct地址单元内的数据压进栈项	2	2	C0H，direct
POP　direct	将栈顶的数据送direct地址单元中	2	2	D0H，direct
XCH　A，Rn	寄存器和累加器内容交换	1	1	C8H～CFH
XCH　A，direct	直接寻址字节和累加器交换内容	2	1	C5H，direct
XCH　A，@Ri	间接寻址RAM单元和累加器交换内容	1	1	C6H～C7H
XCHD　A，@Ri	间接寻址RAM单元和累加器低半字节内容交换	1	1	D6H～D7H
SWAP　A	累加器内高低半字节交换	1	1	C4H
2. 算术运算类				
ADD　A，Rn	寄存器内容加到累加器	1	1	28H～2FH
ADD　A，direct	直接寻址字节内容加到累加器	2	1	25H，direct
ADD　A，@Ri	间接寻址RAM内容加到累加器	1	1	26H～27H
ADD　A，#data	立即数加到累加器	2	1	24H，data
ADDC　A，Rn	寄存器内容加到累加器（带进位）	1	1	38H～3FH
ADDC　A，direct	直接寻址字节内容加到累加器（带进位）	2	1	35H，direct
ADDC　A，@Ri	间接寻址RAM内容加到累加器（带进位）	1	1	36H～37H
ADDC　A，#data	立即数加到累加器（带进位）	2	1	34H，data
SUBB　A，Rn	累加器内容减去寄存器内容（带借位）	1	1	98H～9FH
SUBB　A，direct	累加器内容减去直接寻址字节（带借位）	2	1	95H，data
SUBB　A，@Ri	累加器内容减去间接寻址RAM（带借位）累加器内	1	1	96H～97H
SUBB　A，#data	容减去立即数（带借位）	2	1	94H，data
INC　A	累加器增1	1	1	04H
INC　Rn	寄存器增1	1	1	08H～0FH
INC　direct	直接寻址字节增1	2	1	05H，direct
INC　@Ri	间接寻址RAM增1	1	1	06H～07H
DEC　A	累加器减1	1	1	14H
DEC　Rn	寄存器减1	1	1	18H～1FH
DEC　direct	直接寻址字节减1	2	1	15H，direct
DEC　@Ri	间接寻址RAM减1	1	1	16H～17H
INC　DPTR	数据指针增1	1	2	A3H
MUL　AB	累加器与寄存器B相乘	1	4	A4H
DIV　AB	累加器除以寄存器B	1	4	84H
DA　A	累加器十进制调整	1	1	D4H
3. 逻辑操作类				
ANL　A，Rn	寄存器逻辑与到累加器	1	1	58H～5FH
ANL　A，direct	直接寻址字节逻辑与到累加器	2	1	55H，direct
ANL　A，@Ri	间接寻址RAM逻辑与到累加器	1	1	56H～57H
ANL　A，#data	立即数逻辑与到累加器	2	1	54H，data
ANL　direct，A	累加器逻辑与到直接寻址字节	2	1	52H，direct
ANL　direct，#data	立即数逻辑与到直接寻址字节	3	1	53H，direct，data
ORL　A，Rn	寄存器逻辑或到累加器	1	1	48H～4FH
ORL　A，direct	直接寻址字节逻辑或到累加器	2	1	45H，direct
ORL　A，@Ri	间接寻址RAM逻辑或到累加器	1	1	46H～47H
ORL　A，#data	立即数逻辑或到累加器	2	1	44H，data

续表

助记符		说　明	字节数	执行时间（机器周期数）	指令代码（机器码）
3. 逻辑操作类					
ORL	direct，A	累加器逻辑或到直接寻址字节	2	2	42H，direct
ORL	direct，#data	立即数逻辑或到直接寻址字节	3	2	43H，durect，data
XRL	A，Rn	寄存器逻辑异或到累加器	1	1	68H～6FH
XRL	A，direct	直接寻址字节逻辑异或到累加器	2	1	65H，direct
XRL	A，@Ri	间接寻址 RAM 逻辑异或到累加器	1	1	66H～67H
XRL	A，#data	立即数逻辑异或到累加器	2	1	64H，data
XRL	direct，A	累加器逻辑异或到直接寻址字节	2	1	62H，direct
XRL	direct，#data	立即数逻辑异或到直接寻址字节	3	2	63H，direct，data
CLR	A	累计器清零	1	1	E4H
CPL	A	累加器求反	1	1	F4H
RL	A	累加器循环左移	1	1	23H
RLC	A	经过进位标志位的累加器循环左移	1	1	33H
RR	A	累加器循环右移	1	1	03H
RRC	A	经过进位标志位的累加器循环右移	1	1	13H
4. 控制类转移					
ACALL	addrll	绝对调用子程序	2	2	$A_{10}A_9A_8$10001，addr(7～0)
LCALL	addrl6	长调用子程序	3	2	12H，addr(15～8)addr(7～0)
RET		子程序返回	1	2	22H
RETI		中断返回	1	2	32H
AJMP	addrll	短转移	2	2	$A_{10}A_9A_8$00001 addr(7～0)
LJMP	addrl6	长转移	3	2	02H，addr(15～8)，addr(7～0)
SJMP	rel	相对转移	2	2	80H，rel
JMP	@A+DPTR	相对 DPTR 的间接转移	1	2	73H
JZ	rel	累加器为零则转移	2	2	60H，rel
JNZ	rel	累加器为非零则转移	2	2	70H，rel
CJNE	A，direct，rel	比较直接寻址字节和 A，不相等则转移	3	2	B5H，direct，rel
CJNE	A，#data，rel	比较立即数和 A，不相等则转移	3	2	B4H，data，rel
CJNE	Rn，#data，rel	比较立即数和寄存器，不相等则转移	3	2	B8H～BFH，data，rel
CJNE	@Ri，#data，rel	比较立即数和间接寻址 RAM，不相等则转移	3	2	B6H～B7H，data，rel
DJNZ	Rn，rel	寄存器减一，不为零则转移	2	2	D8H～DFH，rel
DJNZ	direct，rel	地址字节减一，不为零则转移	3	2	D5H，direct，rel
NOP		空操作	1	1	00H
5. 位操作类					
CLR	C	进位标志位清零	1	1	C3H
CLR	bit	直接寻址位清零	2	1	C2H，bit
SETB	C	进位标志位置 1	1	1	D3H
SETB	bit	直接寻址位置 1	2	1	D2H，bit
CPL	C	进位标志位取反	1	1	B3H
CPL	bit	直接寻址位取反	2	1	B2H，bit
ANL	C，bit	直接寻址位逻辑与到进位标志位	2	2	82H，bit
ANL	C，/bit	直接寻址位反码逻辑与到进位标志位	2	2	B0H，bit
ORL	C，bit	直接寻址位逻辑或到进位标志位	2	2	72H，bit
ORL	C，/bit	直接寻址位反码逻辑或到进位标志位	2	2	A0H，bit

续表

助记符	说　明	字节数	执行时间（机器周期数）	指令代码（机器码）
MOV　C，bit，	直接寻址位传送到进位标志位	2	2	A2H，bit
MOV　bit，C	进位标志位传送到直接寻址标志位	2	2	92H，bit
JC　rel	进位标志位为 1，则转移	2	2	40H，rel
JNC　rel	进位标志位为 0，则转移	2	2	50H，rel
JB　bit，rel	直接寻址位为 1，则转移	3	2	20H，rel
JNB　bit，rel	直接寻址位为 0，则转移	3	2	30H，rel
JBC　bit，rel	直接寻址位为 1，则转移，并清除该位	3	2	10H，rel

习题与思考题 4

4.1　指令具有哪 3 种属性？

4.2　51 系列单片机汇编语言指令格式中，唯一不可缺少的部分是（　　）。

A．标号　B．操作码　C．操作数　D．注释

4.3　按长度分，51 系列单片机的指令有________字节的、________字节的和________字节的。

4.4　按指令的执行时间分，51 系列单片机的指令有________、________和________机器周期的指令。

4.5　简述 51 系列单片机的寻址方式和每种寻址方式所涉及的寻址空间。

4.6　51 系列单片机的寻址方式中，位寻址的寻址空间是（　　）。

A．工作寄存器 R0～R7

B．专用寄存器 SFR

C．程序存储器 ROM

D．片内 RAM 的 20H～2FH 字节中的所有位和地址可被 8 整除的 SFR 的有效位

4.7　分析下面各指令源操作数的寻址方式。

```
MOV     A，32H
MOV     R7，A
MOV     @R0，#0FEH
MOV     A，@R1
MOV     DPTR，#1E00H
MOVC    A，@A+DPTR
MOV     C，20H
JC      10H
```

4.8　访问特殊功能寄存器和外部数据存储器，分别可以采用哪些寻址方式？

4.9　在寄存器寻址方式中，指令中指定寄存器的内容就是________。

4.10　在直接寻址方式中，只能使用________位二进制数作为直接地址。

4.11　在寄存器间接寻址方式中，其“间接”体现在指令中寄存器的内容不是操作数，而是操作数的________。

4.12　在变址寻址方式中，以________作为变址寄存器，以________或________作为基址寄存器。

4.13　3 种传送指令 MOV、MOVC 和 MOVX，使用时有什么区别？

4.14　假定 DPTR 的内容为 8100H，累加器的内容为 40H，执行指令“MOVC　A，@A+DPTR”后，程序存储器________单元的内容送累加器 A 中。

4.15　单片机中 PUSH 和 POP 指令常用来（　　）。

A．保护断点　B．保护现场

C．保护现场，恢复现场　　　　　　D．保护断点，恢复断点

4.16　假定(A)＝85H，(R0)＝20H，(20H)＝AFH。执行指令ADD A，@R0后，累加器A的内容为________，Cy的内容为________，AC的内容为________，OV的内容为________。

4.17　假定(A)＝56H，(R5)＝67H。执行指令

```
ADD  A，R6
DA   A
```

后，累加器A的内容为________，Cy的内容为________。

4.18　假定(A)＝50H，(B)＝0A0H，执行指令"MUL　AB"后，寄存器B的内容为________，累加器A的内容为________。

4.19　假定(A)＝0FBH，(B)＝12H，执行指令"DIV　AB"后，累加器A的内容为________，寄存器B的内容为________。

4.20　下列指令中可将累加器A最高位置1的是（　　）。

A．ORL　A，#7FH　　　　B．ORL　A，#80H　　　　C．SETB 0E7H

D．ORL　E0H，#80H　　　E．SETB　ACC.7

4.21　假定标号L2对应的地址值为0100H，标号L3对应的地址值为0123H。当执行指令"L2: SJMP　L3"时，该指令的相对偏移量（即指令的第二字节）为________。

4.22　在位操作中，能起到与字节操作中累加器的相似作用的是________。

4.23　累加器A中存放着一个其值小于等于127的8位无符号数，(Cy)＝0，执行RLC A指令后，则A中的数变为原来的________倍。

4.24　试根据以下要求写出相应的汇编语言指令。

（1）将R6的高4位和R7的高4位交换，R6、R7的低4位内容保持不变。

（2）两个无符号数分别存放在30H、31H中，试求出它们的和并将结果存放在32H中。

（3）将30H单元的内容左环移两位，并送外部RAM 3000H单元。

（4）将程序存储器中1000H单元的内容取出送外部RAM 3000H单元。

（5）使累加器A的最高位置位。

（6）使进位标志位清0。

（7）使ACC.4、ACC.5和ACC.6置1。

4.25　下述程序执行后，(SP)、(A)和(B)分别为多少？

```
          ORG     1000H
          MOV     SP，#40H
          MOV     A，#30H
          LCALL   SUBR
          ADD     A，#10H
          MOV     B，A
          SJMP    $
SUBR:     MOV     DPTR，#100AH
          PUSH    DPL
          PUSH    DPH
          RET
```

第 5 章　51 系列单片机汇编语言程序设计及仿真调试

内容提要

本章介绍汇编语言程序设计的有关知识，重点介绍利用 51 系列单片机汇编语言实现主要的程序结构及基本功能程序的设计。然后通过一些实例进一步介绍汇编语言程序设计的方法和技巧。最后介绍汇编语言源程序的仿真调试及开发工具 Keil μVision 的使用。

教学目标

- 了解汇编语言编程的基础知识。
- 了解汇编语言程序设计的基本步骤和方法。
- 掌握单片机汇编语言的顺序、分支、循环及子程序的结构。
- 掌握码制转换、查表、散转、算术运算等常用程序的编制方法。
- 掌握集成开发环境 Keil μVision 的基本操作，能应用其调试程序。

第 4 章介绍了 51 系列单片机的指令系统，这些指令只有按要求编写成一段完整的程序，才能发挥它们的作用，这便是汇编语言程序设计。读者通过程序设计、上机调试可以进一步加深对指令系统的理解和掌握，从而提高单片机的应用水平。

5.1　汇编语言程序设计基础

要使计算机能完成所需要的任务，就要设计出相应的应用程序，而设计程序则要用到程序设计语言。程序设计语言有 3 种：机器语言、汇编语言和高级语言。

5.1.1　机器语言、汇编语言与高级语言

1. 机器语言

计算机能直接识别和执行的是二进制代码形式的机器指令，而这类指令的集合就是计算机的机器语言，或称指令系统。机器语言是面向计算机系统的。由于各种计算机部结构、线路的不同，每种计算机系统都有它自己的机器语言，即使执行同一操作，其指令也不相同。

机器语言是最底层的程序设计语言，其他语言编写的程序最终都要转换为机器语言的形式。用机器语言编写的程序称为目标程序或机器语言程序。由于机器语言可以被计算机直接识别和执行，因而其执行速度最快。但是对于编程者来说，用机器语言编写程序非常烦琐，不易看懂，既难以记忆又易出错，为了克服这些缺点，就产生了汇编语言和高级语言。

2. 汇编语言

汇编语言是用助记符（英文字母缩写）来表示的面向机器的程序设计语言，每条助记符指令都有相对应的机器码，即汇编语言是机器语言的符号表示。因此，对于编程者而言，用汇编语言编写程序比用机器语言简洁，而且便于记忆、修改和调试。同时由于它依赖机器的指令系统，所以执行速度仍然很快，特别适用于实时控制等响应速度要求比较高的场合。

但是，计算机不能直接识别和执行用汇编语言编写的程序，必须在执行前将它翻译成目标程序，这一翻译过程称为汇编。用人工查表的方式进行翻译称为“人工汇编”。这种方法容易出错且效率低，所以通常采用“机器汇编”。机器汇编采用专门的程序——汇编程序来进行翻译工作，它们之间的关系如图5-1所示。

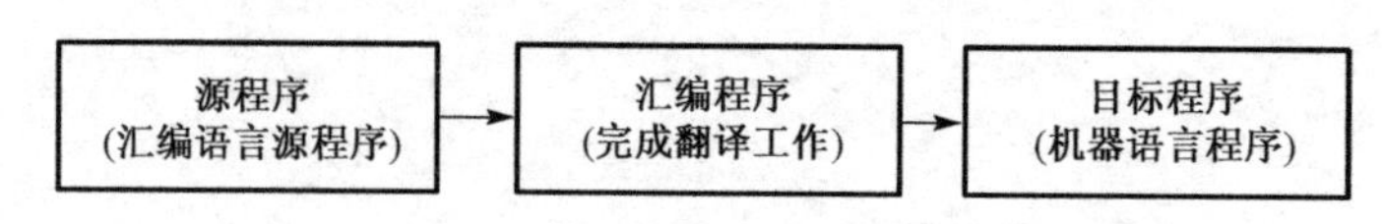

图5-1 源程序与目标程序的关系

3. 高级语言

高级语言（如C++等）克服了汇编语言的缺点，是一种面向问题或过程的语言。它是一种接近于自然语言和数学算法的语言，与机器的硬件无关，用户编程时不必仔细了解所用计算机的具体性能和指令系统。高级语言不但直观、易学、易懂，而且通用性强，可以在不同的计算机上运行，因此可移植性好。

但是用高级语言编写的程序是不能直接执行的，需要由编译程序或解释程序将它们翻译成对应的目标程序，机器才能接受和执行。由于高级语言指令与机器语言指令不是一一对应的，往往一条高级语言语句对应着多条机器语言指令，因此，这个翻译过程要比将汇编源程序翻译成目标程序花费的时间要长得多，产生的目标程序也较冗长，占用存储空间也大，执行的速度也较汇编语言慢。虽然采用高级语言编写程序可以节省软件开发的时间，但它一般不允许程序员直接利用寄存器、标志位等这些计算机硬件特性，因而影响了许多程序设计技巧的发挥。

5.1.2 汇编语言的语句和格式

1. 汇编语言的语句

汇编语言的语句有两种基本类型：指令语句和指示性语句。

（1）指令语句

指令语句由第4章介绍的指令系统中的指令构成。每一指令语句在汇编时都产生一个相应的指令代码（机器码），执行该指令代码对应着机器的一种操作。

（2）指示性语句

指示性语句由伪指令构成，是控制汇编（翻译）过程的一些控制命令。在汇编时没有机器代码与之对应。

2. 汇编语言语句的格式

下面介绍指令语句的格式。伪指令语句将在5.1.3节介绍。

汇编语言语句一般由4个字段组成，即标号、操作码、操作数和注释，它们之间应用分隔符隔开，常用的分隔符有空格“ ”、冒号“：”和分号“；”，而且空格的数目可以不止一个。

汇编语言语句的格式如下：

[标号：] 操作码 [操作数] [；注释]

上述格式中，[ ]中的项为任选项，其中标号与操作码之间用“：”分隔，操作码与操作数之间用空格分隔，操作数与注释之间用“；”分隔，有多个操作数时，操作数和操作数之间用“，”分隔。

例如，

标号：　操作码　操作数　；注释
LOOP：　MOV　A，30H　；(30H)→A

上述 4 个字段应该遵守的基本语法规则如下。

（1）标号字段

标号是语句所在地址的标志符号，有了标号，该语句才能被程序中的其他语句所访问。有关标号规定如下：

① 标号由 1～8 个 ASCII 码字符组成，第一个字符必须是字母。

② 同一标号在一个程序中只能定义一次，不能重复定义。

③ 不能使用汇编语言已经定义的符号作为标号，如指令助记符、伪指令及寄存器的符号名称等。

④ 标号的有无，取决于本程序中的其他语句是否访问该条语句。如无其他语句访问，则该语句前不需要标号。

（2）操作码字段

操作码是指令的助记符，表示指令的性质，用于指示 CPU 执行何种操作。操作码是汇编语言指令中唯一不能空缺的部分。

（3）操作数字段

操作数字段用于存放指令的操作数或操作数的地址。在本字段中，操作数的个数因指令的不同而不尽相同。通常有单操作数、双操作数和无操作数 3 种情况。如果是双操作数，则操作数之间要以逗号隔开。

在操作数的表示中，有以下几种情况需要注意：

① 十六进制、二进制和十进制形式的操作数表示

多数情况下，操作数或操作数的地址是采用十六进制形式来表示的，此时需加后缀 H。在某些特殊场合用二进制形式表示，此时需加后缀 B，若操作数采用十进制形式，则需加后缀 D，也可省略。如果十六进制操作数以数码 A～F 开头，则需在它前面加一个 0，以便汇编时把它和作为字符的 A～F 区别开。

② 工作寄存器和特殊功能寄存器的表示

当操作数为工作寄存器或特殊功能寄存器时，允许用工作寄存器和特殊功能寄存器的代号表示。例如，工作寄存器用 R7～R0 表示，累加器用 A（或 ACC）表示。另外，工作寄存器和特殊功能寄存器也可用其地址来表示，如累加器 A 可用其地址 E0H 来表示。

③ 操作数可以是参与运算的数或数的地址，有以下几种表示方法：

- 立即数：#data 和#data16。
- 直接地址：direct，如 30H；伪指令定义的符号地址，如 SUM；表达式，如 SUM+1，特殊功能寄存器的名字等。

（4）注释字段

注释是为便于读者的阅读和理解而对语句或程序段的说明，汇编时不被翻译成机器码，机器也不执行。

5.1.3　伪指令

伪指令是在“机器汇编”过程中，用来对汇编过程进行某种控制或者对符号和标号进行赋值。这些指令不属于指令系统中的指令，汇编时也不产生机器代码，因此称为“伪指令”。利用伪指令可以告诉“汇编程序”如何进行汇编，比如程序应放在何处、标号地址的具体取值等。

下面介绍 51 系列单片机汇编语言源程序中常用的伪指令。

1. ORG（汇编起始地址伪指令）

ORG 用来定义汇编以后的目标程序的起始地址。其格式如下：

```
        [标号：]    ORG     addr16
例如：              ORG     2000H
        START:     MOV     A，#34H
```

ORG 规定了标号 START 的地址为 2000H，也就是说该程序应从 2000H 开始存放。在一个汇编语言源程序中，可以多次使用 ORG 命令，以规定不同程序段的起始地址，地址一般应从小到大且不能重复。如果在程序开始处未定义 ORG 命令，则程序的起始地址默认为 0000H。

2. END（汇编结束伪指令）

END 用来表示汇编语言源程序结束，它只能出现在程序的末尾，且只有一个。其指令格式如下：

```
        [标号：]     END
```

指令的标号通常可以省略。在机器汇编时，汇编程序检测到该语句时便确认汇编语言源程序全部结束，对其后的指令不再进行汇编。

3. EQU（赋值伪指令）

EQU 用来对程序中出现的标号进行赋值。其格式如下：

```
        字符名称    EQU    数或汇编符号
```

在机器汇编时，汇编语言会自动将 EQU 后面的数或汇编符号赋给左侧的字符名称。例如，

```
        AA    EQU    R1      ；AA 等同于 R1
        K1    EQU    40H     ；K1 代表地址 40H
```

使用该指令必须注意以下几点：

（1）该指令中的字符名称不是转移指令中出现的标号，而是出现在操作数中的字符名称。

（2）EQU 伪指令中的字符名称必须先定义后使用，故它总是出现在程序的开头。

（3）EQU 定义的字符名称不能出现在表达式中，例如，语句 MOV A，A10+1 是错误的。

4. DATA（数据地址赋值伪指令）

DATA 对数据地址或代码地址赋予规定的字符名称。其格式如下：

```
        标号名称   DATA   表达式
```

DATA 伪指令的功能与 EQU 有些类似，可以将一个表达式的值赋给一个字符名称，但它与 EQU 指令有如下区别：

（1）表达式可以是一个数据或地址，但不可以是汇编符号（如 R0～R7）。

（2）DATA 语句定义的字符名称可以先使用后定义，故该语句可以放在程序的开头或末尾。

5. DB、DW、DS（定义字节、字、空间伪指令）

DB：从指定的地址单元开始，存放若干字节。

DW：从指定的地址单元开始，存放若干字（16 位二进制数，高 8 位在前，低 8 位在后）。

DS：从指定的地址单元开始，保留若干单元备用。指令格式如下：

```
        [标号：]    DB     字节常数（用逗号分隔开的若干项，每项都是一个字节）
        [标号：]    DW     字常数（用逗号分隔开的若干项，每项都是一个字）
        [标号：]    DS     表达式（其值表示保留的单元个数）
```

【例 5-1】 分析下段程序。

```
ORG    2000H
DS     08H
DB     30H，8AH，10，'B'
DW     54H，1F80H
```

解：该程序的 DS 伪指令定义 8 个存储单元（2000H～2007H）备用；DB 伪指令定义从地址 2008H 开始的 4 个单元的内容；DW 伪指令定义后续 4 个单元的内容。结果如下：

(2008H) = 30H，　(2009H) = 8AH
(200AH) = 0AH，　(200BH) = 42H
(200CH) = 00H，　(200DH) = 54H
(200EH) = 1FH，　(200FH) = 80H

6. BIT（位地址符号伪指令）

BIT 用来将位地址赋给字符名称。其格式为

字符名称　BIT　位地址

例如：

```
KEY   BIT   P1.0     ；将 P1.0 的位地址赋给符号名 KEY
ST    BIT   0D7H     ；将位地址为 D7H 的位定义为符号名
```

注意：位地址既可以是绝对地址，也可以是符号地址。另外，用 BIT 定义的“符号名”一经定义便不能重新定义和改变。

5.1.4 汇编语言源程序的汇编

汇编是将汇编语言源程序翻译成目标程序的过程，分为“人工汇编”和“机器汇编”。机器汇编是通过翻译程序来完成的，但在条件不具备的情况下也可以通过人工查表的方法来汇编，这里主要介绍“人工汇编”的方法和步骤，翻译程序就是参照这个思路设计的。

1. 第一次汇编

首先通过查表查出每条指令的机器码，然后根据 ORG 规定的地址确定每条指令所在的地址单元，形成目标程序。对程序中出现的转移指令标号和地址偏移量，仍然采用原来的符号暂不处理，而伪指令定义的符号地址应用实际值代入。

2. 第二次汇编

计算转移指令中的标号地址，计算方法见下面的例子。

【例 5-2】 对下面的源程序进行人工汇编。

解：第一步——查表，结果如下：

地址	目标程序		源程序	
			ORG	2000H
2000H	7F 09	START：	MOV	R7，#09H
2002H	78 31		MOV	R0，#31H
2004H	E6		MOV	A，@R0
2005H	08	LOOP：	INC	R0
2006H	26		ADD	A，@R0

```
2007H    DF LOOP              DJNZ    R7，LOOP
2009H    F5  30               MOV     30H，A
200BH    80  HALT     HALT:   SJMP    HALT
                              END
```

第二步——计算转移指令中的地址偏移量：

（1）LOOP：DJNZ　R7，LOOP 指令中的条件成立时，程序发生转移，即从地址 2009H 转移到 2005H，故地址偏移量 rel = 2005H − 2009H = − 04H，以补码形式表示为 LOOP = FCH。

（2）HALT：SJMP　HALT 执行之后，相当于从地址 200DH 转移到 200BH，即地址偏移量 rel = 200BH − 200DH = − 02H，以补码形式表示为 HALT = FEH。将计算结果代入上述目标程序的标号即完成汇编。

5.1.5　汇编语言程序设计的一般步骤

汇编语言程序设计大致可分成以下几步：

（1）明确设计要求。分析给出了哪些已知条件，应达到什么目的。

（2）确定算法。根据题目要求确定已知条件和结果之间的关系（计算公式）。

（3）绘制程序流程图。它是解题步骤和算法的具体化，能比较形象、直观地体现设计者的思路，也能反映出程序的基本结构，如分支结构、循环结构等。

（4）按程序流程图编写源程序。

（5）上机调试。可以利用仿真软件进行仿真调试，也可以翻译成目标程序在单片机上进行调试，直到程序正确为止。

（6）优化程序。同样一个程序可能有很多设计方法，虽然都能按题目要求达到目的，但有的可能比较简洁，有的可能走了一些弯路。这对初学者来说是难免的，只有多练习，多动手上机调试，才能提高自己的设计调试水平。

5.2　汇编语言源程序的基本结构

再复杂的程序也是由简单程序组合起来的，掌握了程序的基本结构就拥有了程序设计的基本能力。单片机汇编语言源程序包括：顺序、分支、循环及子程序 4 种基本结构，下面分别加以介绍。

5.2.1　顺序结构

顺序结构程序是一种最简单、最基本的程序（也称为简单程序），其特点是按程序编写的顺序依次执行，程序流向不变。顺序结构程序是所有复杂程序的基础及基本组成部分。下面举例说明。

【例 5-3】 将片内 RAM 的 20H 单元中的压缩 BCD 码拆成两个 ASCII 码存入 21H、22H 单元。低 4 位存在 21H 单元，高 4 位存在 22H 单元。

解：

（1）确定算法：首先将压缩 BCD 码拆成两个单字节的 BCD 码，然后分别转换为对应的 ASCII 码。

（2）画流程图：根据算法画图，如图 5-2 所示。

（3）编源程序：根据流程图编写源程序如下所示：

```
ORG     2000H
MOV     A，20H
MOV     B，#10H         ；除以 10H
```

```
DIV   AB
ORL   B，#30H      ；低 4 位 BCD 码转换为 ASCII 码
MOV   21H，B
ORL   A，#30H      ；高 4 位 BCD 码转换为 ASCII 码
MOV   22H，A
END
```

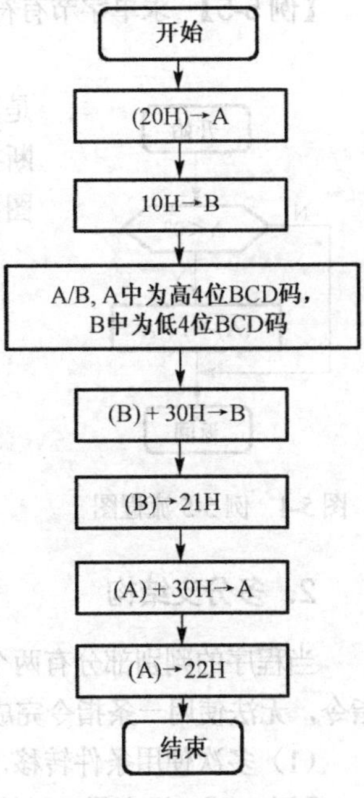

开始

(20H)→A

10H→B

A/B, A中为高4位BCD码，B中为低4位BCD码

(B)＋30H→B

(B)→21H

(A)＋30H→A

(A)→22H

结束

图 5-2　例 5-3 流程图

【例 5-4】 编程将外部数据存储器的 000DH 和 000EH 单元的内容相换。

解： 外部数据存储器的数据操作只能用 MOVX 指令，且只能和 A 之间传送，因此必须用一个中间环节作为暂存，设用 30H 单元。用 R0、R1 指示两单元的低 8 位地址，高 8 位地址由 P2 指示。汇编语言源程序清单如下：

```
ORG     0000H
MOV     P2，#0H          ；送地址高 8 位至 P2 口
MOV     R0，#0DH         ；R0＝0DH
MOV     R1，#0EH         ；R1＝0EH
MOVX    A，@R0           ；A＝(000DH)
MOV     30H，A           ；(30H)＝(000DH)
MOVX    A，@R1           ；A＝(000EH)
XCH     A，30H           ；(30H) ↔ A，A＝(000DH)，(30H)＝(000EH)
MOVX    @R1，A
MOV     A，30H
MOVX    @R0，A           ；交换后的数送各单元
SJMP    $
END
```

5.2.2　分支结构

通常情况下，程序的执行是按照指令在程序存储器中存放的顺序进行的，但根据实际需要也可以改变程序的执行顺序，这种程序结构就被称为分支结构，分支结构可分为单分支和多分支两种情况，如图 5-3 所示。

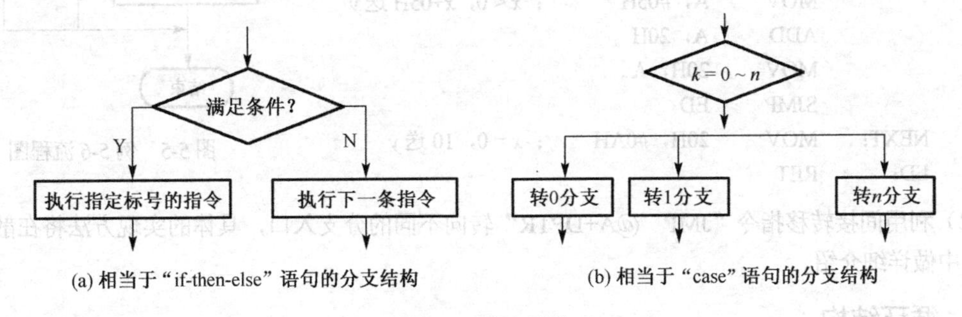

(a) 相当于“if-then-else”语句的分支结构　　(b) 相当于“case”语句的分支结构

图 5-3　分支结构

1. 单分支程序

程序的判别仅有两个出口，两者选一，称为单分支选择结构。一般根据运算结果的状态标志，用条件转移指令来选择并转移。下面举例说明之。

【例 5-5】 求单字节有符号数的二进制补码。

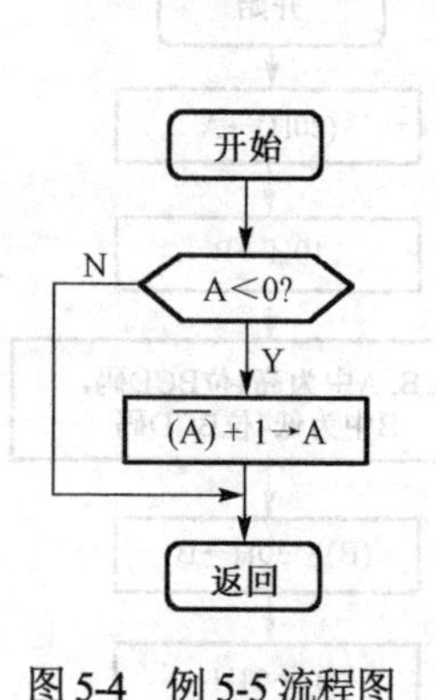

图 5-4　例 5-5 流程图

解： 在机器中，有符号数通常是用补码表示的，再求其补码，得到的就是其原码。正数的补码是其本身，负数补码是其反码加 1。因此，应首先判断被转换数的符号，负数进行转换，正数本身即为补码。由此，设计程序框图如图 5-4 所示。

根据流程图编写程序如下：

```
GCMPT:  JNB   ACC.7，RETURN      ；(A)＞0，不需转换
        MOV   C，ACC.7           ；符号位保存
        CPL   A                  ；(A)求反，加 1
        ADD   A，#1
        MOV   ACC.7，C           ；符号位回存 A 的最高位
RETURN: RET
```

2. 多分支结构

当程序的判别部分有两个以上的出口时，为多分支结构。51 单片机指令系统中并没有多分支转移指令，无法使用一条指令完成多分支转移。要实现多分支转移，可根据情况采用下面的两种方法。

（1）多次使用条件转移，以转向不同的分支入口。

【例 5-6】 设变量 x 以补码形式存放在片内 RAM 的 20H 单元中，变量 y 与 x 的关系是

$$y=\begin{cases}x, & x>0\\ 10, & x=0\\ x+5, & x<0\end{cases}$$

试编写程序，根据 x 的值求 y 的值，并放回原单元中。

解： 流程图如图 5-5 所示，程序编制如下：

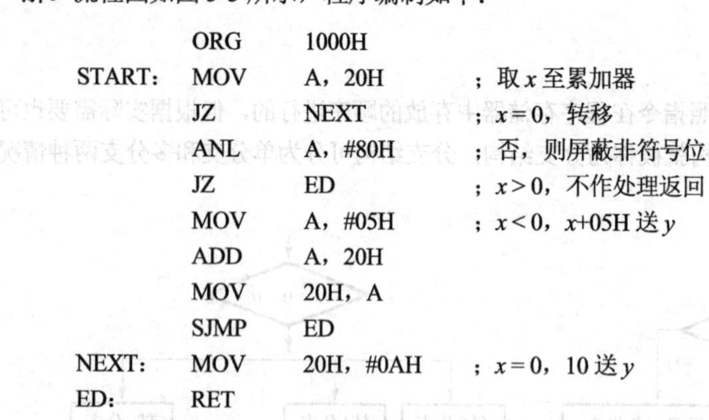

```
        ORG     1000H
START:  MOV     A，20H        ；取 x 至累加器
        JZ      NEXT          ；x＝0，转移
        ANL     A，#80H       ；否，则屏蔽非符号位
        JZ      ED            ；x＞0，不作处理返回
        MOV     A，#05H       ；x＜0，x+05H 送 y
        ADD     A，20H
        MOV     20H，A
        SJMP    ED
NEXT:   MOV     20H，#0AH     ；x＝0，10 送 y
ED:     RET
```

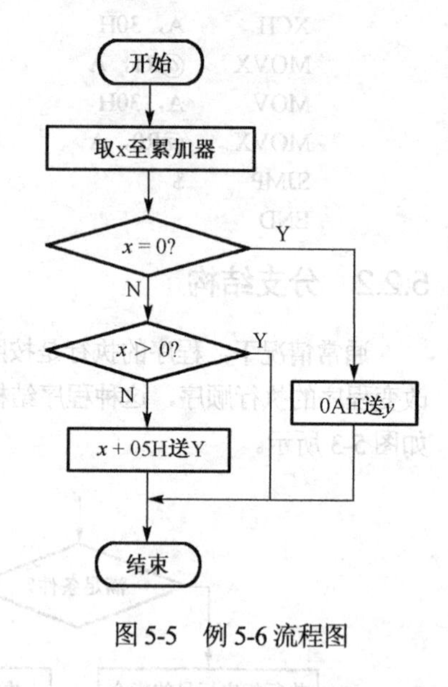

图 5-5　例 5-6 流程图

（2）利用间接转移指令“JMP　@A+DPTR”转向不同的分支入口，具体的实现方法将在散转程序设计中做详细介绍。

5.2.3　循环结构

在程序设计中，经常需要控制一部分指令重复执行若干次，以便用简短的程序完成大量的处理任务。这时可采用循环结构的程序，它有两种形式，如图 5-6 所示，分别相当于高级语言中的 do-while 和 do-until 语句。前者把对循环控制条件的判断放在循环入口，先判断条件，满足条件就执行循环体，否则退出循环。后者先执行循环体然后再判断条件，不满足条件则继续执行循环操作，一旦满足条件则退出循环。

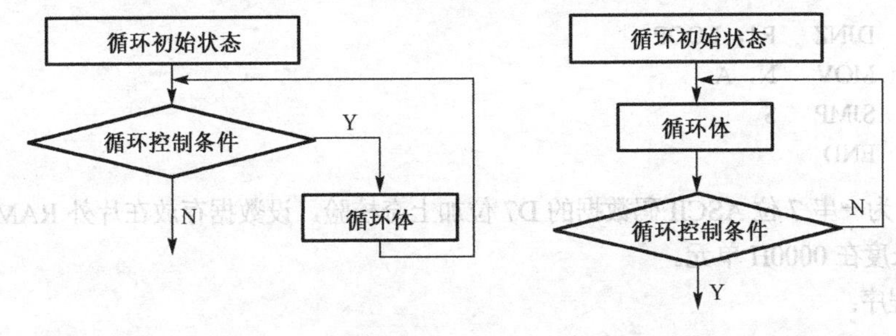

(a) 相当于“do-while”的循环结构　(b) 相当于“do-until”的循环结构

图 5-6　循环结构

1. 循环程序的结构

不论哪一种结构形式的循环程序，都由以下 4 部分组成。

① 循环初始化。循环初始化用于完成循环前的准备工作。例如，循环控制计数初值的设置、循环控制标志初态的设置、指向第一个数据的指针设置、为变量预置初值等。

② 循环体。循环程序结构的核心部分，完成实际的处理工作，是需反复循环执行的部分，故又称循环体。这部分程序的内容，取决于实际处理问题的本身。

③ 循环控制。在重复执行循环体的过程中，不断修改循环控制变量，直到符合结束条件，就结束循环程序的执行。循环结束控制方法分为循环计数控制法和条件控制法。

④ 循环结束。这部分是对循环程序执行的结果进行分析、处理和存放。

2. 循环结构的控制

根据循环控制部分的不同，循环程序结构可分为计数控制循环结构和条件控制循环结构。

（1）计数控制循环结构

计数循环控制结构依据计数器的值来决定循环次数，一般为减“1”计数器，计数器减到“0”时，结束循环。计数器的初值在初始化时设定，其控制结构如图 5-7 所示。利用 DJNZ 指令可以很方便地实现这种控制结构，下面举例说明。

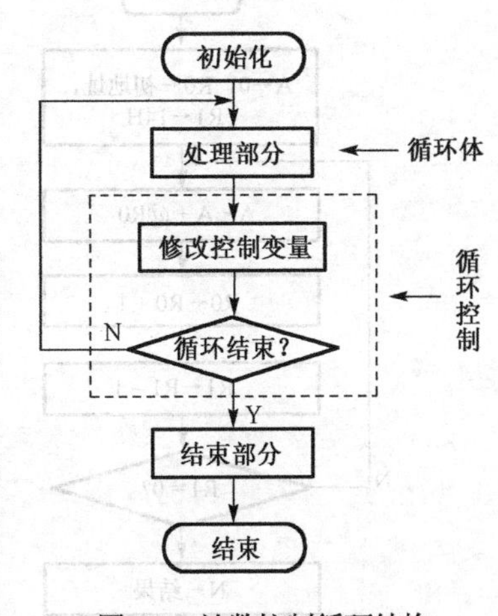

图 5-7　计数控制循环结构

【例 5-7】 设有 20 个单字节数。连续存放在内部 M 单元开始的数据存储器中，且总和也为单字节数，存放到 N 单元。试编写求这 20 个数之和的程序。

解： 若用简单程序编写，需要 19 条加法指令进行相加，这样的算法显然是不科学的，应该使用循环程序。程序流程如图 5-8 所示。

参考程序：

```
N       EQU     30H
M       EQU     31H
        ORG     2020H
        MOV     A，#00H
        MOV     R0，#M
        MOV     R1，#20
LOOP：  ADD     A，@R0
        INC     R0
```

```
        DJNZ    R1，LOOP
        MOV     N，A
        SJMP    $
        END
```

【例5-8】 为一串7位ASCII码数据的D7位加上奇校验，设数据存放在片外RAM的0001H起始单元，数据长度在0000H单元。

解：参考程序：

```
        MOV     DPTR，#0000H
        MOVX    A，@DPTR
        MOV     R2，A
NEXT:   INC     DPTR
        MOVX    A，@DPTR
        ORL     A，#80H          ；D7位置1
        JNB     P，PASS          ；P=0，处理后的数据1的个数为偶数，跳转到PASS
        MOVX    @DPTR，A
PASS:   DJNZ    R2，NEXT
DONE:   SJMP    DONE
```

（2）条件控制循环结构

计数控制方法只有在循环次数已知的情况下才适用。对循环次数未知的问题，不能用循环次数来控制。往往需要根据某种条件来判断是否应该终止循环。条件控制结构如图5-9所示。下面举例说明。

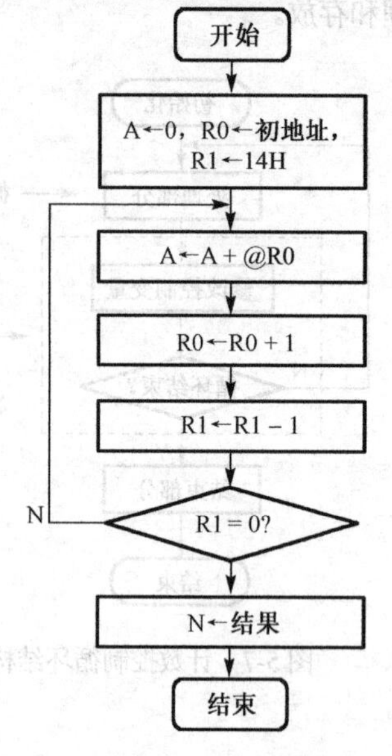

图5-8　例5-7流程图

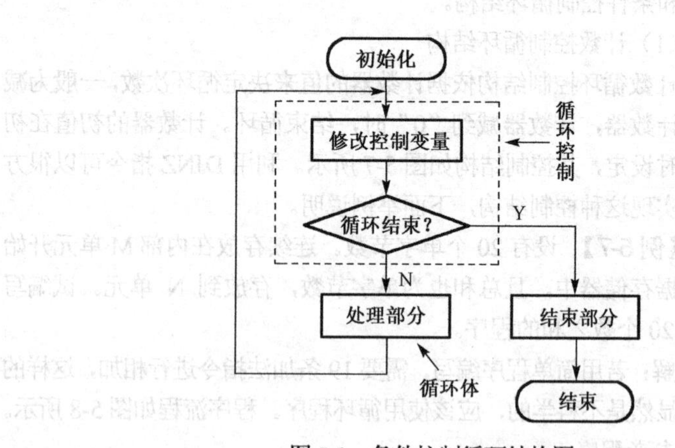

图5-9　条件控制循环结构图

【例5-9】假设在起始地址为M的内部数据存储器中存有100个数，其中有一个数的值等于FFH，试编程序，求出这个数的地址，送N单元。若这个数不存在，则将00H送入N单元。

解：程序流程图如图5-10所示。

参考程序：

```
N       EQU     08H
M       EQU     09H
        ORG     1000H
```

```
        MOV     R0，#M
        MOV     R1，#64H
LOOP:   CJNE    @R0，#0FFH，W
        SJMP    W2
W:      INC     R0
        DJNZ    R1，LOOP
        MOV     N，#00H
        SJMP    W3
W2:     MOV     N，R0
W3:     SJMP    $
        END
```

3. 多重循环

多重循环即循环嵌套结构。多重循环程序的设计方法和单重循环是一样的，只是要分别考虑各重循环的控制条件。内循环属于外循环循环体中的具体处理部分。在多重嵌套中，不允许各个循环体互相交叉，也不允许从外循环跳入内循环，否则编译时会出错。应该注意的是每次通过外循环进入内循环时，内循环的初始条件需要重置。循环嵌套结构如图 5-11 所示。

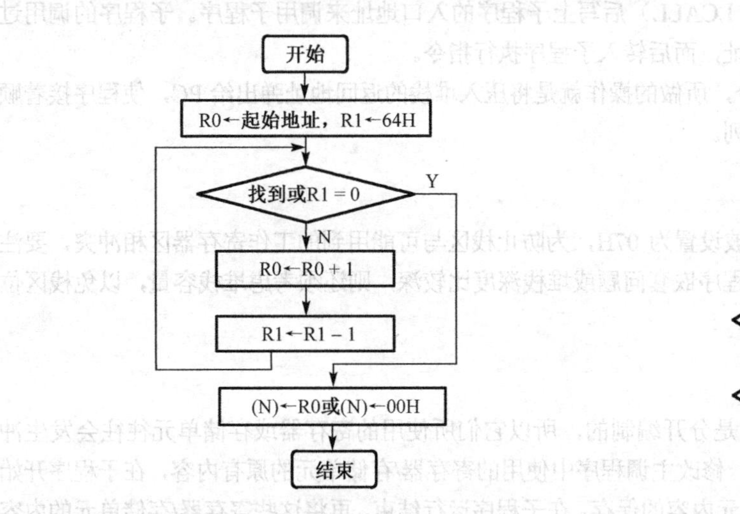

图 5-10　例 5-9 流程图

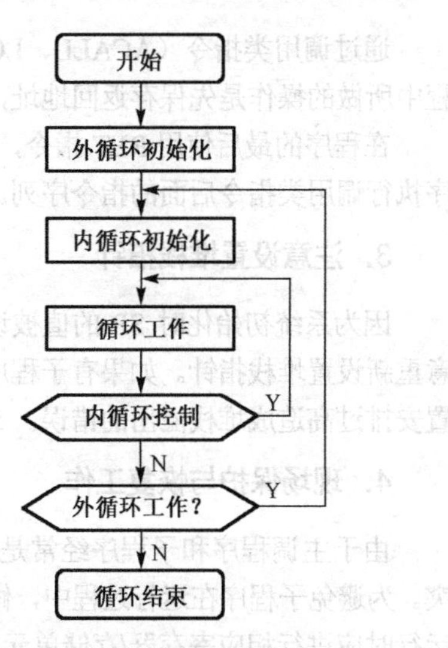

图 5-11　多重循环流程图

【例 5-10】 设晶振为 12MHz，试编写 50ms 延时程序。

解： 单片机运行中常常会有延时的需求，实现延时功能的常用方法有两种：一是用定时器中断来实现，二是用延时程序来实现。在系统时间允许的情况下，可以采用后一种方法。

延时程序与指令执行时间有很大的关系。在使用 12MHz 晶振时，一个机器周期为 1μs。可采用如下双重循环结构编制延时程序。

程序如下：

```
DEL50:  MOV     R7，#200      ；外循环执行 1 次
DEL1:   MOV     R6，#123      ；执行 200 次
        NOP                   ；执行 200 次
DEL2:   DJNZ    R6，DEL2      ；执行 200×123 次
        DJNZ    R7，DEL1      ；执行 200 次
        RET                   ；执行 1 次
```

查表4-2知MOV Rn，#data是1机器周期指令，NOP是1机器周期指令，DJNZ Rn，rel和RET都是2机器周期指令。此子程序实际运行时间为[1+200×(1+1+123×2+2)+2] ×1μs = 50.003ms。

注意：软件延时程序执行过程中不允许有中断调用产生，否则将严重影响定时的准确性。

5.2.4 子程序

在实际应用中，经常有一些通用性的功能在程序中会多次被用到（如显示、排序、查找、延时等）。为了节约存储空间，使程序变得更加紧凑、结构更清晰，往往将这些功能编成一个个的子程序（过程、函数）以备调用。在编写或使用子程序时应注意以下问题。

1. 子程序的定义

子程序的编写方法类似于一般程序，但应满足通用性的要求，即不针对具体数据编程。子程序的第一条指令的地址称为子程序的入口地址。该指令前必须有标号，以供调用，该标号即为子程序的名字。子程序结尾用RET指令来返回原调用处。子程序注释需提供足够的调用信息，如子程序名、子程序功能、入口参数和出口参数、子程序占用的硬件资源、子程序中调用的其他子程序名等。

2. 子程序的调用与返回

通过调用类指令（ACALL、LCALL）后写上子程序的入口地址来调用子程序。子程序的调用过程中所做的操作是先保存返回地址，而后转入子程序执行指令。

在程序的最后使用RET指令，所做的操作就是将压入堆栈的返回地址弹出给PC，使程序接着顺序执行调用类指令后面的指令序列。

3. 注意设置堆栈指针

因为系统初始化时SP的值被设置为07H，为防止栈区与可能用到的工作寄存器区相冲突，要注意重新设置堆栈指针。如果有子程序嵌套问题或堆栈深度比较深，则还须考虑堆栈容量，以免栈区位置安排过高造成堆栈溢出的错误。

4. 现场保护与恢复工作

由于主调程序和子程序经常是分开编制的，所以它们所使用的寄存器或存储单元往往会发生冲突。为避免子程序在运行过程中，修改主调程序中使用的寄存器/存储单元的原有内容，在子程序开始运行时应进行相应寄存器/存储单元内容的保存，在子程序运行结束，再将这些寄存器/存储单元的内容进行恢复，以保证调用程序的正常运行。

子程序在设计时，应仔细考虑哪些寄存器是必须保存的，哪些寄存器是不必要或不应该保存的。原则上子程序中使用过的寄存器应该保存，但用于传递参数的寄存器则无须保存。注意，如果有较多的寄存器要保护，则应使主、子程序使用不同的寄存器组。

注意，由于堆栈是“后进先出”，所以使用堆栈来保存寄存器的内容时要注意保存和恢复的顺序。

现场保护与恢复的实现通常有如下两种方法。

（1）在主程序中实现

现场保护与恢复工作在主程序中实现，特点是结构灵活。例如，

```
PUSH    PSW          ；保护现场（含当前工作寄存器组号）
PUSH    ACC
PUSH    B
MOV     PSW，#10H    ；切换当前工作寄存器组
```

```
LCALL    addr16        ；子程序调用
POP      B             ；恢复现场
POP      ACC
POP      PSW           ；含当前工作寄存器组切换
```

（2）在子程序中实现

现场保护与恢复工作在子程序中实现，特点是程序结构规范、清晰。例如，

```
SUB1：PUSH   PSW        ；保护现场（含当前工作寄存器组号）
      PUSH   ACC
      PUSH   B
      MOV    PSW，#10H  ；切换当前工作寄存器组
      …
      POP    B          ；恢复现场
      POP    ACC
      POP    PSW        ；内含当前工作寄存器组切换
      RET
```

5．参数的传递

主程序调用子程序时，往往需要把子程序所需的初始数据（入口参数）设置好，子程序执行完毕返回主程序时，也往往需要将子程序的执行结果（出口参数）带回给主程序。

参数传送，实际上就是事先约定参数的获取方式。常用的参数传递方式主要有：寄存器传送参数、指针寄存器传递参数和堆栈传送参数 3 种，下面分别举例介绍。

（1）通过累加器或寄存器传递参数

在这种方式中，先把子程序需要的数据送入累加器 A 或指定的工作寄存器中，进入子程序后，再从这些相应的单元中取得数据，进行处理。子程序结束返回主程序时，也可用同样的方法把结果带回给主程序。

该方法的特点是：简单、快捷，但传递的参数个数不宜过多。

【例 5-11】 编写求两个单字节无符号数之和的子程序。

解：入口参数：(R3)＝ 加数；(R4)＝ 被加数。

出口参数：(R3)＝ 和的高字节；(R4)＝ 和的低字节。

程序如下：

```
HEXADD：MOV    A，R3      ；取加数（在 R3 中）
        ADD    A，R4      ；被加数（在 R4 中）加 A
        JC     PP1
        MOV    R3，#00H   ；结果小于 255 时，高字节 R3 内容为 00H
        SJMP   PP2
PP1：   MOV    R3，#01H   ；结果大于 255 时，高字节 R3 内容为 01H
PP2：   MOV    R4，A      ；结果的低字节在 R4 中
        RET
```

（2）通过指针寄存器传递参数

当需要传递的数据量较大时，可以通过 R0、R1 及 DPTR 这些指针寄存器来传递待处理数据块的首地址，而在子程序中再采用间接寻址的方式访问相应的数据。出口参数也可采用这种方式传递。

【例 5-12】 将内部 RAM 中两个 4 字节无符号整数相加，和的高字节由 R0 指向。数据采用小端模式存储（低地址中存放的是数据的低字节）。

解：入口参数：(R0) = 加数低字节地址；(R1) = 被加数低字节地址。

出口参数：(R0) = 和的高字节起始地址。

程序如下：

```
NADD:   MOV     R7，#4      ；字节数 4 送计数器
        CLR     C           ；
NADD1： MOV     A，@R0      ；利用指针，取加数低字节
        ADDC    A，@R1      ；利用指针，被加数低字节加 A
        MOV     @R0，A      ；
        INC     R0
        INC     R1
        DJNZ    R7，NADD1
        DEC     R0          ；调整指针，指向出口
        RET
```

（3）利用堆栈传递参数

在调用子程序之前，用 PUSH 指令将子程序中所需数据压入堆栈，执行子程序时利用该数据，子程序执行的结果又放于该堆栈单元。返回到主程序后再用 POP 指令从堆栈中弹出数据。

【例 5-13】 试编写一个子程序，将片内 RAM 的一组存储单元清零，子程序不包含这组单元的起始地址和单元个数。假设这组单元的起始地址和单元个数存放在内部 RAM 的 70H 和 71H 单元中，要求通过堆栈将这两个参数递给子程序。

解：程序如下：

```
MAIN:   …
        …
        PUSH    70H         ；将数据区起始地址送堆栈
        PUSH    71H         ；将数据区长度送堆栈
        ACALL   SUBRT       ；调用清零子程序
        …
        …
        SJMP    $
SUBRT:  DEC     SP
        DEC     SP          ；修改堆栈指针，使其指向所传递的参数
        POP     07H         ；数据区长度送 R7
        POP     00H         ；数据区起始地址送 R0
SUB1:   MOV     A,    #00H
LOOP:   MOV     @R0,A       ；循环操作将数据区单元逐个清零
        INC     R0
        DJNZ    R7,  LOOP
        INC     SP
        INC     SP
        INC     SP
        INC     SP          ；修改堆栈指针，使其指向所返回地址
        RET
        END
```

5.3　51 系列单片机汇编语言实用程序设计举例

5.3.1　查表程序设计

所谓查表，就是根据自变量 x 的值在表格中寻找 y，使 $y=f(x)$。在单片机应用系统中，查表程序是一种常用的程序。利用它能避免进行复杂的运算或转换过程，可完成数据补偿、修正、计算、转换等各种功能，具有程序简单、执行速度快等优点。

查表程序编制的关键在于，首先要根据变量间的数量关系建立一个表格，并将其存放在程序存储器中，然后利用 51 单片机指令系统所提供的查表指令完成由自变量的值获取函数值的操作。

51 单片机指令系统所提供的查表指令有如下两条：

```
MOVC   A，@A+DPTR
MOVC   A，@A+PC
```

利用这两条指令都可实现查表功能，但各有特点：

第一条指令使用 DPTR 作为基地址查表，比较简单、易懂，且表格可以设在 64KB 程序存储器空间内的任何地方。可通过三步操作来完成：

① 将所查表格的首地址存入 DPTR 数据指针寄存器。

② 将所查表格的项数（索引值，即在表中的位置是第几项）送累加器 A。

③ 执行查表指令 MOVC　A，@A+DPTR 进行读数，查表结果送回累加器 A。

对于较短的表格，可使用第二条指令查表。

第二条指令使用 PC 作为基地址查表，查表原理和第一条的类同，只是操作有所不同，也可分为三步：

① 将所查表格的项数（索引值）送累加器 A，在 MOVC　A，@A+PC 指令之前先写上一条 ADD A，#data 指令，data 的值待定（目的是使索引值+data+PC＝ 索引值+表的首地址）。

② 计算从 MOVC　A，@A+PC 指令执行后的地址到所查表的首地址之间的距离（以字节数表示），用这个计算结果取代加法指令中的 data，作为 A 的调整量。

③ 执行查表指令 MOVC　A，@A+PC 进行查表，查表结果送回累加器 A。

下面举例说明。

【例 5-14】 将一个 16 进制数码 0～F（R0 的低 4 位）转换成相应的 ASCII 码，存放到原单元。

解： 数字 0～9 对应的 ASCII 码为 30H～39H，字母 A～F 对应的 ASCII 码为 41H～ 46H。如果采用分支程序结构，程序较复杂，采用查表程序，可以使程序大大简化。

方法 1：采用 MOVC　A，@A+DPTR 指令查表，程序如下：

```
        ORG     2000H
        MOV     DPTR，#TAB         ；表格首地址送 DPTR
        MOV     A，R0              ；取索引值
        ANL     A，#0FH            ；保留低 4 位
        MOVC    A，@A+DPTR         ；查表求 ASCII 码
        MOV     R0，A
        SJMP    $
TAB:    DB      30H，31H，32H，33H，34H，35H，36H，37H
        DB      38H，39H，41H，42H，43H，44H，45H，46H
        END
```

方法 2：采用 MOVC　A，@A+PC 指令查表。程序如下：

```
地址        ORG     2000H
2000H       MOV     A，R0          ；取索引值
2001H       ANL     A，#0FH
2003H       ADD     A，#03H        ；对A调整
2005H       MOVC    A，@A+PC       ；查表
2006H       MOV     R0，A
2007H       SJMP    $
2009H  TAB：DB      30H，31H，32H，33H，34H，35H，36H，37H
            DB      38H，39H，41H，42H，43H，44H，45H，46H
```

通过实例看出：

第一种方法使用DPTR作为基地址查表，比较简单易懂，且表格可以设在64KB程序存储器空间内的任何地方。

第二种方法使用PC作为基地址查表，优点是预处理较少且节省了资源——未使用DPTR寄存器，所以在子程序中也不必保护DPTR的原先值；缺点在于要计算调整值，且所查表格只能存放在查表指令地址之后的256个单元以内，表格的长度及所在的存储空间都受到了限制。

上面举的是单字节数据表格的查找，对于双字节数据表格的查找，下面再举一例。

【例5-15】 在一个以AT89S51为核心的温度控制器中，温度传感器输出的电压与温度为非线性关系，传感器输出的电压已由A/D转换为10位二进制数（占2字节）。已根据测得的不同温度下的电压值数据构成一个表，表中放温度值y，而x为电压值数据。设测得的电压值x已存入R6R7中，根据电压值x，查找对应的温度值y，仍放入R6R7中。本例的x和y均为双字节无符号数。

解：程序如下：

```
LTB2：MOV     DPTR，#TAB2      ；表首地址送DPTR
      MOV     A， R7           ；(R6R7)×2，也即(x×2)
      CLR     C
      RLC     A
      MOV     R7，A
      XCH     A，R6
      RLC     A
      XCH     A，R6
      ADD     A，DPL           ；表首地址+(x×2)→(DPTR)
      MOV     DPL，A
      MOV     A，DPH
      ADDC    A，R6
      MOV     DPH，A           ；直接算得所查数据第一个字节的地址
      CLR     A
      MOVC    A，@A+DPTR       ；查表得温度值高位字节
      MOV     R6，A            ；存放高字节
      CLR     A
      INC     DPTR             ；指向温度低位字节
      MOVC    A，@A+DPTR       ；查表得温度值低字节
      MOV     R7，A            ；存放低字节
      RET
TAB2：DW…                      ；温度值表
      DW…
      …
      END
```

5.3.2 散转程序设计

散转程序是一种并行多分支程序，它能根据某种输入或运算结果分别转向各个操作程序。程序结构如图 5-12 所示。

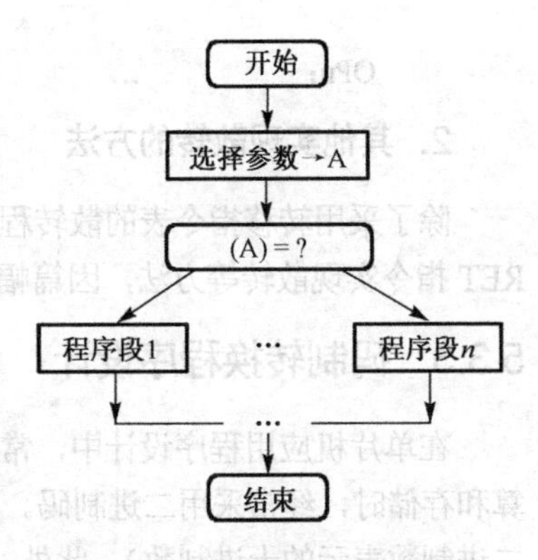

图 5-12　散转程序结构示意图

在 51 单片机中，利用转移指令 JMP @A+DPTR 可以很容易地实现散转功能。下面介绍几种实现散转程序的方法。

1. 采用转移指令表的散转程序

在许多场合下，需要根据标志单元的内容是 0, 1, 2,…, *n* 分别转向散转操作程序 0, 1, 2,…, *n*。这时，可以先用无条件转移指令 AJMP 或 LJMP 按序组成一个转移表，将标志单元的内容装入累加器 A 作为变址值，然后执行指令 JMP　@A+DPTR 实现转移。散转过程如图 5-13 所示。

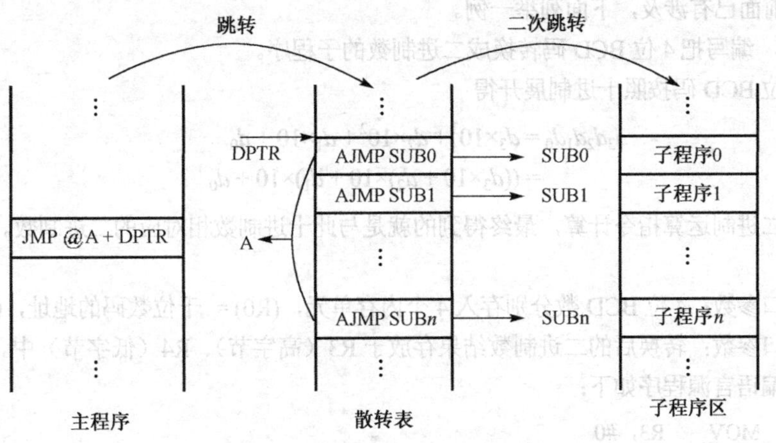

图 5-13　利用转移指令表的散转过程示意图

【例 5-16】 编写程序，要求根据 R7 的内容转向各个操作程序。即当

R7 = 0，转向 OP0
R7 = 1，转向 OP1
…
R7 = *n*，转向 OP*n*

解：程序清单如下：

```
JMPP1:  MOV     DPTR，#JPTAB    ；指向转移指令表
        MOV     A，R7           ；修正变址值
        ADD     A，R7           ；因为 AJMP 指令为两个字节
        JNC     NADD            ；判断有否进位
        INC     DPH             ；有进位则地址表空间增加一页
NADD:   JMP     @A+DPTR         ；转向形成的散转地址
JPTAB:  AJMP    OP0             ；转移指令表，AJMP 指令占两个字节
        AJMP    OP1             ；AJMP 指令的寻址范围为 2KB，若 n 个散转分支
                …               ；程序长度超过 2KB，可使用 LJMP（三字节指令）
        AJMP    OPn
OP0:            …               ；各处理程序，地址间隔无规律
                …
```

```
OP1:        …
            …

OPn:        …
```

2. 其他实现散转的方法

除了采用转移指令表的散转程序外，还有采用地址偏移量表的散转、采用转向地址表的散转和用RET指令实现散转等方法，因篇幅所限，在此不再详叙，感兴趣者可参阅有关文献。

5.3.3 码制转换程序设计

在单片机应用程序设计中，常常涉及各种码制的转换问题。例如，在单片机系统内部进行数据计算和存储时，经常采用二进制码。在输入/输出中，按照习惯均采用代表十进制数的BCD码（用4位二进制数表示的十进制数）。此外，主机和打印机等外设交换信息时，通常使用的是ASCII码。关于码制转换程序前面已有涉及，下面列举一例。

【例5-17】 编写把4位BCD码转换成二进制数的子程序。

解：把4位BCD码按照十进制展开得

$$d_3d_2d_1d_0 = d_3\times10^3 + d_2\times10^2 + d_1\times10 + d_0$$
$$= ((d_3\times10 + d_2)\times10 + d_1)\times10 + d_0$$

将此式用二进制运算指令计算，最终得到的就是与此十进制数相对应的二进制数。依据此算法，编制子程序。

子程序入口参数：4位BCD数分别存入4个内存单元，(R0) = 千位数码的地址，(R2) = 3。

子程序出口参数：转换后的二进制数结果存放于R3（高字节）、R4（低字节）中。

子程序汇编语言源程序如下：

```
DTB:  MOV    R3，#0
      MOV    A，@R0        ；千位→R4
      MOV    R4，A
DB1:  MOV    A，R4         ；(R3R4)×10→R3R4
      MOV    B，#10
      MUL    AB
      MOV    R4，A
      XCH    A，B
      MOV    B，#10
      XCH    A，R3
      MUL    AB
      ADD    A，R3
      XCH    A，R4
      INC    R0
      ADD    A，@R0        ；(R3R4)+((R0))→R3R4
      XCH    A，R4
      ADDC   A，#0
      MOV    R3，A
      DJNZ   R2，DB1       ；循环n-1次
      RET
      END
```

对此程序稍做修改即可实现更多位十进制数转换为二进制数的功能。

5.3.4　运算程序设计

测控系统中常用的数据处理（如数字滤波）及控制算法（如数字 PID 算法）多涉及算术运算，可根据精度要求和计算速度选择定点计算和浮点计算。定点计算程序简单，运算速度快但精度受限。浮点计算适应范围宽，精度高，但程序复杂，运算速度慢。下面就定点计算列举一例。

【例 5-18】 编写双字节无符号数的乘法子程序。设被乘数存放在 R7R6 中，乘数存放在 R5R4 中，R0 指向积的高字节。

解：根据第 1 章关于算法的分析，我们知道乘法可以通过加法和移位来实现。由于 51 系列单片机有乘法指令，虽然这只是单字节的乘法指令，只能完成两个 8 位无符号数相乘，但是利用其编制双字节乃至于多字节的乘法，效率还是得到大大提高。实现算法如图 5-14 所示，其中 R1、R2、R3 为部分积的暂存工作单元，最终乘积存放在以 R0 的内容为首地址的 4 个单元内（按大端模式存放）。

```
                          R7           R6
                   ×)     R5           R4
-----------------------------------------------
              (R6·R4)H    (R6·R4)L
 +)   (R7·R4)H (R7·R4)L
-----------------------------------------------
           R2          R3           @R0
 +)   (R6·R5)H    (R6·R5)L
-----------------------------------------------
   R1          R2       @(R0+1)
 +) (R7·R5)H  (R7·R5)L
-----------------------------------------------
 @(R0+3)   @(R0+2)
```

图 5-14　例 5-18 双字节无符号数乘法算法示意图

子程序入口参数：(R7R6) = 被乘数；(R5R4) = 乘数；(R0) = 预存放积的低字节的单元地址。

子程序出口参数：(R0) = 积的高字节的单元地址。

所编写的子程序如下：

```
        ORG     2000H
HMUL:   MOV     A，R6
        MOV     B，R4
        MUL     AB          ；两个低 8 位相乘
        MOV     @R0，A      ；存积的低字节
        MOV     R3，B       ；暂存积的高字节于 R3
        MOV     A，R7
        MOV     B，R4
        MUL     AB          ；第二次相乘（交叉乘）
        ADD     A，R3       ；部分积相加
        MOV     R3，A
        MOV     A，B
        ADDC    A，#0
        MOV     R2，A
        MOV     A，R6
        MOV     B，R5
        MUL     AB          ；第三次相乘（交叉乘）
        ADD     A，R3       ；部分积相加
        INC     R0
        MOV     @R0，A      ；存积的次低字节
        MOV     R1，#0
        MOV     A，R2
        ADDC    A，B        ；部分积相加
        MOV     R2，A
        JNC     LOOP
        INC     R1
LOOP:   MOV     A，R7
        MOV     B，R5
        MUL     AB          ；第四次相乘（高位乘）
```

```
        ADD     A，R2       ；部分积相加
        INC     R0
        MOV     @R0，A      ；存积的次高字节
        MOV     A，B
        ADDC    A，R1       ；部分积相加
        INC     R0
        MOV     @R0，A      ；存积的最高字节
        RET
        END
```

5.4 程序调试与集成开发环境软件 Keil μVision

5.4.1 程序调试概述

1．程序调试的意义

程序编写完成后，并不一定能够保证实现所期望的功能，因为这其中可能还存在许多错误。对于较复杂的程序，一般都要经过反复的调试、验证、再修改，最后经过实际应用环境的运行验证后，整个程序设计的工作才算最终完成。

2．程序调试的目的与手段

初次编写好的程序可能存在的错误有语法错误和逻辑错误两类。程序调试的目的就是设法找到这些错误并加以纠正。

随着计算机技术及产品的推广，现在通常使用集成开发环境软件对程序进行调试和验证。利用集成开发环境软件可以查找出所有的语法错误和大部分的逻辑错误。对于实时性要求很高的系统，则还要用上仿真开发系统。

常见的集成开发环境是 Keil μVision，下面重点介绍这款软件及其调试汇编语言源程序的方法。

5.4.2 Keil μVision 软件简介

1．Keil μVision 软件及其获取途径

Keil μVision 是众多单片机应用开发软件中最优秀的软件之一，它是美国 Keil Software 公司推出的 51 系列兼容单片机集成开发系统（Keil Software 公司现已并入 ARM 公司，ARM 公司最新推出了 Keil μVision4，该版本主要增强了软件对 ARM 芯片的支持）。它支持众多不同公司的 MCS-51 架构的芯片，集编辑、编译、仿真等于一体，同时还支持 PLM、汇编和 C 语言的程序设计。Keil 软件提供丰富的库函数和功能强大的集成开发调试工具，全 Windows 界面，界面友好，易学易用，在开发大型软件时更能体现高级语言的优势。因此，受到了广大 51 系列单片机开发应用工程师、嵌入式系统工程师及普通单片机爱好者的青睐。

开发者可购买 Keil μVision 软件，也可到 Keil Software 公司的主页免费下载 Eval（评估）版本。该版本同正式版本一样，但有一定的限制，最终生成的代码不能超过 2KB，但用于学习已经足够。开发者还可以到 Keil 公司网站申请免费的软件试用光盘。

2．Keil μVision 软件的功能特性

Keil μVision 通过以下特性加速嵌入式系统（单片机应用系统）的开发过程：

（1）全功能的源代码编辑器。

（2）器件库用来配置开发工具设置。

（3）项目管理器用来创建和维护项目。

（4）集成的 MAKE 工具可以汇编编译和连接用户的嵌入式应用。

（5）所有开发工具的设置都是对话框形式的。

（6）真正的源代码级的对 CPU 和外围器件的调试器。

（7）高级 GDI 接口用来在目标硬件上进行软件调试及和 Monitor-51 进行通信。

（8）与开发工具手册、器件数据手册及用户指南有直接的链接。

3. Keil μVision 软件的界面

Keil μVision 是一个标准的 Windows 应用程序，其安装和启动与一般的 Windows 应用程序相似。启动 Keil μVision4 后，将出现如图 5-15 所示的主界面。

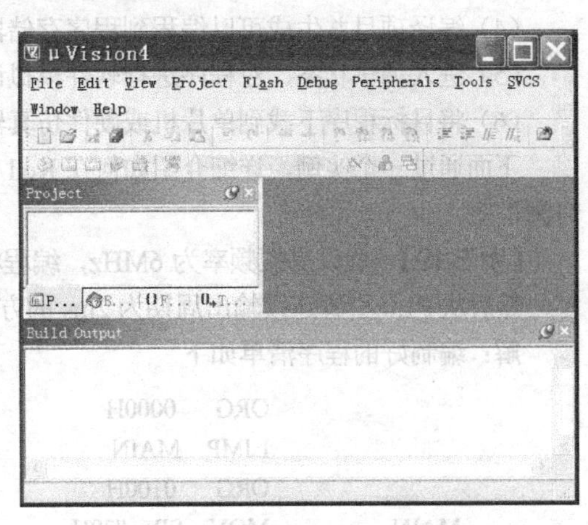

图 5-15　Keil μVision4 的主界面

图 5-16 所示是进入调试状态打开诸多子窗口的界面图。由此可以看出，首先它有一般应用软件的典型风格，如具有菜单栏和快捷工具栏，另外可以打开的主要界面是工程窗口和对应的文件编辑窗口、运行信息显示窗口、存储器信息窗口及调试信息显示窗口等。

为了便于单片机资源的观察，在工程窗口还可以展开 Register 选项卡，从而可以方便地观察单片机寄存器的状态；打开存储器信息显示窗口可以显示 ROM、RAM 的内容；还可以打开多种窗口用于软件的调试。

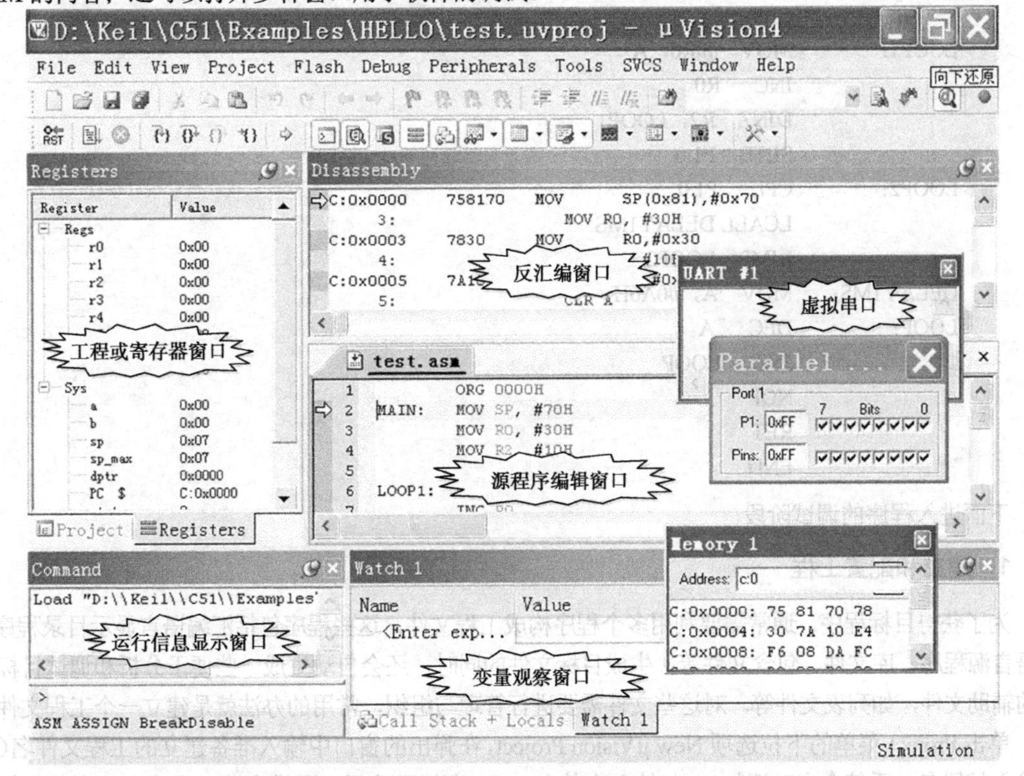

图 5-16　Keil μVision 的多窗口显示图

5.4.3　Keil μVision 集成开发环境中调试单片机汇编语言源程序的方法

Keil μVision 集成开发环境中包括一个项目管理器，它可以使单片机应用系统设计变得简单。调试一个应用软件，通常包括下列步骤：

（1）启动 Keil μVision，新建一个项目文件并从器件库中选择一个相应的器件。

（2）新建一个源文件并把它加入到项目中。

（3）针对目标硬件设置工具选项。

（4）编译项目并生成可以编程到程序存储器的 HEX 文件。

（5）进入调试状态，对程序进行软件模拟调试。

（6）将目标程序下载到单片机或硬件仿真器中进行仿真调试。

下面通过一个实例，详细介绍如何在 Keil μVision4 集成开发环境中调试 51 系列单片机的汇编语言源程序。

【例 5-19】　假设晶振频率为 6MHz，编程将 AT89S51 单片机内部 RAM30H～3FH 单元的内容清零，然后从 P1.0 引脚连续输出周期为 2ms 的方波信号。

解：编制好的程序清单如下

```
            ORG    0000H
            LJMP   MAIN
            ORG    0100H
MAIN:       MOV    SP，#70H
            MOV    R0，#30H
            MOV    R2，#10H
            CLR    A
LOOP1:      MOV    @R0，A
            INC    R0
            DJNZ   R2，LOOP1
            SETB   P1.0
LOOP2:      CPL    P1.0
            LCALL DELAY1MS
            LJMP   LOOP2
DELAY1MS:   MOV    A，#0A6H
LOOP:       DEC    A
            JNZ    LOOP
            NOP
            RET
            END
```

下面进入程序的调试阶段。

1．建立和配置工程

为了获得目标程序，通常需要利用多个程序构成工程文件，这些程序包括汇编语言显示目录程序、C 语言源程序、库文件、包含文件等；生成目标文件的同时，还会自动生成一些便于分析和调试目标程序的辅助文件，如列表文件等。对这些文件需要进行管理与组织，常用的办法就是建立一个工程文件。

单击 Project 菜单的下拉选项 New μVision Project，在弹出的窗口中输入准备建立的工程文件名（不用输入扩展名，系统会自动添加），如输入文件名 test。为便于管理，通常为该工程建立一个独立的文件夹，如 test。

建立工程文件名后，系统会弹出一个对话框，要求选择单片机的型号，这时可根据对话框中提供的器件库查找并选择合适的单片机。选择 Atmel 的下拉菜单找到 AT89S51 并选中它，单击“确定”按钮。

然后弹出一个如图 5-17 所示的对话框。该对话框提示你是否要把标准 8051 的启动代码添加到工程中去。Keil μVision 既支持 C 语言编程也支持汇编语言编程。如果打算用汇编语言编写程序，则应当选择“否(N)”；如果打算用 C 语言编写程序，一般也选择“否(N)”，但是，如果用到了某些增强功能需要初始化配置时，则可以选择“是(Y)”。在这里，我们选择“否(N)”，即不添加启动代码，如图 5-17 所示。

图 5-17　添加启动代码询问图

至此，工程的建立与配置即告完成。但是，此时的工程还仅是一个框架，还应该根据需求添加相应的程序。

2．编辑和添加源程序

Keil μVision 自带文本编辑功能，在 File 菜单的选项 New 下即可打开文本编辑窗口，在里面可录入和编辑源程序。源程序的编辑完成后，再在 File 菜单的选项 Save As 下进行源程序文件的保存。注意，保存时所取文件名的扩展名不可缺少，而且必须符合规定：C 语言源程序为“.c”，汇编语言源程序为“.asm”。

至此，源程序文件就建立完毕。但是，这个源程序文件与刚才新建的工程之间并没有什么内在联系。我们还需要把它添加到工程中去。单击 Keil μVision 软件左边项目工作窗口 Target 1 上的“+”号，将其展开。然后右键单击 Source Group 1 文件夹，会弹出一个选择菜单。单击其中的 Add Files to Group ‘Source Group 1’项，就会出现一个文件选择对话框，选中相应的源程序文件，即可将其加入本工程。如有多个文件，可以逐个加入。

3．编译工程

工程的编译是正确生成目标程序的关键，要完成这一任务，应该进行一些基本的设置。在 Project 菜单的下拉选项中，单击 Options for Target ‘Target 1’，弹出如图 5-18 所示的窗口。

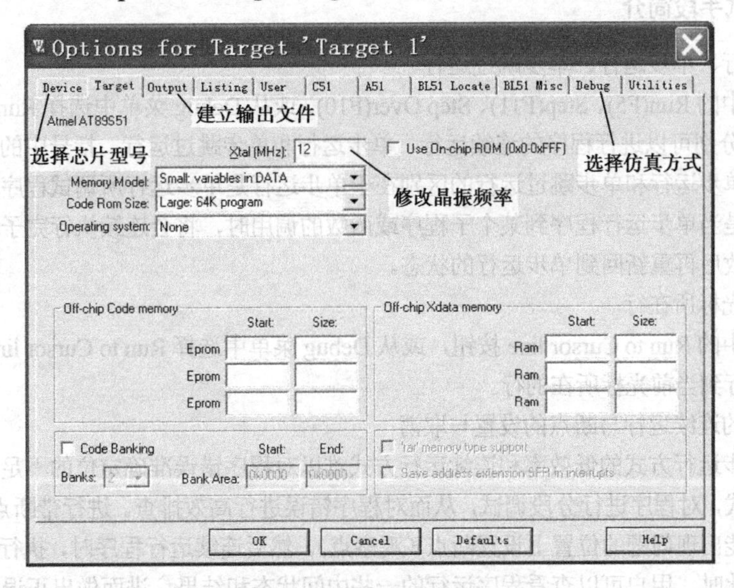

图 5-18　编译设置界面

工程编译设置的内容较多，多数可以采用默认设置。但有些内容必须确认或修改。这些内容包括：

- Device 选项卡，单片机型号的选择性。
- Target 选项卡，晶振频率的设置。
- Output 选项卡，输出文件选项 Create HEX File 上要打钩。
- Debug 选项卡，软件模拟方式与硬件仿真方式的选择。

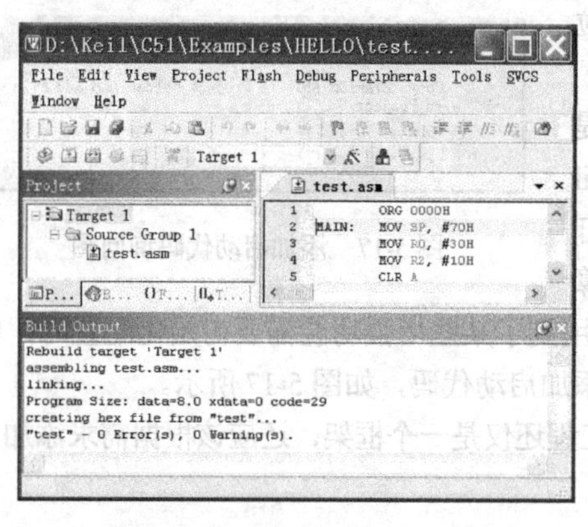

图 5-19　编译成功的窗口信息图

这些配置完成后就可以进行工程的编译了。在 Project 菜单的下拉选项中，单击 Rebuild all Target files 选项，系统进行编译，并提示编译信息。如果有错误，进行修改后重新编译，直至无错并生成目标文件。编译成功的窗口信息如图 5-19 所示。此时在该工程的文件夹下可以找到新生成的目标程序文件，如 test. hex。

4. 仿真调试

目标文件的正确无误是应用系统的基本要求，要想达到这一目标通常要经过仿真调试过程。仿真调试可能分为两大类，一类是软件模拟（即 Simulator），另一类是硬件仿真（即 Monitor）。前者无须硬件仿真器，但无法仿真目标系统的实时功能，常用于算法模拟；后者需要硬件仿真器，它可以仿真目标系统的实时功能，常用于应用系统的硬件调试。

在 Debug 菜单的下拉选项中单击 Start/Stop Debug Session，进入对目标程序的仿真调试状态。此时，Debug 菜单下的 Run、Step 等选项被激活成为可选状态。调试工具的快捷按钮图标也出现在窗口中。此时，可利用各种系统提供的各种调试手段对程序进行调试。程序运行时可以通过相应子窗口，观察存储器、寄存器、片内外设的状态。尤其是可以利用开发环境的虚拟串口与模拟单片机的串口交互信息，为应用程序的调试带来了极大的便利。

5. 主要调试手段简介

（1）连续运行、单步运行、单步跳过运行

单击工具栏中的 Run(F5)、Step(F11)、Step Over(F10)，或从 Debug 菜单中选择 Run(F5)、Step(F11)、Step Over(F10)项分别可以进行程序的连续运行、单步运行和单步跳过运行。括号中的内容是该功能的快捷键。其中，单步运行和单步跳过运行的区别在于单步运行是单步运行所调试程序的每一条指令，而单步跳过运行是当单步运行程序到某个子程序或函数的调用时，将会连续执行完子程序或函数，返回主程序或主函数后再重新回到单步运行的状态。

（2）运行到光标所在行

单击工具栏中的 Run to Cursor line 按钮，或从 Debug 菜单中选择 Run to Cursor line (Ctrl+F10)项，则可以使程序运行到当前光标所在的行。

（3）带断点的连续运行与断点的设置与取消

为了克服单步运行方式的低效率和连续运行方式难以对程序错误准确定位的不足，可以采用带断点的连续运行方式，对程序进行分段调试，从而对程序错误进行高效排查。进行带断点连续运行之前，先要在程序中可能出现问题的位置上设置断点（观察点）。然后连续运行程序时，执行到断点位置，程序会暂停运行。此时，用户可以查看程序运行的一些中间状态和结果，进而做出正误的判断，最终排查出故障。断点的设置是在进入调试环境后，在源程序窗口中，于要设置断点的程序行首数字左侧单击鼠标左键，则在该位置出现一个红点，表示在此设置了一个断点。重复此操作可取消断点标志。另外，通过单击工具栏中的 Insert/Remove Breakpoint(F9)按钮或 Debug 菜单中的相应项目也可以进行断点的设置与取消。

6. 主要信息显示窗口简介

除了工程窗口和对应的文件编辑窗口、运行信息显示窗口这些最基本的窗口外，还有如下一些窗口在程序的调试过程中也起着非常重要的作用。

（1）反汇编窗口

在 View 菜单下选择 Disassembly Window 选项，即可打开反汇编窗口。该窗口显示了源程序及其对应的机器码在程序存储器中的存放情况。

（2）存储器查看窗口

要查看存储器的内容，从 View 菜单中选择 Memory Window 项。在屏幕的底部会出现如图 5-20 所示的窗口。

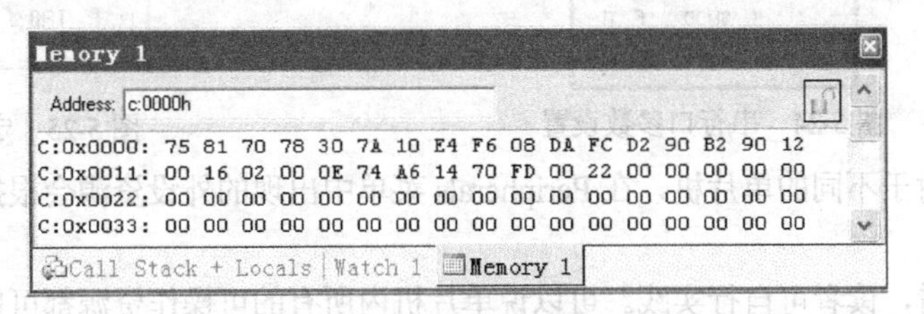

图 5-20　存储器查看窗口

默认情况下，或在 Address 编辑框中输入“C:0”并按回车键，在窗口中将显示程序存储器的内容。如果要查看内部 RAM 的内容，则可以在 Address 编辑框中输入“D:0”并按回车键，在窗口中将显示数据存储器的内容，如图 5-21 所示。

同样。输入“X:0”并按回键，可以查看外部 RAM 的数据。

（3）变量查看窗口

在 View 菜单中选择 Watch Window 项，在屏幕的底部会出现如图 5-22 所示的窗口，可以查看程序中用到的变量的值。

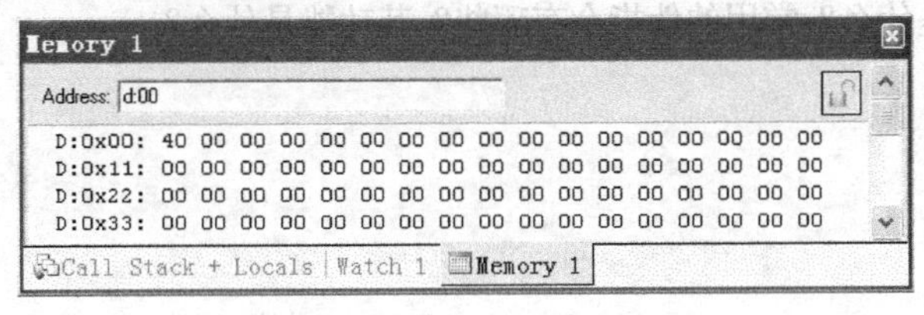

图 5-21　片内 RAM 存储器查看窗口

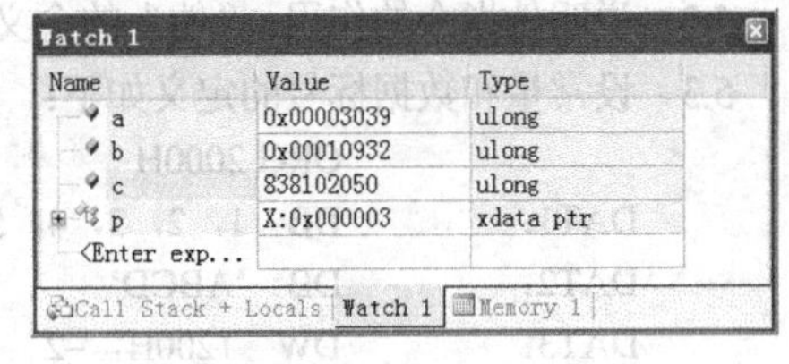

图 5-22　Watch 窗口

（4）外围设备查看窗口

从 Peripherals 菜单中选择不同的菜单项，可以查看单片机的某些资源的状态。包括：

① 中断系统显示窗口：选择 Interrupt 就打开了中断系统显示窗口，在窗口里显示了所有中断源的状态。对于选定的中断源，可以用窗口下面的复选框进行状态设置。

② I/O 端口观察窗口：选择 I/O-Ports 打开输入/输出端口（P0～P3）的观察窗口，在窗口中既显示了口锁存器的状态（上一行），也显示了口引脚的状态（下一行），如图 5-23 所示。其中，标有“√”

号的位为1，其他为0。可以通过鼠标的单击修改端口的状态，从而模拟外部信号的输入。

③ 串行口观察窗口：选择Serial就打开了串行口的观察窗口，如图5-24所示，可以随时修改窗口中显示的状态。

④ 定时器观察窗口：选择Timer就打了开定时器的观察窗口，如图5-25所示，在窗口内可以随时修改有关定时器的状态。

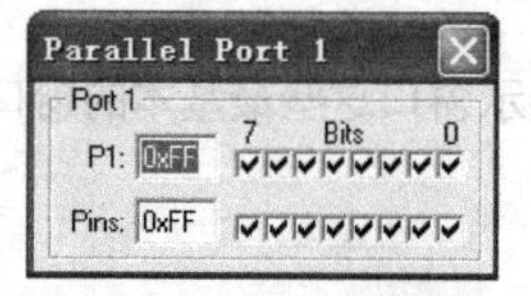

图5-23 P1口的观察窗口

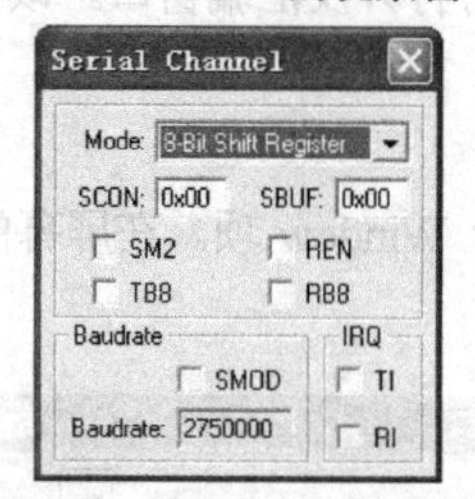

图5-24 串行口参数设置

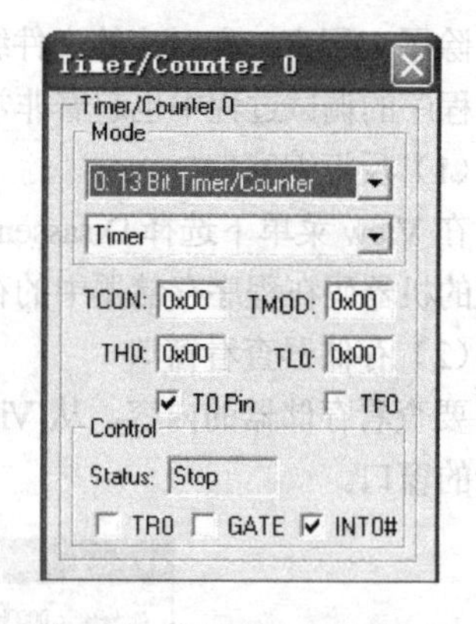

图5-25 定时器参数设置

要注意的是，对于不同的单片机，在Peripherals菜单中出现的外设资源会根据单片机的具体情况做出相应变化。

其他资源的查看，读者可自行实践。可以说单片机内所有的可操作资源都可以通过模拟窗口展现出来，并可以对它们进行直接修改，这为程序的调试工作提供了极为强大的功能。

另外，Keil μVision集成开发环境中的大部分操作既提供了菜单方式，也提供了图形按钮操作方式，有的还提供了快捷键，在此不一一介绍。关于Keil μVision集成开发环境更详细的描述，读者可阅读有关参考资料。

习题与思考题5

5.1 用于51系列单片机程序设计的语言分为哪几种？它们各有什么特点？

5.2 说明伪指令的作用。“伪”的含义是什么？常用的伪指令有哪些？其功能是什么？

5.3 设常量和数据标号的定义如下：

```
          ORG 2000H
DAT1:     DB   1，2，3，4，5
DAT2:     DB   'ABCD'
DAT3:     DW   1200H，-2
TAB:      DW   DAT1，DAT3
```

（1）画出上述数据或地址的存储形式。

（2）写出各标号的地址。

5.4 编写双字节加法程序。要求：被加数放在内部RAM的30H（高字节）、31H（低字节）单元中，加数存放在内部RAM的32H（高字节）和33H（低字节）中，运算结果放存放在30H，31H中，进位存放在位寻址区的00H位。

5.5 试编写程序，找出片内RAM 30H～5FH单元中无符号数的最大数，并将结果存入60H单元。

5.6 试编写程序，统计片内 RAM 的 20H～5FH 单元中出现 55H 的次数，并将统计结果送 60H 单元。

5.7 编写程序，将片外数据存储区中的 3000H～30FFH 单元全部清零。

5.8 将外部 RAM 8000H 开始的 20 个字节数据传送到外部 RAM 8100H 开始的地址单元中去。

5.9 编程统计累加器 A 中“1”的个数。

5.10 编写程序，将 30H～34H 单元中压缩的 BCD 码数（每个字节存放两个 BCD 码数）转换为 ASCII 码数，并将结果存放在片内 RAM 60H～69H 单元。

5.11 将内部 RAM 30H 单元的内容转换成三位 BCD 码（百位、十位、个位），并将结果存入外部 RAM 1000H 开始的单元。

5.12 请使用位操作指令，编程实现 $P1.0=\overline{(20H)\wedge(2FH)}\vee(2AH)$，其中，20H、2FH、2AH 都是位地址。

5.13 简述利用 Keil μVision 调试汇编语言程序的主要步骤。

5.14 在 Keil μVision 中如何产生.hex 文件？

5.15 在 Keil μVision 环境中，如何查看寄存器和数据存储单元内容？

*第6章　单片机的C语言程序设计

内容提要

C51在标准C（ANSI C）的基础上，针对单片机的硬件资源，扩展了相应的数据类型和变量，而C51在语法规定、程序结构与设计方法上都与标准C相同。本章重点介绍C51对标准C所扩展的部分，并结合几个简单实例讲解单片机C51的程序设计方法。

教学目标

- 了解C51的程序结构。
- 掌握C51的数据结构相关内容。
- 掌握C51程序设计的基本方法。
- 了解C51与汇编语言程序设计的综合方法。

单片机应用系统的程序设计，除了可采用汇编语言完成外，还可以采用C语言实现。目前已有多种可以对51系列单片机硬件进行操作的C语言，它们通常统称为C51。

6.1　单片机C语言概述

6.1.1　采用C51的优点

汇编语言对单片机内部资源的操作直接、简洁，代码紧凑，在某些对时序要求特别严格的条件下程序设计更适合于使用汇编语言。另外，汇编语言也更有助于学习者对单片机工作原理的掌握。但是，当程序比较复杂，而且没有做好注释的时候，使用汇编语言编写的程序可读性和可维护性就会很差，代码的可重用性也比较低。

随着技术的进步，目前大多数单片机的编译系统都支持C语言编程，并且可以对编译的代码进行优化。C语言在大多数情况下其机器代码生成效率和汇编语言相当，使用C语言编程，具有编写简单、直观易读、便于维护、通用性好等特点，其可读性远远超过汇编语言。由于模块化，用C语言编写的程序具有很好的可移植性。而且C语言还可以嵌入汇编来解决高时效性的代码编写问题。对于开发周期来说，中大型的软件编写用C语言的开发周期通常要小汇编语言很多，特别是在控制任务比较复杂或者具有大量运算的系统中，C语言更显示出了超越汇编语言的优势。用C语言编写程序比汇编语言更符合人们的思考习惯，开发者可以更专心地考虑算法而非一些细节问题。在嵌入式实时操作系统设计中，90%以上的代码需要使用C语言设计，学习单片机的C语言编程是设计嵌入实时操作系统的基础。

6.1.2　C51的程序框架

C51的程序结构与标准C语言相同。总的来说，一个C51程序就是一堆函数的集合，在这个集合中，必须有且只有一个名为main的函数（主函数）。如果把一个C51程序比做一本书，那么主函数就相当于书的目录部分，其他函数就是章节，主函数中的所有语句执行完毕，则总的程序执行结束。典型示例如下：

```
全局变量说明                    /* 可被各函数引用 */
main()                          /* 主函数 */
```

```
{
局部变量说明                /* 只在本函数引用 */
执行语句（包括函数调用语句）
}
Fun1(形式参数表)            /* 函数 1 */
形式参数说明
{
局部变量说明
执行语句（包括函数调用语句）
}
    …
Funn(形式参数表)            /* 函数 1 */
形式参数说明
{
局部变量说明
执行语句
}
```

由上可见，C51 语言的函数以“{”开始，以“}”结束。C51 语言的语句规则如下：

（1）每个变量必须先说明后引用，变量名采用英文，大小写是有差别的。

（2）C51 语言程序一行可以书写多条语句，但每个语句必须以“；”结尾，一个语句也可以多行书写。

（3）C51 语言的注释用“/* …… */”表示，Keil C51 中也可用“//”。

（4）花括号必须成对，位置随意，可紧挨函数名后，也可另起一行。多个花括号可以同行书写。为层次分明，增加可读性，同一层的花括号应对齐，采用逐层缩进方式书写。

6.1.3 C51 的程序开发过程

C51 开发首先要编写源程序，可以采用 Keil μVision4 集成开发环境的源程序编辑功能完成；然后建立工程文件，加入 C51 源程序；这时就可以利用 Keil μVision4 集成的编译器和连接器生成目标文件(.hex)；进而进行软件或硬件仿真调试；最后利用编程器将调试无误的代码写到单片机的程序存储器中。整个开发过程如图 6-1 所示。由图可见，C51 的开发过程和汇编程序的开发过程类似，唯一要注意的是 C51 源程序的文件名以.c 作为后缀。

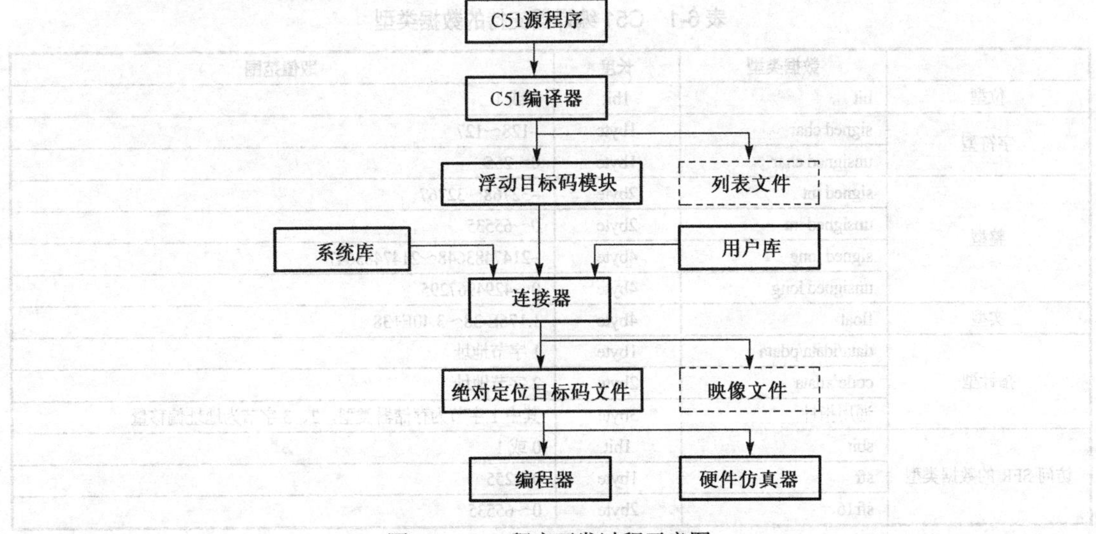

图 6-1 C51 程序开发过程示意图

6.2 C51的数据与运算

6.2.1 C51的数据类型

1. 常量与变量

C51的数据有常量和变量之分。

常量：在程序运行中其值不变的量。常量可分为数值型常量和符号型常量。

数值型常量：可以为十进制数、十六进制数（用0x表示）和字符（‘ ’括起）。

符号型常量：用符号表示常量，此符号需用宏定义指令（#define）对其进行定义（相当于汇编的“EQU”伪指令），例如，

```
#define  PI  3.1415
```

程序中只要出现PI的地方，编译程序都译为3.1415。

变量：在程序运行中其值可以改变的量。一个变量由变量名和变量值构成。

变量名：存储单元地址的符号表示。

变量的值：变量所在地址单元存放的内容。

2. 数据类型

无论哪种数据，都存放在存储单元中，每一个数据究竟要占用几个单元（即数据的长度），都要提供给编译系统，正如汇编语言中存放数据的单元要用DB或DW伪指令进行定义一样，编译系统以此为依据预留存储单元，这就是定义数据类型的意义。为了合理利用单片机的存储空间，程序设计时就要设定合适的数据类型。

C51和ANSI C的数据类型基本类似，大体可以分为基本数据类型、构造数据类型、指针类型和空类型等。为了充分利用单片机的资源特点，C51在ANSI C的数据类型基础上增设了位型变量，取消了布尔变量，其实两者的使用方法基本类似；另外，C51增设了访问SFR的数据类型。C51编译器支持的数据类型如表6-1所示。

表6-1 C51编译器支持的数据类型

	数据类型	长度	取值范围
位型	bit	1bit	0或1
字符型	signed char	1byte	−128～127
	unsigned char	1byte	0～255
整型	signed int	2byte	−32768～32767
	unsigned int	2byte	0～65535
	signed long	4byte	−2147483648～2147483647
	unsigned long	4byte	0～4294967295
实型	float	4byte	1.176E-38～3.40E+38
指针型	data/idata/pdata	1byte	1字节地址
	code/xdata	2byte	2字节地址
	通用指针	3byte	其中1字节为存储器类型，2、3字节为地址偏移量
访问SFR的数据类型	sbit	1bit	0或1
	sfr	1byte	0～255
	sfr16	2byte	0～65535

对表做如下说明：

① 字符型（char）、整型（int）和长整型（long）均有符号型（signed）和无符号型（unsigned）两种，如果不是必须，尽可能选择 unsigned 型，这将会使编译器省去符号位的检测，使生成的程序代码比 signed 类型短得多。

② 程序编译时，C51 编译器会自动进行类型转换，例如，将一个位变量赋给一个整型变量时，位型值自动转换为整型值；当运算符两边为不同类型的数据时，编译器先将低级的数据类型转换为较高级的数据类型，运算后，运算结果为高级数据类型。

③ 51 系列单片机内部数据存储器的可寻址位（20H～2FH）定义为 bit 型，而特殊功能寄存器中的可寻址位只能定义为 sbit 类型。

6.2.2 C51 的数据存储类型

C51 允许将变量或常量定义成不同的存储类型，C51 编译器允许的存储类型主要包括 data、bdata、idata、pdata、xdata 和 code 等，它们和单片机的不同存储区相对应。C51 存储类型与 51 系列单片机实际存储空间的对应关系如表 6.2 所示。

表 6-2　C51 变量的存储类型

存储器类型	描　述
data	直接寻址内部数据存储区，访问变量速度最快（128B）
bdata	可位寻址内部数据存储区，允许位与字节混合访问（16B）
idata	间接寻址内部数据存储区，可访问全部内部地址空间（256B）
pdata	分页（256B）外部数据存储区，由 MOVX @Ri 类指令访问
xdata	外部数据存储区（64KB），由 MOVX @DPTR 类指令访问
code	程序存储区（64KB），由 MOVC 类指令访问

对于单片机来说，访问片内 RAM 比访问片外 RAM 的速度要快得多，所以经常使用的变量应该置于片内 RAM 中，要用 bdata、data、idata 来定义；对于不经常使用的变量或规模较大的变量应该置于片外 RAM 中，要用 pdata、xdata 来定义。

6.2.3 C51 数据的存储器模式

如果用户不对变量的存储器类型进行定义，则 C51 编译器采用默认的存储器类型，由编译控制命令的存储模式指令设置。例如，在 Keil μVision4 中，存储模器式在 Project→Options for Target 1→Target→Memory Model 中指定。

C51 支持的存储器模式有 SMALL、LARGE 和 COMPACT，如表 6-3 所示。

表 6-3　C51 的存储器模式

存储器模式	默认存储器类型	特　点
SMALL	data	小模式。变量默认在片内 RAM。空间小，速度块
COMPACT	pdata	紧凑模式。变量默认在片外 RAM 的页（256 字节，页号由 P2 口决定）
LARGE	xdata	大模式。变量默认在片外 RAM 的 64KB 范围。空间大，速度慢

6.2.4 C51 的指针变量

1. 指针变量及其分类

（1）指针与指针变量

指针就是存储单元的地址，存放该地址的变量就是指针变量。

指针为变量的访问提供了一种特殊的方式。如果有一个变量a，则可以利用&a表示变量a的地址。这时执行语句

p=&a;

结果就把a的地址赋给了指针p，这时可以说“p指向了变量a”，变量的指针就是该变量的地址。为了获得指针所指向的内容，可以利用指针运算符“*”来实现，如*p就表示变量a的内容。

在汇编语言程序中，要取存储单元m的内容，可用直接寻址方式，也可用寄存器间接寻址方式。如果用R0寄存器指示m的地址，则用@R0取m单元的内容。相应地，在C语言中，用变量名表示取变量的值（相当于直接寻址），也可用另一个变量（如p）存放m的地址，p就相当于R0寄存器。用*p取得m单元的内容（相当于汇编的间接寻址方式），这里p即为指针型变量。表6-4所示为两种语言将m单元的内容送至n单元的对照语句。

表6-4 C语言与汇编语言寻址方式对照表

直接寻址		间接寻址	
汇编语言	C语言	汇编语言	C语言
MOV n，m 传送语句	n=m; 赋值语句	MOV R0，#m；m的地址送至R0 MOV n，@R0；m的内容送至n	p=&m /* m的地址送至p */ N=*p /* m的内容送至n */

（2）指针变量的分类

C51编译器支持两种指针类型：一般指针（Generic Pointer）和基于存储器的指针（Memory Specific Pointer）

① 一般指针（Generic Pointer）

定义时未指定它所指向的对象的存储器类型的指针被称为一般指针。

此时指针长度为3字节，第一字节表示存储器类型编码，第二、第三字节分别表示所指地址的高位和低位。第一字节表示的存储器类型编码如表6-5所示。注意，此表仅适合于C51编译器V5.0以上的版本。

表6-5 一般指针的存储器类型编码表

存储器类型	bdata/data/idata	xdata	pdata	code
编码	0x00	0x01	0xfe	0xff

例如，指针变量ap值为0x011234即表示指针指向xdata区地址为1234H的单元。此指针变量的值可用赋值语句实现。

由于指向对象的存储空间在编译时无法确定（运行时确定），因此必须生成一般代码以保证对任意空间的对象进行存取，所以一般指针所产生的代码速度较慢。

② 基于存储器的指针

基于存储器的指针是指在定义时就指定了它所指向对象的存储类型的指针。指针占1字节（idata *，data *，pdata *）或2字节（code *，xdata *）。

基于存储器的指针长度比一般指针短，可以节省存储器空间，运行速度较快，但它所指对象具有确定的存储器空间，兼容性不好。

2．指针变量的定义

指针变量定义与一般变量的定义类似，其定义格式为

数据类型 [存储器类型1] * [存储器类型2] 指针变量名;

例如，long code *data ptr;

在上面的指针变量定义中包含如下几方面的内容：

（1）指针变量名（如ptr）前面冠以*，表示ptr为指针型变量，此处*不带取内容之意。

（2）数据类型用来确定指针指向的存储区的数据类型，即被指向的存储区以多少个单元作为一个数据单位，当程序通过指针对该区操作时，将按此规定的单元个数的内容作为一个数据进行操作。

（3）[存储器类 1] 表示被定义为基于存储器的指针指向的存储类型，即指向哪个存储区，它决定了指针本身的长度（见表 6-1）。如上例中，ptr 指向程序存储区，程序存储区为 16 位地址，因此 ptr 长度为 2 字节。无此选项时，被定义为一般指针。

（4）[存储类型 2] 用于指定指针本身的存储类型，即指针处于哪个存储空间。此项由编译模式放在默认区，如无规定编译模式，通常在 data 区。

3. 指针变量定义举例

（1）一般指针定义示例

```
char  *xdata  strptr;        /* 指针本身存于 xdata 空间，它指向 char 型数据 */
int   *data   number;        /* 指针本身存于 data 空间，它指向 int 型数据 */
```

（2）基于存储器指针定义示例

```
char  data   *str;           /* 指针指向的 char 型数据存于 data 空间 */
int   xdata  *num;           /* 指针指向的 int 型数据存于 xdata 空间 */
Char  xdat   *data pd;       /* 指针 pd 指向字符型 xdata 区，自身在 data 区，长度为 2 字节 */
```

4. 指针变量的引用

定义好指针变量后，还需要对指针变量进行引用后才能将指针变量和所指变量建立关联。

指针变量的引用是通过取地址运算符&来实现的，具体格式为

指针变量 =&所指变量;

例如，ap = &a; /* 指针 ap 指向了变量 a */

5. 数组的指针和指向数组的指针变量

指针既然可以指向变量，当然也可以指向数组。

数组的指针：就是数组的起始地址。

指向数组的指针变量：如果一个变量用来存放一个数组的起始地址，则称它为指向数组的指针变量。一个数组 a[ ]的起始地址用 a 表示。

（1）指向数组的指针变量的定义和赋值

设定义了一个数组 a[10]和一个指针变量 ap：

```
int a[10];   /* 定义 a 为包含 10 个整型元素的数组 */
int *ap;     /* 定义 ap 为指向整型数据的指针 */
```

但仅此两语句并不能说明变量是指向数组的，还必须将数组的起始地址赋给该变量，可用如下两种方式：

```
ap = a;        /* 数组 a[ ]的起始地址赋给指针变量 ap */
```

或

```
ap = &a[0];  /* 意义同上 */
```

也可以将定义和赋值在一条语句之内实现：

```
int *ap = a;
```

或

```
int *ap = &a[0];
```

（2）利用指向数组的指针变量引用数组元素

指向数组的指针变量引用数组元素有两种方式：*(ap+i)或 ap(i)，它们等同于*(a+i)或 a(i)。

例如：

```
main () {
    char a[5] = {1，2，3，4，5}；
    char b，c，d；
    char *ap；
    ap = a；              /* ap 等效于数组 a[5]的起始地址 */
    b = a+2；             /* b 等于数组元素 a[2]的地址 */
    c = ap+3；            /* c 等于数组元素 a[3]的地址 */
    d = *(ap+3)；         /* d 等于数组元素 a[3]的值，即 d = 4，等同于 d = a(3) */
}
```

6.2.5　C51 对 SFR、可寻址位、存储器和 I/O 口的定义

C51 对标准 C 语言进行了扩展，从而具有对 51 系列单片机硬件结构的支持与操作能力。

1．特殊功能寄存器 SFR 的定义

为了能够对单片机内部的特殊功能寄存器进行直接访问，C51 编译器利用扩充的关键字 sfr 和 sfr16 对这些特殊功能寄存器进行了定义，特殊功能寄存器的定义格式为

sfr 特殊功能寄存器名 = 地址常数；

例如：

```
sfr SCON = 0x98；            /* 串行通信控制寄存器，地址为 98H */
sfr ACC = 0xe0；             /* A 累加器，地址为 E0H */
sfr P0 = 0x80；              /* P0 口，地址为 80H */
sfr16 DPTR = 0x82            /* 指定 DPTR 的地址 DPL = 0x82，DPH = 0x83 */
```

定义了以后，这些寄存器名就可以在程序中直接引用了。

C51 也建立了一个头文件 reg51.h（增强型为 reg52.h），在该文件中对所有的特殊功能寄存器进行了 sfr 定义，对特殊功能寄存器的有位名称的可寻址位进行了 sbit 定义。因此，只要使用包含语句#include <reg51.h>后，就可以直接引用特殊功能寄存器名，或直接引用位名称。

要特别注意：在引用时，特殊功能寄存器或者位名称必须大写。

2．对位变量的定义

在 C51 中可以利用关键字 sbit 定义可独立寻址访问的位变量，包括对 SFR 中的可寻址位和内部 RAM 中可位寻址对象的定义。具体格式有所不同，下面分述之。

（1）内部 RAM 中可位寻址对象的定义

① 将变量用 bit 数据类型的定义符定义为 bit 类型。例如，

```
bit mybit;
```

则定义后，mybit 为位变量，其值只能是“0”或“1”，C51 会自行安排其位地址在可位寻址区的 bdata 区。

② 采用字节寻址变量.位的方法。例如，

```
bdata int ibase;              /* ibase 定义为整型变量 */
sbit mybit = ibase^15；       /* mybit 定义为 ibase 的 D15 位 */
```

其中位运算符“^”相当于汇编中的“.”，其后的最大取值依赖于该位所在的字节寻址变量的定义类型，如定义为 char，则最大值只能为 7。

（2）特殊功能寄存器中可寻址位的定义

对此类位变量的定义有如下 5 种方法。

方法 1：用寄存器名^位的形式来定义，格式如下：

sbit　位变量名 = 特殊功能寄存器名^位的位置（0～7）

例如：

```
sfr PSW = 0xd0;              /* 定义 PSW 地址为 d0H */
sbit CY = PSW^7;             /* CY 为 PSW.7 */
```

方法 2：使用头文件 reg51.h 及 sbit 定义符，多用于无位名的可寻址位，格式与方法 1 类同，只是位变量名由用户自定。

例如：

```
#include <reg51.h>
sbit P1_1 = P1^1;            /* P1.1 为 P1 口的第 1 位 */
sbit ac = ACC^7;             /* ac 定义为累加器 A 的第 7 位 */
```

方法 3：用字节地址^位的形式来定义，格式为

sbit　位变量名 = 字节地址^位的位置（0～7）

例如：

```
sbit CY = 0xD0^7;            /* CY 位为 D0H.7 */
```

方法 4：直接用位地址定义，格式为

sbit　位变量名 = 位地址

例如：

```
sbit CY = 0xD7;              /* CY 位地址为 0xD7 */
```

方法 5：使用头文件 reg51.h，然后直接使用位名称。

例如：

```
#include <reg51.h>
void main ()
{…
RS1 = 1;
RS0 = 0;
…
}
```

3．C51 对存储器和外扩 I/O 口的绝对地址访问

（1）对存储器的绝对地址访问

利用绝对地址访问的头文件 absacc.h 可对不同的存储区进行访问。该头文件的函数有 CBYTE（访问 code 区字符型）、DBYTE（访问 data 区字符型）、PBYTE（访问 pdata 或 I/O 区字符型）、XBYTE（访问 xdata 或 I/O 区字符型）。此外，还有 CWORD、DWORD、PWORD 和 XWORD 这 4 个函数，它们的访问区域同上，只是访问的类型为 int 型。

【例 6-1】 #include<absacc.h>

```
#define com XBYTE [0x07ff]
```

经上面的语句定义后，后面程序中 com 变量出现的地方，就是对地址为 07ffH 的外部 RAM 或 I/O 口进行访问。

【例 6-2】 XWORD [0] = 0x9988；

即将 9988H（int 类型）送入外部 RAM 的 0 号和 1 号单元。

【例 6-3】 valu = CBYTE[0x1000]；

即将程序存储区 1000H 单元的内容送入变量 valu。

使用中要注意：absacc.h 一定要包含进程序，XBYTE 等函数名必须大写。

(2) 对外部 I/O 口的访问

由于单片机的片外 I/O 端口与片外 RAM 统一编址，因此，对外部 I/O 口的访问与对外部 RAM 的访问方法是相同的。在 C51 中有两种方法访问外部 I/O 端口。

方法 1：使用自定义指针。由于片外 I/O 端口与片外存储器统一编址，所以可以定义 xdata 类型的指针访问外部 I/O 端口。

【例 6-4】 某单片机应用系统中，使用 8255 扩展 I/O 端口，采用线选法对 8255 进行地址译码，单片机的 P2.7（A15）接 8255 的片选引脚，则 8255 的命令字寄存器地址为 7FF3H，PA 口地址为 7FF0H，PB 口地址为 7FF1H，PC 口地址为 7FF2H，访问 8255 的 C51 程序如下：

写端口程序

```
char xdata *com8255;        /* 定义指向外部存储区的指针 */
com8255 = 0x7FF3;           /* 使指针指向 8255 的控制口地址 7FF3H */
*com8255 = 0x81;            /* 输出 81H 到控制口 */
```

方法 2：利用绝对地址访问的头文件 absacc.h 所定义的函数：PBYTE、XBYTE、PWORD 和 XWORD 这些函数可以方便地访问外部 I/O 端口。

【例 6-5】

```
#include <absacc.h>
#define PORTA XBYTE [0x7FF0]
void main(void)
{
char a;                    /* 输出 81H 到端口 7FF0H */
PORTA = 0x81;
a = PORTA;                 /* 读端口 7FF0H 内容到变量 a */
}
```

上面的程序中，PORA 为程序定义的 I/O 端口名称，[ ]内的内容 7FF0H 为 PORTA 的地址。

6.3 C51 的运算符和表达式

C51 的基本运算类似于 ANSI C，主要包括算术运算、关系运算、逻辑运算、位运算和赋值运算及其表达式等。

1．算术运算符和和算术表达式

(1) 基本的算术运算符

C51 最基本的算术运算符有以下 5 种：

+：加法运算符。

–：减法（取负）运算符。

*：乘法运算符。

/：除法运算符。

%：模运算或取余运算符。

在这些运算符中，加、减和乘法符合一般的算术运算规则。除法运算时，两侧的操作数可为整数或浮点数，运算结果的数据类型保持不变；取余运算符两侧的操作数均为整型数据，所得结果的符号与左侧操作数的符号相同。

（2）自增、自减运算符

++：自增运算符。

– –：自减运算符。

例如：++j 表示先加 1，再取值；j++表示先取值，再加 1。自减运算也是如此。

注意：++和– –运算符只能用于变量，不能用于常量和表达式。

（3）算术表达式和运算符的优先级与结合性

用算术运算符和括号将运算对象连接起来的式子称为算术表达式。其中的运算对象包括常量、变量、函数、数组、结构等，例如(2a+3b)*c/d。

C51 规定了算术运算符的优先级和结合性为：取负运算优先级最高，然后是乘、除法和取余，最后是加、减法。也可以根据需要，在算术表达式中采用括号来改变运算符的优先级。

（4）类型转换

如果一个运算符两侧的数据类型不同，则必须通过数据类型转换将数据转换成同种类型。转换方式有两种：其一是自动类型转换，即在程序编译时，由 C 编译器自动进行数据类型转换，转换顺序为 bit→char→int→long→float，signed→unsigned；其二是使用强制类型转换运算符，语句形式为

（类型名）（表达式）

例如：

```
int a，b;          /* a，b 为整数 */
(double)（a+b）  /* 将 a+b 强制转换成 double 类型 */
```

2. 关系运算符与关系表达式

（1）关系运算符

<：小于。

<=：小于等于。

>：大于。

>=：大于等于。

= =：等于。

!=：不等于。

关系运算即比较运算。其优先级低于算术运算，高于赋值运算。以上 6 种关系运算中，前 4 种优先级相同，处于最高级；后两种优先级也相同，处于低优先级。

（2）关系表达式

关系表达式的值为逻辑值：真（1）和假（0），如表达式–5 = = 0，其结果为 0。

3. 逻辑运算符和逻辑表达式

（1）逻辑运算符

&&：逻辑与。

||：逻辑或。

!：逻辑非。

（2）逻辑表达式

逻辑表达式的值也是逻辑值：真（1）和假（0），如表达式5||0的结果为1，2&&0的结果为0。

4．位运算符

C51提供6种位运算符：

&：按位与。

|：按位或。

^：按位异或。

~：按位取反。

<<：左移。

>>：右移。

例如，若a = 0xf0，则表达式a = ~a的值为0FH。又如，若a = 0xea，则表达式a << 2的值为A8H，即a值左移两位，移位后空白位补0。

5．赋值和复合赋值运算符

（1）赋值运算符

符号“=”称为赋值运算符

（2）复合赋值运算符

+=：加法赋值。

—=：减法赋值。

*=：乘法赋值。

/=：除法赋值。

%=：取模赋值。

<<=：左移位赋值。

>>=：右移位赋值。

&=：逻辑与赋值。

|=：逻辑或赋值。

^=：逻辑异或赋值。

~=：逻辑非赋值。

例如，a* = 5相当于a = a*5；b& = 0x80相当于b = b&0x80。

6．对指针操作的运算符

&：取地址运算符。

*：取内容运算符（间址运算符）。

例如，

```
a = &b;                    /* 取b变量的地址送变量a */
char *b;   c = *b;         /* 将以b的内容为地址的单元的内容送c */
```

这里有两点需要注意：

（1）此处的&与按位与运算符的差别，如果&为按位“与”，则&的两边都必须有变量或常量。

（2）此处的*与指针定义时指针前的*的差别，如 char *pt 中的*只表示 pt 为指针变量，不代表间址取内容的运算。

6.4 C51 的基本语句

C51 的基本语句与标准 C 语言相同，提供了丰富的程序控制语句，这些语句主要包括表达式语句、复合语句、选择语句和循环语句等。

6.4.1 表达式语句

表达式语句是最基本的 C 语言语句。表达式语句由表达式加上分号“；”组成，其一般形式为

表达式；

执行表达式语句就是计算表达式的值。

在 C 语言中有一个特殊的表达式语句，称为空语句。空语句中只有一个分号“；”，程序执行空语句时需要占用一条指令的执行时间，但是什么也不做。在 C51 程序中常把空语句作为循环体，用于消耗 CPU 时间等待事件发生的场合。

6.4.2 复合语句

把多个语句用大括号{}括起来，组合在一起形成具有一定功能的模块，这种由若干条语句组合而成的语句块称为复合语句。在程序中应把复合语句视为单条语句，而不是多条语句。

6.4.3 选择语句

C 语言按照结构化程序设计的基本结构：顺序结构、选择结构和循环结构，组成各种复杂程序。在 C51 中，选择语句包括条件语句和开关语句两种。

1. 条件语句

条件语句由关键字 if 构成。包括如下 3 种形式。

（1）基本 if 语句，一般格式如下：

```
if (表达式)
{
  语句组;
}
```

if 语句执行过程：当“表达式”的结果为“真”时，执行其后的“语句组”，否则跳过该语句组，继续执行下面的语句。

（2）if-else 语句，一般格式如下：

```
if (表达式)
{
  语句组 1;
}
else
{
  语句组 2;
}
```

if-else语句执行过程：当“表达式”的结果为“真”时，执行其后的“语句组1”，否则执行“语句组2”。

（3）if-else if语句，一般格式如下：

```
if（条件表达式1）{语句1；}
   else if （条件表达式2）{语句2；}
   else if （条件表达式3）{语句3；}
   …
   else if （条件表达式n）{语句n；}
   else {语句n+1；}
```

此种形式的条件语句常用于实现多方向条件分支。

2．开关语句

开关语句主要用于多分支的场合，其一般形式如下：

```
switch(表达式)
{
  case 常量表达式1：{语句组1；}break;
  case 常量表达式2：{语句组2；}break;
  …
  case 常量表达式n：{语句组n；}break;
  default:          {语句组n+1；}
}
```

说明：

① 语句先进行表达式的运算，当表达式的值与某一case后面的常量表达式相等时，就执行它后面的语句。

② 当case语句后有break语句时，执行完这一case语句后，跳出switch语句，当case 后面无break语句时，程序将执行下一条case语句。

③ 如果case中常量表达式值和表达式的值都不匹配，就执行default后面的语句。如果无default语句，就退出switch语句。

④ default的次序不影响执行的结果，也可无此语句。

⑤ switch语句适用于多分支转移的情况下使用。

6.4.4 循环语句

在结构化程序设计中，循环结构是一种重要的结构，C语言中常见的循环程序结构有while语句、do-while语句和for语句。下面分别简单介绍。

1．while语句

一般形式如下：

```
while（循环继续的条件表达式）
        { 语句组；}
```

while语句用来实现“当型”循环，执行过程：首先判断表达式，当表达式的值为真（非0）时，反复执行循环体。为假（0）时执行循环体外面的语句。

2. do-while 语句

一般格式如下：

```
do
{
    循环体语句组;
}
while(循环继续条件表达式);
```

do-while 语句用来实现"直到型"循环，执行过程：先无条件执行一次循环体，然后判断条件表达式，当表达式的值为真（非 0）时，返回执行循环体直到条件表达式为假（0 值）时退出循环体。

3. for 语句

一般形式如下：

```
for（[初值表达式]；[条件表达式]；[更新表达式]）
{
    循环体语句组;
}
```

该语句执行时，先计算初值表达式，作为循环控制变量的初值，再检查条件表达式的结果，当满足条件时就执行循环体语句组并计算更新表达式，然后再根据更新表达式的计算结果来判断循环条件是否满足，一直进行到循环条件表达式为假（0 值）时退出循环体。

语句中的表达式可以省去其中任一项甚至全部，但两个分号不可省去。例如，

```
for(; ; ) {语句}              /* 为无限循环 */
for(i = 5; ; i++) {语句}      /* 为 i 从 5 开始无限循环 */
for(; i<100; ) {语句}         /* 相当于 while(i<100 ){语句} */
```

6.5 C51 的函数

6.5.1 函数的分类

从 C 语言程序的结构上划分，C 语言函数分为主函数 main( )和普通函数两种，而对于普通函数，从不同的角度或以不同的形式又可以分为标准库函数和用户自定义函数。

标准库函数是由 C 编译系统提供的库函数，在 C 编译系统中将一些独立的功能模块编写成公用函数，并将它们集中存放在系统的函数库中，供程序设计时使用，称之为标准库函数，如前面所用到的头文件 reg51.h、absacc.h 等，有的头文件中包括一系列函数，要使用其中的函数必须先使用#include 包含语句，然后才能调用。

用户自定义函数是用户根据自己的需要而编写的函数。

从函数定义的形式上划分，函数可分为无参数函数、有参数函数和空函数。无参数函数被调用时，既无参数输入，也不返回结果给调用函数，它是为完成某种操作而编写的函数。有参数函数在被调用时，必须提供实际的输入参数，必须说明与实际参数一一对应的形式参数，并在函数结束时返回结果供调用它的函数使用。定义空函数的目的是为了以后程序功能的扩充。

6.5.2　C51 函数的定义

C51 函数定义的一般形式为

```
返回值类型　函数名（形式参数列表）[编译模式][reentrant][interrupt n][using n]
{
  函数体;
}
```

常用的简单形式为：

```
返回值类型 函数名（形式参数列表）
{
  函数体;
}
```

对各构成部分的说明如下：

① 返回值类型：可以是基本数据类型（int、char、float、double 等）及指针类型。当函数没有返回值时，则使用标识符 void 进行说明。若没有指定函数的返回值类型，则默认返回值为整型类型。一个函数只能有一个返回值，该返回值是通过函数中的 return 语句获得的。

② 函数名：必须是一个合法标识符。

③ 形式参数（简称形参）列表：列表中的各项要用“，”隔开，包括了函数所需全部参数的定义。形式参数可以是基本数据类型的数据、指针类型数据、数组等。在没有调用函数时，函数的形参和函数内部的变量未被分配内存单元，即它们是不存在的。

④ 编译模式：为 SMALL、COPACT 或 LARGE，用来指定函数中局部变量和参数的存储空间。例如，

```
void fun1(void) small { }
```

提示：small 说明的函数内部变量全部使用内部 RAM。关键的、经常性的耗时的地方可以这样声明，以提高运行速度。

缺省此项时，则 C51 编译器采用默认的存储器类型。

⑤ reentrant：用于定义可重入函数。在主程序和中断中都可调用的函数，容易产生问题。因为 51 系列单片机和 PC 不同，PC 使用堆栈传递参数，且静态变量以外的内部变量都在堆栈中；而 51 系列单片机一般使用寄存器传递参数，内部变量一般在 RAM 中，函数重入时会破坏上次调用的数据。可以用以下两种方法解决函数重入：

a. 在相应的函数前使用前述的“#pragma dISAble”声明，即只允许主程序或中断之一调用该函数。

b. 将该函数说明为可重入的，如下所示：

```
void func (param…) reentrant;
```

⑥ interrupt n：用于定义中断函数，n 为中断号，可以为 0～31。通过中断号可以确定中断服务程序的入口地址。AT89S51 单片机的中断号及中断服务程序入口地址如表 6-6 所示。

表 6-6　AT89S51 中断号、中断源、中断向量关系表

中断号	中断源	入口地址
0	外部中断 INT0	0003H
1	T0 溢出中断	000BH
2	外部中断 INT1	0013H
3	T1 溢出中断	001BH
4	串行口中断	0023H

⑦ using n：用于确定中断服务程序所使用的工作寄存器组，n 为工作寄存器组号，取值为 0～3。缺省此项时，表示使用第 0 组工作寄存器。

⑧ 函数体：由函数内部变量定义和函数体其他语句两部分组成。各函数的定义是独立的，函数的定义不能在另一个函数的内部。

6.5.3　C51 函数的调用

函数调用的一般形式为

　　函数名 (实际参数列表);

在一个函数中需要用到某个函数的功能时，就调用该函数。调用者称为主调函数，被调用者称为被调函数。若被调函数是有参函数，则主调函数必须把被调函数所需的参数传递给被调函数。传递给被调函数的数据称为实际参数（简称实参），必须与形参在数量、类型和顺序上都一致。实参可以是常量、变量和表达式；实参对形参的数据传递是单向的，即只能将实参传递给形参。

和 ANSI C 相似，C51 也支持函数的嵌套调用和递归调用，也可通过指向函数的指针变量来调用函数，读者可以自行参考相关书籍。

6.5.4　对被调函数的说明

如果被调函数是在主调函数之后定义的，那么在主调函数前应先对被调函数加以说明，然后才可调用。说明形式为

　　返回值类型　被调函数名 (形参表列);

例如，

```
int fun (a，b);
main ()
{
  int d，u = 3，v = 2;
  d = 2* fun (u，v);
}
int fun (a，b)
int a，b;
{
  int c;
  c = a+b;
  return (c);
}
```

6.5.5　C51 的库函数

C51 编译器提供了丰富的库函数，使用这些库函数可以大大提高编程的效率。每个库函数都在相应的头文件中给出了函数的原型，使用时只需在源程序的开始部分用编译命令#include 将头文件包含进来即可。C51 库函数的具体情况可查阅相关参考文献。

6.6　C51 编程实例

6.6.1　C 语言程序与汇编语言源程序的关系

为了使 C 语言和汇编语言各自编写的源程序有一个比较，进而了解这两种程序的特点，下面利用 Keil 软件的反汇编功能，将一个例子程序的 C51 源程序和对应的汇编语言源程序同时列出，以做观察和分析。

【例 6-6】 例 5-4 曾用汇编语言完成了外部 RAM 的 000DH 单元和 000EH 单元的内容交换，现改用 C 语言编程。

解：C 语言对地址的指示方法可以采用指针变量，也可以引用 absacc.h 头文件做绝对地址访问。下面采用绝对地址访问方法。

```
# include<absacc.h>
main( )
{
  char c;
  for(; ; )
  {
    c = XBYTE[13];
    XBYTE[13] = XBYTE[14];
    XBYTE[14] = c;
  }
}
```

为了方便反复观察，程序中使用了死循环语句 for(; ;)，在利用 Keil 软件调试时，可单击 Stop 按钮退出死循环。上面的程序通过编译，生成的机器代码和反汇编程序如下：

```
地址    机器码     C 语言对应的反汇编程序          C 语言程序
0000    020014     LJMP    0014H
0003    90000D     MOV     DPTR，#000DH         ；c = XBYTE[13];
0006    E0         MOVX    A，@DPTR
0007    FF         MOV     R7，A
0008    A3         INC     DPTR
0009    E0         MOVX    A，@DPTR
000A    90000D     MOV     DPTR，#000DH         ；XBYTE[13] = XBYTE[14];
000D    F0         MOVX    @DPTR，A
000E    A3         INC     DPTR                 ；XBYTE[14] = c;
000F    EF         MOV     A，R7
0010    F0         MOVX    @DPTR，A
0011    80F0       SJMP    0003H                ；} }
0013    22         RET
0014    787F       MOV     R0，#7FH
0016    E4         CLR     A
0017    F6         MOV     @R0，A
0018    D8FD       DJNZ    R0，0017H
001A    758107     MOV     SP，#07H
001D    020003     LJMP    0003H
```

由上可见，C 语言最终是要转换为由机器码组成的机器语言程序来实现的。一条 C 语言语句的功能实际上是由多条汇编语言指令完成的，而且还可以看出：

① 进入 C 语言程序，首先要执行初始化操作，将内部 RAM 的 0～7FH　128 个单元清 0，然后置 SP 为 07H（视变量多少不同，SP 置不同值，依程序而定），因此，如果要对内部 RAM 置初值，一定要在执行了一条 C 语言语句后进行。

② C51 会自行安排寄存器或存储器作为参数传递区，通常在 R0～R7（一组或两组，视参数多少定），因此，如果要对具体地址设置数据，应避开 R0～R7 的地址。

③ 如果不特别指定变量的存储类型，通常被安排在内部 RAM 中。

6.6.2　顺序程序的设计

【例 6-7】 完成 12345×67890 的编程。

分析：两个乘数比较大，其积更大，采用 unsigned long 类型，设乘积存放在外部数据存储器 0 号开始的单元。程序如下：

```
main()
{
  unsigned long xdata *p;                  /* 设定指针 p 指向类型为 unsigned long 的外部 RAM 区 */
  unsigned long a = 12345;                 /* 设置 a 为 unsigned long 的类型，并赋初值 */
  unsigned long b = 67890，c=0;            /* 设置 b 和积为 unsigned long 类型，并赋初值 */
  p = 0;                                   /* 设地址指向 0 号单元 */
  c = a*b;
  *p = c;                                  /* 积存入外部 RAM 0 号单元 */
  while(1);                                /* 动态停机 */
}
```

为便于调试观察，程序中使用了死循环语句“while(1);”，在利用 Keil 软件调试时，可单击 Stop 按钮退出死循环。上机通过 Keil 软件仿真调试，在变量观察窗口看到运算结果 c = 838102050，即为乘积的十进制数。观察 XDATA 区（外部 RAM）的 0000H～0003H 单元分别为 31、F4、6C、22，即存放的为乘积的十六进制数。再观察 DATA 区（内部 RAM 区）：

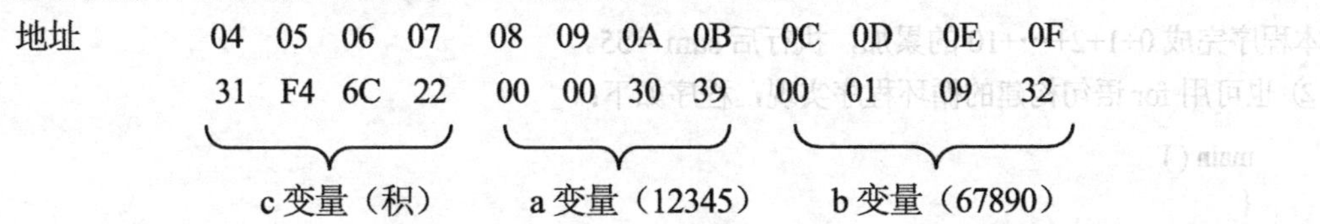

可见，定义为 unsigned long 类型，给每个变量分配 4 个单元，如果定义类型不对，将得不到正确的结果。

对于复杂的运算通常采用查表的方法。如同汇编程序设计一样，在程序存储器建立一张表，在 C 语言中表格定义为数组，表内数据（元素）的偏移量表现为下标。数组的使用如同变量一样，要先进行定义，即说明数组名、维数、数据类型和存储类型。在定义数组的同时，还可以给数组各元素赋初值。通过下例说明 C51 数组的定义方法和用 C 语言编查表程序的方法。

【例 6-8】 片内 RAM　30H 单元存放着一个 0～09H 的数，用查表法求出该数的平方值放入内部 RAM　31H 单元。

```
main()
{
  char x，*p;
  char code tab[10] = {0，1，4，9，16，25，36，49，64，81};
  p = 0x30;
  x = tab[*p];
  p++;
  *p = x;
}
```

6.6.3　循环程序的设计

C语言的循环程序可利用循环语句实现。下面列举两例。

【例6-9】 在单片机应用系统中，如果要循环检测P1.0的电平，直到其由低变高后再执行后面的操作，应该用怎么样的语句来实现？

解：可用如下语句实现

```
while((P1&0x01) = = 0){}; /* 若P1.0 = 0，则循环执行空语句，直到P1.0变为1 */
```

【例6-10】 编程完成0+1+2+…+10的累加。

解：① 可用do {语句; } while (表达式)构建的循环程序实现，程序如下：

```
main ( )
{
  int sum = 0, i;
  do
  {
    sum+ = i;
    i++;
  }
  while(i < = 10);
}
```

本程序完成0+1+2+…+10的累加，执行后sum = 55。

② 也可用for语句构建的循环程序实现，程序如下：

```
main ( )
{
  int sum = 0, i;
  for (i = 0; i < = 10; i++)
  sum+ = i;
}
```

程序执行后sum = 55。

6.6.4　分支程序的设计

C语言的分支程序可利用分支选择语句实现。下面列举两例。

【例6-11】 片内RAM的30H单元存放一个有符号数x，函数y与x有如下关系式：

$$y=\begin{cases} x & x>0 \\ 20\text{H} & x=0 \\ x+5 & x<0 \end{cases}$$

试编程实现之。

解：设y存放于31H单元，程序如下：

```
main ()
{
  signed char x, *p, *y;
  p = 0x30;
```

```
    y = 0x31;
    for(; ; )
    {
      x = *p;
      if (x>0) *y = x;
      if (x <0) *y = x+5;
      if (x = = 0) *y = 0x20;
    }
  }
```

程序中为观察不同数的执行结果，采用了死循环语句 for(; ;)，在利用 Keil 软件调试时，可单击 Stop 按钮退出死循环。

【例 6-12】 设有两个数 a 和 b，根据 r3 的内容作出相应的处理：

r3 = 0，执行子程序 pr0（完成两数相加）

r3 = 1，执行子程序 pr1（完成两数相减）

r3 = 2，执行子程序 pr2（完成两数相乘）

r3 = 3，执行子程序 pr3（完成两数相除）

解：① C 语言中的子程序即为函数，因此需编写 4 个处理函数，如果主函数在前，主函数要对子函数进行说明；如果子函数在前，主函数无须对子函数说明，但无论子、主函数的顺序如何，程序总是从主函数开始执行，执行到调用子函数就会转到子函数执行。

② 在 C51 编译器中通过头文件 reg51.h 可以识别特殊功能寄存器，但不能识别 R0～R7 通用寄存器，因此 R0～R7 只有通过绝对地址访问识别，程序如下：

```
# include    <absacc.h>
# define r3 DBYTE [0x03]
int c, c1, a, b;
pr0( ) {c = a+b; }
pr1( ) {c = a-b; }
pr2( ) {c = a*b; }
pr3( ) {c = a/b; }
main( )
{
  a = 80; b = 20;
  for (; ; )
  {
    switch(r3)
    {
      case 0:  pr0( ); break;
      case 1:  pr1( ); break;
      case 2:  pr2( ); break;
      case 3:  pr3( ); break;
    }
    c1 = 81;
  }
}
```

在上述程序中，为便于调试观察，加了 c1 = 81 语句，并使用了死循环语句 for(; ;)，在利用 Keil 软件调试时，可单击 Stop 按钮退出死循环。

6.7　汇编语言和C语言的混合编程

在单片机应用系统的程序设计中，大多数情况下用C51编写的程序都可胜任，只有在牵涉到对硬件有较严格的时序要求时，才必须用汇编语言编写相关的子程序。高级语言不同的编译程序对汇编的调用方法不同，在Keil C51中，是将不同的模块（包括不同语言的模块）分别汇编或编译，再通过连接生成一个可执行文件。

1．C语言程序调用汇编语言程序的注意事项

（1）被调用函数要在主函数中说明，在汇编程序中，要使用伪指令使CODE选项有效，声明为可再定位段类型，并且根据不同情况对函数名进行转换，如表6-7所示。

（2）对于其他模块使用的符号进行PUBLIC声明，对外来符号进行EXTERN声明。

（3）要注意参数的正确传递。

表6-7　汇编和C函数名转换表

说明	符号名	解释
Void func(void)	FUNC	无参数传递或不含寄存器参数的函数名不做改变即转入目标文件中，名字只是简单地转为大写形式
Void func(char)	_FUNC	带寄存器参数的函数名加上“_”字符前缀以示区别。它表明这类函数包含寄存器内的参数传递
Void func(void)reentrant	_?FUNC	对于重入函数加上“_？”字符前缀以示区别，它表明这类函数包含栈内的参数传递

2．C语言程序和汇编语言程序参数的传递

在混合语言编程中，关键是入口参数和出口参数的传递，Keil C51编译器可使用寄存器传递参数，也可以使用固定存储器或使用堆栈。由于51系列单片机堆栈深度有限，因此多用寄存器或存储器传递。用寄存器传递最多只能传递3个参数，并选择固定的寄存器，如表6-8所示。

例如，Func1(int a)中，a是第1个参数，在R6、R7中传递。

又如，Func2(int b，int c，int *d)中，b在R6、R7中传递，c在R4、R5中传递，指针变量d在R1、R2、R3中传递。

如果传递参数的寄存器不够用，可以使用存储器传送，通过指针取得参数。

汇编语言通过寄存器或存储器传递参数给C语言程序，汇编语言通过寄存器传递给C语言的返回值如表6-9所示。

表6-8　寄存器传递参数表

参数类型	Char	int	long，float	一般指针
第1个参数	R7	R6，R7	R4～R7	R1，R2，R3
第2个参数	R5	R4，R5	R4～R7	R1，R2，R3
第3个参数	R3	R2，R3	无	R1，R2，R3

表6-9　寄存器传递给C语言的返回值

返回值	寄存器	说明
bit	C	进位标志
(unsigned)char	R7	
(unsigned)int	R6，R7	高位在R6，低位在R7
(unsigned)long	R4～R7	高位在R4，低位在R7
float	R4～R7	32位IEEE格式，指数和符号位在R7
指针	R1，R2，R3	R3存放存储器类型，高位在R2，低位在R1

因篇幅所限，这里只介绍了汇编语言和C语言混合编程的基本方法，具体的应用实例读者可以自

行参考相关的参考文献。

习题与思考题 6

6.1　C 语言的优点是什么？C51 应用程序具有怎样的结构？

6.2　C51 与汇编语言的特点各有哪些？怎样实现两者的优势互补？

6.3　C51 的变量定义包含哪些关键因素？为何这样考虑？

6.4　C51 支持的数据类型有哪些？

6.5　C51 支持的存储器类型有哪些？与单片机存储器有何对应关系？

6.6　C51 有哪几种编译模式？每种编译模式的特点如何？

6.7　中断函数是如何定义的？各种选项的意义如何？

6.8　C51 应用程序的参数传递有哪些方式？特点如何？

6.9　一般指针与基于存储器的指针有何区别？

6.10　关键字 bit 与 sbit 的意义有何不同？

6.11　单片机汇编程序与 C51 程序在应用系统开发上各有何特点？

6.12　改正下列程序的错误。

```
#include<reg51.h>
main()
{a = c;
 int a = 7，c;
 delay(10)
void delay( );
{
 char i;
 for (i = 0；i< = 255；i++);
}
```

6.13　试说明为什么 xdata 型的指针长度要用 2 字节。

6.14　定义变量 a、b、c，a 为内部 RAM 的可位寻址的字符变量，b 为外部数据存储区浮点型变量，c 为指向 int 型 xdata 区的指针。

6.15　编程将 AT89S51 内部 RAM 20H 单元和 35H 单元的数据相乘，结果存到外部数据存储器中（位置不固定）。

6.16　编程控制一盏灯，实现灯不同速度的闪烁，每个速度闪烁 10 次，实现不同速度循环闪烁。

6.17　用不同方法编写程序实现流水灯效果，要求：P1 口控制 8 个发光二极管，灌电流接法。先点亮最低位的灯，然后向高位逐位移动。移动到最高位后再从最高位向低位移动，移动到最低位再向最高位移动，实现循环。

第7章　51系列单片机I/O口应用与软/硬件系统模拟调试

内容提要

第3章介绍了AT89S51单片机的并行I/O口的结构和功能，本章以单片机通过I/O口控制发光二极管为例，介绍单片机I/O端口的操作方法。为了对所设计的软/硬件系统进行仿真验证，本章还重点介绍了单片机软/硬仿真软件Proteus及其基本使用方法。

教学目的

- 熟练掌握单片机I/O端口的操作方法。
- 学会使用单片机仿真软件Proteus对软/硬件系统进行仿真调试。

7.1　AT89S51单片机I/O接口的应用

7.1.1　AT89S51单片机I/O接口的操作方式

AT89S51的4个I/O端口共有3种操作方式：输出数据方式、读端口数据方式和读端口引脚方式。

1．输出数据方式

在数据输出方式下，CPU通过一条数据传送指令就可以把输出数据写入P0～P3的端口锁存器，然后通过输出驱动器送到端口引脚线上。因此，凡是对端口写操作的指令都能达到从端口引脚线上输出数据的目的，写入数据可直接输出到P0～P3端口引脚上。

例如，下面的指令均可在P1口输出数据：

```
MOV   P1，A
ANL   P1，#data
ORL   P1，A
```

2．读端口数据方式

读端口数据方式是一种仅对端口锁存器中的数据进行读入的操作方式，CPU读入的这个数据并非端口引脚上的数据。这类操作都是通过对端口的“读－修改－写”指令来实现的，例如，

```
ANL  P1，#0FH
```

3．读端口引脚方式

利用读端口引脚方式可以从端口引脚上读入信息。在这种方式下，CPU首先必须使欲读端口引脚所对应的锁存器置1，以便使输出场效应管截止，然后打开输入三态缓冲器，使相应端口引脚上的信号输入AT89S51内部数据线。因此，用户在读引脚时，必须先置位锁存器后读，连续使用两个指令。例如，下面的程序可以读P1引脚上的低4位信号：

```
MOV    P1，#0FH          ；置位P1引脚的低4位锁存器
MOV    A，P1             ；将P1引脚上的低4位信号读入累加器A
```

应当指出，AT89S51 内部 4 个 I/O 端口既可以字节寻址，也可以位寻址，每位既可以用作输入，也可以用作输出。下面举例说明它们的使用方法。

7.1.2　I/O 接口的应用实例：发光二极管的控制

【例 7-1】 硬件电路如图 7-1 所示，单片机的 P1 口外接 8 个 LED 发光二极管，P3.7 通过开关 SW 接地，试编写程序实现当检测到开关 SW 合上后，就让 8 个发光二极管由上到下，再由下到上循环点亮，即实现由开关控制启动的发光二极管组成的流水灯。

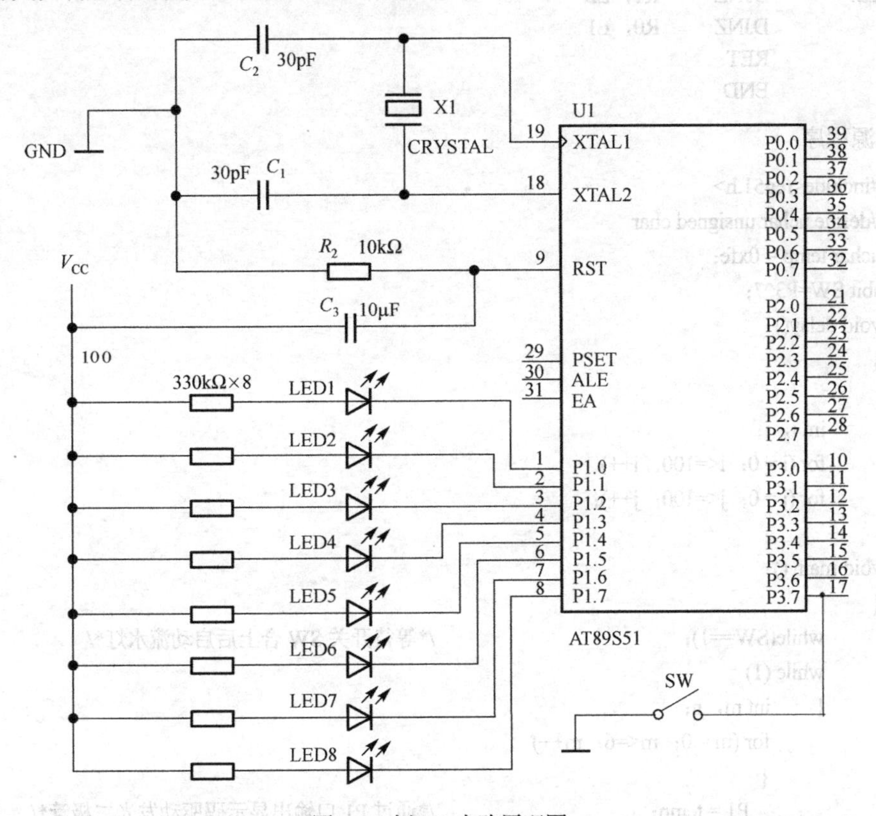

图 7-1　例 7-1 电路原理图

解： 开关 SW 断开时，P3.7 被内部上接电阻拉为高电平，当 SW 合上时，P3.7 通过开关接地，为低电平。所以，只要检测到 P3.7 为低电平，即表明启动流水灯的信号已发出。通过改变 P1 口的引脚电平，就可控制图中发光二极管的亮与不亮，以适当的速度让 P1 口线轮流为低电平，即可获得所需要的流水灯效果。为此编写程序清单如下。

汇编语言源程序：

```
        ORG     0000H
START:  JB      P3.7，$              ；等待开关 SW 合上后启动流水灯
LOOP:   MOV     A，#0FEH             ；设置点亮最上一个发光二极管的显示码初值
LOOP1:  MOV     P1，A                ；通过 P1 口输出显示码驱动发光二极管
        ACALL   DELAY                ；延时
        ACALL   DELAY
        RL      A                    ；准备点亮下一位
        CJNE    A，#7FH，LOOP1       ；轮到最低位了吗？
```

```
LOOP2:  MOV     P1，A                ；开始由下往上轮流点亮
        ACALL   DELAY
        ACALL   DELAY
        RR      A                    ；准备点亮上一位
        CJNE    A，#0FEH，LOOP2      ；轮到最高位了吗？
        SJMP    LOOP
DELAY:  MOV     R0，#00H             ；延时子程序
L1:     MOV     R1，#00H
L2:     DJNZ    R1，L2
        DJNZ    R0，L1
        RET
        END
```

*C51 源程序：

```
#include<reg51.h>
#define uchar unsigned char
uchar temp = 0xfe;
sbit SW=P3^7;
void delay()
{
    int i，j;
    for (i = 0; i<=100; i++)
    for (j = 0; j<=100; j++);
}
void main ()
{
    while(SW==1);                    /*等待开关 SW 合上后启动流水灯*/
    while (1)
    {   int m，n;
        for (m = 0; m<=6; m++)
        {
          P1 = temp;                 /*通过 P1 口输出显示码驱动发光二极管*/
          temp = temp<<1;            /*显示码各位左移一位，最低位补“0”*/
          temp+=0x01;                /*将显示码最低位置“1”*/
          delay();
        }
        for(n = 0; n<=6; n++)
        {
        P1 = temp;
        temp = temp>>1;
        temp+=0x80;
        delay();
        }
    }
}
```

7.2　软/硬件系统的模拟调试与 Proteus 软件

上面的软/硬件设计工作只是刚刚完成了单片机应用系统开发的第一步，更大量的工作体现在软/硬件系统的联合调试中。许多问题只有在软/硬件联合调试中才会显现出来。

单片机原理及应用是一门实践性非常强的课程，唯有通过大量的软/硬件系统设计与调试实验才能最终掌握单片机技术。那么，对于所设计的单片机应用系统，是否一定要通过搭建实际的电路才能验证其功能呢？对于单片机应用系统的调试有没有更经济便捷的方法呢？答案就是应用硬件仿真软件解决这些问题，Proteus 就是解决这些问题的一个优秀软件。

Proteus 软件是英国 Labcenter Electronics 公司推出的 EDA 工具软件。它不仅具有其他 EDA 工具软件的仿真功能，还能仿真单片机及外围器件。它是目前最好的仿真单片机及外围器件的工具，受到广大单片机爱好者、从事单片机教学的教师、致力于单片机开发应用的科技工作者的青睐。

7.2.1　Proteus 软件的特点

Proteus 软件革命性的特点主要表现在如下两点。

1．互动的电路仿真

用户甚至可以实时采用诸如 RAM、ROM、键盘、马达、LED、LCD、A/D、D/A、部分 SPI 器件、部分 I^2C 这样的器件。

2．仿真处理器及其外围电路

可以仿真 51 系列、AVR、PIC、ARM 等常用主流单片机。还可以直接在基于原理图的虚拟原型上编程，再配合显示及输出，能看到运行后输入/输出的效果。配合系统配置的虚拟逻辑分析仪、示波器等，可以说 Proteus 建立了完备的电子设计开发环境。

7.2.2　Proteus 软件对于单片机教学的重要意义

Proteus 是单片机课堂教学的先进助手。

① Proteus 可以将许多单片机实例运行过程形象化。它的元器件、连接线路等却和传统的单片机实验硬件高度对应。这在相当程度上替代了传统的单片机实验教学的功能，如元器件选择、电路连接、电路检测、电路修改、软件调试、运行结果等。

② 课程设计、毕业设计是学生走向就业的重要实践环节。由于 Proteus 提供了实验室无法相比的大量元器件库，提供了修改电路设计的灵活性，提供了实验室在数量、质量上难以相比的虚拟仪器、仪表，因而也提供了培养学生实践精神、创造精神的平台。

7.3　Proteus 软件快速入门

Proteus 主要由两个设计平台组成。

① ISIS（Intelligent Schematic Input System）：原理图设计与仿真平台，它用于电路原理图的设计及交互式仿真。

② ARES（Advanced Routing and Editing Software）：高级布线和编辑软件平台，它用于印制电路板的设计，并产生光绘输出文件。

为满足单片机应用系统的仿真与调试工作，在此介绍 ISIS 平台的应用。

7.3.1 Proteus工作界面

Proteus 的工作界面是一种标准的 Windows 风格的界面，人机界面直观、软件操作简单。安装完Proteus 后，双击桌面上的 ISIS 7 Professional 图标或者单击屏幕左下方的“开始”→“程序”→Proteus7 Professional→ISIS 7 Professional，Proteus 软件启动后就会出现如图 7-2 所示的窗口界面，表明进入了Proteus ISIS 集成环境，在这个操作界面下就可以开始各种电路的设计和仿真工作。

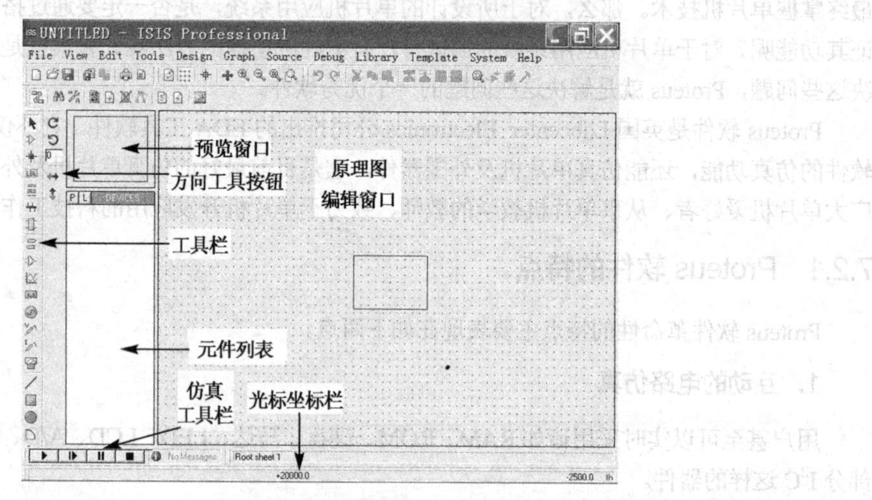

图 7-2 ISIS 窗口界面

1. ISIS 系统主界面

由图 7-2 可见，ISIS 集成环境可分成 3 个区域：编辑窗口（Editing Window）、预览窗口（Overview Window）和工具栏。整个工作界面包括：标题栏、菜单栏、标准工具栏、绘图工具栏、状态栏、对象选择按钮、预览对象方向控制按钮、仿真进程控制按钮、预览窗口、对象选择器窗口、图形编辑窗口。

2. ISIS 系统主菜单

ISIS 系统软件以菜单方式和快捷键方式操作，操作主菜单位于图 7-2 的上部，共有 12 个选项，各个子菜单的主要功能介绍如下。

（1）文件菜单：新建、加载、保存、打印等文件操作。

（2）浏览菜单：图纸网格设置、快捷工具选项，图纸的放大、缩小等操作。

（3）编辑菜单：编辑取消、剪切、复制、粘贴、器件清理等操作。

（4）库操作菜单：器件封装、库编译、库管理等操作。

（5）工具菜单：实时标注、自动放线、网络表生成、电气规则检查、材料清单生成等操作。

（6）设计菜单：设计属性编辑、添加和删除图纸、电源配置等操作。

（7）图形菜单：传输特性、频率特性分析菜单、编辑图形、添加曲线、分析运行等操作。

（8）源文件菜单：选择可编程器件的源文件、编译工具、外部编辑器、建立目标文件等操作。

（9）调试菜单：启动调试、复位显示窗口等操作。

（10）模板菜单：设置模板格式、加载模板等操作。

（11）系统菜单：设置运行环境、系统信息、文件路径等操作。

（12）帮助菜单：打开帮助文件、设计实例、版本信息等操作。

Proteus 的 ISIS 软件通过这些菜单和快捷方式，能够很方便地进行电路原理图设计、编辑、修改，实现电路的仿真。

3．原理图编辑窗口

它是用来绘制原理图的。蓝色方框内为可编辑区，元件要放到这里面。注意，这个窗口是没有滚动条的，用户可用预览窗口来改变原理图的可视范围。

4．预览窗口

它可显示两个内容：一个是，当在元件列表中选择一个元件时，预览窗口会显示该元件的预览图；另一个是，当鼠标落在原理图编辑窗口时（即放置元件到原理图编辑窗口后，或在原理图编辑窗口中单击鼠标后），预览窗口会显示整张原理图的缩略图，并会显示一个绿色的方框，绿色方框中的内容就是当前原理图窗口中显示的内容，因此，可用鼠标在预览窗口上面单击来改变绿色方框的位置，从而改变原理图的可视范围。

5．工具栏

工具栏由两大部分组成，即标准工具栏和绘图工具栏。标准工具栏有许多功能按钮，与文件菜单功能相对应。绘图工具栏有丰富的操作工具，分为对象工具箱、调试工具箱、绘图工具箱这 3 个工具箱，选择不同的工具箱图标按钮，系统将提供相应的操作功能。各个工具箱包含的按钮功能如下。

（1）对象工具箱

又称为对象选择器，对象选择器有 7 种不同的功能按钮，选择不同的图标按钮，可以放置原理图需要的对象类型。7 种功能按钮说明如下。

← 选择模式：单击此键取消当前左键的放置功能，但仍然可以编辑对象。

← 放置器件：在工具箱中选中器件，在编辑窗移动鼠标，单击左键放置器件。

← 放置节点：当两根连线交叉时，放置一个节点表示连通。

LBL ← 放置网络标号：电路连线可以用网络标号替代，具有相同标号的线是连通的。

← 放置文本说明：输入脚本，对电路做必要的说明，与电路仿真无关。

← 放置总线：当多线并行连接时，可以放置总线以简化连线。

← 放置子电路：当图纸较小时，可以将部分电路以子电路形式画在另一张图纸上。

（2）调试工具箱

调试工具箱中提供多种仿真工具，选择对应的按钮图标可以放置所需要的仿真调试工具。调试按钮功能说明如下。

← 放置终端接口：终端接口类型有普通、输入、输出、双向、电源、接地、总线等。

← 放置器件引脚：器件引脚类型有普通、反向、正时钟、负时钟、短引脚、总线等。

← 放置曲线图表：曲线图表类型有模拟、数字、混合、频率特性、传输特性等。

← 放置录音机：可以将声音记录成文件，也可以回放声音文件。

← 放置激励源：激励源类型有直流电源、正弦信号源、脉冲信号源和数据文件等。

← 放置电压探针：在仿真时显示探针处的电压值。

← 放置电流探针：在指定的网络线上串联，在仿真时显示探针处的电流值。

← 放置虚拟设备：虚拟设备类型有虚拟示波器、逻辑分析仪、信号发生器、虚拟终端、交直流电压表和电流表、计数器/定时器、模式发生器、SPI 调试器、I^2C 调试器等。

（3）绘图工具箱

Proteus 提供多种二维手工绘图和标签放置功能，选择对应的按钮图标可以绘制需要的图形。此工具箱放置的对象无电气特性，在仿真时不考虑。绘图按钮功能说明如下。

- 绘制各种线：各种线类型有器件、引脚、端口、图形线和总线等。
- 绘制矩形框：移动鼠标到一个角，单击左键拖动画出矩形框。
- 绘制圆形图：移动鼠标到一圆心，单击左键拖动画出圆心图。
- 圆弧线：移动鼠标到起点，单击左键拖动画出圆弧线。
- 绘制闭合多边形：移动鼠标到起点，单击产生折点、闭合后画出多边形。
- 绘制标签：在编辑窗放置文本说明标签。
- 绘制特殊图形：可以从库中选取各种图形。
- 绘制特殊标记：标记类型有原点、节点、标签引脚名、引脚号等。

6．元件列表（The Object Selector）

用于挑选元件（components）、终端接口（terminals）、信号发生器（generators）、仿真图表（graph）等。例如，当用户选择“元件（components）”时，单击P按钮会打开挑选元件对话框，选择了一个元件后（单击了OK后），该元件会在元件列表中显示，以后要用到该元件时，只需在元件列表中选择即可。

7．方向工具按钮（Orientation Toolbar）

旋转工具：用图标 表示。用于操作元器件旋转，旋转角度只能是90° 的整数倍。

翻转工具：用图标 表示。用于操作元器件完成水平翻转和垂直翻转。

使用方法：先右键单击元件，再单击（左击）相应的旋转图标。

8．仿真工具栏

图7-3 仿真控制按钮

仿真控制按钮如图7-3所示，分别用于程序的连续运行、单步运行、暂停和停止。

7.3.2 使用Proteus进行单片机系统仿真设计的步骤

使用Proteus软件进行单片机系统仿真设计工作可分为3个步骤。

（1）在ISIS平台上进行单片机系统原理图设计、选择元器件接插件、安装和电气检测。简称为Proteus电路设计。

（2）在Keil C平台上进行单片机系统程序设计、汇编编译、代码级调试，最后生成目标级代码文件（*.hex）。这些工作也可以在ISIS平台上完成。

（3）在ISIS平台上将目标代码文件加载到单片机系统中，并实现单片机系统的实时交互、协同仿真。

7.4 应用实例

为快速学习Proteus软件，在此结合单片机流水灯仿真设计实例，介绍Proteus软件的使用方法。

7.4.1 原理图设计

运行Proteus 7 Professional（ISIS 7 Professional），出现如图7-2所示的窗口。

1．建立设计文件设置图纸尺寸

首先要新建设计文件，在菜单栏选取File→New Design，可选用DEFAULT模板，如图7-4所示。此时图纸大小被默认为A4，也可通过选择System→Set Sheet Size重新设置。

保存设计，扩展名为.DSN。设计文件（*.DSN）包含了一个电路所有的信息。

2．元器件选取

单击如图 7-5 所示工具栏上的 P，进入元件选取界面，如图 7-6 所示。

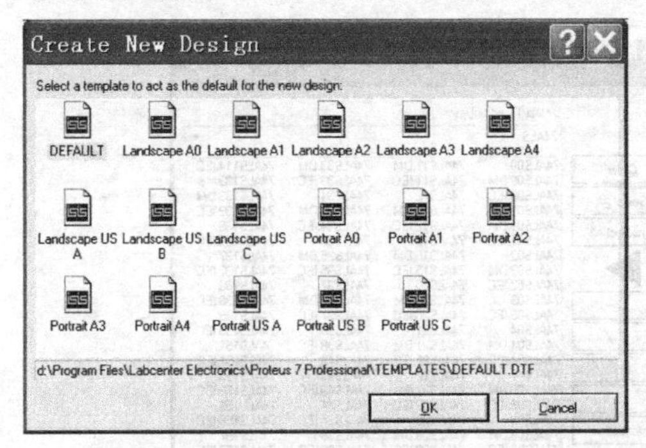

图 7-4　文件模板选取

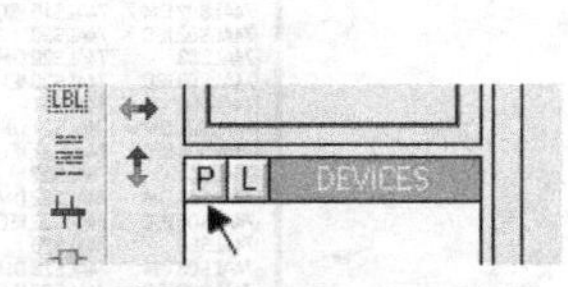

图 7-5　元件选取按钮

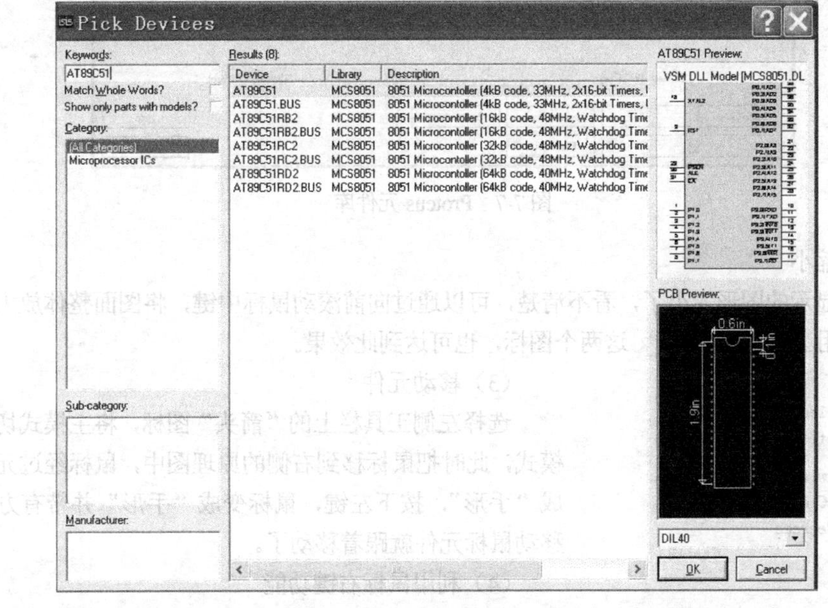

图 7-6　查找元件

在左上角 Keyword 框中输入元件名查找，在需要的元件上双击，就可以将元件放入元件列表中。

Proteus 系统中有符号库和约 30 个元器件库，每个库又有许多模型，合计约超过 27000 种元器件。选择 Library→Library Manager 菜单，即可打开元器件库管理器对话框，如图 7-7 所示。利用元器件库管理器可对元器件库进行查询和管理。

本例中先查找 AT89S51 单片机（需 7.10 及更高版本支持，较低版本也可用 AT89C51 替代），再依次选取 RES、电阻、RESPACK-8 排阻、LED-RED 红色发光二极管、CAP 通用电容、CAP-ELEC 电解电容、CRYSTAL 晶振。

3．放置元件到编辑区

按照设计要求将原理图中的元件放置到编辑区并摆放好。

（1）放置元件

在对象选取器中单击 AT89S51 选中元件，将光标移动到编辑区，鼠标变成铅笔形状，单击左键，框中出现一个元件原理图的轮廓图，可以移动。鼠标移到合适的位置后，按下鼠标左键，即可放置一个元件，连续单击，可放置多个同样的元件。按这种方法依次把元件 LED-RED、RES 放到右侧的框中（单片机旁）。

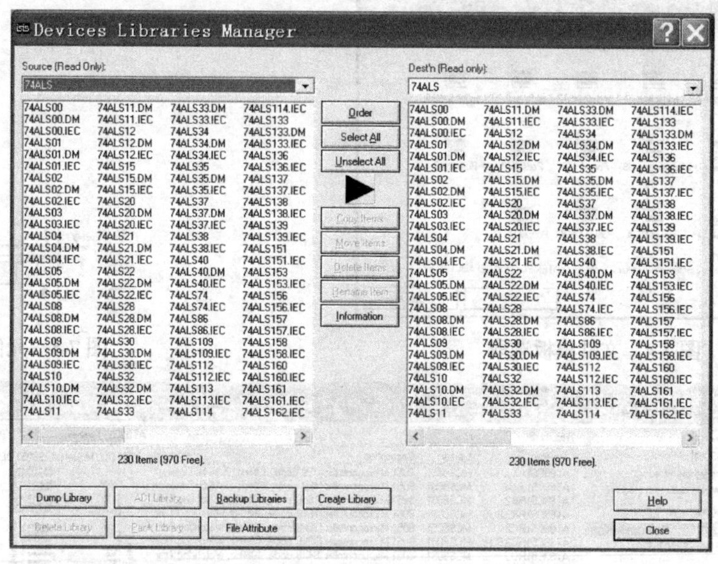

图 7-7　Proteus 元件库

（2）放大缩小

如果对象显示的图形太小了，看不清楚，可以通过向前滚动鼠标中键，将图面整体放大，反之可缩小图面。使用工具栏上的这两个图标，也可达到此效果。

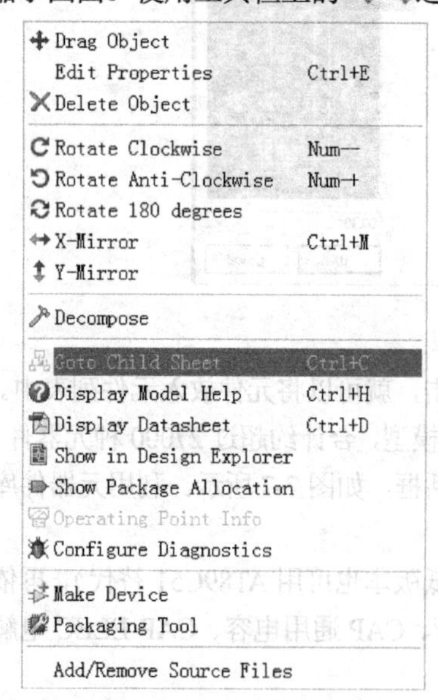

图 7-8　元件右键操作菜单

（3）移动元件

选择左侧工具栏上的“箭头”图标，将主模式切换为选取模式，此时把鼠标移到右侧的原理图中，鼠标经过元件时就会成“手形”，按下左键，鼠标变成“手形”并带有方向键头。移动鼠标元件就跟着移动了。

（4）利用鼠标右键功能

在任何情况下，右键单击元器件时，元件会高亮显示并弹出菜单，从上到下的几个菜单分别是：移动对象、编辑属性、删除对象、顺时针旋转 90° 等，如图 7-8 所示。选中有关选项，单击鼠标左键实现相应功能。

4．放置电源及接地符号

器件的 V_{cc} 和 GND 引脚通常处于隐藏状态，在使用时可以不用另外加上去。如果电路中其他地方需要加电源，那么可以单击左侧工具箱的终端接口（terminals）按钮，这时对象选择器将出现一些接线端，如在器件选择器中单击 GROUND，鼠标移到原理图编辑区，左键单击一下即可放置接地符号；同理，也可以把电源符号 POWER 放到原理图编辑区。

5. 连线

ISIS 中并没有画线的图标按钮，这是因为 ISIS 的智能化足以在需要画线的时候进行自动检测。这就省去了选择画线模式的麻烦。

在元件和终端的引脚末端都有连接点，只需左击第一个对象的连接点，然后左击另一个对象的连接点，ISIS 就自动定出走线路径并完成连线的绘制。另一方面，如果用户想自己决定走线路径，只需在想要的拐点处单击鼠标左键即可。依次将各元件之间的线连接好，就得到了如图 7-9 所示的系统原理图。

6. 元器件属性设置

接下来，还要通过元器件属性设置功能设置元器件的参数。右键单击元器件弹出菜单，选择 Edit Properties，弹出属性对话框，设置相应的属性值，如图 7-10 所示。

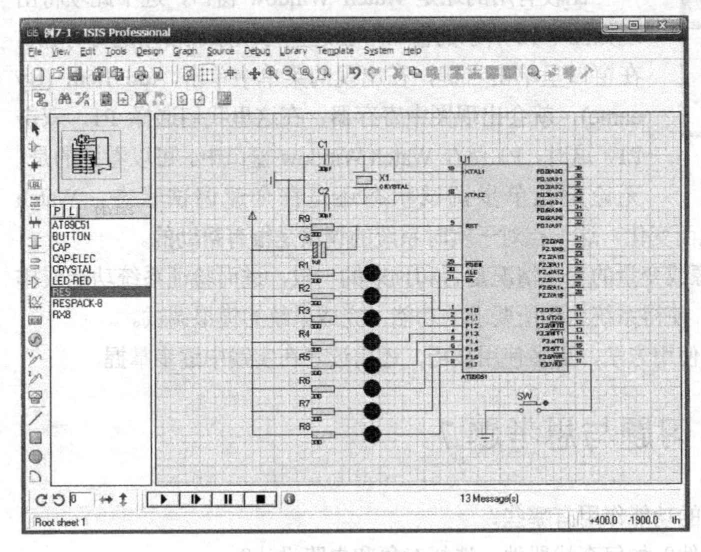

图 7-9　流水灯原理图

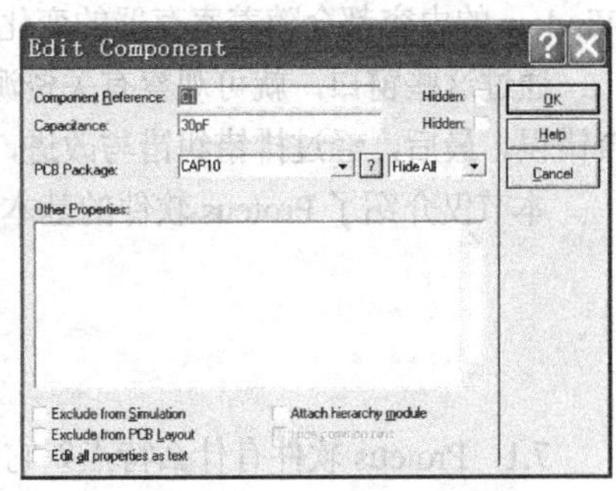

图 7-10　元件属性对话框

7.4.2 Proteus 仿真

完成电路原理图的设计后，对于纯硬件电路可以直接通过仿真按钮进行仿真，而单片机必须需要下载程序后才能运行。所以，需要建立源代码文件，并将其编译通过后生成仿真程序的调试文件或目标文件下载到单片机芯片中，最终实现单片机系统设计仿真。

单片机源代码生成与编译工作可以在 Keil μVision 软件中完成。在 ISIS 中也有此项功能，但是较少使用，因篇幅所限，在此不做介绍，感兴趣者可参阅相关书籍。

1. 添加和执行程序

鼠标移动到要选中器件上，单击鼠标左键，器件变成红色表示被选中，再单击鼠标右键弹出如图 7-11 所示的对话框。在程序文件下选择微处理器所需要的程序文件（.hex），选择合适的工作频率即可确认，如图 7-11

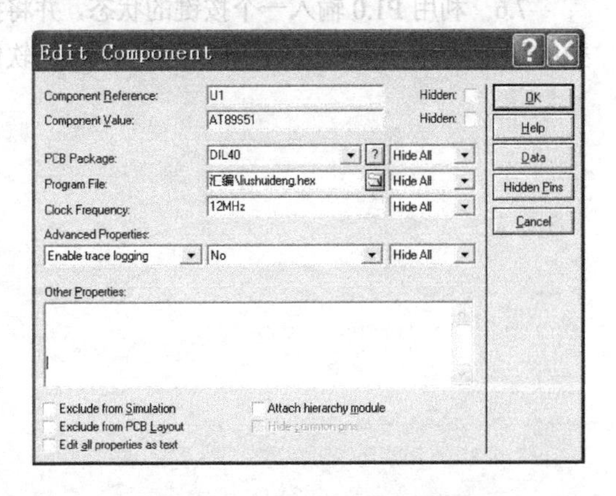

图 7-11　目标程序添加与设置窗口

所示。

2. 仿真调试

单击编辑窗下边仿真工具栏内如图 7-3 所示的仿真按钮，便可对系统进行仿真调试。另外，主菜单 Debug 项目下也有选项可以执行这些调试功能。

此外，我们还可以在对应用系统的调试过程中，打开一些窗口来查看单片机内部资源的变化情况。方法是在程序执行后，单击暂停按钮，打开 Debug 菜单，下面出现几个窗口选项。选中相应选项即可弹出相应的信息显示窗口。

单击 8051 CPU Registers 会出现寄存器窗口。

单击 8051 CPU SFR Memory 会出现特殊功能寄存器（SFR）窗口。

单击 8051 CPU Internal (IDATA) Memory 会出现内部数据存储器窗口。

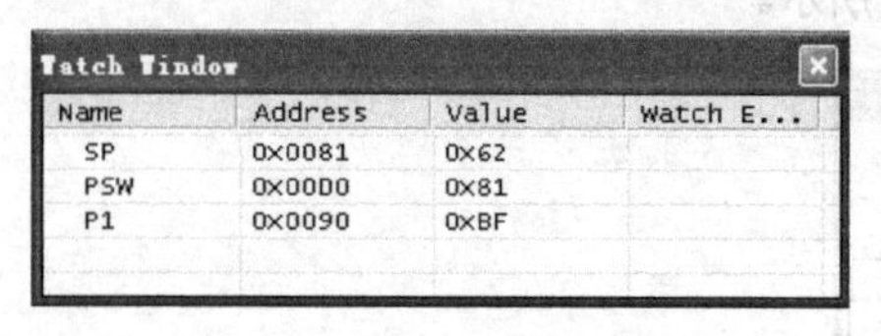

图 7-12 Watch Window 窗口

比较有用的还是 Watch Window 窗口，选中此项将出现如图 7-12 所示的窗口，在这里可以添加常用的寄存器。在窗口里单击右键，在出现的菜单中单击 Add Item (By name)，就会出现图中寄存器，在这里我们选择 P1，双击 P1，这时，P1 就在 Watch Window 窗口中。可以看到的是，无论是在单步调试状态还是在全速调试状态，Watch Window 的内容都会随着寄存器的变化而变化，这一点对于实时系统的调试是很有帮助的。

通过这些窗口，就可观察有关资源或变量的变化情况是否和预期的一致，进而验证系统功能或排查错误。最后，经过排错纠错与改进，使得系统达到所要求的功能，完成系统的模拟调试。

本节仅介绍了 Proteus 软件的基本使用方法，更多使用技巧，还需读者在实践中逐步掌握。

习题与思考题 7

7.1 Proteus 软件有什么特点？它的功能作用有哪些？

7.2 Proteus 集成有多少类型的器件？如何查找器件、选择对象和电路设计？

7.3 Proteus 的界面有哪些工具栏？分哪些功能窗口？

7.4 Proteus 有哪些类型的虚拟仪器？

7.5 Proteus 激励源有什么作用？系统提供了哪些器件库？

7.6 利用 P1.0 输入一个按键的状态，并将按键的操作次数在 P2 口外接的发光二极管上以二进制数的形式显示。试设计此系统并利用 Proteus 软件仿真。

第 8 章　51 系列单片机的中断系统

内容提要

中断是微机系统中非常重要的一项技术，是对微处理器功能的有效扩展。利用外部中断，微机系统可以实时响应外部设备的服务请求，能够及时处理外部意外或紧急事件。本章主要介绍中断系统的基本概念，详细阐述 51 系列单片机的中断系统结构和工作原理，并通过实例介绍其应用。

教学目标

- 了解中断系统的基本概念。
- 熟悉 AT89S51 单片机的中断系统结构和工作原理。
- 掌握 AT89S51 单片机中断系统的使用方法，能熟练进行中断系统初始化编程及中断服务程序的设计。

8.1　中断系统的基本概念

8.1.1　中断的定义和作用

1. 中断的定义

所谓“中断”，是指 CPU 暂时停止正在执行的程序，转去执行请求 CPU 为之服务的内、外部事件所对应的服务程序，待该服务程序执行完后，又返回到被暂停的程序继续运行的过程。中断过程及生活中类似事例的示意图，如图 8-1 所示。

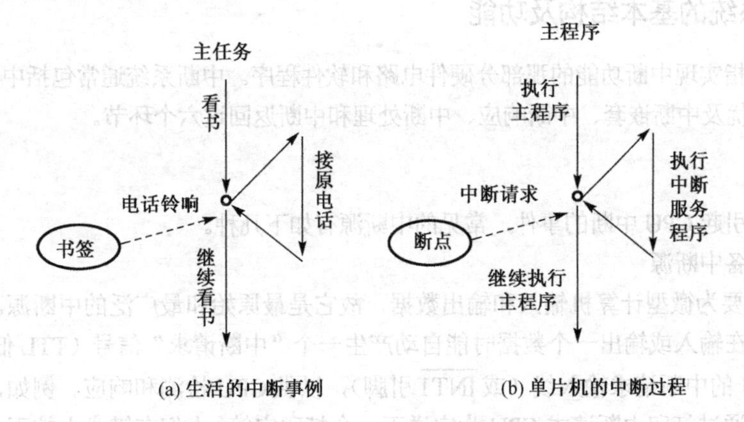

图 8-1　中断过程示意图

2. 中断的作用

（1）可以提高 CPU 的工作效率

CPU 有了中断功能就可以通过分时操作启动多个外设同时工作，并能对它们进行统一管理。CPU

执行人们在主程序中安排的有关指令可以令各外设与它并行工作，而且任何一个外设在工作完成后（例如，处理完第一批打印信息的打印机）都可以通过中断得到满意服务（例如，给打印机送第二批需要打印的信息）。因此，CPU 在与外设交换信息时通过中断就可以避免不必要的等待和查询，从而大大提高它的工作效率。

（2）可以提高实时数据的处理时效

在实时控制系统中，被控系统的实时参量、超限数据和故障信息等，必须为计算机及时采集、分析判断和处理，以便对系统实施正确的调节和控制。因此，计算机对实时数据的处理时效常常是被控系统的生命，是影响产品质量和系统安全的关键。

（3）提高系统的可靠性

系统的失常和故障情况被检测到后，可以通过中断立刻通知 CPU，使它迅速对系统做出应急处理，从而提高了系统的可靠性。

8.1.2 中断的分类

1. 按中断产生的位置分类

（1）外部中断，或称外部硬件实时中断，它是由外部送到 CPU 的某一特定引脚上产生的。

（2）内部中断，或称软件指令中断，是为了处理程序运行过程中发生的一些意外情况或调试程序方便而提供的中断。

2. 按接受中断的方式分类

（1）可屏蔽中断，可以通过指令使 CPU 根据具体情况决定是否接受中断请求。

（2）非屏蔽中断，只要中断源提出请求，CPU 就必须响应，主要用于一些紧急情况的处理，如掉电等。

以上从不同的角度对中断进行了分类，对于某一种类型的微机可能只具备其中的某几种方式，如 AT89S51 就不具备非屏蔽中断方式和内部中断方式。

8.1.3 中断系统的基本结构及功能

中断系统是指实现中断功能的那部分硬件电路和软件程序。中断系统通常包括中断源、中断标志触发器、中断判优及中断嵌套、中断响应、中断处理和中断返回这六个环节。

1. 中断源

中断源是指引起 CPU 中断的事件，常见的中断源有如下几种。

（1）外部设备中断源

外部设备主要为微型计算机输入和输出数据，故它是最原始和最广泛的中断源。在用作中断源时，通常要求它在输入或输出一个数据时能自动产生一个“中断请求”信号（TTL 低电平或 TTL 下降沿）送到 CPU 的中断请求输入线（或 $\overline{\text{INT1}}$ 引脚），以供 CPU 检测和响应。例如，打印机打印完一个字符时可以通过打印中断请求 CPU 为它送下一个打印字符；人们在键盘上按下一个按键时也可通过键盘中断请求 CPU 从它那里提取输入的键符编码。因此，打印机和键盘等计算机外设都可以用作中断源。

（2）控制对象中断源

在计算机用作实时控制时，被控对象常常被用作中断源，用于产生中断请求信号，要求 CPU 及时采集系统的控制参量、超限参数及要求发送和接收数据等。例如，电压、电流、温度、压力、流量和流速等超越上限和下限，以及开关和继电器的闭合或断开，都可以作为中断源来产生中断请求信号，要求 CPU 通过执行中断服务程序加以处理。因此，被控对象常常是用作实时控制的计算机的巨大中断源。

（3）故障中断源

故障中断源是产生故障信息的源泉，把它作为中断源是要 CPU 以中断方式对已发生的故障进行分析处理。计算机故障中断源有内部和外部之分：CPU 内部故障源引起内部中断，如被零除中断等；CPU 外部故障源引起外部中断，如硬件损坏、掉电中断等。在掉电时，掉电检测电路会自动产生一个掉电中断请求信号，CPU 检测到后，便在大滤波电容维持正常供电的几秒钟内，通过执行掉电中断服务程序来保护现场和启用备用电池，以便电源恢复正常后继续执行掉电前的用户程序。和上述 CPU 故障中断源类似，被控对象的故障源也可用作故障中断源，以便对被控对象进行应急处理，从而减少系统在发生故障时的损失。

（4）定时脉冲中断源

定时脉冲中断源又称为定时器中断源，实际上是一种定时脉冲电路或定时器。定时脉冲中断源用于产生定时器中断，定时器中断有内部和外部之分。内部定时器中断由 CPU 内部的定时器/计数器溢出时自动产生，故又称为内部定时器溢出中断；外部定时器中断通常由外部定时电路的定时脉冲通过 CPU 的中断请求输入线引起。不论是内部定时器中断还是外部定时器中断，都可以使 CPU 进行计时处理，以便达到时间控制的目的。

（5）软件引起的中断源

如程序出错、运算错、为调试程序而人为设置的断点等。

2. 中断标志触发器

每一个中断源都需要由一个触发器来记录中断请求信号的产生和撤消，这就是中断标志触发器。当这个触发器为“0”状态时，表示没有中断产生；当这个触发器为“1”状态时，表示有中断产生，请求 CPU 为这个中断源服务，当 CPU 响应这个中断请求后，该触发器要能被复位为“0”状态。

3. 中断判优及中断嵌套

一个中断系统通常都有多个中断源，这样就可能出现两种情况：一是当有多个中断源同时发出中断请求时，CPU 应该响应哪一个？二是如果 CPU 正在执行中断服务程序时，又有新的中断源发出申请，CPU 该如何处理呢？其解决办法是首先按照轻重缓急分别给每个中断源赋予一个中断优先级（优先权）。

判别中断源优先级的方法，有软件查询法和硬件排队法两种。

（1）软件查询法

软件查询法是在 CPU 响应某个中断后，首先进入一个软件查询程序，按照事先确定的中断优先级别从高到低依次查询，先查到的中断请求先响应，这就实现了先响应的是优先级别高的中断源。图 8-2 所示是一个软件中断优先级排队的接口电路，它把 8 个外设的中断请求触发器组合成一个端口，作为中断寄存器使用，并赋以地址。各外设的中断请求信号相“或”后作为中断请求信号（INTR）送

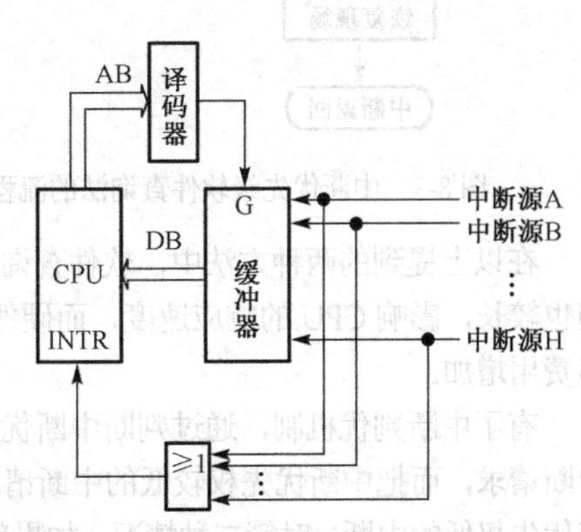

图 8-2　中断优先级软件查询法的接口电路

给CPU，只要一个或多个外设有中断请求，都能向CPU提出中断请求，CPU在查询时，读取中断寄存器端口的内容，从高位到低位依次检测，先检测到的，就先执行相应的中断服务程序，由于寄存器从高位到低位，依次是优先级高到低的中断源的中断请求触发器的状态，故查询实现了优先级高的先响应。图8-3所示为查询式中断的流程。

（2）硬件排队法

实现中断优先级排队的硬件电路常用的有链式电路和优先级编码电路。这里仅介绍优先级编码电路，如图8-4所示，其核心部件是一个用编码器组成的中断优先级判决器，它有8个输入端，可以分别连到8个中断源的中断请求信号输出端，当8个中断源中只要有一个有中断请求时，判断电路就会产生一个中断请求信号INT送往CPU，在CPU响应这个中断请求并送回一个中断响应信号（INTA）给判断电路以后，判断电路的内部控制逻辑将自动向CPU送出当前提出中断请求的所有中断源中优先级别最高的那个中断源的编码，并把这一编码作为中断向量或是中断类型号送给CPU，从而得到该中断源的中断服务程序的入口地址。在上述编码器电路中可以用000B～111B分别表示8个中断源的中断类型号，若000B为编码最高级，则111B为编码最低级，使用时应将优先级最高的中断源的中断请求信号接到对应为000B的那个信号输入端，其余依照优先级的顺序从高到低分别接到对应信号为001B～111B的输入端。

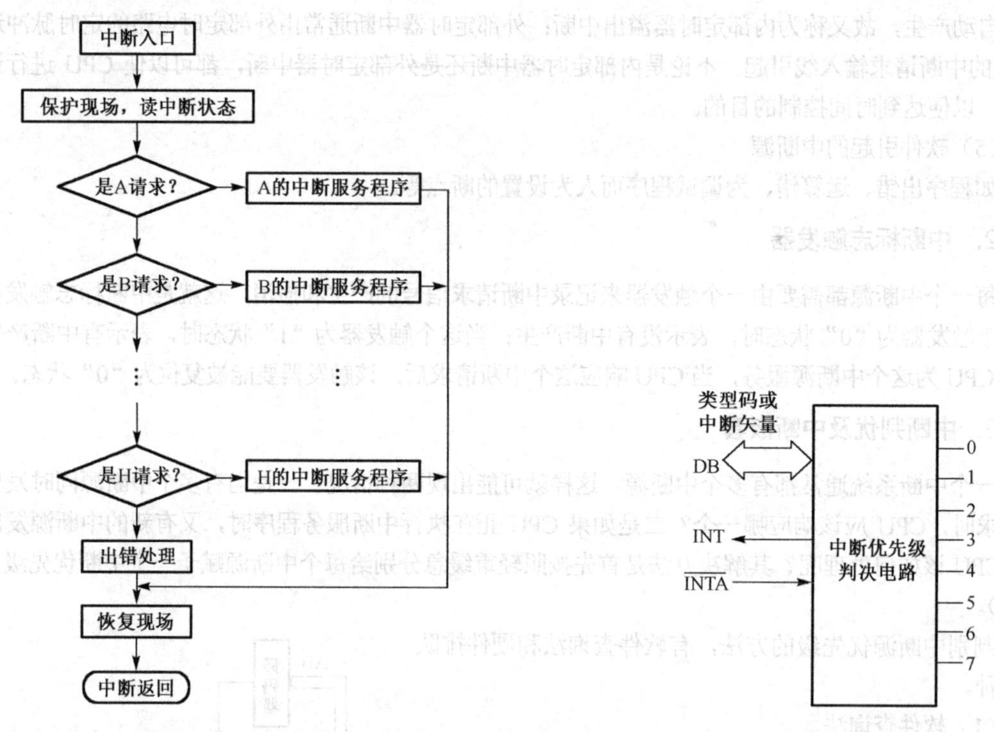

图8-3　中断优先级软件查询法的流程图　　　　图8-4　中断优先级编码电路

在以上提到的两种方法中，软件查询法不需要额外增加设备，但中断源较多时，查询所花费的时间也较长，影响CPU的响应速度，而硬件排队法的响应时间不受中断源数量的影响，响应速度较快，但费用增加。

有了中断判优机制，通过判断中断优先级，对前述第一种情况是率先响应优先权较高的中断源的中断请求，而把中断优先权较低的中断请求暂时搁置起来，等到处理完优先权高的中断请求后再来响应优先权低的中断；对第二种情况，如果新来的中断优先级高于CPU现行服务的中断优先级，则允许中断，否则把这个中断优先权低的中断请求暂时搁置起来，等到处理完优先权高的中断请求后再来响应这个优先权低的中断。

当 CPU 正在处理一个中断源请求时（执行相应的中断服务程序），发生了另外一个优先级比它更高的中断源请求，CPU 暂停对原来中断源的服务程序，转而去处理优先级更高的中断请求源，处理完以后，再回到原低级中断源服务程序，这样的过程称为中断嵌套。这样的中断系统称为多级中断系统，没有中断嵌套功能的中断系统称为单级中断系统。中断嵌套过程及生活中类似事例的示意图，如图 8-5 所示。

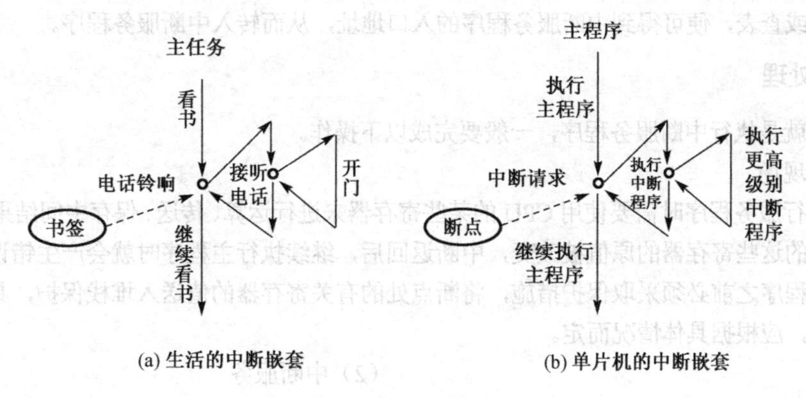

(a) 生活的中断嵌套　　(b) 单片机的中断嵌套

图 8-5　中断嵌套过程示意图

4．中断响应

对 CPU 而言，中断源产生的中断请求是随机发生且无法预料的。因此，CPU 必须不断检测中断输入线上的中断请求信号，而且相邻两次检测时间不能相隔太长，否则就会影响响应中断的时效。通常，CPU 总是在每条指令的最后状态对中断请求进行一次检测，因此从中断源产生中断请求信号到被 CPU 检测到它的存在一般不会超过一条指令的时间。

（1）中断响应的条件与时机

当外设的中断请求送给 CPU 后，对于可屏蔽中断请求，还必须满足以下条件才可响应中断。

① CPU 是允许中断的

CPU 内部设有中断允许触发器，可以用指令对其进行设置，如果关闭，即使有中断请求，也不会响应，只有它被允许时，才能响应外设的中断请求。在一些计算机系统中，为了处理紧急情况，也允许某些中断请求不受 CPU 的这一限制，非屏蔽中断请求 NMI 即为一例。

② 执行完现行指令后响应

若中断请求送给 CPU 的时刻，CPU 正在执行一条指令，则必须等这条指令执行完后，才能响应。因为 CPU 是在每条指令的最后一个机器周期才会去检测是否有中断请求。

（2）中断响应的过程

满足以上两个条件后，CPU 进入中断响应周期，完成以下操作。

①断点保护

CPU 在一条指令执行完毕后，响应中断，此时 PC 的值为下一条指令的地址，即断点地址，为了使得 CPU 在执行完中断处理程序后，仍能回到断点处继续执行主程序，必须在服务程序入口地址送 PC 之前，将断点地址送入堆栈保护起来，这一工作由硬件自动完成。

② 转中断服务程序入口地址

由于一般情况下计算机带有多个中断源，计算机响应中断后必须首先确定响应的是哪一个中断源的请求，然后将该中断源的服务程序的第一条指令地址即入口地址送入PC，使CPU转去执行服务程序。确定入口地址的具体方式，对于不同的CPU并不相同，通常有两种方式。

- 软件查询法

对所有的中断源按照优先级别从高到低逐个查询，先查到的即响应，该中断源的入口地址也就确定。

- 中断向量法

由被响应的中断源自动送上一个中断向量，不同的中断源有各自不同的中断向量，根据中断向量经过某种计算或查表，便可得到中断服务程序的入口地址，从而转入中断服务程序。

5. 中断处理

中断处理就是执行中断服务程序，一般要完成以下操作。

（1）保护现场

由于在执行服务程序时需要使用CPU的某些寄存器来进行运算、传送、保存中间结果，这样一来，就使得断点处的这些寄存器的原值被改变，中断返回后，继续执行主程序时就会产生错误。因此，在正式执行服务程序之前必须采取保护措施，将断点处的有关寄存器的值送入堆栈保护，具体保护哪些寄存器的内容，应根据具体情况而定。

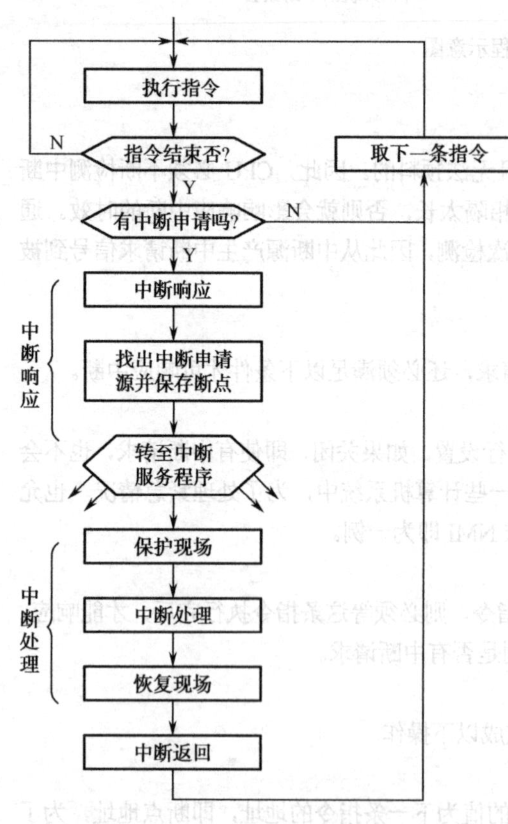

图8-6　中断响应和中断处理过程流程图

（2）中断服务

执行中断源所需要的服务程序，例如，使用输入/输出指令和外设交换信息等，不同的中断源有各自不同的服务程序。

（3）恢复现场

执行完服务程序之后，要回到主程序。为此，必须将前面保护现场时送到堆栈中的CPU各相应寄存器的内容，重新从堆栈中弹回到各寄存器，使主程序能正确执行，这一工作称为恢复现场。

6. 中断返回

中断返回实际上是CPU硬件断点保护的相反操作，它从堆栈中取出断点信息，使CPU能够从中断处理程序返回到被中断的程序上继续执行，一般中断返回操作都是在中断服务程序的最后安排一条中断返回指令（RETI）来指令实现的，该指令的功能是将堆栈中保存的断点地址弹出到程序计数器PC中，以返回被中断的程序继续运行。中断响应和处理的过程如图8-6所示。

至此，我们了解了有关中断系统和中断处理过程的一般情况。但是，对于不同的计算机其细节是不尽相同的。下面以AT89S51单片机的中断系统为例，详细介绍一个实用微型计算机的中断系统及其应用。

8.2　AT89S51 单片机的中断系统

AT89S51 单片机有 5 个中断请求源和 2 个中断优先级。中断系统结构示意图如图 8-7 所示。

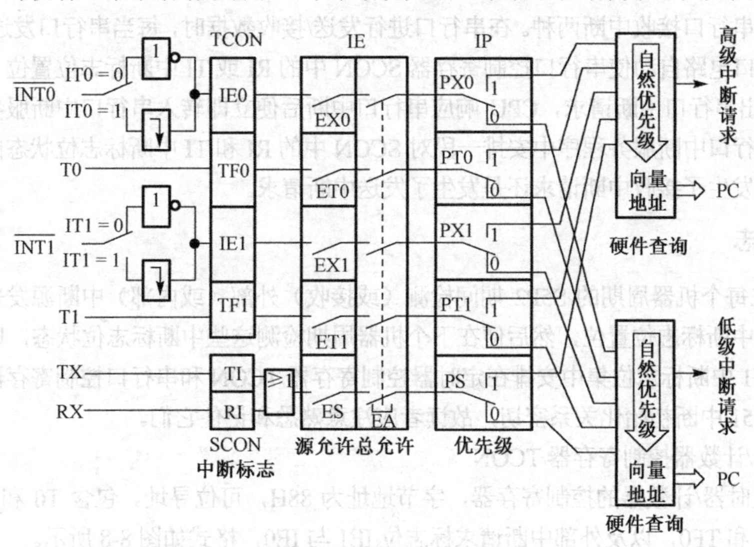

图 8-7　AT89S51 单片机中断系统结构示意图

8.2.1　AT89S51 的中断请求源和中断标志

1．中断源

AT89S51 的 5 个中断源分为两个外部中断、两个定时器溢出中断和一个串行口中断。

（1）外部中断源

AT89S51 有 $\overline{\text{INT0}}$ 和 $\overline{\text{INT1}}$ 两根外部中断请求输入线，用于输入两个外部中断源的中断请求信号，并允许外部中断源以低电平或负边沿两种触发方式输入中断请求信号。AT89S51 究竟工作于哪种中断触发方式，可由用户通过对定时器控制寄存器 TCON 中 IT0 和 IT1 两位的设定来选取（见图 8-8）。AT89S51 在每个机器周期的 S5P2 期间对 $\overline{\text{INT0}}$ 和 $\overline{\text{INT1}}$ 线上的中断请求信号进行一次检测，检测方式和中断触发方式的选取有关。若 AT89S51 设定为低电平触发方式（IT0 = 0 或 IT1 = 0），则 CPU 检测到 $\overline{\text{INT0}}$ 或 $\overline{\text{INT1}}$ 上的低电平时就可认定其中断请求有效；若设定为边沿触发方式（IT0 = 1 或 IT1 = 1），则 CPU 需要两次检测 INT0 或 INT1 线上的电平方能确定其中断请求是否有效，即前一次检测为高电平且后一次检测为低电平时 $\overline{\text{INT0}}$ 或 $\overline{\text{INT1}}$ 上的中断请求才有效。因此，AT89S51 $\overline{\text{INT0}}$ 或 $\overline{\text{INT1}}$ 上负边沿中断请求的时刻不一定恰好是其引脚上中断请求信号发生负跳变的时刻，但两者之间最多不会相差一个机器周期时间。另外，通过上面的分析可知，不管是低电平触发方式还是下降沿触发方式，中断请求信号的低电平都至少要保持一个机器周期，这样才能保证这个中断请求信号能够被 CPU 检测到。

（2）定时器/计数器溢出中断源

定时器溢出中断由 AT89S51 内部定时器中断源产生，故它们属于单片机的内部中断。AT89S51 内部有两个 16 位定时器/计数器，由内部定时脉冲（主脉冲经 12 分频后）或 T0/T1 引脚上输入的外部定时脉冲计数。定时器 T0/T1 在定时脉冲作用下从全“1”变为全“0”时可以自动向 CPU 提出溢出中断请求，以表明定时器 T0 或 T1 的定时时间已到。定时器 T0/T1 的定时时间可由用户通过程序设定，以便 CPU 在定时器溢出中断服务程序内进行计时或计数。例如，若定时器 T0 定时间设定为 10ms，则

CPU每响应一次T0溢出中断请求就可在中断服务程序中使1/100s单元加1，100次中断后1/100s单元清0的同时使秒单元加1，以后则重复上述过程。定时器溢出中断通常用于需要进行定时控制的场合。

（3）串行口中断源

串行口中断由AT89S51内部串行口中断源产生，故也是一种单片机内部中断。串行口中断分为串行口发送中断和串行口接收中断两种。在串行口进行发送/接收数据时，每当串行口发送/接收完一组串行数据时，串行口电路自动使串行口控制寄存器SCON中的RI或TI中断标志位置位（见图8-9），并自动向CPU发出串行口中断请求，CPU响应串行口中断后便立即转入串行口中断服务程序的执行。因此，只要在串行口中断服务程序中安排一段对SCON中的RI和TI中断标志位状态的判断程序，便可区分串行口是发生了接收中断请求还是发生了发送中断请求。

2．中断标志

AT89S51在每个机器周期的S5P2期间检测（或接收）外部（或内部）中断源发来的中断请求信号后，先使相应中断标志位置位，然后便在下个机器周期检测这些中断标志位状态，以决定是否响应该中断。AT89S51中断标志位集中安排在定时器控制寄存器TCON和串行口控制寄存器SCON中，由于它们对AT89S51中断初始化关系密切，故读者应注意熟悉和记住它们。

（1）定时器/计数器控制寄存器TCON

TCON为定时器/计数器的控制寄存器，字节地址为88H，可位寻址。包含T0和T1的溢出中断请求标志位TF1和TF0，以及外部中断请求标志位IE1与IE0，格式如图8-8所示。

	D7	D6	D5	D4	D3	D2	D1	D0	
TCON	TF1	TR1	TF0	TR0	IE1	IT1	IE0	IT0	88H
位地址	8FH	—	8DH	—	8BH	8AH	89H	88H	

图8-8 定时器/计数器控制寄存器TCON各位的定义

各标志位的功能：

① IT0：选择外中断请求0为下降沿触发方式或低电平触发方式。

IT0＝0，为低电平触发方式。

IT0＝1，为下降沿触发方式。

可由软件置1或清0。

② IE0：外部中断请求0的中断请求标志位。

IE0＝0，无中断请求。

IE0＝1，外部中断0有中断请求。当CPU响应该中断，转向中断服务程序时，由硬件对IE0清0。

③ IT1：外部中断请求1下降沿触发方式或低电平触发方式，意义与IT0类似。

④ IE1：外部中断请求1的中断请求标志位，意义与IE0类似。

⑤ TF0：定时器/计数器T0溢出中断请求标志位。

T0计数后，溢出时，由硬件对TF0置1，向CPU申请中断，CPU响应TF0中断时，硬件自动对TF0清0，TF0也可由软件清0。

⑥ TF1：定时器/计数器T1的溢出中断请求标志位，功能和TF0类似。

⑦ TR1、TR0这2个位与中断无关。

当AT89S51复位后，TCON被清0，CPU关中断，所有中断请求被禁止。

（2）串行口控制寄存器SCON

SCON 的字节地址为 98H，其中 D1、D0 为串行口的发送中断和接收中断的中断请求标志 TI 和 RI，格式如图 8-9 所示。

	D7	D6	D5	D4	D3	D2	D1	D0	
SCON	—	—	—	—	—	—	T1	RI	98H
位地址	—	—	—	—	—	—	99H	98H	

图 8-9　串行口控制寄存器 SCON 定义

相关标志位的功能：

（1）TI：发送中断请求标志位。串口每发送完一帧串行数据后，硬件自动对 TI 置 1。必须在中断服务程序中用软件对 TI 标志清 0。

（2）RI：接收中断请求标志位。串口接收完一个数据帧，硬件自动对 RI 标志置 1。必须在中断服务程序中用软件对 RI 标志清 0。

SCON 的其余各位用于串行口工作方式设定和串行口发送/接收控制，将在第 10 章详述。

8.2.2　AT89S51 对中断请求的控制

1．对中断允许的控制

CPU 对中断源的开放或屏蔽，由片内的中断允许寄存器 IE 控制。IE 的字节地址为 A8H，可位寻址，具体格式如图 8-10 所示。

	D7	D6	D5	D4	D3	D2	D1	D0	
IE	EA	—	—	ES	ET1	EX1	ET0	EX0	A8H
位地址	AFH	—	—	ACH	ABH	AAH	A9H	A8H	

图 8-10　中断允许寄存器 IE 各位定义

IE 对中断的开放和关闭为两级控制。

总的开关中断控制位 EA（IE.7 位）：

EA = 0，所有中断请求被屏蔽。

EA = 1，CPU 开放中断，但 5 个中断源的中断请求是否允许，还要由 IE 中的 5 个中断请求允许控制位决定。

IE 中各位的功能如下：

（1）EA：中断允许总控制位。

EA = 0：CPU 屏蔽所有的中断请求（CPU 关中断）。

EA = 1：CPU 开放所有中断（CPU 开中断）。

（2）ES：串行口中断允许位。

ES = 0：禁止串行口中断。

ES = 1：允许串行口中断。

（3）ET1：定时器/计数器 T1 的溢出中断允许位。

ET1 = 0：禁止 T1 溢出中断。

ET1 = 1：允许 T1 溢出中断。

（4）EX1：外部中断 1 中断允许位。

EX1 = 0：禁止外部中断 1 中断。

EX1 = 1：允许外部中断 1 中断。

（5）ET0：定时器/计数器 T0 的溢出中断允许位。

ET0 = 0：禁止 T0 溢出中断。

ET0 = 1：允许 T0 溢出中断。

（6）EX0：外部中断 0 中断允许位。

EX0 = 0：禁止外部中断 0 中断。

EX0 = 1：允许外部中断 0 中断。

AT89S51 复位后，IE 清 0，所有中断请求被禁止。若要使某一个中断源被允许中断，除了 IE 相应的位被置“1”外，还必须使 EA 位为 1。

2．对中断优先级的控制

AT89S51 的中断请求源设有两个中断优先级，每一个中断请求源可由软件设定为高优先级中断或低优先级中断，可实现两级中断嵌套。所谓两级中断嵌套，就是 AT89S51 正在执行低优先级中断的服务程序时，可被高优先级中断请求所中断，待高优先级中断处理完毕后，再返回低优先级中断服务程序。两级中断嵌套的过程如图 8-11 所示。

关于各中断源的中断优先级关系，可归纳为下面的两条基本规则。

① 低优先级可被高优先级中断，反之则不能。

② 任何一种中断（不管是高级还是低级），一旦得到响应，就不会再被它的同级中断源所中断。如果某一中断源被设置为高优先级中断，在执行该中断源的中断服务程序时，则不能被任何其他的中断源的中断请求所中断。

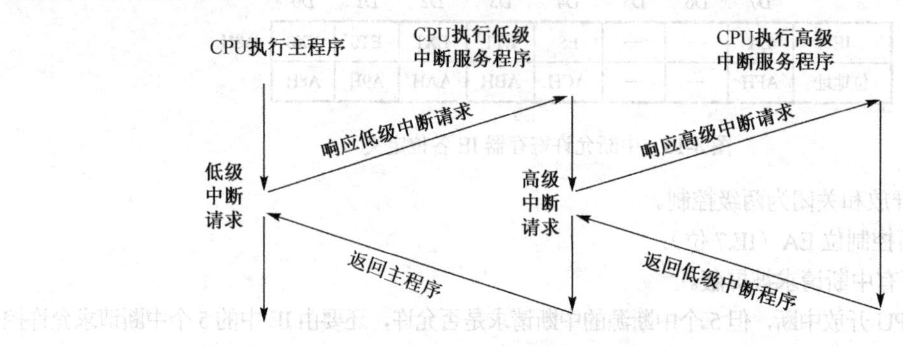

图 8-11　两级中断嵌套示意图

AT89S51 的片内有一个中断优先级寄存器 IP，其字节地址为 B8H，可位寻址。只要用程序改变其内容，即可对各中断源的中断优先级进行设置，IP 寄存器的格式如图 8-12 所示。

	D7	D6	D5	D4	D3	D2	D1	D0	
IP	—	—	—	PS	PT1	PX1	PT0	PX0	B8H
位地址	—	—	—	BCH	BBH	BAH	B9H	B8H	

图 8-12　中断优先级寄存器 IP 各位的定义

IP 各个位的含义：

（1）PS：串行口中断优先级控制位。

PS = 1：串行口中断为高优先级中断。

PS = 0：串行口中断为低优先级中断。

（2）PT1：定时器 T1 中断优先级控制位。

PT1 = 1：定时器 T1 中断为高优先级中断。

PT1 = 0：定时器 T1 中断为低优先级中断。

（3）PX1：外部中断 1 中断优先级控制位。

PX1 = 1：外部中断 1 中断为高优先级中断。

PX1 = 0：外部中断 1 中断为低优先级中断。

（4）PT0：定时器 T0 中断优先级控制位。

PT0 = 1：定时器 T0 中断为高优先级中断。

PT0 = 0：定时器 T0 中断为低优先级中断。

（5）PX0：外部中断 0 中断优先级控制位。

PX0 = 1：外部中断 0 中断为高优先级中断。

PX0 = 0：外部中断 0 中断为低优先级中断。

另外，AT89S51 的中断系统有两个不可寻址的“优先级激活触发器”，一个用来指示某高优先级的中断正在执行，所有后来的中断均被阻止。另一个用来指示某低优先级的中断正在执行，所有同级中断都被阻止，但不阻断高优先级的中断请求。

在同时收到几个同一优先级的中断请求时，优先响应哪一个中断，取决于内部的查询顺序，查询顺序如表 8-1 所示。

表 8-1　中断查询次序

中断源	中断级别
外部中断 0	最高
T0 溢出中断	↓
外部中断 1	↓
T1 溢出中断	↓
串行口中断	最低

8.2.3　AT89S51 中断处理的过程

中断处理过程可分为 3 个阶段：中断请求，中断查询和响应，中断处理和中断返回。从程序表面看，主程序和中断服务程序好像是没有关联的，但是只有掌握中断处理的过程，才能理解中断的发生和返回，才能看懂中断程序，并编写出高质量中断程序。

单片机执行中断时程序跳转过程如图 8-13 所示。

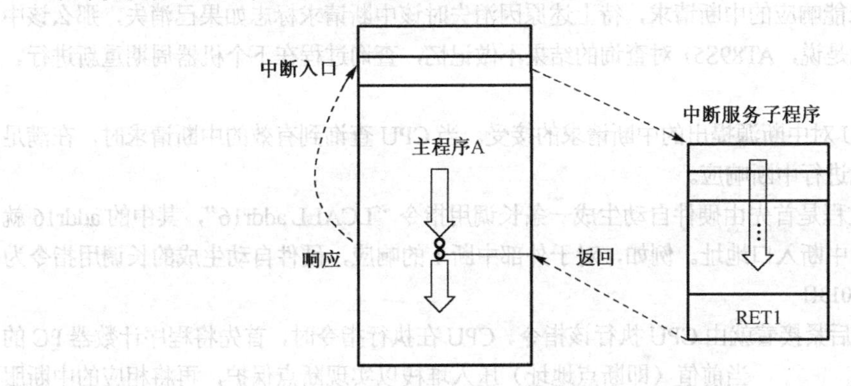

图 8-13　中断时程序跳转过程示意图

1．中断请求

中断请求是单片机片内或片外硬件完成的，定时/计数器中断和串行中断在单片机芯片内由硬件自动完成，中断请求完成后，相应的中断请求标志位被直接置 1。外部中断的中断请求信号要分别从 $\overline{INT0}$ (P3.2)和 $\overline{INT1}$ (P3.3)两个引脚由片外输入。片内中断控制系统在每个机器周期内对引脚信号进行采样，根据采样的结果来设置中断请求标志位的状态，中断请求完成后，中断请求标志位被置 1。

2. 中断查询和响应

中断的查询和中断的响应也是由CPU自动完成的。

（1）中断查询

中断查询就是由CPU测试TCON和SCON中的各标志位的状态，以确定有无中断请求及是哪一个中断请求。AT89S51单片机是在每一个机器周期的最后一个状态（S6），按优先级顺序对中断请求标志位进行查询的，如果查询到有标志位被置位，且具备响应中断的条件，那么就在下一机器周期的S1状态开始进行中断响应。

由于中断请求是随机发生的，CPU无法预先得知，因此在程序执行过程中，中断查询是在指令执行的每个机器周期中不停地重复进行的。

（2）中断响应的条件

CPU要在以下几个条件同时具备的情况下，才有可能响应一个中断源的中断请求：

① 总中断允许打开，IE寄存器中的中断总允许位EA(IE.7)被置位，即EA为1。

② 该中断源的中断允许位为1，即该中断未被屏蔽。

③ 该中断源发出中断请求，即该中断源对应的中断请求标志为1。

④ 无同级或更高级中断正在被服务。

前两个条件需要在程序中通过编程来设置。

此外，若遇到以下任一种情况，则单片机仍不能立即响应此中断：

① 当前正在执行的那条指令没有执行完，即所查询的机器周期不是所当前正在执行指令的最后一个机器周期。设定这个限制的目的是只有在当前指令执行完毕后，才能进行中断响应，以确保当前指令被完整地执行。

② 正在访问IE、IP中断控制寄存器或执行RETI指令。因为按AT89S51中断系统的规定，在执行完这些指令后，需要再去执行完一条指令，才能响应新的中断请求。

由于上述原因而未能响应的中断请求，待上述原因消失时该中断请求标志如果已消失，那么该中断也不再被响应。也就是说，AT89S51对查询的结果不做记忆，查询过程在下个机器周期重新进行。

（3）中断响应

中断响应就是CPU对中断源提出的中断请求的接受。当CPU查询到有效的中断请求时，在满足上述条件时，紧接着就进行中断响应。

中断响应的主要过程是首先由硬件自动生成一条长调用指令“LCALL addr16”，其中的addr16就是程序存储区中相应的中断入口地址。例如，对于外部中断1的响应，硬件自动生成的长调用指令为

```
LCALL    0013H
```

生成LCALL指令后紧接着就由CPU执行该指令。CPU在执行指令时，首先将程序计数器PC的当前值（即断点地址）压入堆栈以实现断点保护，再将相应的中断服务程序入口地址装入PC，使程序执行流程转向相应的中断服务程序入口地址。各中断源服务程序的入口地址固定，如表8-2所示。

表8-2 中断入口地址

中断源	入口地址
外部中断0	0003H
定时/计数器T0	000BH
外部中断1	0013H
定时/计数器T1	001BH
串行口中断	0023H

其中两个中断入口间只相隔8字节，一般情况下难以安放一个完整的中断服务程序。因此，通常总是在中断入口地址处放置一条无条件转移指令，使程序执行转向在其他地址存放的中断服务程序。

（4）对中断的响应时间

在实时控制系统设计时，为了满足控制精度的要求，常需弄清CPU响应中断所需的时间。中断响应时间是指从中断请求有效（标志

位置 1）到转向其中断服务程序地址区的入口地址所需的时间。根据 AT89S51 单片机中断系统的特点，在单中断源的中断系统中，这个响应时间是分布在一个范围内的随机值，最短是 3 个机器周期，最长为 8 个机器周期。

响应中断的最短时间需要 3 个机器周期。这 3 个机器周期的分配是：第一机器周期用于查询中断标志位状态（设中断标志已建立且 CPU 正处在一条指令的最后一个机器周期）；第二和第三个机器周期用于保护断点、关 CPU 中断和自动转入一条长转移指令的地址。因此，AT89S51 单片机从响应中断到开始执行中断入口地址处的指令为止，最短需要 3 个机器周期。

响应时间为 8 个机器周期是一种极端的情况，这时 CPU 是在执行 RETI（或访问 IE/IP）指令（这些指令大部分是双机器周期的，如 MOV　IE，#data）的第一个机器周期中查询到了某中断源的中断请求（设该中断源的中断是开放的），这时根据 AT89S51 单片机中断系统的安排，还需要再执行一条指令才会响应这个中断请求。又假设这条要执行的指令正好又是执行时间最长的 4 个机器周期指令（乘除法指令），那么等这条指令执行完毕再进入中断响应处理，和响应时间最短的情况相比，这里所增加的时间就是 5 个机器周期，加上中断响应的基本操作时间就是 8 个机器周期。

所以，一般情况下，AT89S51 单片机响应中断的时间在 3～8 个机器周期之间。当然，若 CPU 正在为同级或更高级中断服务（执行它们的中断服务程序），则新中断请求的响应需要等待的时间就无法估计了。中断响应的时间在一般情况下可不予考虑，只是在某些需要精确定时的场合，才需要据此对定时器的时间常数初值做某种调整。

（5）中断请求的撤除

AT89S51 单片机在中断请求被响应前，中断源发出的中断请求是由 CPU 锁存在特殊功能寄存器 TCON 和 SCON 的相应中断标志位中的。一旦某个中断请求得到响应，CPU 必须把它的相应中断标志位复位成“0”状态。否则，CPU 就会因中断标志未能及时撤除而重复响应同一中断请求，这是绝对不允许的。AT89S51 有 5 个中断源，但实际上只分属于 3 种中断类型。这 3 种中断类型是：外部中断、定时器溢出中断和串行口中断。对于这 3 种中断类型的中断请求，其撤除方法是不同的，现对它们分述如下。

① 定时器溢出中断请求的撤除

TF0 和 TF1 是定时器溢出中断标志位（见图 8-8），它们因定时器溢出而置位，因定时器溢出中断得到响应而由硬件自动复位成“0”状态。因此，定时器溢出中断源的中断请求是自动撤除的，用户不必采取额外措施撤除它们。

② 串行口中断请求的撤除

TI 和 RI 是串行口中断的标志位（见图 8-9），中断系统不会自动将它们撤除，这是因为 AT89S51 单片机进入串行口中断服务程序后，常需要对它们进行检测，以测定串行口是发生了接收中断还是发生了发送中断。为了防止 CPU 再次响应这类中断，用户应在中断服务程序中通过软件将它们撤除，具体可安排如下指令：

```
CLR   TI          ；撤除发送中断
CLR   RI          ；撤除接收中断
```

也可采用字节操作类指令：

```
ANL   SCON，#0FCH   ；撤除发送和接收中断
```

③ 外部中断请求的撤除

外部中断请求的撤除实际上包括外部中断请求信号的撤除和中断请求标志位的撤除这两项操作。

对于中断请求标志位，是由 CPU 在响应中断时由硬件自动复位 IE0 或 IE1 将其撤除。

而对于外部中断请求信号的撤除问题，由于外部中断请求有两种触发方式：低电平触发和下降沿

触发，对于这两种不同的中断触发方式，AT89S51 撤除它们的中断请求的方法是不相同的。

在下降沿触发方式下，一次有效的下降沿触发一次中断请求。因此，外设只要能保证一次中断请求只向 $\overline{\text{INT0}}$ 或 $\overline{\text{INT1}}$ 发出一个有效的负边沿，这样就可保证不会产生重复的中断请求。

在低电平触发方式下，外部中断标志 IE0 或 IE1 是依靠 CPU 检测 $\overline{\text{INT0}}$ 或 $\overline{\text{INT1}}$ 上的低电平而置位的。尽管 CPU 响应中断时相应中断标志 IE0 或 IE1 能自动复位成“0”状态，但若外部中断源不能及时撤除它在 $\overline{\text{INT0}}$ 或 $\overline{\text{INT1}}$ 上的低电平，就会再次使已经变“0”的中断标志 IE0 或 IE1 置位，进而引起重复的中断请求，这显然是不允许的。因此，低电平触发型外部中断请求的撤除必须使 $\overline{\text{INT0}}$ 或 $\overline{\text{INT1}}$ 引脚上的低电平随着其中断被 CPU 响应而变为高电平。一种可供采用的电平型外部中断的撤除电路如图 8-14 所示。

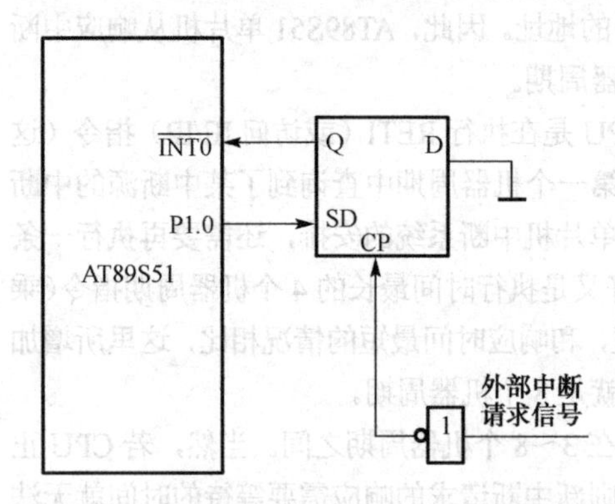

图 8-14 电平型外部中断请求撤除电路原理图

由图可见，当外部中断源产生中断请求时，触发器 D 端的低电平被锁存到 Q 端，并通过触发器的 Q 端送达 $\overline{\text{INT0}}$ 引脚。该低电平被 AT89S51 检测到后则使中断标志 IE0 置“1”。AT89S51 响应 $\overline{\text{INT0}}$ 的中断请求便可转入 $\overline{\text{INT0}}$ 的中断服务程序。故可以在中断服务程序的开始安排如下几条指令来撤除 $\overline{\text{INT0}}$ 上的低电平：

```
INSVR:  SETB  P1.0  ; 产生负脉冲
        CLR   P1.0
        SETB  P1.0
```

AT89S51 执行完上述指令后，便可在 P1.0 上产生一个宽度为 2 个机器周期的负脉冲。在该负脉冲作用下，触发器被置位成“1”状态，$\overline{\text{INT0}}$ 上的电平也因此而变高，从而撤除了其上的中断请求。

3. 中断处理和中断返回

（1）中断处理

中断处理应根据具体要求编写中断服务程序。中断服务程序的设计将在下一节详细介绍。

（2）中断返回

中断服务程序的最后一条指令必须是中断返回指令 RETI。CPU 执行这条指令时，把响应中断时置位的优先级触发器复位，再从堆栈中弹出断点地址送 PC，使程序回到断点处重新执行先前被中断的程序。由于 RETI 的作用不同于 RET，所以中断的返回不能用 RET 指令来替代。

8.3 中断系统的程序设计及实例

8.3.1 中断系统的程序设计

中断系统必须与相应的程序配合才能正常运行。和中断系统配套的程序包括中断系统初始化和中断服务程序。下面首先明确几个问题。

1. 中断系统的初始化程序

中断系统的初始化实现对中断系统的设置，其任务有下列 4 条：

（1）开总中断，设置中断允许控制寄存器 IE 相关位。

（2）某一中断源中断请求的允许与禁止（屏蔽），设置中断允许控制寄存器 IE 相关位。

（3）确定各中断源的优先级别，设置中断优先级寄存器 IP。

（4）若是外部中断请求，则要设定触发方式是低电平触发还是下降沿触发。

【例 8-1】 假设允许外部中断 0 中断，并设定它为高优先级中断，其他中断源为低优先级中断，采用下降沿触发方式。在主程序中须编写如下初始化程序段：

```
SETB  EA    ；CPU 开中断
SETB  EX0   ；允许外中断 0 产生中断
SETB  PX0   ；外中断 0 为高优先级中断
SETB  IT0   ；外中断 0 为下降沿触发方式
```

2. 中断服务程序

（1）中断服务程序在程序存储器中的位置安排

51 系列单片机的程序必须先从起始地址 0000H 执行。但是，0003H 就是外部中断 0 的中断入口地址。所以，通常在 0000H 起始地址的 3 个字节以内，安排无条件转移指令，跳转到真正的主程序。

另外，各中断入口地址之间依次相差 8 字节，中断服务程序稍长就会超过 8 字节，这样中断服务子程序就占用了其他中断源的中断入口地址，影响其他中断源的中断处理。为此，一般在进入中断后，用一条无条件转移指令，使程序跳转到安排在其他位置的真正的中断服务程序。

因此，采用中断时常用的主程序结构如下：

```
        ORG   0000H
        LJMP  MAIN
        ORG   中断入口地址
        LJMP  INT
        …
        ORG   XXXXH
MAIN:   主程序
INT:    中断服务程序
```

（2）中断服务程序的流程

中断服务程序的基本流程如图 8-15 所示。

下面对有关中断服务程序中的一些问题做进一步说明。

① 现场保护和现场恢复

所谓现场，是指进入中断时单片机中某些寄存器和存储单元中的数据或状态。为了使中断服务程序的执行不破坏这些数据或状态，以免在中断返回后影响主程序的运行，需要把它们送入堆栈保存起来，这就是现场保护。现场保护一定要在中断处理程序的前面。中断处理完毕后，在返回主程序前，则需要把保存的现场内容从堆栈中弹出，以恢复那些寄存器和存储单元中的原有内容，这就是现场恢复。现场恢复一定要位于中断处理程序的后面。AT89S51 的堆栈操作指令 PUSH direct 和 POP direct，主要是供现场保护和现场恢复使用的。至于要保护哪些内容，应该由用户根据中断处理程序的具体情况来决定。

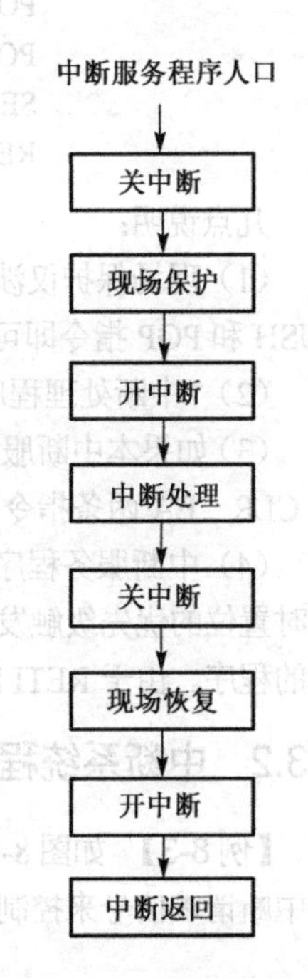

图 8-15 中断服务程序的基本流程图

② 关中断和开中断

图 8-15 中现场保护前和现场恢复前关中断，是为了防止此时有高一级的中断进入，避免现场被破坏；在现场保护和现场恢复之后的开中断是为了下

一次的中断做好准备，也为了允许有更高级的中断进入。这样做的结果是，中断处理可以被打断，但原来的现场保护和现场恢复不允许更改，除了现场保护和现场恢复的片刻外，仍然保持该中断嵌套的功能。

但有的时候，对于一个重要的中断，必须执行完毕，而不允许被其他的中断嵌套。对此可在现场保护之前先关闭总中断开关，彻底关闭其他中断请求，待中断处理完毕后再开总中断开关为中断。这样，就需要将图8-15中“中断处理”步骤前后的“开中断”和“关中断”两个过程去掉。

③ 中断处理

中断处理是中断源请求中断的具体目的。应用设计者应根据任务的具体要求，来编写中断处理部分的程序。

④ 中断返回

中断服务子程序的最后一条指令必须是返回指令 RETI，它是中断服务程序结束的标志。CPU 执行完这条指令后，把响应中断时所置“1”的不可寻址的优先级状态触发器清0，然后从堆栈中弹出栈顶的两个字节的断点地址并送到程序计数器 PC，弹出的第一个字节送入 PCH，弹出的第二个字节送入 PCL，于是 CPU 就从断点处重新执行被中断的主程序。

【例8-2】 根据图8-15的中断服务程序流程，编出中断服务程序。假设现场保护只需将 PSW 和 A 的内容压入堆栈中保护。典型的中断服务程序如下：

```
INT:  CLR     EA      ; CPU关中断
      PUSH    PSW     ; 现场保护
      PUSH    ACC     ;
      SETB    EA      ; CPU开中断
      中断处理程序段
      CLR     EA      ; CPU关中断
      POP     ACC     ; 现场恢复
      POP     PSW
      SETB    EA      ; CPU开中断
      RETI            ; 中断返回，恢复断点
```

几点说明：

（1）现场保护仅涉及 PSW 和 A 的内容，如还有其他需保护的内容，只需在相应的位置再加几条 PUSH 和 POP 指令即可。

（2）“中断处理程序段”，应根据任务的具体要求来编写。

（3）如果本中断服务程序不允许被其他的中断所中断，可将“中断处理程序段”前后的 SETB　EA 和 CLR　EA 两条指令去掉。

（4）中断服务程序的最后一条指令必须是中断返回指令 RETI，CPU 执行这条指令时，把响应中断时置位的优先级触发器复位，再从堆栈中弹出断点地址送 PC，使程序回到断点处重新执行先前被中断的程序。由于 RETI 的作用不同于 RET，所以中断的返回不能用 RET 指令来替代。

8.3.2 中断系统程序设计举例

【例8-3】 如图8-16所示，编写程序利用图中开关上下拨动一次所产生的脉冲信号作为外部中断0的中断请求信号来控制发光二极管 VD1 状态的改变。

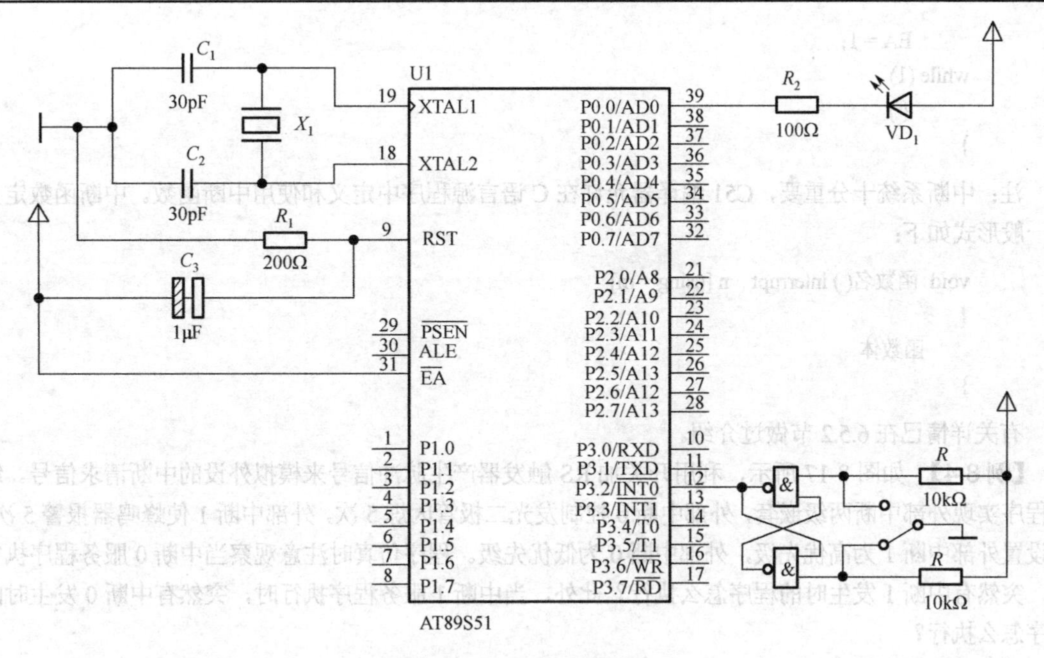

图 8-16　例 8-3 电路原理图

解：程序清单如下。

汇编语言源程序：

```
        ORG     0000H
        AJMP    MAIN
        ORG     0003H           ；中断服务程序入口地址
        AJMP    INIT0
MAIN:   MOV     P0，#0FFH       ；初始时发光二极管熄灭
        SETB    EX0             ；允许外部中断 0 中断
        SETB    IT0             ；设置外部中断 0 下降沿触发
        SETB    EA              ；打开总的中断允许
KEEP:   SJMP    KEEP            ；动态停机等待中断
INIT0:  CPL     P0.0            ；改变发光二极管的状态
        RETI
        END
```

*C51 源程序：

```
#include <REG51.H>
sbit P0_0 = P0^0;
void INT00 ( ) interrupt 0
{
    P0_0 = ! P0_0;
}
void main()
{
    P0 = 0xff;
    EX0 = 1;
    IT0 = 1;
```

```
    EA = 1;
while (1)
    {}
}
```

注：中断系统十分重要，C51编译器允许在C语言源程序中定义和使用中断函数。中断函数定义的一般形式如下：

```
void 函数名( ) interrupt  n [using  m]
{
    函数体
}
```

有关详情已在6.5.2节做过介绍。

【例8-4】 如图8-17所示，利用开关加RS触发器产生脉冲信号来模拟外设的中断请求信号。编写程序实现外部中断两级嵌套，外部中断0控制发光二极管闪烁5次，外部中断1使蜂鸣器报警5次，且设置外部中断1为高优先级，外部中断0为低优先级。程序仿真时注意观察当中断0服务程序执行时，突然有中断1发生时的程序怎么执行？此外，当中断1服务程序执行时，突然有中断0发生时的程序怎么执行？

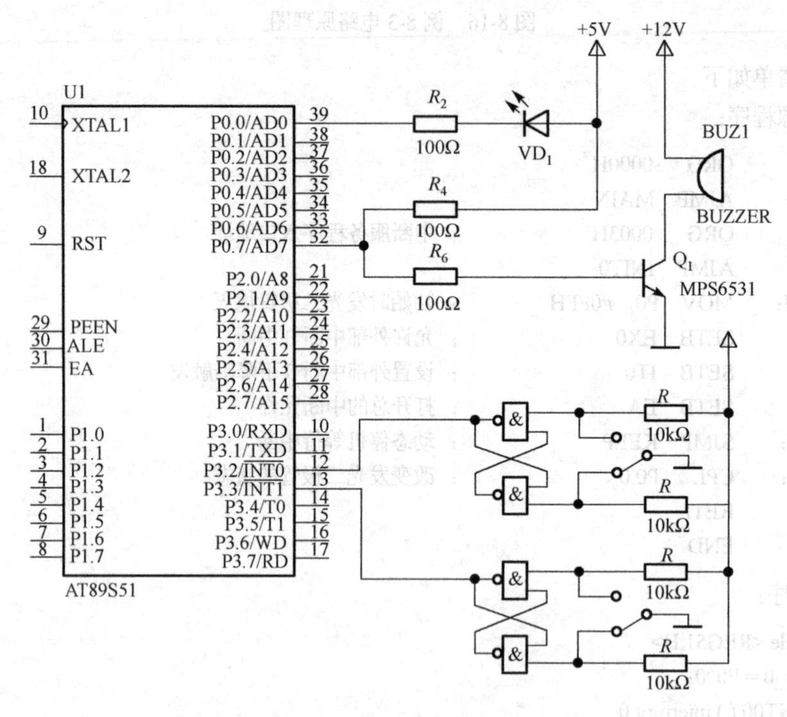

图8-17　例8-4外部中断两级嵌套电路仿真图

解：程序清单如下。

汇编语言源程序：

```
        ORG     0000H
        AJMP    MAIN        ; 转主程序
        ORG     0003H       ; INT0中断入口地址
        AJMP    INTLED      ; 跳至INT0中断子程序
```

```
        ORG     0013H
        AJMP    INTBUZ
        ORG     0030H
MAIN:   MOV     IE，#85H        ；使能 SETB EA  SETB EX0
        MOV     TCON，#05H      ；设定为下降沿触发 STEB IT0
        MOV     IP，#04H
        MOV     SP，#60H        ；设定堆栈栈底
START:  MOV     A，#00H         ；发光二极管亮
ROTATE: MOV     P0，A
        ACALL   DELAY
        AJMP    ROTATE
DELAY:  MOV     R3，#0FFH       ；延时子程序
DEL:    MOV     R4，#0FFH
        DJNZ    R4，$
        DJNZ    R3，DEL
        RET
INTLED: PUSH    PSW             ；中断子程序
        PUSH    ACC             ；保护现场
        SETB    RS0             ；选择第 1 组寄存器
        CLR     RS1
        MOV     R0，#05H        ；闪烁 5 次
LOOP:   CLR     P0.0
        ACALL   DELAY
        SETB    P0.0
        ACALL   DELAY
        DJNZ    R0，LOOP
        POP     ACC             ；取出保存数据
        POP     PSW
        RETI
INTBUZ: PUSH    PSW             ；中断子程序
        PUSH    ACC             ；保护现场
        MOV     R1，#05H        ；鸣响 5 次
LOOP1:  SETB    P0.7
        ACALL   DELAY
        CLR     P0.7
        ACALL   DELAY
        DJNZ    R1，LOOP1
        POP     ACC             ；取出保存数据
        POP     PSW
        RETI
        END
```

*C51 源程序：

```
#include <reg51.h>
sbit LED = P0^0;
sbit BUZ = P0^7;
void delay()
```

```
{
    int i，j;
    for(i = 0；i< = 255；i++)
        for(j = 0；j< = 255；j++);
}
void INTLED( ) interrupt 0
{
    int n;
    for(n = 0；n< = 9；n++)
    {
        LED = !LED;
        delay();
    }
}
void INTBUZ() interrupt 2
{
    int m;
    for(m = 0；m< = 9；m++)
    {
        BUZ = !BUZ;
        delay();
    }
}
void main()
{
    IE = 0X85;
    IT0 = 1;
    IT1 = 1;
    PX1 = 1;
    PX0 = 0;
while(1)
    {
        P0 = 0XEE;
    }
}
```

8.4 AT89S51 对外部中断源的扩展

AT89S51 单片机有 $\overline{INT0}$ 或 $\overline{INT1}$ 两个外部中断源。为了能和更多外部设备联机工作，其中断源个数常常需要扩展。AT89S51 扩展外部中断源的方法有 3 种，即借用定时器溢出中断扩展外部中断源、采用中断加查询法扩展外部中断源和采用中断管理器件如 8259A 扩展外部中断源。前两种方法比较简单，是常用的方法；第三种方法稍复杂，且硬件开销更大，一般在扩展中断源数量较多且要求响应速度快的场合才被选用。在此重点介绍第二种方法，第一种方法将在 9.5.2 节之 4 详细介绍。至于第三种方法，由于在单片机应用系统中较少用到，在此略去。

8.4.1　采用中断加查询法扩展外部中断源

如果 AT89S51 需要扩展的外部中断源较多时，借用定时器溢出中断来扩展外部中断源已不能满足实际外部设备的需要，那么也可以采用中断加查询法来扩展外部中断源。采用中断加查询法扩展外部中断源需要相应的支持硬件和查询程序，现举例说明。

【例 8-5】 如图 8-18 所示，若系统中有 5 个外部中断请求源 IR0～IR4，它们均为高电平请求有效，这时可按中断请求的轻重缓急进行排队，把其中最高级别的中断请求源 IR0 直接接到 AT89S51 的一个外部中断请求源输入端 $\overline{\text{INT0}}$，其余的 4 个中断请求源 IR1～IR4 按图 8-18 的办法通过各自的 OC 门（集电极开路门）连到 AT89S51 的另一个外中断源输入端 $\overline{\text{INT1}}$，同时还分别连到 P1 口的 P1.0～P1.3 脚，供 AT89S51 查询。

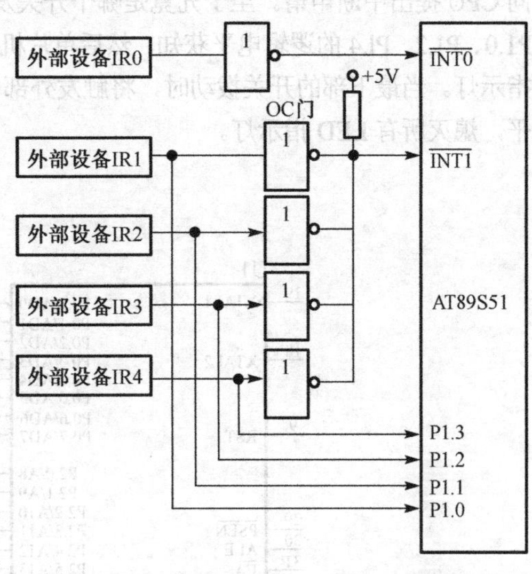

图 8-18　例 8-5 利用 OC 门扩展外部中断源

各外部中断请求源的中断请求由外设的硬件电路产生。其余 4 个外部中断源的中断优先权由高到低的顺序依次为 IR1，…，IR4，这 4 个外设中只要有一个或一个以上的外设提出高电平有效的中断请求信号，则中断请求通过 4 个集电极开路 OC 门的输出公共点，就会使得 $\overline{\text{INT1}}$ 引脚的电平就变低，从而引起中断。但究竟是哪个外设提出的中断请求，还要通过程序查询 P1.0～P1.3 引脚上的逻辑电平来确定。

本例假设某一时刻只能有一个外设提出中断请求，并设 IR1～IR4 这 4 个中断请求源的高电平可由相应的中断服务子程序清 0，则处理的中断服务子程序如下：

```
            ORG     0013H           ；INT1 的中断入口
            LJMP    INT_1
                 …
    INT_1： PUSH    PSW             ；保护现场
            PUSH    ACC
            JB      P1.0，IR1       ；P1.0 高，IR1 有请求
            JB      P1.1，IR2       ；P1.1 高，IR2 有请求
            JB      P1.2，IR3       ；P1.2 高，IR3 有请求
            JB      P1.3，IR4       ；P1.3 高，IR4 有请求
    INTIR： POP     ACC             ；现场恢复
            POP     PSW
            RETI                    ；中断返回
    IR1：   IR1 的中断处理程序
            AJMP    INTIR
    IR2：   IR2 的中断处理程序
            AJMP    INTIR
    IR3：   IR3 的中断处理程序
            AJMP    INTIR
    IR4：   IR4 的中断处理程序
            AJMP    INTIR
```

【例 8-6】 利用中断加查询的方法扩展外部中断源。电路如图 8-19 所示，利用开关加 RS 触发器产生脉冲信号来模拟外设的中断请求信号。其中前 3 个开关发出的信号通过一个三输入或非门连接到 AT89S51 的外中断输入引脚$\overline{\text{INT0}}$，第 4 个开关发出的脉冲信号连接到 AT89S51 的外中断输入引脚$\overline{\text{INT1}}$。对上部 3 个开关中的任何一个进行一上一下拨动都会使$\overline{\text{INT0}}$引脚出现一个负脉冲信号，由此向 CPU 提出中断申请。至于究竟是哪个开关发出的中断请求，需要在$\overline{\text{INT0}}$中断服务程序中通过查询 P1.0、P1.2、P1.4 的逻辑电平获知，然后单片机通过 P1.1、P1.3、P1.5 引脚输出高电平点亮相应的 LED 指示灯。当最下部的开关拨动时，将触发外部中断$\overline{\text{INT1}}$，在$\overline{\text{INT1}}$中断服务程序中向 P1 口输出低电平，熄灭所有 LED 指示灯。

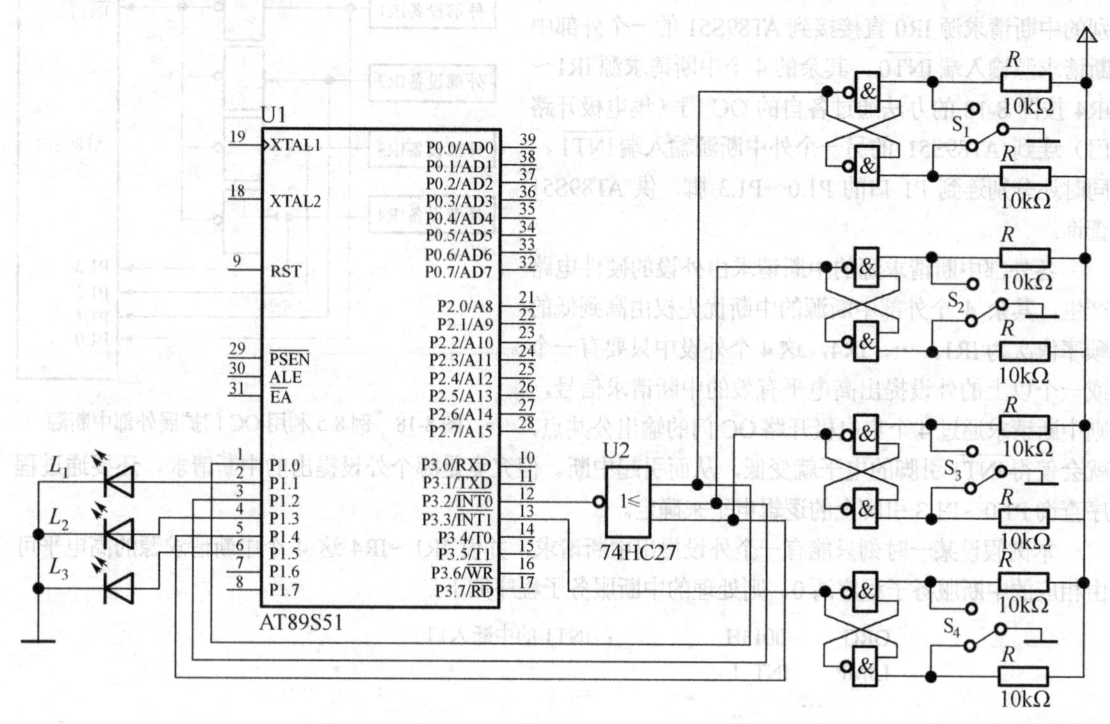

图 8-19　例 8-6 中断查询显示仿真图

解：程序清单如下。

汇编语言源程序：

```
        ORG     0000H
        LJMP    MAIN
        ORG     0003H
        LJMP    INT_0
        ORG     0013H
        LJMP    INT_1
        ORG     0030H
MAIN:   ANL     P1，#55H
        SETB    EX0
        SETB    IT0
        SETB    EX1
        SETB    IT1
```

```
        SETB    EA
HERE:   SJMP    HERE
INT_0:  JNB     P1.0，L1
        SETB    P1.1
L1:     JNB     P1.2，L2
        SETB    P1.3
L2:     JNB     P1.4，L3
        SETB    P1.5
L3:     RETI
INT_1:  ANL     P1，#55H
        RETI
        END
```

*C51 源程序：

```
#include <reg51.h>
sbit P3_2 = P3^2;
sbit P3_3 = P3^3;
unsigned char temp = 0x00;                /* 定义为全局变量 */
void INTLED() interrupt 0
{
      if(P3_2 = = 0)
      {
            temp = P1;
            temp& = 0x15;
            temp<< = 1;
            P1 = temp;
      }
}
void INTBUT() interrupt 2
{
      if(P3_3 = = 0)
      {
            temp = 0x00;
            P1 = temp;
      }
}
void main()
{
      IE = 0X85;
      IT0 = 1;
      IT1 = 1;
while(1)
      {
            P1 = temp;
      }
}
```

习题与思考题 8

8.1 什么叫中断？计算机采用中断有什么好处？

8.2 什么叫中断系统？中断系统的功能是什么？中断系统通常由哪些环节组成？

8.3 什么叫中断源？AT89S51 有哪些中断源？各有什么特点？

8.4 中断嵌套及中断优先级的含义是什么？

8.5 AT89S51 的 6 个中断标志位代号是什么？它们在什么情况下被置位和复位？

8.6 中断允许寄存器 IE 各位的定义是什么？请写出允许 T1 定时器溢出中断的指令。

8.7 试写出设定 $\overline{\text{INT0}}$ 和 $\overline{\text{INT1}}$ 上的中断请求为高优先级和允许它们中断的程序。此时，若 $\overline{\text{INT0}}$ 和 $\overline{\text{INT1}}$ 引脚上同时有中断请求信号输入，试问 AT89S51 先响应哪个引脚上的中断请求？为什么？

8.8 AT89S51 响应中断是有条件的，请说出这些条件。中断响应的全过程如何？

8.9 AT89S51 中，哪些中断可以随着中断被响应而自动撤除？哪些中断需要用户来撤除？撤除的方法是什么？

8.10 试写出 $\overline{\text{INT1}}$ 为下降沿触发方式的中断初始化程序。

8.11 中断响应过程中，为什么通常要保护现场？如何保护？

8.12 AT89S51 提供了哪些中断源？各中断源对应的中断入口地址是多少？

8.13 AT89S51 对各种中断提出的中断请求如何进行控制？

8.14 子程序和中断服务程序有何异同？子程序返回指令 RET 和中断返回指令 RETI 能相互替代吗？

8.15 AT89S51 单片机各中断标志是如何产生的？又如何清除？

8.16 AT89S51 单片机响应外部中断的典型时间是多少？在哪些情况下，CPU 将推迟对外部中断请求的响应？

8.17 AT89S51 单片机响应中断后，产生硬件长调用指令 LCALL，执行指令的过程包括：首先把（ ）的内容压入堆栈，以进行断点保护，然后把长调用指令的 16 位地址送（ ），使程序执行转向（ ）中的中断地址区。

8.18 AT89S51 扩展外部中断源的常用方法有哪些？

8.19 写出定时器 T0 作为外部中断源的初始化程序。

8.20 某系统有 3 个外部中断，分别为中断源 1、中断源 2 和中断源 3。当某一个中断源发出高电平的中断请求信号时，即可使 $\overline{\text{INT0}}$ 引脚变低电平，从而引起 CPU 的中断响应。设优先级处理顺序由高到低依次为中断源 3、中断源 2、中断源 1，中断服务程序入口地址分别为 2100H、2200H、2300H，试设计实现此功能的硬件电路，并编写主程序及中断服务程序（转至相应的入口即可）。

第 9 章　51 系列单片机的定时器/计数器

内容提要

本章主要介绍 51 系列单片机片内定时器/计数器的结构和功能，结合实例详细介绍定时器/计数器的两种工作模式和 4 种工作方式，以及相关的几个特殊功能寄存器及其编程应用。

教学目标

- 了解定时器/计数器的结构和工作原理。
- 掌握定时器/计数器的使用方法。
- 结合中断和查询的方式，熟练编写定时器/计数器相关程序。

9.1　定时器/计数器概述

在工业测控中，许多场合都要用到计数功能，如对外部脉冲的计数、测量电机转速等；在工业测控中，也往往要求用到定时功能，如产生精确的定时时间，以实现定时或延时的控制等。要实现定时/计数这些功能，有 3 种主要方法：软件定时、数字电路的硬件定时、可编程定时/计数器。

1．软件定时

软件定时常常是用一个循环程序，通过正确选择指令和安排循环次数来实现所需要的定时，即通过执行一个程序段，这个程序段本身没有具体的执行目的，由于每条指令都需要时间，执行这一程序段所需的时间就是延时时间。

2．数字电路硬件定时

这种硬件定时采常用小规模集成电路器件，如用 555 定时芯片构成定时电路，它不占用 CPU 的时间，但是这种电路的定时时间要靠电路中的元件参数来确定。在硬件电路连接好以后，要改变定时时间，就要改变电路中的电子元件，使用起来很不方便。

3．可编程定时/计数器

可编程定时/计数器是为了方便微型计算机系统的设计和应用而研制的，它既是硬件定时，又可以很容易地通过软件来确定和改变定时时间，通过软件编程就能够满足不同的定时和计数要求。51 系列单片机内部就集成了这样的器件，下面以 AT89S51 单片机为例加以介绍。

9.2　AT89S51 单片机定时器/计数器的结构

AT89S51 单片机内部有两个 16 位的定时器/计数器 T1 和 T0，它们受特殊功能寄存器 TMOD 和 TCON 的控制，定时器/计数器 T0 由特殊功能寄存器 TH0、TL0 构成，定时器/计数器 T1 由特殊功能寄存器 TH1、TL1 构成，其结构图如图 9-1 所示。

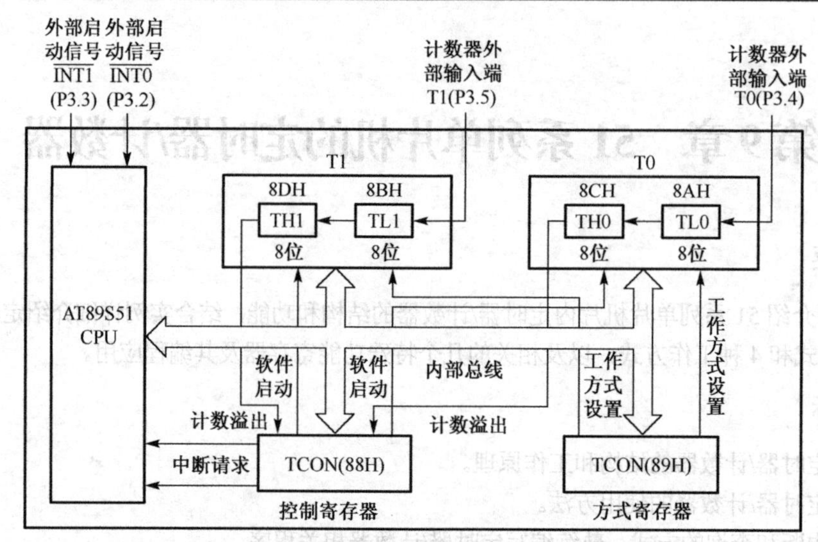

图 9-1 AT89S51 单片机的定时器/计数器结构框图

定时器/计数器在硬件上由双字节加 1 计数器 TH 和 TL 组成。作为定时器使用时，计数脉冲由单片机内部振荡器提供，计数频率为时钟的 12 分频，即每个机器周期加 1。作为计数器使用时，计数脉冲由 P3 口的 P3.4（或 P3.5），即 T0（或 T1）引脚输入，外部脉冲的下降沿触发计数。计数器在每个机器周期的 S5P2 期间采样外部脉冲，如果在一个机器周期的采样值为 1，而在下一机器周期的采样值为 0，则计数器加 1，故识别一个从 1 到 0 的跳变需要两个机器周期，所以对外部计数脉冲的最高计数频率为机器周期的 2 分频，同时还要求外部脉冲的高低电平保持时间均要大于一个机器周期。

定时器/计数器 T1 和 T0 都有两种工作模式（计数模式、定时模式）和 4 种工作方式（方式 0、方式 1、方式 2、方式 3）。

（1）计数模式

定时器/计数器的计数模式是指对外部事件进行计数，外部事件的发生以输入脉冲来表示，因此计数功能的实质就是对外来脉冲进行计数。

（2）定时模式

定时器/计数器的定时功能也是通过计数来实现的，只不过此时的计数脉冲来自单片机芯片内部，是系统振荡脉冲经 12 分频后送来的，由于一个机器周期等于 12 个振荡脉冲周期，所以此时的定时器/计数器是每到一个机器周期就加 1，计数频率为振荡脉冲频率的 1/12。

AT89S51 单片机是通过特殊功能寄存器 TMOD 和 TCON 来控制 T1、T0 的工作的。TMOD 控制定时器/计数器 T1、T0 的工作模式和工作方式。TCON 控制 T1、T0 计数的启动与停止，同时还包含了计数、定时的中断标志位。下面分别介绍这两个特殊功能寄存器。

9.2.1 工作方式控制寄存器 TMOD

特殊功能寄存器 TMOD 是 AT89S51 单片机的定时器/计数器工作方式的控制寄存器，用于选择定时器/计数器的工作模式和工作方式，SFR 字节地址为 89H，不能位寻址，其格式如图 9-2 所示。其中，低 4 位用于控制 T0，高 4 位用于控制 T1。

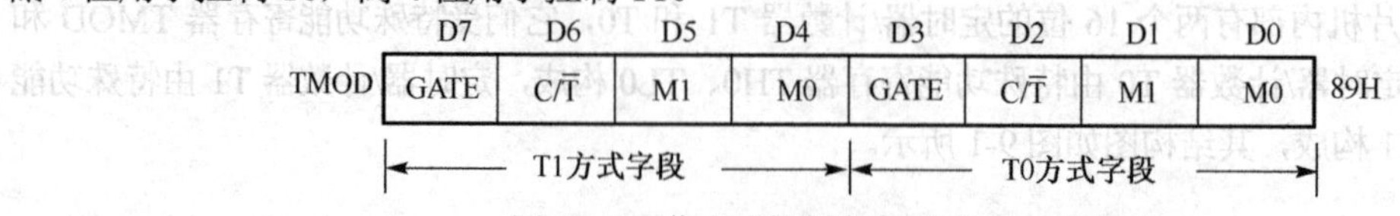

图 9-2 工作方式控制寄存器 TMOD 的格式

1．GATE：门控制位

它对定时器/计数器的启停起辅助控制作用。

GATE＝1 时，定时器/计数器的计数受外部引脚 P3.2（$\overline{\text{INT0}}$）或 P3.3（$\overline{\text{INT1}}$）输入电平的控制，此时，只有当 P3 口的 P3.2（或 P3.3）引脚，即$\overline{\text{INT0}}$（或$\overline{\text{INT1}}$）上的电平为 1 时，才能启动计数。

GATE＝0 时，定时器/计数器的运行不受外部输入电平的控制。

2．C/$\overline{\text{T}}$：工作模式选择位

C/$\overline{\text{T}}$ ＝0 为定时器模式，采用单片机内部振荡脉冲的 12 分频信号作为计数脉冲。

C/$\overline{\text{T}}$ ＝1 为计数器方式，采用外部引脚（T0 使用 P3.4，T1 使用 P3.5）的输入作为计数脉冲，当 T0（或 T1）上的输入信号发生从高到低的负跳变时，计数器加 1。最高计数频率为单片机晶振频率的 24 分频。

3．M1、M0：工作方式选择位

这两位的状态确定定时器/计数器的工作方式，详见表 9-1。

表 9-1　定时器/计数器工作方式的选择

M1	M0	工作方式
0	0	方式 0，为 13 位定时器/计数器
0	1	方式 1，为 16 位定时器/计数器
1	0	方式 2，为自动重装常数的 8 位定时器/计数器
1	1	方式 3，仅适合 T0，分成两个 8 位定时器/计数器

9.2.2　定时器/计数器控制寄存器 TCON

TCON 的字节地址为 88H，可位寻址，位地址为 88H～8FH。TCON 的格式如图 9-3 所示。

	D7	D6	D5	D4	D3	D2	D1	D0	
TCON	TF1	TR1	TF0	TR0	IE1	IT1	IE0	IT0	88H

图 9-3　TCON 格式图

低 4 位与外部中断有关，在中断系统中有相关介绍，本章仅介绍高 4 位的功能。

1．TF1：定时器/计数器 T1 的溢出标志位

当 T1 被允许计数以后，T1 从初值开始加 1 计数，计数器的最高位产生溢出时将 TF1 置 1，并向 CPU 申请中断，当 CPU 响应中断时，由硬件清零 TF1，TF1 也可软件查询清零。

2．TR1：定时器/计数器 T1 的运行控制位

由软件置位和复位。当方式控制寄存器 TMOD 中的 GATE 位为 0，且 TR1 为 1 时允许 T1 计数；当 GATE 为 1 时，仅当 TR1 为 1 且$\overline{\text{INT1}}$（P3.3）输入为高电平时才允许 T1 计数，当 TR1 为 0 或$\overline{\text{INT1}}$输入为低电平时都禁止 T1 计数。

TF0 为定时器 T0 的溢出标志位，其功能与 TF1 类似。

TR0 为定时器 T0 的运行控制位，其功能与 TR1 类似。

9.3　定时器/计数器的 4 种工作方式

如表 9.1 所示，根据工作方式控制寄存器 TMOD 中 M1、M0 的设定，定时器/计数器 T0、T1 可以有 4 种不同的工作方式：方式 0、方式 1、方式 2、方式 3。

9.3.1　方式 0

当 M1、M0＝00 时，定时器/计数器被设置为工作方式 0，这时定时器/计数器的等效框图如图 9-4 所示（以 T1 为例）。

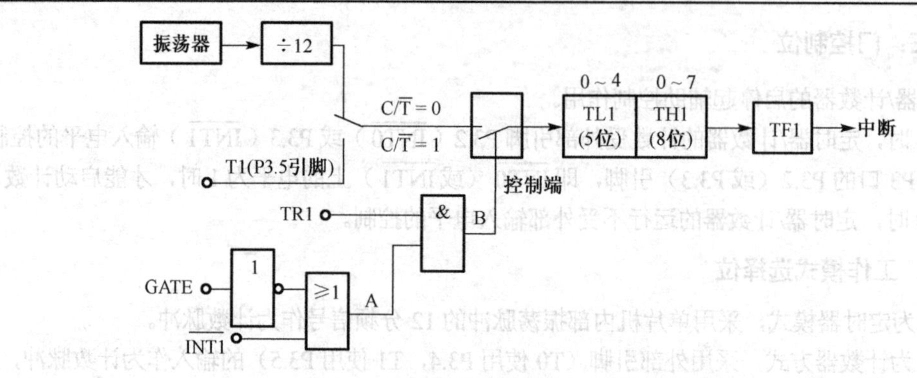

图9-4　定时器/计数器方式0逻辑结构框图

定时器/计数器工作方式0时，为13位计数器，由TLx（x = 0，1）的低5位和THx的整个8位所构成。TLx低5位溢出则向THx进位，THx计数溢出则把TCON中的溢出标志位TFx置位为1，此时，计数器会清0并暂停工作，待初值重新装入后才又开始工作。

图9-4中，C/$\overline{T}$位控制电子开关用以决定定时器/计数器的工作模式：

C/$\overline{T}$ = 0时，电子开关打在上面的位置，T1（或T0）为定时器工作模式，对晶振时钟进行12分频后作为计数脉冲。

C/$\overline{T}$ = 1时，电子开关打在下面的位置，T1（或T0）为计数器工作模式，计数脉冲为P3.4（P3.5）引脚的外部输入脉冲，当引脚上发生负跳变时，计数器加1。

GATE位的状态决定定时器/计数器运行控制是取决于TRx一个条件还是取决于TRx和$\overline{\text{INTX}}$（X = 0，1）引脚这两个条件。

当GATE = 0时，GATE经过反相器再相或后，A点输出恒定为1，B点输出取决于TRx的状态。TRx = 1，B点为高电平，控制端控制电子开关闭合，T1（或T0）开始计数。TRx = 0，B点为低电平，电子开关断开，禁止T1（或T0）计数。

当GATE = 1时，A点电平与$\overline{\text{INTX}}$（X = 0或1）的输入电平有关，B点电平由TRx的状态和$\overline{\text{INTX}}$输入电平这两个条件确定。当TRx = 1，且$\overline{\text{INTX}}$ = 1时，B点高电平，控制端控制电子开关闭合，允许T1（或T0）计数。其他情况控制端控制电子开关断开，禁止T1（或T0）计数。

9.3.2　方式1

当M1M0 = 01时，计数器/定时器处于工作方式1，此时定时器/计数器的等效电路如图9-5所示（以T1为例）。

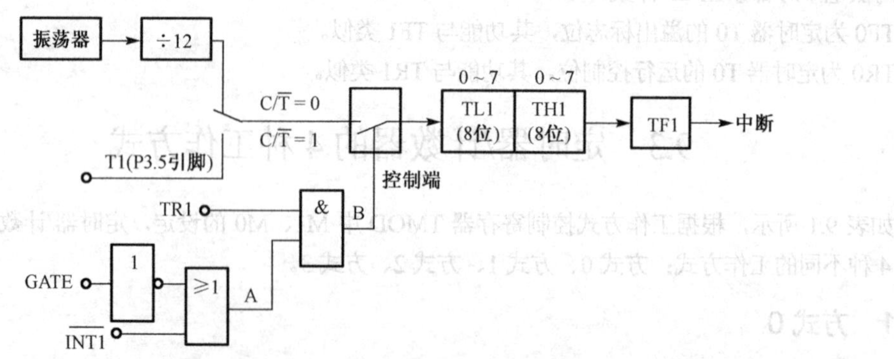

图9-5　定时器/计数器T1方式1逻辑结构框图

方式 1 和方式 0 基本相同，差别仅仅是计数器的位数不同，方式 1 为 16 位计数器，由 THx 作为高 8 位、TLx 作为低 8 位，而方式 0 为 13 位计数器，其他相关控制位的含义（GATE、TFx、TRx 等）与方式 0 相同。

9.3.3　方式 2

方式 0 和方式 1 计数溢出后，计数器会清 0 并暂停工作，因此，在循环定时或计数的应用场合就需要用指令反复装入计数初值，这样就会影响定时精度，也给程序设计带来了麻烦。方式 2 就是为解决这一问题而设置的。

当 M1M0 = 10 时，定时器/计数器处于工作方式 2，这时定时器/计数器的等效框图如图 9-6 所示（以 T1 为例）。

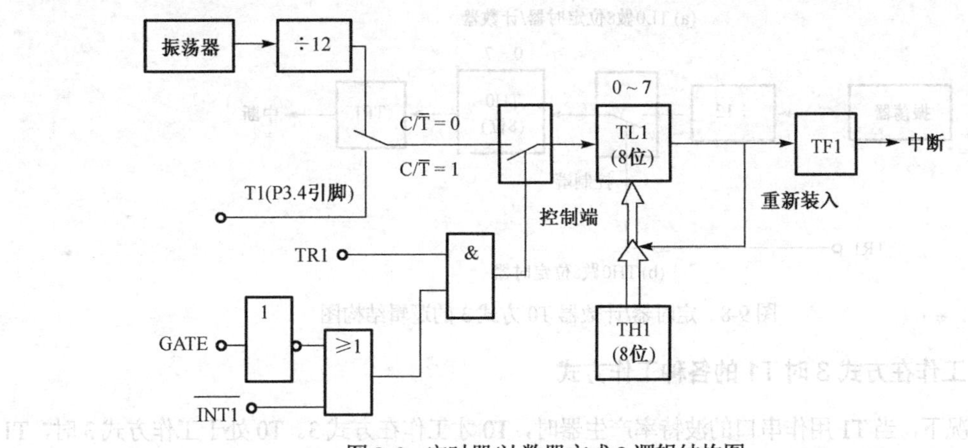

图 9-6　定时器/计数器方式 2 逻辑结构图

定时器/计数器的方式 2 为自动恢复初值（初值自动装入）的 8 位定时器/计数器，TLx（x = 0，1）作为 8 位计数器用，THx 作为 8 位常数缓冲器，以保存计数初值。当 TLx 计数溢出时，在置 1 溢出标志 TFx 的同时，还自动地将 THx 中保存的初值送至 TLx，使 TLx 从初值开始重新计数，定时器/计数器的方式 2 的工作过程如图 9-7 所示。

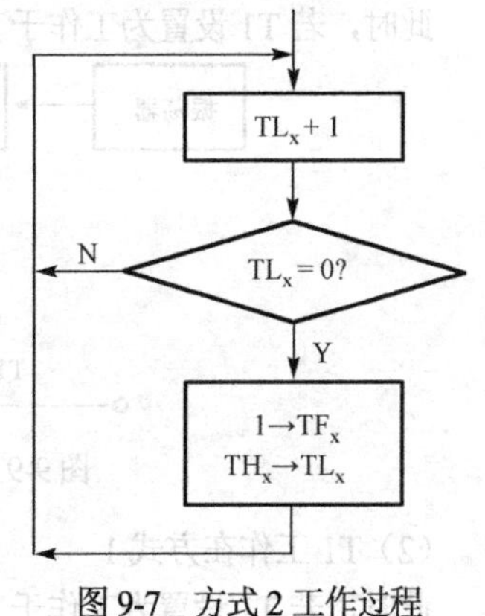

图 9-7　方式 2 工作过程

方式 2 可以省去用户软件中重装初值的指令执行时间，简化定时初值的计算方法，可以相当精确地确定定时时间。

9.3.4　方式 3

方式 3 是为了增加一个附加的 8 位定时器/计数器而提供的，从而使单片机具有 3 个定时器/计数器。只有定时器/计数器 T0 能工作于这种方式，定时器/计数器 T1 不能工作在方式 3。如果硬要设置 T1 为方式 3，则 T1 停止工作。

1. 工作方式 3 下的 T0

当 TMOD 的低两位为 11 时，T0 的工作方式被设置为方式 3，各引脚与 T0 的逻辑关系框图如图 9-8 所示。

定时器/计数器 T0 分为两个独立的 8 位计数器：TL0 和 TH0，TL0 使用 T0 的状态控制位 C/$\overline{T}$、

GATE、TR0 和 $\overline{INT0}$，而 TH0 被固定为一个 8 位定时器（不能作为外部计数模式），并使用 T1 的状态控制位 TR1 和 TF1，同时占用定时器 T1 的中断请求源 TF1。

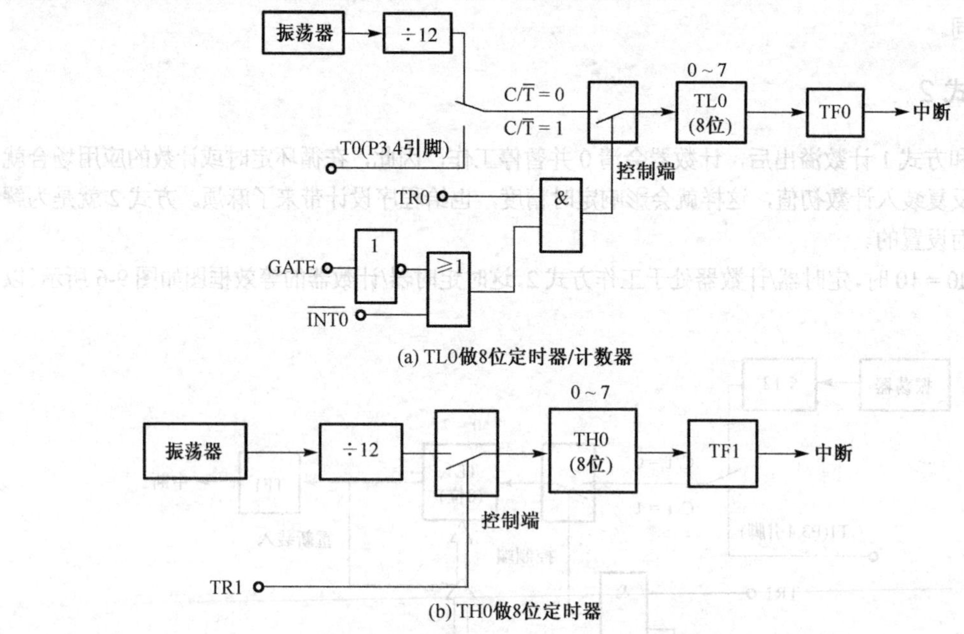

图 9-8　定时器/计数器 T0 方式 3 的逻辑结构图

2. T0 工作在方式 3 时 T1 的各种工作方式

一般情况下，当 T1 用作串口的波特率产生器时，T0 才工作在方式 3。T0 处于工作方式 3 时，T1 可设定为方式 0、方式 1 或方式 2，用来作为串行口的波特率发生器，或用于不需要中断的场合。

（1）T1 工作在方式 0

此时，若 T1 设置为工作于工作方式 0，则其工作示意如图 9-9 所示。

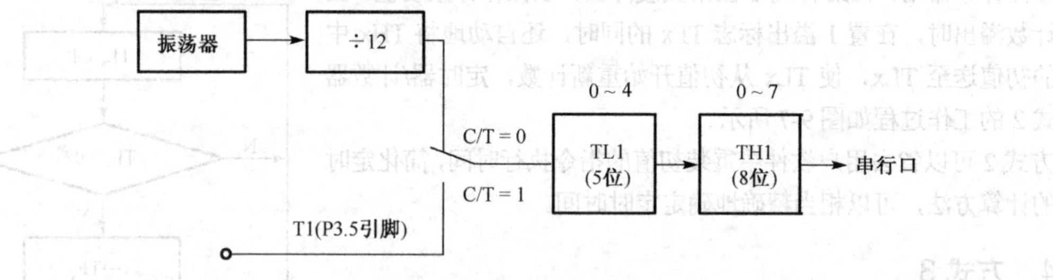

图 9-9　T0 工作在方式 3 时 T1 为方式 0 的工作示意图

（2）T1 工作在方式 1

此时，若 T1 设置为工作于工作方式 1，则其工作示意如图 9-10 所示。

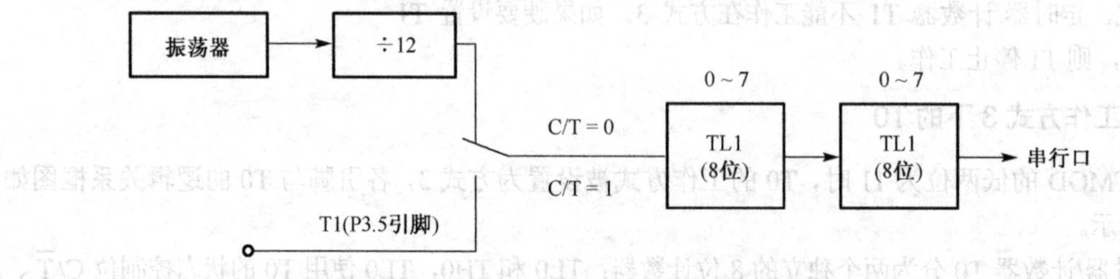

图 9-10　T0 工作在方式 3 时 T1 为方式 1 的工作示意图

（3）T1 工作在方式 2

此时，若 T1 设置为工作于工作方式 2，则其工作示意图如图 9-11 所示。

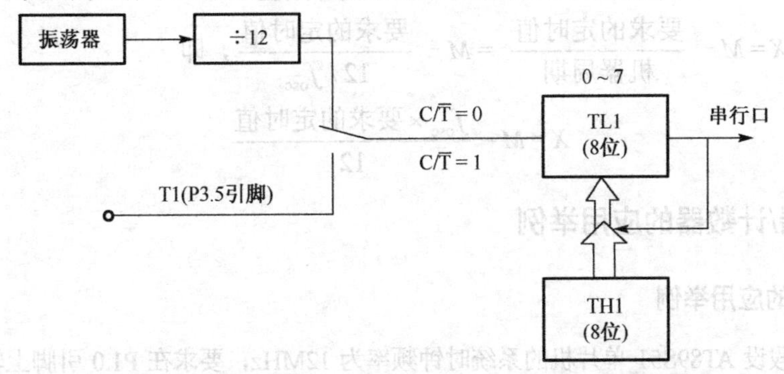

图 9-11　T0 工作在方式 3 时 T1 为方式 2 的工作示意图

当 T0 工作在方式 3 时，T1 的运行控制只有两个，即 $C/\overline{T}$ 和 M1、M0。$C/\overline{T}$ 选择定时器工作模式或计数器工作模式，M1、M0 选择 T1 的运行工作方式。

9.4　对外部输入信号的要求

当定时器/计数器工作在计数器模式时，计数脉冲来自外部引脚 T0 或 T1。当输入信号产生由 1 至 0 的跳变（下降沿）时，计数器加 1。在每个机器周期的 S5P2 期间，对外部引脚采集电平，即采集到脉冲的下降沿需要两个机器周期，即 24 个振荡周期。因此，对外部引脚输入的信号频率最高不能超过晶振的 24 分频，否则外部信号的计数会出现很大的误差。对于外部输入信号的占空比并没有什么限制，但为了确保某一个给定的电平在变化之前被采样，则这一电平至少要保持一个机器周期。

9.5　定时器/计数器的编程和应用

9.5.1　定时器/计数器的编程

1．定时器/计数器的初始化编程步骤

AT89S51 单片机的定时器/计数器是可编程的，在进行定时或计数操作之前要进行初始化编程。通常 AT89S51 单片机定时器/计数器的初始化编程包括如下几个步骤：

（1）确定工作方式，即给方式控制寄存器 TMOD 写入控制字。

（2）计算定时器/计数器初值，并将初值写入寄存器 TL 和 TH。

（3）根据需要，对中断控制寄存器 IE 置初值，确定是否开放定时器中断。

（4）使运行控制寄存器 TCON 中的 TRx 置 1，启动定时器/计时器。

2．定时器/计数器初值的计算

为使定时器/计数器能按照要求来计数或定时，在初始化过程中，必须设置定时器/计数器的初始值，这需要进行计算。由于计数器是加 1 计数，并在溢出时产生中断，因此初始化时计数器的初始值不能是所需的计数值，而是要从最大计数值减去计数值所得到的才是应当设置的计数器初始值，假设计数器的最大计数值为 M（也即是计数器的模，根据不同的工作方式，M 可以是 2^{13}、2^{16} 或 2^{8}），则计

算初值X的公式如下。

计数方式：$X = M-$ 要求的计数值 (9-1)

定时方式：$X = M - \dfrac{\text{要求的定时值}}{\text{机器周期}} = M - \dfrac{\text{要求的定时值}}{12/f_{osc}}$，即

$$X = M - \frac{f_{osc}\times \text{要求的定时值}}{12} \tag{9-2}$$

9.5.2 定时器/计数器的应用举例

1. 方式0的应用举例

【例9-1】 假设AT89S51单片机的系统时钟频率为12MHz，要求在P1.0引脚上输出周期为2ms的方波，其Proteus仿真电路图如图9-12所示，试编写相应程序。

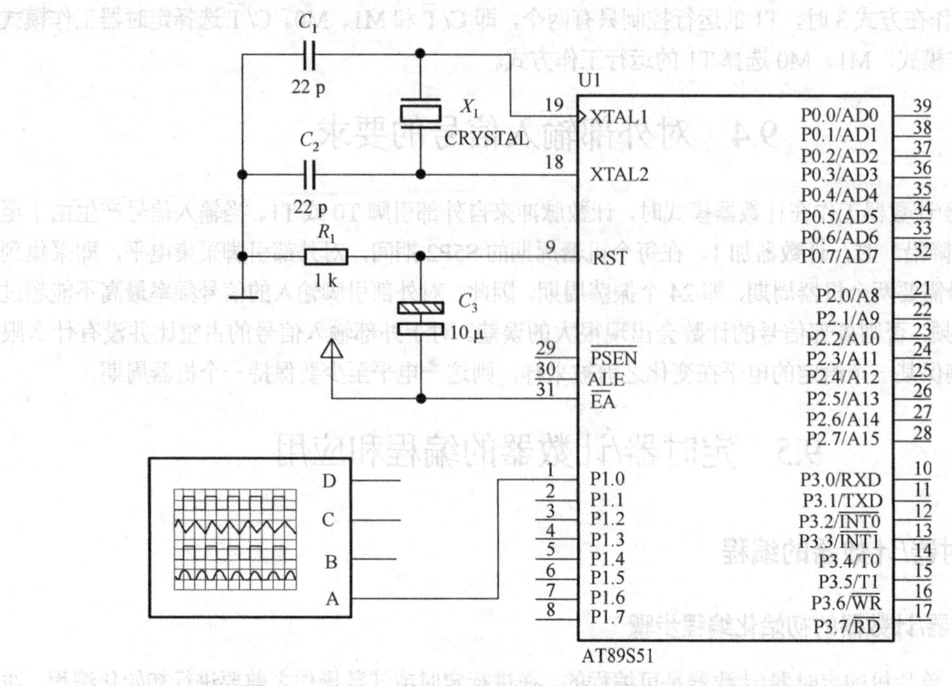

图9-12 例9-1利用定时器方式0输出周期2ms方波的仿真图

解：可设置T1定时，每定时1ms翻转一次P1.0引脚上的电平，即可获得周期为2ms的方波。

（1）计算计数初值X

由式(9-2)可得$X = 2^{13} - 12\times10^{6}\times10^{-3}/12 = 7192 = 1C18H$。

用13位二进制数表达为X = 1 1100 0001 1000B，取高8位送给TH1；取低5位作为TL1的低5位，高3位补0（也可取其他值）。由此得计数器T1的初始值为

(TH1) = E0H，(TL1) = 18H

（2）初始化程序设计

本例采用定时器中断方式工作。初始化程序包括定时器初始化和中断系统初始化，主要是对寄存器IP、IE、TCON、TMOD的相应位进行正确的设置，并将计数初值送入定时器中。

（3）程序设计

中断服务程序除了完成所要求的产生方波的工作之外，还要注意将计数初值重新装入定时器，为下一次产生中断做准备。

（4）程序清单

汇编语言源程序：

```
        ORG     0000H           ；程序入口
        AJMP    START
        ORG     001BH           ；T1 溢出中断入口
        AJMP    T1INT           ；转 T1 中断处理程序
        ORG     0030H
START:  MOVSP， #60H            ；系统初始化
        MOV     TMOD，#00H      ；设置 T1 工作于定时工作方式 0
        MOV     TH1，#0E0H      ；装入计数初值高字节
        MOV     TL1，#18H       ；装入计数初值低字节
        SETB    TR1             ；开启 T1 定时
        SETB    ET1             ；开启 T1 溢出中断
        SETB    EA              ；开启总中断
MAIN:   AJMP    MAIN            ；动态停机等待中断
T1INT:  MOV     TH1，#0E0H      ；T1 中断服务程序，T1 重装初值
        MOV     TL1，#18H
        CPL     P1.0            ；使端口线 P1.0 的电平取反
        RETI
        END
```

*C51 源程序：

```
#include<reg51.h>
sbit rect_wave = P1^0;                  /* 方波信号由 P1.0 引脚输出 */
void main(void)
{
    TMOD = 0x00;                        /* 设置 T1 工作于定时工作方式 0 */
    TH1 = 0xe0;                         /* 设置加 1 计数器的计数器初值高字节 */
    TL1 = 0x17;                         /* 设置加 1 计数器的计数器初值低字节 */
    IE = 0x00;                          /* 禁止中断 */
    ET1 = 1;                            /* 开启 T1 溢出中断 */
    EA = 1;                             /* 开启总中断 */
    TR1 = 1;                            /* 启动 T1 */
    while(1);                           /* 停机等待 */
}
void int1() interrupt 3
{
    TH1 = 0xe0;                         /* T1 重赋初值 */
    TL1 = 0x17;
    rect_wave = !rect_wave;             /* 输出取反 */
}
```

2. 方式 1 的应用举例

方式 1 和方式 0 基本相同，只是计时器的位数不同，方式 1 为 16 位，方式 0 为 13 位。

【例 9-2】 设 AT89S51 单片机的晶振频率为 6MHz，利用 T0 中断扩展方式产生 1s 定时。每当 1s 定时时间到，就使 P1.0 端口线电平翻转，控制其上外接的发光二极管闪烁。为显示对比效果，在 P1.7 引脚上另外接一发光二极管，作周期为 0.1 秒的闪烁。Proteus 仿真电路如图 9-13 所示。试编写相应程序。

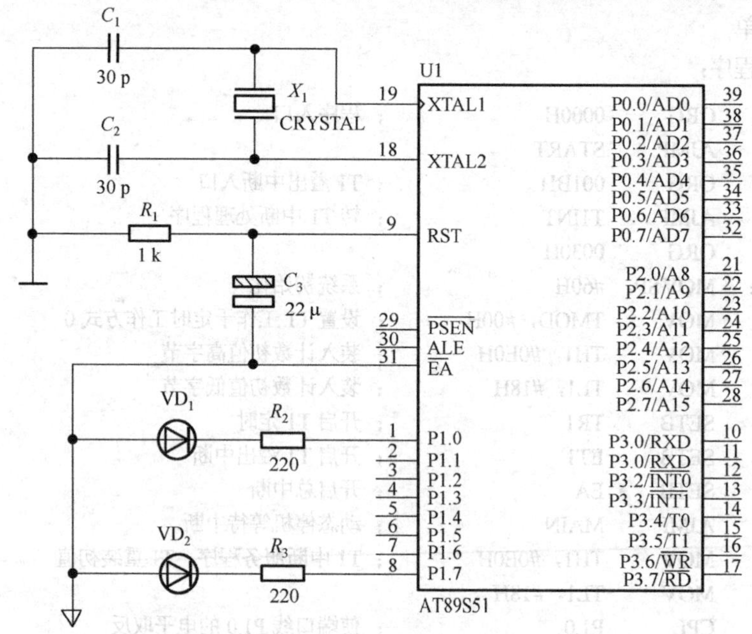

图 9-13　利用 T0 中断扩展方式产生 1s 定时

解：

（1）设计思路

因定时时间较长，采用哪一种工作方式合适呢？由各种工作方式的特性，可计算出时钟为 6MHz 的条件下，定时器各种工作方式下一次溢出的最长定时时间：

方式 0 最长可定时 16.384ms。

方式 1 最长可定时 131.072ms。

方式 2 最长可定时 512μs。

由上可见，仅仅利用定时器是无法完成 1s 定时的，必须增加计数器进行定时扩展。可选定时器 T0 工作方式 1，每隔 100ms 中断一次（驱动 P1.7 所接的发光二极管闪烁以作指示），中断 10 次即为 1s。

（2）计算计数初值 X

由式(9-2)可得 $X = 2^{16} - (6\times10^{6}\times100\times10^{-3})/12 = 15536 = 3CB0H$。因此，(TH0) = 3CH，(TL0) = B0H。

（3）定时扩展计数器的设置

对于中断 10 次计数，可采用 B 寄存器作为中断次数计数器。

（4）程序清单

汇编语言源程序：

```
        ORG     0000H
RESET:  LJMP    MAIN        ；上电，转入 MAIN
        ORG     000BH       ；T0 的中断入口
        LJMP    IT0P        ；转 T0 中断服务程序
        ORG     1000H
MAIN:   MOV     SP，#60H    ；设置堆栈
```

```
        MOV    B，#0AH         ；设置循环 10 次
        MOV    TMOD，#01H      ；设置 T0 工作在方式 1
        MOV    TL0，#0B0H      ；给 T0 装入初值
        MOV    TH0，#3CH
        SETB   TR0             ；启动 T0
        SETB   ET0             ；允许 T0 中断
        SETB   EA              ；开总中断
HERE:   SJMP   HERE            ；动态停机等待中断
IT0P:   MOV    TL0，#0B0H      ；重载计数初值
        MOV    TH0，#3CH
        DJNZ   B，LOOP         ；判断定时器溢出 10 次否?
        CPL    P1.0            ；10 次到，翻转 P1.0
        MOV    B，#0AH         ；1s 定时时间到，重新设置循环次数
LOOP:   CPL    P1.7            ；100ms 到，翻转 P1.7
        RETI
        END
```

*C51 源程序：

```
#include<reg51.h>
#define uchar unsigned char
sbit   rect_wave0 = P1^0;
sbit   rect_wave7 = P1^7;
uchar a = 10;
void main(void)
{
  TMOD = 0x01;                 /* 设置 T0 工作于定时工作方式 1 */
  TH0 = 0x3c;                  /* 设置加 1 计数器的计数器初值高字节 */
  TL0 = 0xb0;                  /* 设置加 1 计数器的计数器初值低字节 */
  IE = 0x00;                   /* 禁止中断 */
  ET0 = 1;                     /* 开启 T0 溢出中断 */
  EA = 1;                      /* 开启总中断 */
  TR0 = 1;                     /* 启动 T0 */
  while(1);                    /* 动态停机等待中断 */
}
void int1() interrupt 1
{
  TH0 = 0x3c;                  /* T0 重赋初值 */
  TL0 = 0xb0;
  rect_wave7 = !rect_wave7;
  while(!(--a))
  {                            /* 10 次中断后,变量 a 重赋初值 10 并将 P1.0 引脚取反 */
    a = 10;
    rect_wave0 = !rect_wave0;
  }
}
```

3. 方式 2 的应用举例

方式 2 是一个可以自动重装初值的 8 位定时器/计数器。这种工作方式可以省去用户程序中重载装入初值的指令，并可以产生相当精确的定时时间。

【例 9-3】 将 T0 设置为外部脉冲计数方式，在 P3.4（T0）引脚上外接一个单脉冲发生器，每按一次单脉冲按钮，T0 计数一个脉冲，同时将计数值送往 P1 口，控制 P1.0～P1.7 外接的 LED 发光二极管将计数值以二进制形式进行模拟显示。Proteus 仿真电路如图 9-14 所示，试编写相应程序。

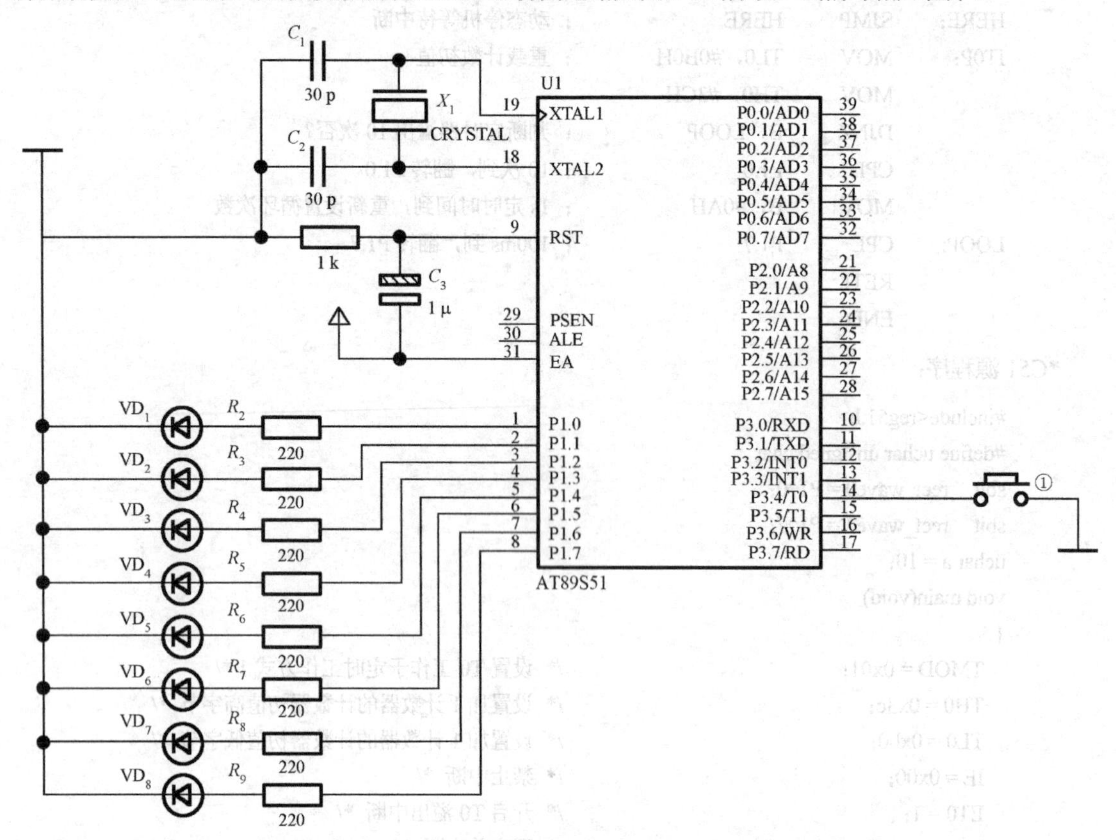

图 9-14 例 9-3 中 T0 作为外部计数器应用仿真图

解： 程序清单如下。

汇编语言源程序：

```
        ORG     0000H           ；复位地址
        LJMP    MAIN            ；跳转主程序
        ORG     0030H           ；主程序入口
MAIN:   MOV     TMOD，#06H      ；写入 T0 控制字，8 位外部计数方式
        MOV     TH0，#00H       ；写入 T0 计数初始值
        MOV     TL0，#00H
        CLR     EA
        SETB    TR0             ；开始计数
LOOP:   MOV     P1，TL0         ；将记数结果送 P1 口
        LJMP    LOOP
        END
```

*C51 源程序：

```
#include<reg51.h>
void main(void)
{
  TMOD = 0x06;
  TH0 = 0;
  TL0 = 0;
  EA = 0;
  TR0 = 1;
  while(1)
  {
    P1 = TL0;
  }
}
```

4．借用定时器/计数器溢出中断扩展外部中断源及 T0 工作方式 3 的应用举例

AT89S51 单片机内部有两个 16 位计数器，当计数器从全“1”变为全“0”时会向 CPU 发出溢出中断请求。根据这一原理，可以把 AT89S51 内部不用的计数器借给外部中断源使用，以达到扩展一个（或两个）外部中断源的目的。借用计数器溢出中断作为外部中断的方法如下。

（1）使被借用计数器处于离溢出还差“1”的状态。

（2）把被借用计数器的计数输入端 T0（或 T1）作为被扩展外部中断源的中断请求信号输入线。

（3）在被借用计数器中断入口地址 000BH（或 001BH）处存放一条转移指令，以便 CPU 在响应该计数器溢出中断时可以转移到相应外部中断源的中断服务程序。

上述分析表明，若要借用定时器/计数器中断来扩展外部中断源，除了 T0（或 T1）引脚线应作为被扩展外部中断请求输入线外，还需要在主程序开头对被借用定时器/计数器进行初始化。

初始化包括定时器/计数器工作方式设定和定时器初值设置，现结合实例加以说明。

【例 9-4】 写出定时器/计数器 T0 中断源用作外部中断源的初始化程序。

解： 相应初始化程序如下：

```
MOV   TMOD，#06H        ；设置 T0 计数器工作方式 2
MOV   TL0，#0FFH        ；送低 8 位计数器初值
MOV   TH0，#0FFH        ；送高 8 位计数器初值
SETB  EA                ；开所有中断
SETB  ET0               ；允许计数器 T0 中断
SETB  TR0               ；启动计数器 T0 工作
END
```

借用定时器/计数器 T0 来扩展外部中断源，实际上相当于使 AT89S51 的 T0 引脚变成一个边沿触发型外部中断请求输入线，从而少了一个定时器溢出中断源。此时，T0 线上外部中断源的中断入口地址就是 T0 的中断向量 000BH。

【例 9-5】 当 T0（P3.4）引脚上发生负跳变时，开始从 P1.0 引脚输出一个周期为 1ms 的方波，如图 9-15 所示（假设系统时钟为 6MHz），其 Proteus 仿真电路如图 9-16 所示，试编写相应程序。

解：

（1）设计思路

设置 T0 工作在方式 3 计数模式，把 T0 引脚(P3.4)作扩展的外部中断输入端，TL0 初值设为 0FFH，

当检测到 T0 引脚电平出现负跳变时 TL0 加 1，然后溢出申请中断，这相当于下降沿触发的外部中断源。设定 TH0 为 8 位方式 3 定时模式，定时时间为 500μs。在 TL0 的中断服务程序中启动 TH0 的定时，控制 P1.0 输出周期 1ms 的方波信号。

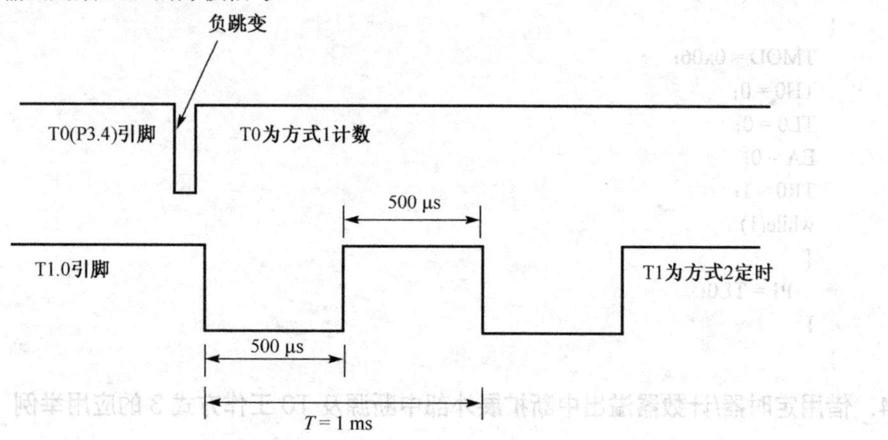

图 9-15 例 9-5 信号波形图

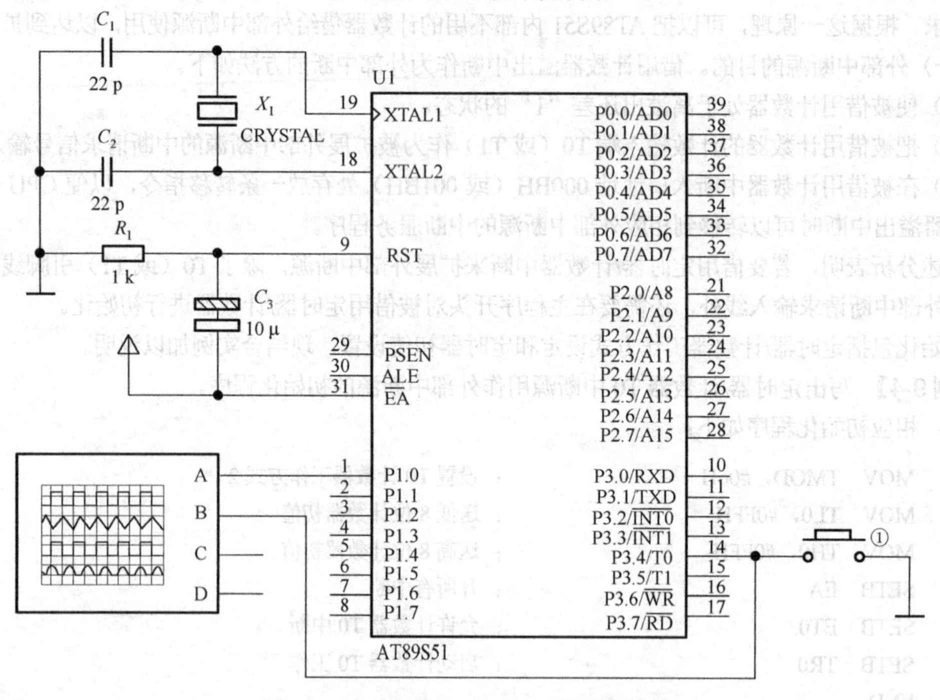

图 9-16 例 9-5 中 T0 方式 3 应用的仿真图

（2）计数初值的计算

TL0 的初值设为 0FFH。

方波的周期为 1ms，则 TH0 的定时时间为 500μs。

设 TH0 初值为 X，由式(9-2)可得 $X = 2^8-6\times10^6\times500\times10^{-6}/12 = 6 =$ 06H，即 TH0 的初值为 06H。

（3）程序清单

汇编语言源程序：

```
        ORG     0000H
RESET:  LJMP    MAIN            ；复位入口转主程序
```

```
            ORG     000BH
            LJMP    TL0INT          ；转 TL0 中断服务程序
            ORG     001BH
            LJMP    TH0INT          ；转 TH0 中断服务程序
            ORG     0100H
MAIN:       MOV     SP，#60H        ；设置堆栈指针
            MOV     TMOD，#07H      ；设置 T0 处于计数器工作方式 3
            MOV     TL0，#0FFH      ；TL0 置初值
            MOV     TH0，#06H       ；TH0 置初值
            SETB    TR0             ；启动 TL0
            SETB    ET0             ；允许 TL0 中断
            SETB    EA              ；开中断
HERE:       AJMP    HERE            ；动态停机等待中断
TL0INT:     CLR     TR0             ；TL0 中断服务程序，停止 TL0 计数
SETB        TR1                     ；启动 TH0 定时
            SETB    ET1             ；允许 TH0 中断
            RETI
TH0INT:     MOV     TH0，#06H       ；TL0 中断服务程序，重载 TH0 初值
            CPL     P1.0            ；P1.0 取反
            RETI
            END
```

*C51 源程序：

```
#include<reg51.h>
#define uchar unsigned char
sbit    rect_wave = P1^0;
void main(void)
{
  TMOD = 0x07;                    /* 设置 T0 工作于计数器工作方式 3 */
  TH0 = 0x06;                     /* 设置 TH0 初值 */
  TL0 = 0xff;                     /* 设置 TL0 初值 */
  F0 = 0;                         /* F0 初始化 */
  IE = 0x00;                      /* 禁止中断 */
  ET0 = 1;                        /* 开启 T0 溢出中断 */
  EA = 1;                         /* 开启总中断 */
  TR0 = 1;                        /* 启动 T0 */
  while (1)
  {
     if(F0)                       /* P3.4 引脚是否发生负跳变 */
     {
        ET1 = 1;                  /* 开启 T1 溢出中断 */
        TR1 = 1;                  /* 启动 T1 */
     }
  }
}
void count() interrupt 1
{
  TR0 = 1;
  F0 = 1;
}
void time()  interrupt 3
{
  TH0 = 0x06;
```

```
        rect_wave = !rect_wave;
    }
```

5．门控制位 GMTE 的应用举例——测量脉冲宽度

【例 9-6】 如图 9-17 所示，当特殊功能寄存器 TMOD 和 TCON 中的 GATE = 1、TR1 = 1，且只有 $\overline{\text{INT1}}$ 引脚上出现高电平时，T1 才被允许计数，利用这一特点可以测量加在 P3.3（即 $\overline{\text{INT1}}$ 引脚）上的正脉冲宽度。

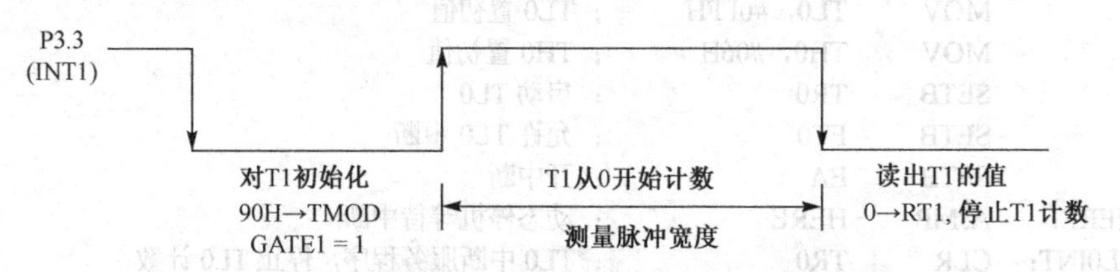

图 9-17　例 9-6 利用 GATE 位测量脉冲宽度操作示意图

解：

（1）测量方法：先将 T1 设置为定时方式，GATE 设为 1，并在 $\overline{\text{INT1}}$ 引脚为 0 时将 TR1 置 1，这样当 $\overline{\text{INT1}}$ 引脚变为 1 时将启动 T1；当 $\overline{\text{INT1}}$ 引脚再次变为 0 时将停止 T1，此时 T1 的定时值就是被测正脉冲的宽度，操作过程示意如图 9-17 所示。若将定时器初值设为 0，当单片机晶振频率为 12MHz 时，机器周期为 1μs，此时计数器的计数值即为正脉冲宽度的μs 值，能测量的最大脉冲宽度为 65.536ms。

（2）Proteus 仿真：Proteus 仿真电路如图 9-18 所示，打开所建好的 Proteus 工程，执行所编程序，然后暂停，单击 Debug 下拉菜单中的 8051 CPU Internal (IDATA) Memory 选项，可以看到片内 RAM 单元 30H 和 31H 中的内容随外加在 P3.3 上的仿真脉冲宽度变化而做相应变化，如图 9-19 所示。

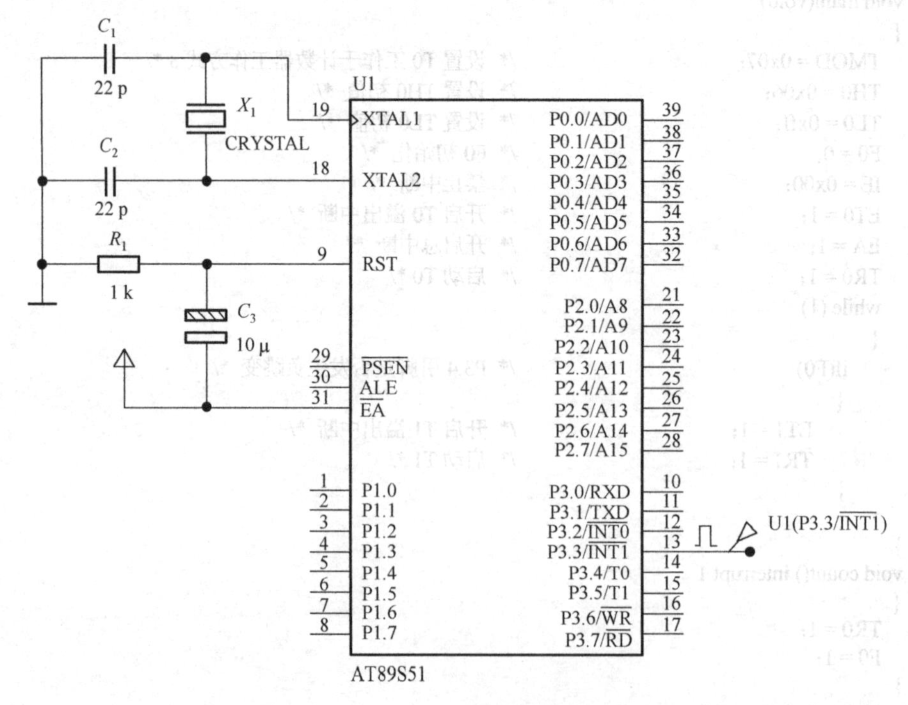

图 9-18　例 9-6 脉冲宽度测量电路仿真图

（3）程序清单

汇编语言源程序：

```
        ORG     0000H           ；复位地址
        LJMP    MAIN            ；跳转到主程序
        ORG     0030H           ；主程序入口地址
MAIN:   MOV     TMOD，#90H      ；T1 工作于定时器方式 1，GATE = 1
        MOV     TL1，#00H       ；计数初始设为 0
        MOV     TH1，#00H       ；到晶振频率为 12MHz 是最大脉冲宽度为 65.536ms
RL1:    JB      P3.3，RL1       ；等待 P3.3 变低
        SETB    TR1             ；启动 T1
RL2:    JNB     P3.3，RL2       ；等待 P3.3 变高
RL3:    JB      P3.3，RL3       ；等待 P3.3 再次变低
        CLR     TR1             ；停止 T1
        MOV     30H，TH1        ；读取脉冲宽度高字节
        MOV     31H，TL1        ；分别存放于 30H 和 31H
        SJMP    $               ；动态停机
        END
```

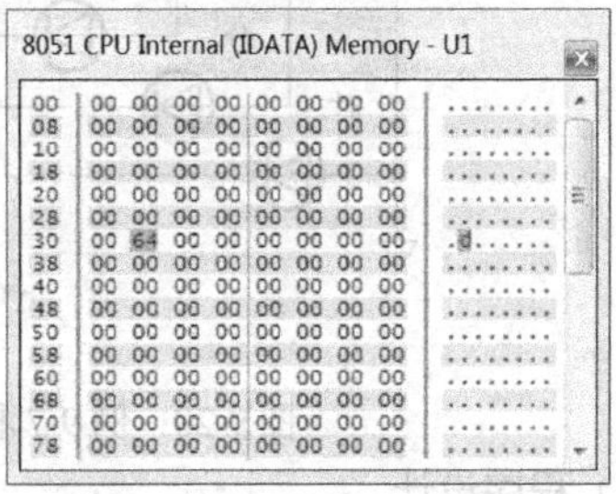

*C51 源程序：

```
#include<reg51.h>
unsigned char data *p1;
unsigned char data *p2;
sbit   rect_wave = P3^3;
void main(void)
{
   p1 = 0x30;                  /* 间接寻址 */
   p2 = 0x31;
   TMOD = 0x90;                /* 设置 T0 工作于定时工作方式 1 */
   TH1 = 0x00;                 /* 设置加 1 计数器的计数器初值高字节 */
   TL1 = 0x00;                 /* 设置加 1 计数器的计数器初值低字节 */
   while(rect_wave);
   TR1 = 1;
   while(!rect_wave);
   while(rect_wave);
   TR1 = 0;
   *p2 = TL1;
   *p1 = TH1;
   while(1);                   /* 动态停机 */
}
```

8051 CPU Internal (IDATA) Memory - U1

图 9-19　例 9-6 100μs 脉冲宽度测量结果仿真图

6．实时时钟的设计

本小节介绍如何使用定时器/计数器来实现实时时钟。

【例 9-7】 设 AT89S51 单片机的晶振频率为 6MHz，编写利用 T0 实现实时时钟的程序。其仿真电路如图 9-20 所示，其中时间值的变化用发光二极管闪烁模拟。

解：

（1）设计思路

本例实际上是例 9-3 的扩展，仍然采用中断扩展方式实现 1s 定时。安排 3 个内存单元，分别记录秒、分、时的数值，每到 1 秒钟对这些单元进行计数操作，图中内部 RAM 42H 为“秒”单元，41H 为“分”

单元，40H 为“时”单元。如果编有显示程序，则把这些数据送入显示缓冲区即可显示实时时间（可参阅第 13 章）。本例以 3 个发光二极管的闪烁分别模拟秒、分、时数据的变动情况，如图 9-20 所示。

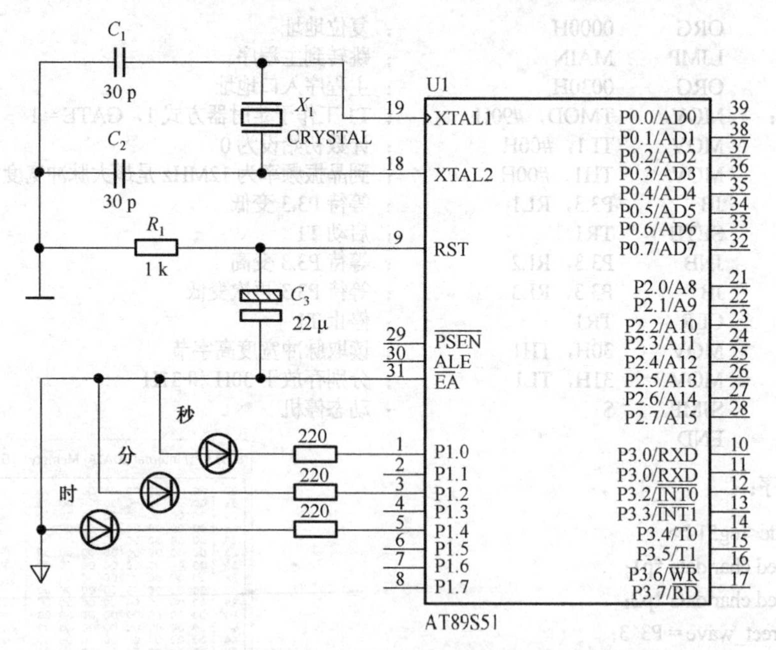

图 9-20　例 9-7 利用 T0 中断扩展方式实现实时时钟的仿真图

（2）程序设计

① 主程序的设计：主程序的主要功能是进行定时器 T0 的初始化，并启动 T0，然后通过反复调用显示子程序，等待 100ms 定时中断的到来。主程序的流程如图 9-21 所示。

② 中断服务程序的设计：中断服务程序（TOT0）的主要功能是实现秒、分、时的计时处理。中断服务程序的流程如图 9-22 所示。

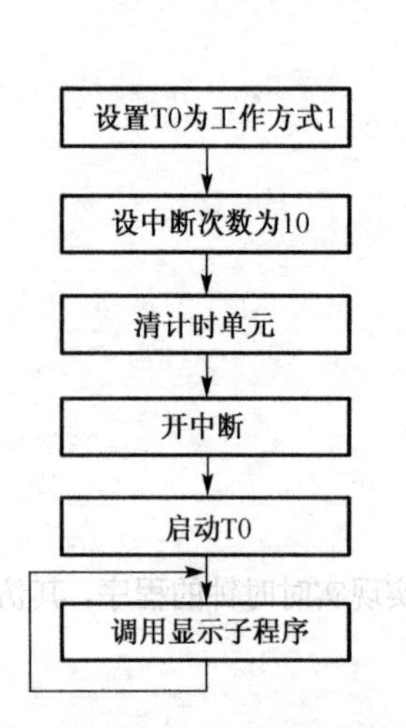

图 9-21　例 9-7 主程序流程图

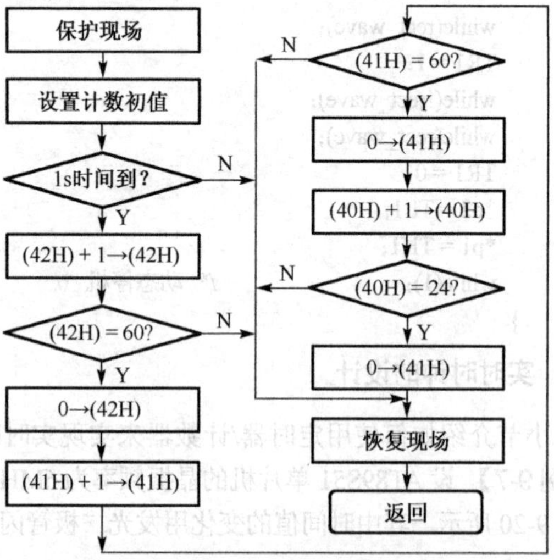

图 9-22　例 9-7 中断服务程序流程图

（3）程序清单

汇编语言源程序：

```
        ORG     0000H           ；复位入口
        LJMP    MAIN            ；转到主程序
        ORG     000BH           ；T0 中断入口
        LJMP    TOT0            ；转到 T0 中断服务程序
        ORG     0030H           ；主程序入口
MAIN:   MOV     SP，#60H        ；设置堆栈指针
        MOV     20H，#0AH       ；设置中断此次数
        MOV     40H，#00H       ；时单元清 0
        MOV     41H，#00H       ；分单元清 0
        MOV     42H，#00H       ；秒单元清 0
        MOV     TMOD，#01H      ；设置 T0 的工作方式
        MOV     TH0，#3CH       ；载入计数初值
        MOV     TL0，#0B0H
        SETB    TR0             ；启动 T0
        SETB    EA              ；开中断
        SETB    ET0             ；允许 T0 中断
        SJMP$                   ；动态停机等待中断（也可调用显示子程序）
TOT0:   PUSH  PSW               ；T0 中断服务程序
        PUSH    ACC
        MOV     TH0，#3CH       ；重载计数初值
        MOV     TL0，#0B0H
        DJNZ    20H，RT         ；1s 未到，返回
        MOV     20H，#0AH       ；重置中断次数
        MOV     A，#01H
        ADD     A，42H          ；秒单元加 1
        DA      A               ；十进制调整
        MOV     42H，A          ；转换为 BCD 码
        CPL     P1.0            ；每 1 秒翻转 1 次 P1.0 电平
        CJNE    A，#60H，RT     ；未到 60s 返回
        MOV     42H，#00H       ；到 60s，秒单元清 0
        MOV     A，#01
        ADD     A，41H          ；分单元加 1
        DA      A               ；十进制调整
        MOV     41H，A          ；转换为 BCD 码
        CPL     P1.2            ；每 1 分钟翻转 1 次 P1.2 电平
        CJNE    A，#60H，RT     ；未到 60 分钟，返回
        MOV     41H，#00H       ；60 分钟到，分单元清 0
        MOV     A，#01H
        ADD     A，40H          ；时单元加 1
        DA      A               ；十进制调整
        MOV     40H，A          ；转换为 BCD 码
        CPL     P1.4            ；每 1 小时翻转 1 次 P1.4 电平
        CJNE    A，#24H，RT     ；24 小时未到，返回
        MOV     40H，#00H       ；24 小时到，清 0
        MOV     P1，#00H
```

```
RT:     POP     ACC         ；现场恢复
        POP     PSW
        RETI                ；中断返回
        END
```

*C51 源程序：

```
#include<reg51.h>                          /* 包含51单片机寄存器定义的头文件 */
sbit  second_wave = P1^0;
sbit  minute_wave = P1^2;
sbit  hour_wave = P1^2;
unsigned char int_time ;                   /* 中断次数计数变量 */
unsigned char second;                      /* 秒计数变量 */
unsigned char minute;                      /* 分钟计数变量 */
unsigned char hour;                        /* 小时计数变量 */
/* ************************************************************
函数功能：主函数
************************************************************ */
void main(void)
{
  TMOD = 0x01;                            /* 使用定时器 T0  */
  EA = 1;                                 /* 开中断总允许 */
  ET0 = 1;                                /* 允许T0中断 */
  TH0 = 0x3c;                             /* 定时器高8位赋初值 */
  TL0 = 0xb0;                             /* 定时器低8位赋初值 */
  TR0 = 1;
  int_time = 0;                           /* 中断计数变量初始化 */
  second = 0;                             /* 秒计数变量初始化 */
  minute = 0;                             /* 分钟计数变量初始化 */
  hour = 0;                               /* 小时计数变量初始化 */
  while(1) ;
}
/* ************************************************************
函数功能：定时器T0的中断服务子程序
************************************************************ */
void interserve(void ) interrupt 1 using 1  /* using Time0 */
{
  int_time++;
  if (int_time = = 10)
  {
     int_time = 0;                        /* 中断计数变量清0 */
     second++;                            /* 秒计数变量加 1 */
     second_wave = !second_wave;          /* 每1秒钟翻转1次P1.0电平 */
  }
  if (second = = 60)
  {
     second = 0;                          /* 如果秒计满 60，将秒计数变量清0 */
```

```
        minute++;                          /* 分钟计数变量加 1
        minute_wave = !minute_wave;        /* 每 1 分钟翻转 1 次 P1.2 电平 */
    }
    if(minute == 60)
    {
        minute = 0;                        /* 如果分钟计满 60，将分钟计数变量清 0 */
        hour++;                            /* 小时计数变量加 1 */
        hour_wave = !hour_wave;            /* 每 1 小时翻转 1 次 P1.4 电平 */
    }
    if(hour == 24)
    {
        hour = 0;                          /* 如果小时计满 24，将小时计数变量清 0 */
    }
        TH0 = 0x3c;                        /* 定时器重新赋初值 */
        TL0 = 0xb0;
}
```

习题与思考题 9

9.1　定时器/计数器工作于定时和计数模式时有何异同点？

9.2　AT89S51 单片机内设有几个可编程的定时器/计数器？它们可以有哪几种工作模式？哪几种工作方式？如何选择和设定？各有什么特点？

9.3　AT89S51 单片机中与定时器相关的特殊功能寄存器有哪几个？它们的功能各是什么？

9.4　AT89S51 单片机内的定时器/计数器 T0、T1 工作在方式 3 时，有何不同？

9.5　定时器/计数器用作定时器时，其计数脉冲由谁提供？定时时间与哪些因素有关？

9.6　定时器/计数器用作计数器模式时，对外界计数频率有何限制？

9.7　AT89S51 单片机的晶振频率为 6MHz，若要求定时值分别为 0.1ms 和 10ms，定时器 0 工作在方式 0、方式 1 和方式 2，其定时器初值各应是多少？

9.8　定时器/计数器的工作方式 2 有什么特点？适用于什么应用场合？

9.9　要求定时器/计数器的运行控制完全由 TR1、TR0 确定或完全由 $\overline{\text{INT0}}$ 、$\overline{\text{INT1}}$ 的高、低电平控制时，其初始化编程应做何处理？

9.10　定时器/计数器测量某正单脉冲的宽度，采用何种方式可得到最大量程？若时钟频率为 6MHz，求允许测量的最大脉冲宽度。

9.11　定时器/计数器作为外部中断源使用时，需要如何初始化？以 T0 为例通过程序说明。

9.12　采用定时器/计数器 T0 对外部脉冲进行计数，每计数 100 个脉冲后，T0 转为定时工作方式。定时 1ms 后，又转为计数方式，如此循环不止。假定 AT89S51 单片机的晶体振荡器的频率为 6MHz，请使用方式 1 实现，要求编写程序。

9.13　编写程序，要求使用 T0，采用方式 2 定时，在 P1.0 输出周期为 400μs、占空比为 10:1 的矩形脉冲。

9.14　已知单片机时钟振荡频率为 6MHz，利用 T0 定时器，在 P1.1 引脚上输出连续方波，波形如图 9-23 所示。

9.15　一个定时器的定时时间有限，如何实现两个定时器的串行定时，来实现较长时间的定时？

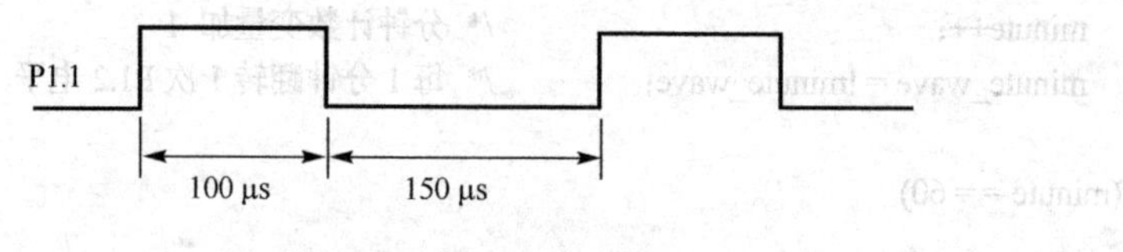

图 9-23 题 9.14 波形图

9.16 当定时器/计数器 T0 用作方式 3 时，定时器/计数器 T1 可以工作在何种方式下？如何控制 T1 的开启和关闭？

9.17 编写一段程序，功能要求为：当 P1.0 引脚的电平正跳变时，对 P1.1 的输入脉冲进行计数；当 P1.2 引脚的电平负跳变时，停止计数，并将计数值写入 R0、R1（高位存 R1，低位存 R0）。

9.18 利用定时器/计数器 T0 产生定时时钟，由 P1 口控制 8 个指示灯。编写一个程序，使 8 个指示灯依次闪动，闪动频率为 1 次/秒（即亮 1 秒后熄灭并点亮下一个）。

第 10 章　51 系列单片机的串行接口及其应用

内容提要

本章介绍串行通信的基础知识，重点介绍 51 系列单片机串行口的结构、工作原理及应用。

教学目标

- 了解串行通信的基础知识，理解数据帧格式和波特率在异步通信中的重要性。
- 了解 AT89S51 单片机串行口的结构及工作原理。
- 掌握 AT89S51 单片机串行口的使用方法。
- 建立起计算机串行通信应用的概念。

10.1　计算机串行通信基础

通信是指信息的交换。计算机通信是将计算机技术与通信技术相结合，完成计算机与外部设备或计算机与计算机之间的信息交换。通信技术在计算机测控系统中起着越来越重要的作用。

10.1.1　计算机通信方式的分类

计算机通信的基本方式可分为并行通信和串行通信两种。

1. 并行通信

所谓并行通信，是指数据的各位同时在多根数据线上同时发送或接收的通信方式，如图 10-1 所示。并行通信时除了数据线外还要有通信控制线。发送设备在发送数据时要先检测接收设备的状态，若接收设备处于可以接收数据的状态，发送设备就发出选通信号。在选通信号的作用下各数据位信号同时（图 10-1 所示为 T2 时刻）传送到接收设备。

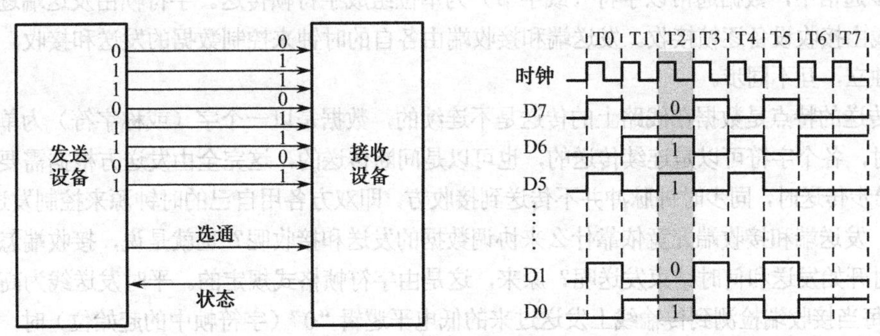

图 10-1　并行通信示意图

并行通信的特点：传送控制简单、速度快，但传输线较多，远距离传输成本太高。

2. 串行通信

串行通信是指数据的各位在同一根数据线上依次逐位发送或接收的通信方式，如图10-2所示。串行通信时，数据发送设备要先将数据代码由并行形式转换成串行形式，然后一位一位地逐个放在传输线路上传送；数据接收设备将接收到的串行形式的数据转换成并行形式再进行存储或处理。串行通信必须采取一定的方法进行数据传送的起始及停止控制。

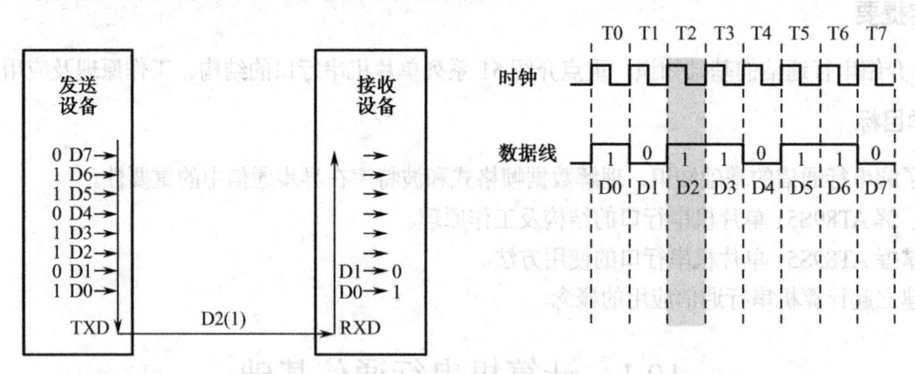

图10-2　串行通信示意图

串行通信的特点：传送控制复杂、速度较慢，但传输线少，可以利用现有的电话线作为传输介质，大大降低了传输线路的成本，特别是当数据位数较多和远距离数据传送时，这一优点更加突出。

10.1.2　串行通信的分类

对于串行通信，数据信息和控制信息都要在一条线上实现传送。为了对数据和控制信息进行区分，收发双方要事先约定共同遵守的通信协议。通信协议约定内容包括：同步方式、数据格式、传输速率、校验方式等。

按照串行数据的同步方式，串行通信可以分为同步通信和异步通信两类。同步通信是靠识别同步字符来实现数据的发送和接收的通信方式，而异步通信则是一种利用字符的再同步技术的通信方式。

1. 异步通信（Asynchronous Communication）

在异步通信中，数据通常以字符（或字节）为单位组成字符帧传送。字符帧由发送端逐帧发送，通过传输线由接收设备逐帧接收。发送端和接收端由各自的时钟来控制数据的发送和接收，这两个时钟源彼此独立，互不同步。

异步传送的特点是数据在线路上的传送是不连续的，数据是以一个字（或称字符）为单位传送。异步传送时，各个字符可以是连续传送的，也可以是间断传送的，这完全由发送方根据需要来决定。另外，在异步传送时，同步时钟脉冲并不传送到接收方，即双方各用自己的时钟源来控制发送和接收。

那么，发送端和接收端究竟依靠什么来协调数据的发送和接收呢？也就是说，接收端怎么会知道发送端何时开始发送和何时结束发送呢？原来，这是由字符帧格式规定的。平时发送线为高电平（逻辑“1”），每当接收端检测到传输线上发送过来的低电平逻辑“0”（字符帧中的起始位）时，就知道发送端已开始发送，每当接收端接收到字符帧中的停止位时，就知道一帧字符信息已发送完毕。

可见在这种状况下，要能够进行数据的正确传送，有两件事情是必须事先由通信的双方约定好的，这就是所传送数据的组织格式和传送数据的速率，即字符帧的格式和波特率。

（1）字符帧格式

字符帧也称为数据帧，由起始位、数据位、奇偶校验位和停止位4部分组成，如图10-3所示。现对各部分结构和功能分述如下：

① 起始位：位于字符帧开头，只占 1 位，始终为逻辑 0 低电平，用于向接收设备表示发送端开始发送一帧信息。

② 数据位：紧跟起始位之后，用户根据情况可取 5 位、6 位、7 位或 8 位，低位在前高位在后。若所传数据为 ASCII 码字符，则常取 7 位。

③ 奇偶校验位：位于数据位后，仅占 1 位，用于表征串行通信中是采用奇校验还是采用偶校验，由用户根据需要决定。

④ 停止位：位于字符帧末尾，为逻辑“1”高电平，通常可取 1 位、1.5 位或 2 位，用于向接收端表示一帧字符信息已发送完毕，也为发送下一帧字符做准备。

⑤ 空闲位：位于两字符帧之间，为逻辑“1”高电平。在串行通信中。发送端逐帧发送信息，接收端逐帧接收信息。两相邻字符帧之间可以无空闲位，也可以有若干空闲位，由用户根据需要决定。

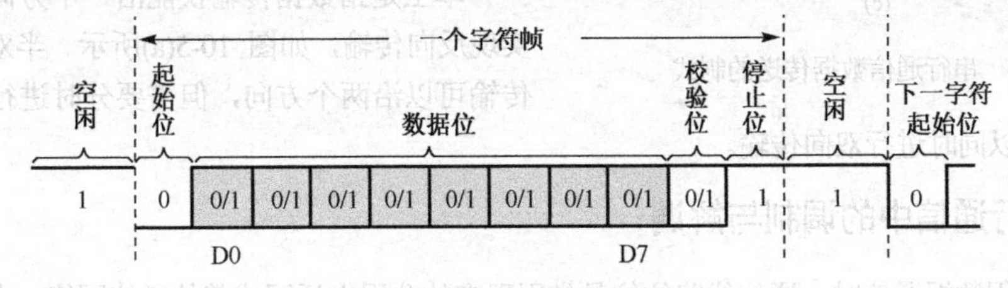

图 10-3　异步通信的字符帧格式

（2）波特率（baud rate）

波特率定义为每秒钟传送二进制数码的位数（亦称比特数），单位是 bps（bit per second）或 b/s。波特率是串行通信的重要指标，用于表征数据传输的速度。波特率越高，数据传输速度越快，相应地每一位数据在线路上保持的时间就越短。

波特率还与信道的频带有关。波特率越高，信道频带越宽。因此，波特率也是衡量信道频宽的重要指标。通常，异步通信的波特率在 50～9600bps 之间。波特率不同于发送时钟和接收时钟，常是时钟频率的 1/16 或 1/64。

异步通信的优点是不需要传送同步脉冲，故所需设备简单。缺点是字符帧中因包含有起始位和停止位而降低了有效数据的传输速率。

2．同步通信（Synchronous Communication）

同步通信是一种连续串行传送数据的通信方式，一次通信只传送一帧信息。这里的信息帧和异步通信中的字符帧不同，通常含有若干数据字符，如图 10-4 所示。它们均由同步字符、数据字符和校验字符 CRC（Cyclic Redundancy Check，循环冗余校验）3 部分组成。其中，同步字符位于帧结构开头，用于确认数据字符的开始（接收端不断对传输线采样，并把采样到的字符和双方约定的同步字符比较，只有比较成功后才会把后面接收到的字符加以存储）；数据字符在同步字符之后，个数不受限制，由所需传输的数据块长度决定；校验字符有 1～2 个，位于帧结构末尾，用于接收端对接收到的数据字符的正确性进行校验。

同步字符	数据字符 1	数据字符 2	…	数据字符 *n*–1	数据字符 *n*	校验字符	（校验字符）

图 10-4　同步通信数据传送格式

在同步通信中，同步字符可以采用统一标准格式，也可由用户约定。在单同步字符帧结构中，同步字符常采用 ASCII 码中规定的 SYN（即 16H）代码，在双同步字符帧结构中，同步字符一般采用国际通用标准代码 EB90H。

同步通信的数据传输速率较高，通常可达 56Mbps 或更高。同步通信的缺点是要求发送时钟和接收时钟保持严格同步，故发送时钟除应和发送波特率保持一致外，还要求把它同时传送到接收端去。

10.1.3 串行通信的制式

在串行通信中，数据是在两个数据站之间传送的。按照数据传送方向，串行通信可分为单工、半双工和全双工 3 种制式，如图 10-5 所示。

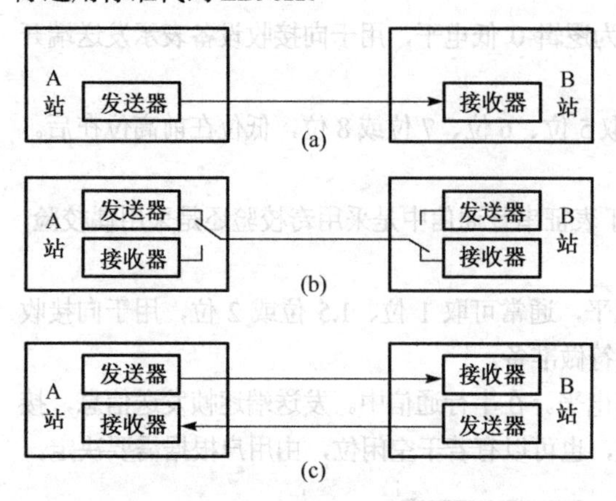

图 10-5　串行通信数据传送的制式

单工是指数据传输仅能沿一个方向进行，不能实现反向传输，如图 10-5(a)所示。半双工是指数据传输可以沿两个方向，但需要分时进行。全双工是指数据传输可以同时进行双向传输。

10.1.4 串行通信中的调制与解调

在进行远程数据通信时，通信线路往往是借用现有的公用电话网或其他通信网络。在计算机中，数据信号电平通常是 TTL 型的，即大于等于 2.4V 表示逻辑“1”，小于等于 0.5V 表示逻辑“0”。因此，这种信号用于远距离传输，必然会因为衰减和畸变致使信号传送到接收端后无法辨认。另外，通信网传输线路的带宽限制也使之不适合直接传输二进制数据。解决这个问题的方法是改变信号传输形式，即用调制和解调的方法。

用一个信号控制另一个信号的某个参数使之随着变化的过程称为调制，这两个信号分别称为调制信号和被调制信号。经调制后参数随调制信号变化的信号称为已调信号，从已调信号中还原出原调制信号的过程称为解调。

使用调制器把数字信号变成交变模拟信号（例如，把数码“1”调制成 2400Hz 的正弦信号，把数码“0”调制成 1200Hz 的正弦信号）送到传输线路上，在接收端再通过解调器把交变模拟信号还原成数字信号，送到数据处理设备，如图 10-6 所示。一般在通信的任一端都有接收和发送要求，所以要兼备调制器和解调器的功能，因此常把调制器和解调器做在一起成为调制解调器，即 Modem。现在调制和解调电路已经集成化为一个芯片，只要给这种芯片加上少量的外部附加电路，就构成一个完善的 Modem，使用 Modem 可以实现计算机的远程通信。

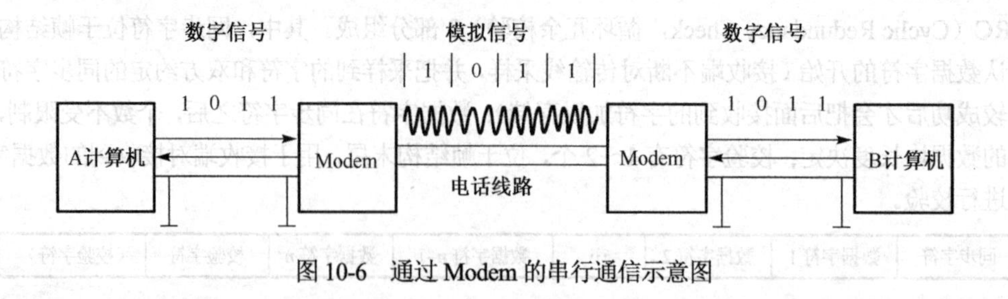

图 10-6　通过 Modem 的串行通信示意图

计算机可以称为数据终端设备（Data Terminal Equipment，DTE），而调制解调器（Modem）就是数据通信设备（Data Circuit-terminating Equipment，DCE）。通信线路可以是各种不同的介质，而 Modem 也可根据信道（线路）不同而有所不同。

10.1.5　串行通信的校验

串行通信的目的不只是传送数据信息，更重要的是应确保准确无误地传送。因此必须考虑在通信过程中对数据差错进行校验，因为差错校验是保证准确无误通信的关键。常用差错校验方法有奇偶校验、累加和校验及循环冗余码校验等。

1．奇偶校验

奇偶校验的特点是按字符校验，即在发送每个字符数据之后都附加一位奇偶校验位（1 或 0），当设置为奇校验时，数据中 1 的个数与校验位 1 的个数之和应为奇数；反之则为偶校验。收、发双方应具有一致的差错检验设置，当接收 1 帧字符时，对 1 的个数进行检验，若奇偶性（收、发双方）一致则说明传输正确。奇偶校验只能检测到那种影响奇偶位数的错误，比较低级且速度慢，一般只用在异步通信中。

2．累加和校验

累加和校验是指发送方将所发送的数据块求和，并将“校验和”附加到数据块末尾。接收方接收数据时也是先对接收到的数据块求和，再将所得结果与发送方的“校验和”进行比较，若两者相同，表示传送正确，若不同则表示传送出了差错。“校验和”的加法运算可用逻辑加，也可用算术加。

3．循环冗余码校验（CRC）

循环冗余码校验的基本原理是将一个数据块视为一个位数很长的二进制数，然后用一个特定的数去除它，将余数作为校验码附在数据块之后一起发送。接收端收到该数据块和校验码后，进行同样的运算来校验传送是否出错。目前 CRC 已广泛用于数据存储和数据通信中，并在国际上形成规范，市面上已有不少现成的 CRC 软件算法。

10.1.6　串行通信中串行 I/O 数据的实现

在计算机系统或计算机终端内部，数据以并行的方式存储或传送，而串行通信中的数据是逐位依次传送的。因而，在串行通信中，发送端必须把并行数据变成串行数据才能在线路上传送，接收端接收到的串行数据又需要变换成并行数据才可以送给终端。数据的这种并串变换通常是由硬件来实现的，但也可以用软件方法实现。为了弄清数据并串变换的过程，下面首先介绍软件实现法。

1．串行 I/O 数据的软件实现

为了演示数据并串变换的软件实现原理，现以异步通信中的数据发送为例加以讨论。

【例 10-1】 设内部 RAM 以 30H 为起始地址有一个数据块，数据块长度在 LEN 单元中，数据块中每一个数的低 7 位为字符的 ASCII 码，最高位为奇校验位（假设已由程序设置好），请编写能在 AT89S51 的 P1.0 引脚上串行输出字符帧的程序。要求字符帧长度为 11 位，1 位起始位，7 位字符位，1 位奇校验位和 2 位停止位。

解：本程序采用双重循环，外循环控制发送字符的个数，内循环控制字符帧的位数。相应参考程序如下：

```
        ORG     1000H
SOUT:   MOV     R0，#30H        ；数据块起始地址送 R0
NEXT:   MOV     R2，#0BH        ；字符帧长度送 R2
        CLR     C               ；清 Cy
        MOV     A，@R0          ；发送数据送 A
```

```
        RLC     A             ；起始位送ACC.0
        INC     R0            ；数据块指针R0加1
LOOP:   MOV     R1，A         ；发送字符暂存R1
        ANL     A，#01H       ；屏蔽A中高7位
        ANL     P1，#0FEH     ；清除P1.0
        ORL     P1，A         ；在P1.0上输出串行数据
        MOV     A，R1         ；恢复A中的值
        ACALL   DELAY         ；调用延时程序
        RRC     A             ；准备输出下一位
        SETB    C             ；在Cy中形成停止位
        DJNZ    R2，LOOP      ；若一帧未发完，则LOOP
        DJNZ    LEN，NEXT     ；若所有字符未发完，则NEXT
        RET                   ；若所有字符已发完，则返回
DELAY:  …                     ；延时子程序
        END
```

上述延时子程序的延时时间由串行发送的波特率决定，近似等于波特率的倒数。

用软件实现并串变换比较简单，无须外加硬件电路，但字符帧格式变化时常需要修改程序，而且CPU的效率不高，故通常不被人们采用。

2．串行I/O数据的硬件实现

数据的串并转换通常都是使用硬件手段——用一种称为通用异步接收器/发送器（Universal Asynchronous Receiver/Transmitter，UART）的芯片来实现的。UART由3部分组成：接收部分、发送部分和控制部分。它既能进行并行到串行的转换，又能进行串行到并行的转换。同时，接收和发送都具有双缓冲结构。关于它的结构和工作原理将在下一节中以AT89S51单片机的串行口为对象，做详细介绍。

10.2 AT89S51单片机串行口的结构及工作原理

AT89S51内部有一个可编程全双工串行通信接口。该部件不仅能同时进行数据的发送和接收，也可作为一个同步移位寄存器使用。

下面先对其内部结构、工作方式及波特率进行介绍。

10.2.1 串行口的结构

AT89S51单片机串行接口的内部结构如图10-7所示，它由串行数据缓冲器（SBUF）、波特率发生器、控制寄存器及相关控制电路组成。

1．串行数据缓冲器（SBUF）

SBUF是串行口缓冲寄存器，包括发送寄存器和接收寄存器，以便能以全双工方式进行通信。此外，在接收寄存器之前还有移位寄存器，从而构成了串行接收的双缓冲结构，这样可以避免在数据接收过程中出现帧重叠错误。发送数据时，由于CPU是主动的，不会发生帧重叠错误，因此发送电路不需要双重缓冲结构。

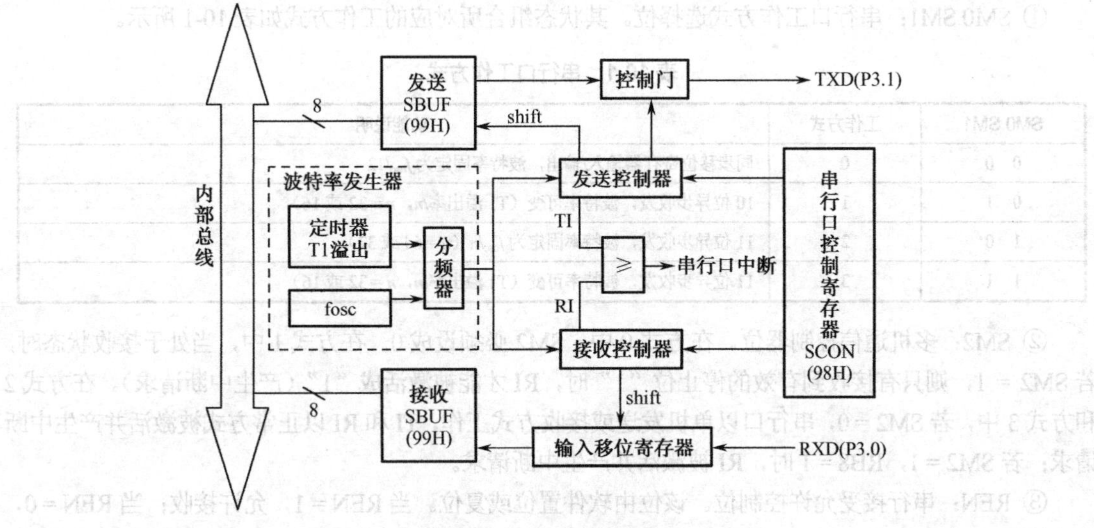

图 10-7　串行口结构框图

在逻辑上，SBUF 只有一个，它既表示发送寄存器，又表示接收寄存器，具有同一个单元地址 99H。但在物理结构上，则有两个完全独立的 SBUF，一个是发送缓冲寄存器 SBUF，另一个是接收缓冲寄存器 SBUF。如果 CPU 写 SBUF，数据就会被送入发送寄存器准备发送；如果 CPU 读 SBUF，则读入的数据一定来自接收缓冲器。即 CPU 对 SBUF 的读写，实际上是分别访问上述两个不同的寄存器。

2. 波特率发生器

波特率发生器由定时器 T1、时钟信号及分频电路组成，用于提供串行通信中所需要的定时信号，具体工作情况要依串行口的工作方式而定。

3. 控制寄存器

控制寄存器共有两个：特殊功能寄存器 SCON 和 PCON。

（1）串行口控制寄存器（SCON）

串行口控制寄存器（SCON）用于设置串行口的工作方式、监视串行口的工作状态、控制发送与接收的状态等。它是一个既可以字节寻址又可以位寻址的 8 位特殊功能寄存器。其格式如图 10-8 所示。

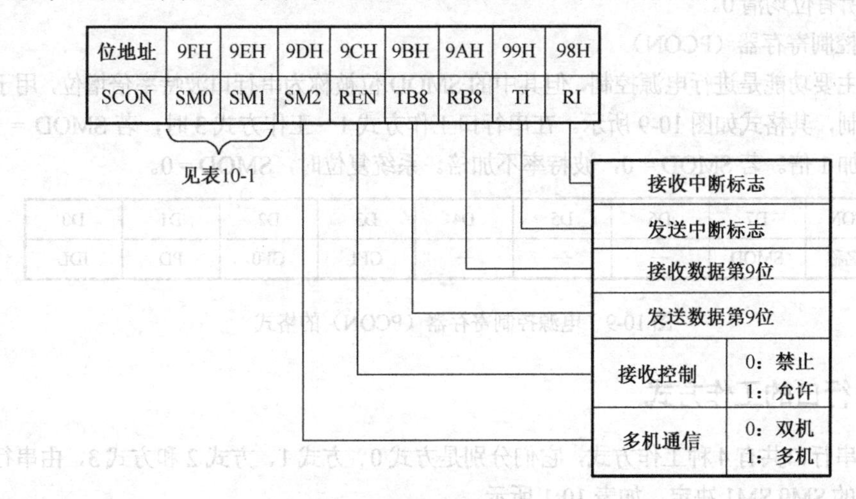

图 10-8　串行口控制寄存器（SCON）

① SM0 SM1：串行口工作方式选择位。其状态组合所对应的工作方式如表10-1所示。

表10-1 串行口工作方式

SM0 SM1	工作方式	功能说明
0 0	0	同步移位寄存器输入/输出，波特率固定为$f_{osc}/12$
0 1	1	10位异步收发，波特率可变（T1溢出率/n，n=32或16）
1 0	2	11位异步收发，波特率固定为f_{osc}/n（n=64或32）
1 1	3	11位异步收发，波特率可变（T1溢出率/n，n=32或16）

② SM2：多机通信控制器位。在方式0中，SM2必须设成0。在方式1中，当处于接收状态时，若SM2 = 1，则只有接收到有效的停止位“1”时，RI才能被激活成“1”（产生中断请求）。在方式2和方式3中，若SM2 = 0，串行口以单机发送或接收方式工作，TI和RI以正常方式被激活并产生中断请求；若SM2 = 1，RB8 = 1时，RI被激活并产生中断请求。

③ REN：串行接受允许控制位。该位由软件置位或复位。当REN = 1，允许接收；当REN = 0，禁止接收。

④ TB8：方式2和方式3中要发送的第9位数据。该位由软件置位或复位。在方式2和方式3时，TB8是发送的第9位数据。在多机通信中，以TB8位的状态表示主机发送的是地址还是数据：TB8 = 1表示地址，TB8 = 0表示数据。TB8还可用作奇偶校验位。

⑤ RB8：接收数据第9位。在方式2和方式3时，RB8存放接收到的第9位数据。RB8也可用作奇偶校验位。在方式1中，若SM2 = 0，则RB8是接收到的停止位。在方式0中，该位未用。

⑥ TI：发送中断标志位。TI=1，表示已结束一帧数据发送，可由软件查询TI位标志，也可以向CPU申请中断。

注意：TI在任何工作方式下都必须由软件清0。

⑦ RI：接收中断标志位。RI = 1，表示一帧数据接收结束。可由软件查询RI位标志，也可以向CPU申请中断。

注意：RI在任何工作方式下也都必须由软件清0。

在AT89S51中，串行发送中断TI和接收中断RI的中断入口地址同是0023H，因此在中断程序中必须由软件查询TI和RI的状态才能确定究竟是接收还是发送中断，进而做出相应的处理。单片机复位时，SCON所有位均清0。

（2）电源控制寄存器（PCON）

PCON的主要功能是进行电源控制，但其中的SMOD位被称为串行口波特率倍增位，用于串行口波特率倍增控制，其格式如图10-9所示。在串行口工作方式1～工作方式3时，若SMOD = 1，则串行口波特率增加1倍。若SMOD = 0，波特率不加倍。系统复位时，SMOD = 0。

PCON	D7	D6	D5	D4	D3	D2	D1	D0
位名称	SMOD	—	—	—	GF1	GF0	PD	IDL

图10-9 电源控制寄存器（PCON）的格式

10.2.2 串行口的工作方式

AT89S51串行口共有4种工作方式，它们分别是方式0、方式1、方式2和方式3，由串行控制寄存器SCON中的SM0 SM1决定，如表10-1所示。

1. 工作方式 0

串行口的工作方式 0 为同步移位寄存器输入/输出方式。该方式并不用于两个单片机之间的异步串行通信，而是用于串行口外接移位寄存器，以扩展并行 I/O 口。此时 SCON 中的 SM2（多机通信控制位）应设置为 0，而 RB8 和 TB8 没有用上，也可取 0 值。数据由 RXD（P3.0）端输入/输出，而 TXD（P3.1）线专用于输出时钟脉冲给外部移位寄存器，此工作方式下的引脚功能配置如图 10-10 所示。

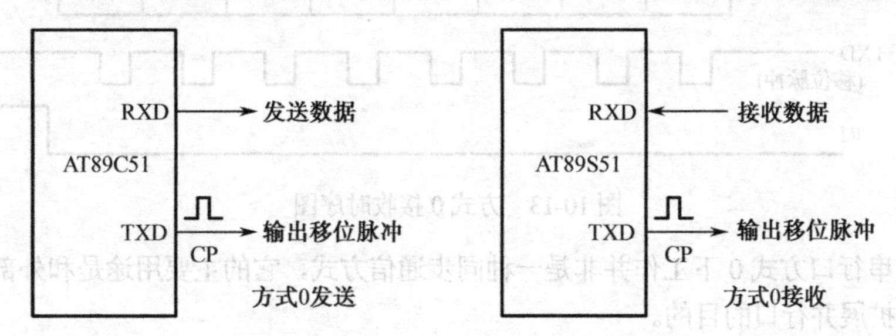

图 10-10　方式 0 的引脚功能配置图

（1）数据帧的格式

方式 0 的数据帧由 8 位数据组成，无起始位和停止位，发送或接收的顺序都是最低位在前，其格式如图 10-11 所示。

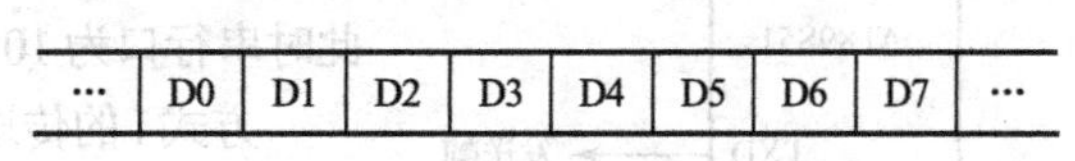

图 10-11　方式 0 的数据帧格式

（2）波特率

串行口以方式 0 工作时，其波特率是固定的，为 $f_{osc}/12$。

（3）工作过程

① 方式 0 发送过程

在 TI＝0 的条件下，当一个数据写入串行口发送缓冲器（SBUF）时（如执行“MOV　SBUF，A”指令），发送即被启动，串行口即将 8 位数据以 $f_{osc}/12$ 的波特率从 RXD（P3.0）引脚输出（从低位到高位），同步移位脉冲由 TXD 引脚输出，它使 RXD 引脚输出的数据移入外部移位寄存器。发送完 8 位数据后，由硬件将中断标志 TI 置 1，其时序图如图 10-12 所示。

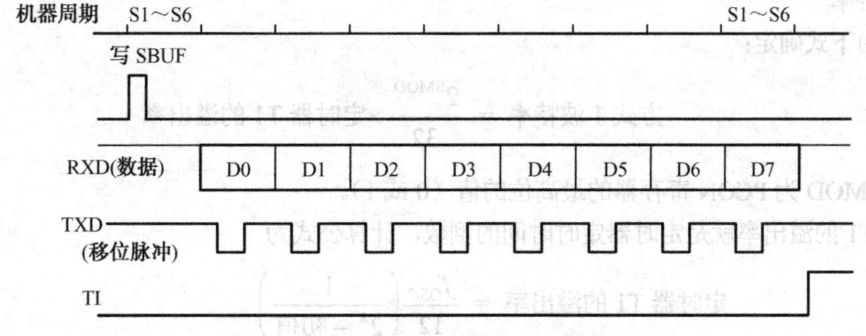

图 10-12　方式 0 发送时序图

② 方式 0 接收过程

方式 0 接收是在 RI＝0 的条件下，由 REN＝1 来启动的，此时数据从 RXD 输入，同步脉冲依然由 TXD 输出。一帧（8 位）数据接收完，由硬件置位 RI，在中断允许时，可由此触发 CPU 的中断响应。RI＝1 表示接收数据已装入接收缓冲器，可以由 CPU 用指令读入累加器 A 或其他的 RAM 单元（如可通过“MOV

A，SBUF”读取数据）。RI 也必须由软件清 0，以准备接收下一个数据，其时序如图 10-13 所示。

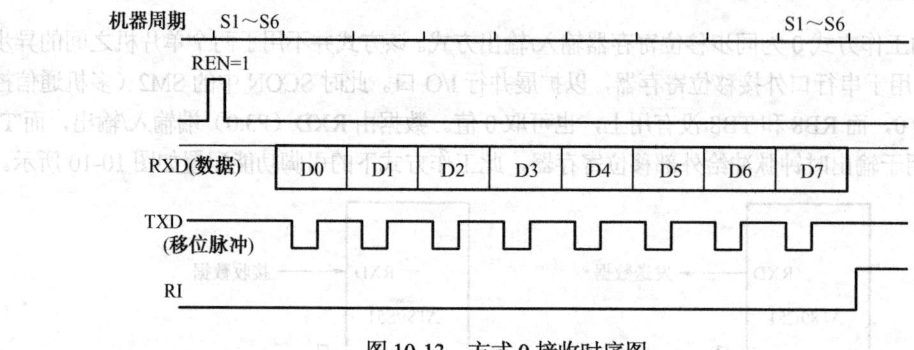

图 10-13　方式 0 接收时序图

应当指出，串行口方式 0 下工作并非是一种同步通信方式，它的主要用途是和外部同步移位寄存器相接，以达到扩展并行口的目的。

2. 工作方式 1

当 SCON 中的 SM0、SM1 两位为 01 时，串行口以方式 1 工作，此时串行口为 10 位异步通信接口。

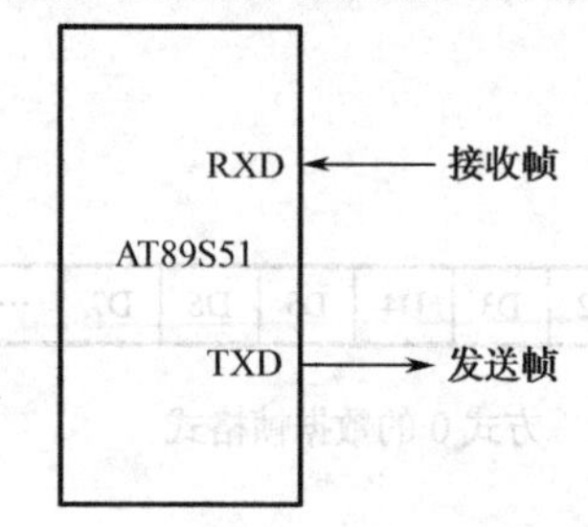

图 10-14　方式 1、2、3 下的引脚功能配置图

方式 1 的传送波特率是可变的，可通过改变定时器 T1 的定时值来改变波特率。串行口在工作方式 1、2、3 下的引脚功能配置皆相同，都是以 TXD 为发送端，RXD 为接收端，如图 10-14 所示。

（1）数据帧的格式

方式 1 的数据帧由 10 位数据组成：1 位起始位，8 位数据位（低位在先）和 1 位停止位。串行口电路在发送时能自动插入起始位和停止位，在接收时，停止位进入特殊功能寄存器 SCON 的 RB8 位。其格式如图 10-15 所示。

起始位	D0	D1	D2	D3	D4	D5	D6	D7	停止位

图 10-15　方式 1 的数据帧格式

（2）波特率

波特率由下式确定：

$$方式1波特率 = \frac{2^{SMOD}}{32} \times 定时器T1的溢出率 \tag{10-1}$$

式中，SMOD 为 PCON 寄存器的最高位的值（0 或 1）。

定时器 T1 的溢出率就是定时器定时时间的倒数，计算公式为

$$定时器T1的溢出率 = \frac{f_{OSC}}{12}\left(\frac{1}{2^K - 初值}\right) \tag{10-2}$$

由此可进一步得到波特率计算公式为

$$方式1波特率 = \frac{2^{SMOD}}{32} \times \frac{f_{osc}}{12}\left(\frac{1}{2^K - 初值}\right) \tag{10-3}$$

式中，K 为定时器 T1 的位数，它和定时器 T1 的设定方式有关，即若定时器 T1 为方式 0，则 $K=13$；

若定时器 T1 为方式 1，则 $K=16$；若定时器 T1 为方式 2 或方式 3，则 $K=8$。实际使用时，定时器 T1 通常采用方式 2，因为定时器工作方式 2 是初值自动重装的工作方式，这种方式不仅可使操作简便些，更是可避免因在程序中重装初值（时间常数初值）而带来的定时误差。由式(10-3)可知，方式 1 或方式 3 下所选波特率常常需要通过计算来确定定时器/计数器的初值，因为该初值是要在定时器 T1 初值化时使用的。为避免繁杂的计算，波特率和定时器 T1 初值间的关系常列成表格以供参考，如表 10-2 所示。

（3）工作过程

① 方式 1 发送

方式 1 的发送也是在发送中断标志 TI＝0 时，由一条写发送缓冲器的指令开始的，因此，任何一条以 SBUF 为目的寄存器（目的地址）的指令都能启动一次发送。例如，

```
MOV   SBUF，@R0
MOV   SBUF，R0
MOV   SBUF，A
```

启动发送后，串行口能自动地插入一位起始位（0），在数据位结束处插入一位停止位（1），然后在发送移位脉冲作用下，依次由 TXD 线上发出。一个数据帧发送完成之后，自动维持 TXD 线的信号为高电平 1，同时使 TI 置 1，用以通知 CPU 可以发出下一个数据。方式 1 发送时序如图 10-16 所示。

图 10-16 中 TX 时钟的频率就是发送的波特率。发送开始时，内部发送控制信号变为有效，将起始位向 TXD 脚（P3.0）输出，此后每经过一个 TX 时钟周期，便产生一个移位脉冲，并由 TXD 引脚输出一个数据位。8 位数据位全部发送完毕后，中断标志位 TI 置 1。

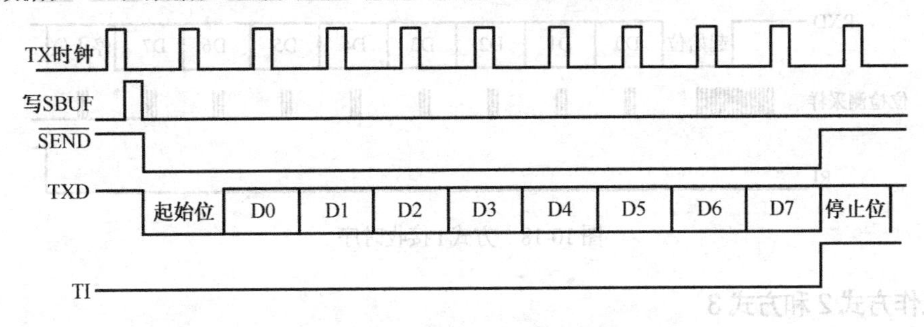

图 10-16　方式 1 发送时序图

② 方式 1 接收

方式 1 的接收操作是在 RI＝0 和 REN＝1 条件下进行的，这一点与方式 0 时的相同。

串行口在方式 1 接收操作时，定时信号有两种。一种是接收移位脉冲，它的频率和传送波特率相同，也是由定时器 T1 的溢出信号经过 16 或 32 分频而得到的。另一种是接收字符的检测脉冲（采样脉冲）RXC，它的频率是接收移位脉冲的 16 倍（或 64 倍，现以 16 倍为例），即在一位数据期间有 16 个检测脉冲。

当启动接收后，接收电路就在 RXC 脉冲上升沿以波特率的 16 倍对高电平的 RXD 线采样，当接收电路连续 8 次采样到 RXD 线均为低电平时，检测器便认定 RXD 线上有了起始位，同时将第一个采集到此低电平的采样脉冲标定为整个数据帧的第一个采样脉冲，从而实现了和发送端在时间上的再同步。此后，接收电路就改为对每位的第 7、8、9 三个采样脉冲采样到的值进行位检测，并以三中取二的原则来确定所采样数据的值。采取这种措施的目的在于抑制干扰。由于采样信号安排在接收位的中间位置，这样既可以避开信号两端的边沿失真，也可以防止由于收、发端时钟频率不可能完全一致而带来的接收错误。起始位的检测与确认如图 10-17 所示。

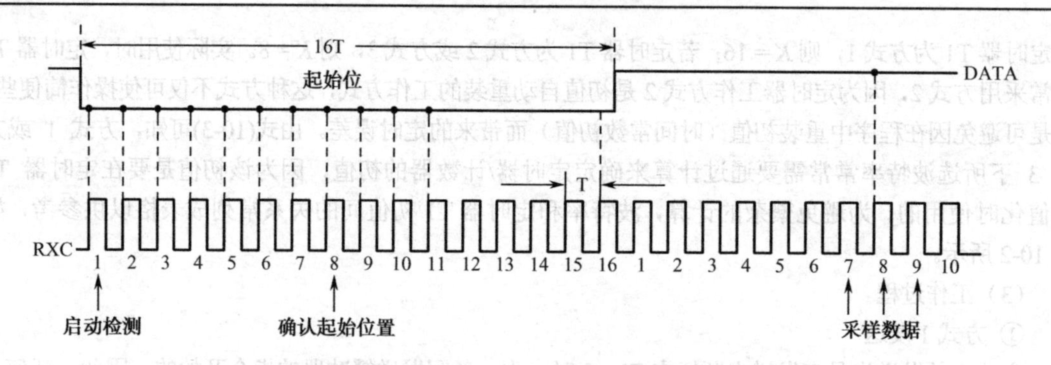

图 10-17　异步通信接口对接收数据的检测与采样

在9位数据收齐之后（8位数据，1位停止位），必须同时满足以下两个条件，这次接收才真正有效：

（a）RI = 0。

（b）SM2 = 0或者接收到的停止位为1。

当满足这两个条件时，就将输入移位寄存器中的8位数据转存入串行口接收寄存器SBUF，收到的停止位则进入RB8，并使接收中断标志RI置1。若这两个条件不完全满足，则这一次收到的数据就被丢弃，串行口重新寻找下一个起始位，准备接收下一帧数据。

实际上，SM2是用于方式2和方式3的。在方式1下，SM2应设定为0。

方式1的接收时序如图10-18所示。

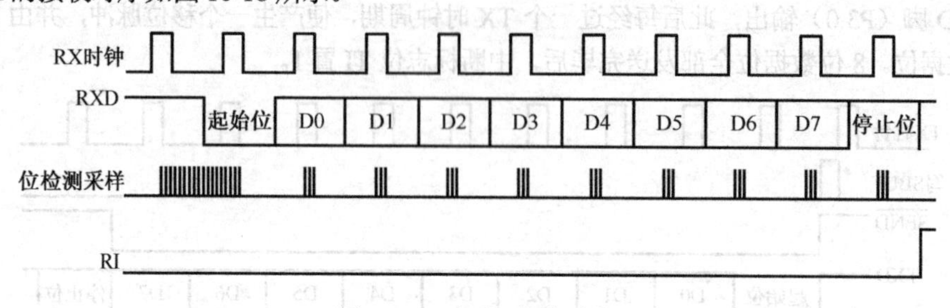

图 10-18　方式1接收时序

3. 工作方式2和方式3

工作方式2和方式3都是11位异步收发串行通信方式，两者的差异仅在波特率上有所不同。

（1）数据帧的格式

串行口工作在方式2或方式3时，每帧数据为11位，包括1位起始位0，8位数据位（先低位），1位可程控为1或0的第9位数据和1位停止位。方式2、方式3的数据帧格式如图10-19所示。

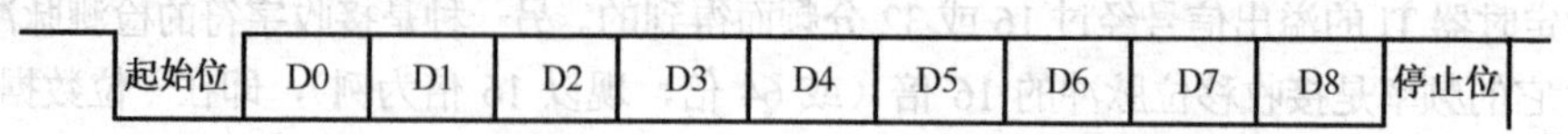

图 10-19　方式2、方式3的数据帧格式

（2）波特率

方式2的波特率由下式确定：

$$方式2波特率 = \frac{2^{SMOD}}{64} \times f_{osc} \tag{10-4}$$

方式3波特率的设置情况与方式1的完全相同：

$$方式3波特率 = \frac{2^{SMOD}}{32} \times 定时器T1的溢出率 = \frac{2^{SMOD}}{32} \times \frac{f_{osc}}{12}\left(\frac{1}{2^K - 初值}\right) \quad (10\text{-}5)$$

（3）工作过程

① 方式 2 和方式 3 发送

方式 2 和方式 3 的发送过程类似于方式 1，所不同的是方式 2 和方式 3 有 9 位有效数据位。发送时，CPU 除要把发送字符装入“发送 SBUF”外，还要把第 9 数据位预先装入 SCON 中的 TB8。第 9 数据位可由用户安排，它可以是奇偶校验位，也可以是其他控制位。第 9 数据位的装入可以用如下指令中的一条来完成：

```
SETB    TB8      ；将 TB8 位置 1
CLR     TB8      ；将 TB8 位置 0
```

第 9 数据位的值装入 TB8 后，便可用一条以 SBUF 为目的字节的传送指令把发送数据装入 SBUF 来启动发送过程。一帧数据发送完后，TI = 1，CPU 便可通过查询 TI 或在中断服务程序中以同样方法发送下一字符帧。方式 2 或方式 3 的发送时序图如图 10-20 所示。

② 方式 2 和方式 3 接收

方式 2 和方式 3 的接收过程也和方式 1 类似。所不同的是，方式 1 时 RB8 中存放的是停止位，方式 2 或方式 3 时 RB8 中存放的是第 9 数据位。

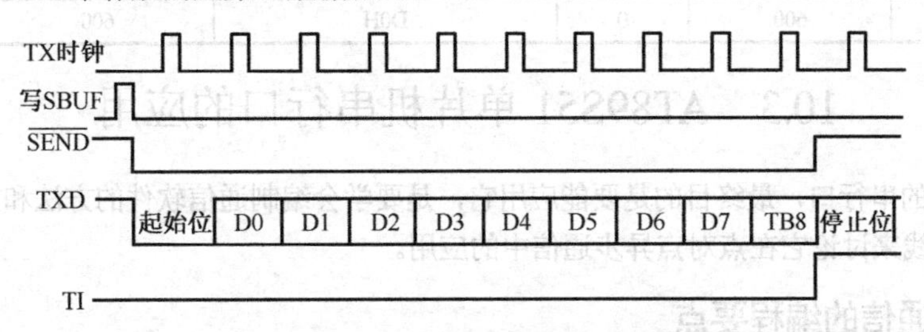

图 10-20　方式 2 或方式 3 的发送时序图

当 REN = 1，RI = 0 时，启动接收。接收数据的检测与输入过程和方式 1 相同。完成一帧数据接收以后，接收数据是否有效取决于如下两种情况：

若 SM2 = 0，则本次接收有效。接收到的 8 位数据送 SBUF，第 9 位数据送 RB8 且置位 RI。

若 SM2=1，且接收到的第 9 位数据为 1，则本次数据接收也为有效，后续处理过程和上面的相同。若此时接收到的第 9 位数据为 0，则本次接收数据无效，对接收数据不做处理，串行口重新启动对下一帧输入数据的检测。

其实，上述决定接收数据是否有效的条件提供了利用 SM2 和第 9 数据位共同对接收加以控制的手段：若第 9 数据位是奇偶校验位，则可令 SM2 = 0，以保证串行口能可靠接收；若要求利用第 9 数据位参与接收控制，则可令 SM2=1，然后依靠第 9 数据位的状态来决定接收是否有效，这常用于多机通信控制中，详情参阅 10.4 节。方式 2 或方式 3 接收数据的时序图如图 10-21 所示。

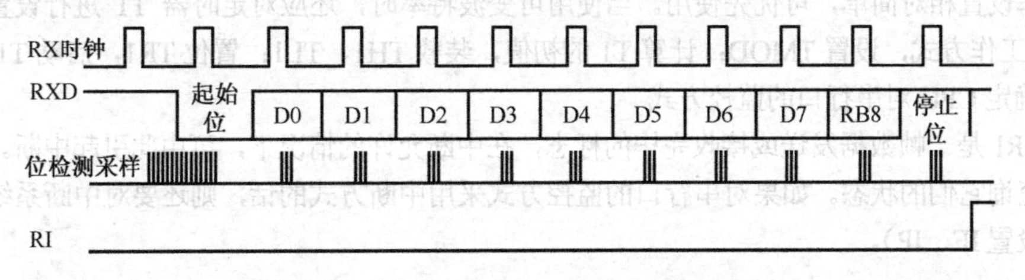

图 10-21　方式 2 或方式 3 接收的时序图

对波特率需要说明的是，当串行口工作在方式 1 或方式 3，且要求波特率按规范取 1200bps、2400bps、4800bps、9600bps、…时，若采用晶振 12MHz 和 6MHz，按公式 10-3 或 10-5 计算出的 T1 定时初值将不是一个整数，因此会产生波特率误差而影响串行通信的同步性能。解决的方法只有调整单片机的晶振频率 f_{osc}。为此，有一种频率为 11.0592MHz 的晶振可供选用，这样可使计算出的 T1 初值为整数。表 10-2 列出了串行方式 1 或方式 3 在不同晶振频率下的常用波特率和误差。

表 10-2　常用波特率及误差

晶振频率（MHz）	波特率（bps）	SMOD	T1 方式 2 定时初值	实际波特率	误差（%）
12.00	9600	1	F9H	8923	7
12.00	4800	0	F9H	4460	7
12.00	2400	0	F3H	2404	0.16
12.00	1200	0	E6H	1202	0.16
12.00	600	0	CCH	601	0.17
11.0592	19200	1	FDH	19200	0
11.0592	9600	0	FDH	9600	0
11.0592	4800	0	FAH	4800	0
11.0592	2400	0	F4H	2400	0
11.0592	1200	0	E8H	1200	0
11.0592	600	0	D0H	600	0

10.3　AT89S51 单片机串行口的应用

学习单片机的串行口，最终目的是要能应用它，是要学会编制通信软件的方法和技巧。现以串行口工作方式为主线来讨论它在点对点异步通信中的应用。

10.3.1　串行通信的编程要点

当串行通信的硬件接口连接好以后，接下来就必须编制串行通信的相关程序。串行通信相关程序的主要工作包括两部分：串行口初始化设置和串行口的使用。

1. 串行口初始化设置

串行口初始化设置要解决的问题主要有如下几点。

（1）确定工作方式，填写相关控制字

首先要根据通信双方的情况选择合适的工作方式，确定控制字，据此设置 SCON 寄存器的内容。如果是接收程序或双工通信方式，需要置 REN＝1（允许接收），同时还要将 TI 和 RI 清 0。

（2）设定波特率

应该根据通信双方的情况设定波特率。串行口的波特率有两种方式：固定波特率和可变波特率。固定波特率设置相对简单，可优先使用。当使用可变波特率时，还应对定时器 T1 进行设置，包括：确定 T1 的工作方式，设置 TMOD；计算 T1 的初值，装载 TH1、TL1；置位 TR1，启动 T1。

（3）确定 CPU 对串行口的监控方式

TI 或 RI 是一帧数据发送或接收完毕的标志，在中断允许的情况下，可由此引起中断。另外，也可由软件查询它们的状态。如果对串行口的监控方式采用中断方式的话，则还要对中断系统进行初始化设置（设置 IE、IP）。

2．串行口的使用流程

串行口初始化设置完毕后，就可以使用串行口来进行数据通信了。由于 CPU 对串行口的监控有查询和中断两种方式，因此，使用流程也不尽相同。

① 查询方式的工作流程

发送流程：发送一个数据→查询 TI→发送下一个数据（先发后查）。

接收流程：启动接收→查询 RI→读入一个数据→查询 RI→读下一个数据（先查后读）。

② 中断方式的工作流程

发送流程：发送一个数据→等待中断→在中断服务程序中再发送下一个数据。

接收流程：启动接收→等待中断→在中断服务程序中读入接收的数据。

注意，两种方式中，当发送或接收数据后都要清零 TI 或 RI。

10.3.2　串行口在方式 0 下的应用

串行口工作方式 0 主要用于扩展并行 I/O 接口。扩展成并行输出口时，需要外接一片 8 位串行输入并行输出的同步移位寄存器（如 74LS164 或 CD4094 等）。扩展成并行输入口时，需要外接一片并行输入串行输出的同步移位寄存器（如 74LS165 或 CD4014 等）。这种方法不占用片外 RAM 地址，简单易行，便于操作，适用于速度较慢、实时性要求不高的场合。现举例加以说明。

【例 10-2】 根据图 10-22 所示的线路连接，请编写发光二极管自上往下以一定速度轮流显示的程序。设发光二极管为共阳极接法。

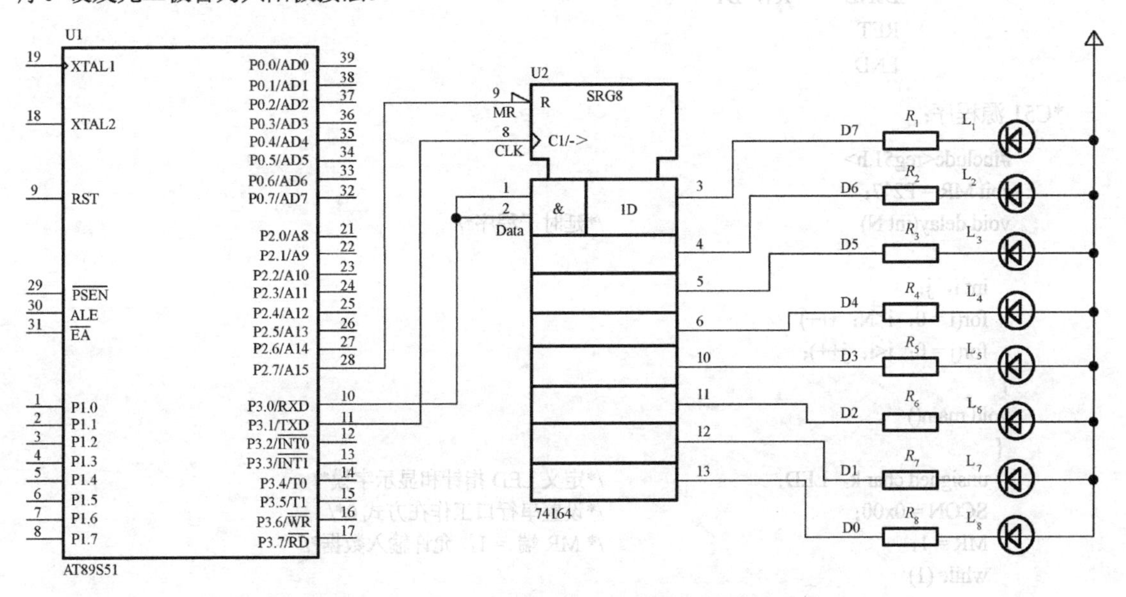

图 10-22　单片机串行口扩展并行输出口仿真效果图

解： 74LS164 是一种串行输入（Data 端）8 位并行输出的同步移位寄存器，CLK 为同步脉冲输入端，MR 为数据传输控制端。当单片机串行口工作在方式 0 的发送状态时，串行数据由 RXD（P3.0）输出，移位时钟由 TXD（P3.1）送出。在移位时钟的作用下，串行口发送缓冲器的数据一位一位地移入 74LS164 中。需要指出的是，由于 74LS164 无串行输出控制端，因而在串行输入过程中，其输出端的状态会不断变化，故在某些场合，在 74LS164 的输出端应加接输出三态门控制，以便保证串行输入结束后再输出数据。另外，由于串行输出的顺序是从 D0 位到 D7 位，因此要注意输出后并行数据的位序。

设单片机采用查询方式监控串行口发送，由串行口输出的显示控制字控制发光二极管的显示位置，显示时间由延时程序 DELAY 来控制。整个程序如下所示。

汇编语言源程序：

```
        ORG     0000H
        LJMP    START
        ORG     1000H
START:  MOV     SCON，#00H      ；设置串行口工作在方式0
        SETB    P2.7            ；MR 端 =1，允许移位寄存器串行输入数据
        MOV     A，#7FH         ；设置显示控制字初始值
LOOP:   MOV     SBUF，A         ；显示控制字自串行口输出
        JNB     TI，$           ；通过 TI 查询判别串行数据输出是否结束
        CLR     TI              ；数据串行输出结束后清零 TI，准备下次发送
        ACALL   DELAY           ；调延时子程序控制 LED 轮流点亮的时间
        RR      A               ；显示控制字右移1位，以便轮流点亮
        SJMP    LOOP
DELAY:  MOV     R4，#20         ；延时子程序
D1:     MOV     R5，#20
D2:     MOV     R6，#250
        DJNZ    R6，$
        DJNZ    R5，D2
        DJNZ    R4，D1
        RET
        END
```

*C51 源程序：

```
#include<reg51.h>
sbit MR = P2^7;
void delay(int N)                            /*延时子程序*/
{
  int i，j;
  for(i = 0; i<N; i++)
  for(j = 0; j<i; j++);
}
void main()
 {
  unsigned char k，LED;                      /*定义 LED 指针和显示字模*/
  SCON = 0x00;                               /*设置串行口工作在方式0*/
  MR = 1;                                    /* MR 端 =1，允许输入数据*/
  while (1)
  {
    LED = 0x7f;                              /*设置显示控制字初始值*/
    for (k = 0; k < 8; k++)
    {
      SBUF = LED;                            /*显示控制字自串行口输出*/
      do {}while(!TI);                       /*通过 TI 查询判别数据是否输出结束*/
      LED = ((LED>>1)|0x80);                 /*右移1位，以便轮流点亮*/
      TI = 0;
      delay(200);                            /*调延时子程序控制轮流点亮的时间*/
```

```
        }
      }
    }
```

【例 10-3】图 10-23 所示的电路利用 1 片 74LS165 与串行口配合，扩展了一个 8 位的并行端口来对 8 个开关组成的键盘进行监控。当控制开关 SC 断开（SC＝1）时，AT89S51 单片机处于等待状态，SC 合上（SC＝0）时开始输入键盘开关所设置的数据，并送 P2 口所连接的发光二极管模拟显示。试编程实现之。

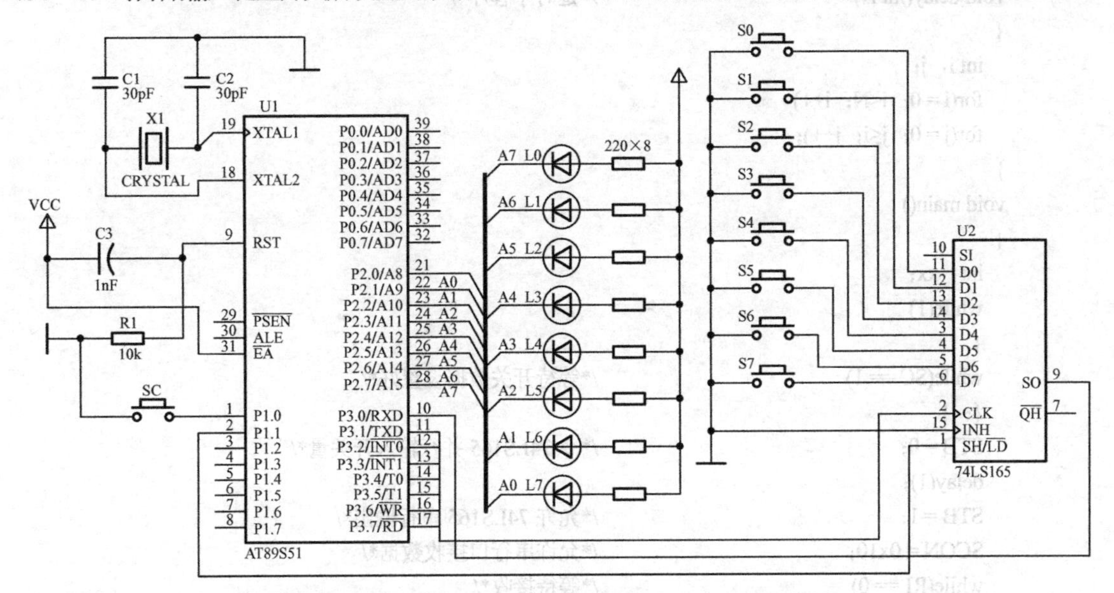

图 10-23　采用串行口扩展并行输入口的仿真效果图

解： 74LS165 是 8 位并行置入移位寄存器。当移位/置入端（SH/$\overline{LD}$）由高到低跳变时，并行输入数据被置入寄存器；当 SH/$\overline{LD}$＝ 1 时，禁止并行数据输入，若此时钟禁止端 INH（第 15 脚）为低电平，则允许时钟输入。这时在脉冲的作用下，数据将由 D0 向 D7 方向移位。

图 10-23 中，TXD（P3.1）作为移位脉冲输出端与 74LS165 的移位脉冲输入端 CLK 相连；RXD（P3.0）作为串行输入端与 74LS165 的串行移位输出端 SO 相连；P1.0 用来控制 74LS165 的移位与置入而与 SH/$\overline{LD}$ 端相连；74LS165 的时钟禁止端 INH（第 15 脚）接地，表示允许时钟输入。

程序通过 P1.0 查询到 SC 闭合后，再通过对 P1.1 的控制完成开关量的输入，并进一步将此数据经 P2 口输出至发光二极管显示。相应程序如下。

汇编语言源程序：

```
        ORG     1000H
START:  JB      P1.0，$          ；若 SC 断开，则等待
        CLR     P1.1             ；令 74LS165 并行输入开关量
        NOP
        SETB    P1.1             ；允许 74LS165 串行输出
        MOV     SCON，#10H       ；令串行口为方式 0。启动接收
        JNB     RI，$            ；等待接收完毕
        CLR     RI               ；若接收已完，则清 RI
        MOV     A，SBUF          ；将接收的开关量送累加器 A
        MOV     P2，A            ；开关量送显示器模拟显示
        SJMP    START            ；准备下次开关量输入
```

```
        END
```

*C51源程序：

```
#include <reg51.h>
sbit SC = P1^0;
sbit STB = P1^1;
void delay(int N)                          /*延时子程序*/
{
  int i, j;
  for(i = 0; i<N; i++)
  for(j = 0; j<i; j++);
}
void main()
{
  int   xx;
  while(1)
  {
  while(SC == 1)                           /*等待开关数据设置好*/
  {; }
  STB = 0;                                 /*令74LS165并行输入开关量*/
  delay(1);
  STB = 1;                                 /*允许74LS165串行输出*/
  SCON = 0x10;                             /*允许串行口接收数据*/
  while(RI == 0)                           /*等待接收*/
  {; }
  xx = SBUF;                               /*完成接收，读取所接收的数据*/
  RI = 0;                                  /*清除接收中断标志*/
  P2 = xx;
  }
}
```

10.3.3 串行口在其他方式下的应用

在方式1、方式2和方式3下，串行口均用于异步通信。它们间的主要差别体现在字符帧格式和通信波特率两个方面。在字符帧格式上，方式1为10位异步通信，有8位数据位，不可以用于多机通信；方式2和方式3为11位异步通信，有9位数据位，可在多机方式下通信（SM2 = 1）。在波特率上，方式2的波特率是固定的，由主脉冲频率f_{osc}决定，可以在$f_{osc}/32$和$f_{osc}/64$中选择；方式1和方式3的波特率可变，由AT89S51单片机的内部定时器T1决定。

现以发送、接收和出错处理3种情况举例分析如下。

【例 10-4】请用中断法编出串行口方式 1 下的发送程序。设单片机主频为 11.0592MHz，定时器 T1用作波特率发生器，波特率为2400b/s，发送字符块在内部RAM的起始地址为TBLOCK单元，字符块长度为LEN。要求奇校验位在数据第8位发送，字符块长度LEN率先发送。

解：为使发送波特率为2400b/s，取SMOD=0，由式10-3可计算得TH1和TL1的时间常数初值为F4H。本程序由主程序和中断服务程序两部分组成。主程序起始地址为2100H，用于定时器T1和串行口初始化，以及发送字符块长度字节 LEN 和中断初始化，流程图如图 10-24（a）所示。中断服务程序起始地址为 2150H，用于形成奇校验位并加到发送数据第 8 位，然后发送这个字符，其程序流程如图 10-24（b）所示。

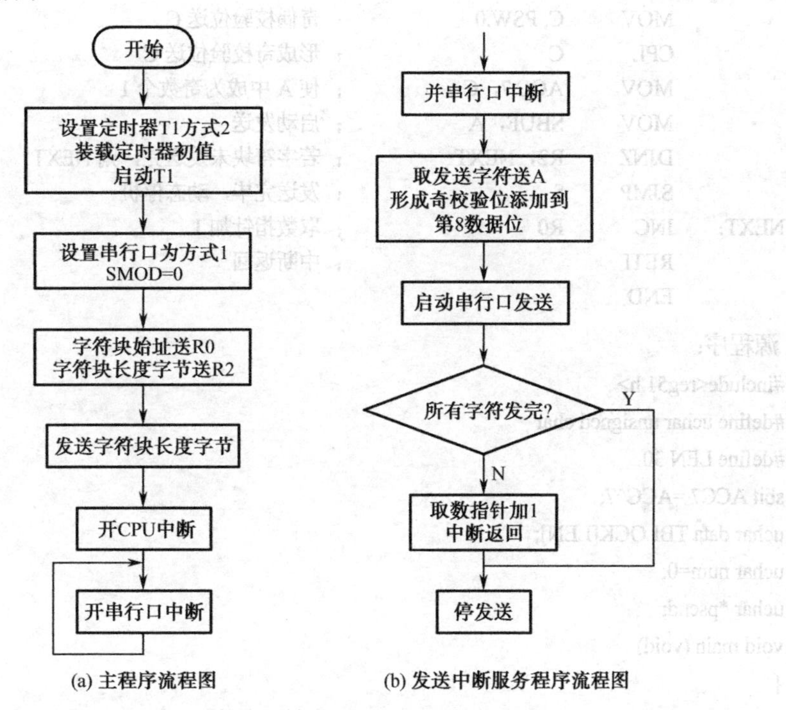

图 10-24　例 10-4 程序流程图

汇编语言源程序：

① 主程序

```
         ORG     2100H
TBLOCK   DATA    20H
LEN      DATA    14H
START:   MOV     TMOD，#20H      ；定时器 T1 为方式 2
         MOV     TL1，#0F4H      ；波特率为 2400
         MOV     TH1，#0F4H      ；给 TH1 送重装初值
         MOV     PCON，#00H      ；令 SMOD=0
         SETB    TR1             ；启动 T1
         MOV     SCON，#40H      ；串行口为方式 1
         MOV     R0，#TBLOCK     ；字符块始址送 R0
         MOV     A，#LEN
         MOV     R2，A           ；字符块长度字节送 R2
         MOV     SBUF，A         ；发送 LEN 字节
         SETB    EA              ；开 CPU 中断
WAIT:    SETB    ES              ；允许串行口中断
         SJMP    WAIT            ；等待中断
```

② 断服务程序

```
         ORG     0023H
         LJMP    TXSVE           ；转发送服务程序
         ORG     2150H
TXSVE:   CLR     ES              ；关串行口中断
         CLR     TI              ；清 TI
```

```
            MOV     A, @R0              ；发送字符送 A
            MOV     C, PSW.0            ；奇偶校验位送 C
            CPL     C                   ；形成奇校验位送 C
            MOV     ACC.7，C            ；使 A 中成为奇数个 1
            MOV     SBUF，A             ；启动发送
            DJNZ    R2，NEXT            ；若字符块未发送完，则 NEXT
            SJMP    $                   ；发送完毕，动态停机
NEXT：      INC     R0                  ；取数指针加 1
            RETI                        ；中断返回
            END
```

*C51 源程序：

```
#include<reg51.h>
#define uchar unsigned char
#define LEN 30
sbit ACC7 =ACC^7;
uchar data TBLOCK[LEN];
uchar num=0;
uchar *psend;
void main (void)
{
  TMOD = 0x20;                        /*T1 方式 2 定时*/
  TH1 = TL1 = 0xf4;                   /*产生 2400bps 的时间常数*/
  PCON = 0;                           /*波特率不加倍*/
  SCON = 0x40;                        /*串口方式 1 */
TR1 = 1;                              /*启动 T1*/
  EA = 1;                             /*开中断*/
ES = 1;                               /*开串行口中断*/
psend=TBLOCK;                         /*设置发送数据缓冲区指针*/
SBUF=LEN;                             /*发送字符块长度字节*/
  while(1);                           /*等待串行中断*/
}
void Serial_ISR (void) interrupt 4    /*串口中断服务程序*/
{
TI=0;                                 /*清发送中断标志*/
  num++;                              /*修改计数变量值*/
if(num == LEN)    ES=0;               /*如发送完毕则关串行口中断*/
  else
{
    ACC=*psend;                       /*将要发送的数据送到 ACC 中，以反映奇偶性*/
    ACC7=! P;                         /*数据补奇*/
    SBUF=ACC;                         /*发送字符*/
    psend++;                          /*修改指针指向下一个字符*/
  }
}                                     /*中断返回*/
```

【例 10-5】用查询法编出串行口在方式 2 下的发送程序。设单片机主频为 6MHz，波特率为 fosc/32，发送字符块起始地址为 TBLOCK（内部 RAM），字符块长度为 LEN。要求采用累加和校验，空出第 9 数据位以供他用。

解： 累加和是指累加所有需要发送或接收的数据（字符）字节后得到的低字节和（大于 255 部分舍去）。累加和校验要求发送端在发送完数据后把累加和也发送出去，接收端除要计算接收数据的累加和外，还必须接收发送端发来的累加和，并把它同求得的累加和比较。若比较结果相同，则数据传送正确；否则，数据传送有错。

本程序由主程序和发送子程序组成。主程序完成串行口初始化、波特率设置和调用发送子程序前的准备，程序流程如图 10-25（a）所示。发送子程序用于发送数据块长度、数据块中的字符以及累加和，其程序框图如图 10-25（b）所示。

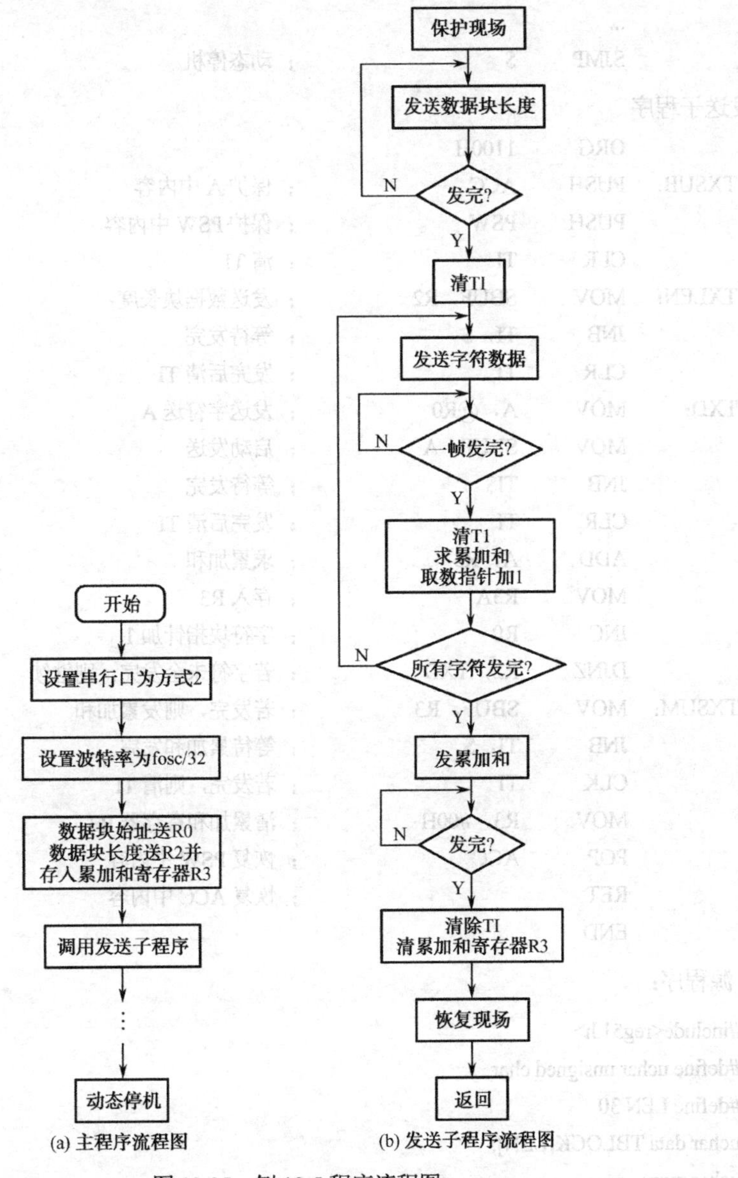

(a) 主程序流程图　　(b) 发送子程序流程图

图 10-25　例 10-5 程序流程图

汇编语言源程序：

① 主程序

```
        ORG     1000H
TBLOCK  DATA    20H
LEN     DATA    1EH
START:  MOV     SCON，#80H         ；串行口为方式2
        MOV     PCON，#80H         ；波特率为fosc/32
        MOV     R0，#TBLOCK        ；数据块始址送R0
        MOV     R2，#LEN           ；数据块长度送R2
        MOV     R3，#LEN           ；存入累加和寄存器R3
        ACALL   TXSUB
        ...
        SJMP    $                  ；动态停机
```

② 发送子程序

```
        ORG     1100H
TXSUB:  PUSH    ACC                ；保护A中内容
        PUSH    PSW                ；保护PSW中内容
        CLR     TI                 ；清TI
TXLEN:  MOV     SBUF，R2           ；发送数据块长度
        JNB     TI，$              ；等待发完
        CLR     TI                 ；发完后清TI
TXD:    MOV     A，@R0             ；发送字符送A
        MOV     SBUF，A            ；启动发送
        JNB     TI$                ；等待发完
        CLR     TI                 ；发完后清TI
        ADD     A，R3              ；求累加和
        MOV     R3A                ；存入R3
        INC     R0                 ；字符块指针加1
        DJNZ    R2，TXD            ；若字符未全发完，则继续
TXSUM:  MOV     SBUF，R3           ；若发完，则发累加和
        JNB     TI，$              ；等待累加和发完
        CLK     TI                 ；若发完，则清TI
        MOV     R3，#00H           ；清累加和寄存器R3
        POP     ACC                ；恢复PSW中内容
        RET                        ；恢复ACC中内容
        END
```

*C51 源程序：

```
#include<reg51.h>
#define uchar unsigned char
#define LEN 30
uchar data TBLOCK[LEN];
uchar num;
```

```
uchar sum;
void main (void)                          /*主函数*/
{
    PCON = 0x80;                          /*波特率加倍*/
    SCON = 0x80;                          /*置串行口工作方式 2 */
    ES = 1;                               /*开串行开中断*/
    EA = 1;                               /*开总的中断*/
    sum=LEN;                              /*字符块长度送累加和变量*/
    SBUF=LEN;                             /*发送字符块长度字节*/
    while(TI==0) ;                        /*等待发送出去*/
    TI=0;
    for (num=0;num<LEN;num++)
    {
        SBUF= TBLOCK[num];                /*逐个发送数据*/
        sum+= TBLOCK[num];                /*计算累加和*/
        while (TI==0);TI=0;
    }
    SBUF=sum;                             /*全部数据发送完毕后，发计算出的累加和*/
    while (TI==0);TI=0;
    while(1) ;                            /*发送完毕，动态停机*/
}
```

【例 10-6】 请用查询法编出串行口在方式 3 下的接收程序。设单片机主频为 11.0592MHz，波特率为 2400b/s，接收数据区起始地址为 RBLOCK（内部 RAM），接收数据块长度字节由始发端发送来。要求采用累加和校验，并安排出错处理程序。

解：本程序由主程序、接收子程序和出错处理程序组成。

汇编语言源程序：

① 主程序

主程序框图如图 10-26（a）所示。相应程序为：

```
        ORG     1000H
RBLOCK  DATA    30H
START:  MOV     TMOD，#20H          ；T1 工作于方式 2
        MOV     TH1，#0F4H          ；设置时间常数初值
        MOV     TL1   #0F4H
        SETB    TR1                 ；启动 T1
        MOV     SCON，#0D0H         ；串行口工作于方式 3 接收
        MOV     PCON，#00H          ；使 SMOD=0
        MOV     R0，#RBLOCK         ；接收数据区始址送 R0
        MOV     R3，#00H            ；累加和寄存器清零
        ACALL   RXSUB               ；转接收子程序
        ...
        SJMP    $                   ；动态停机
```

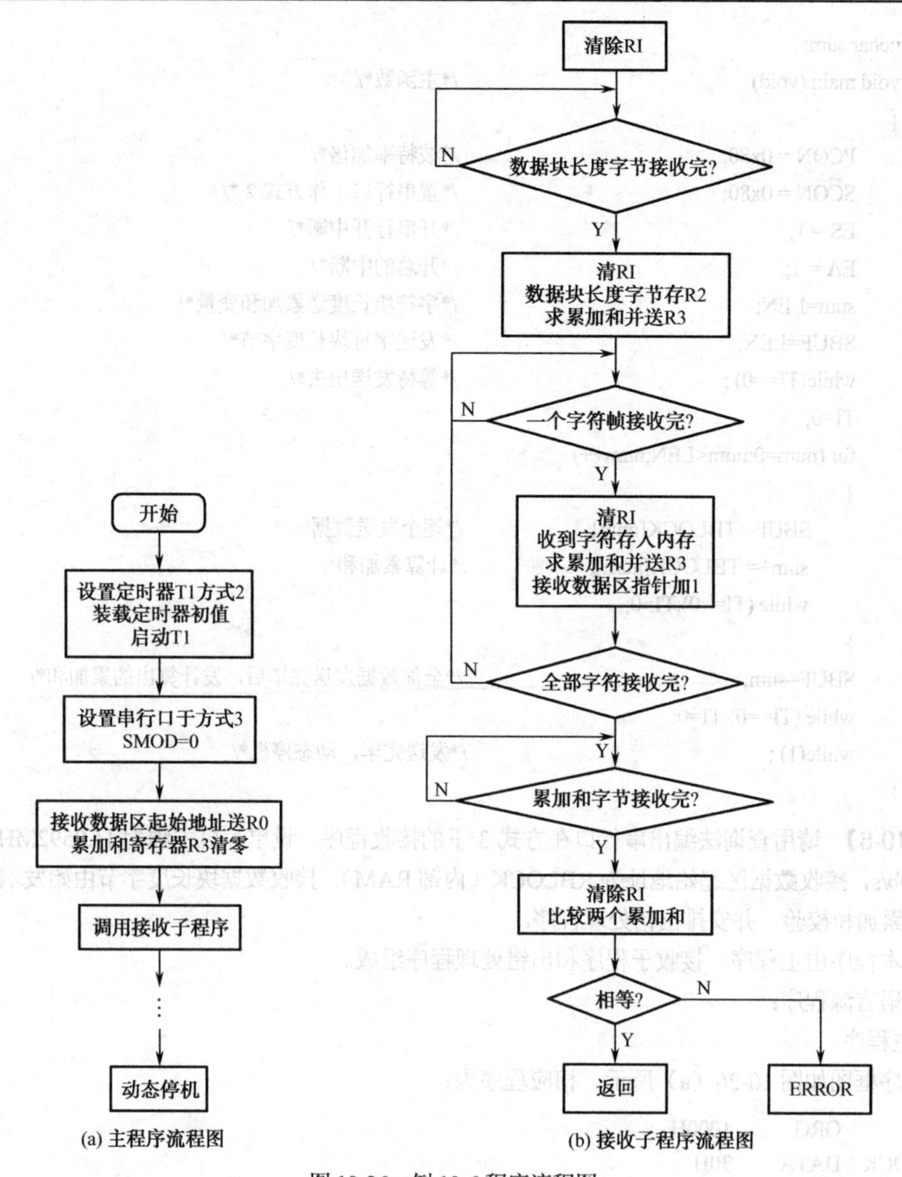

(a) 主程序流程图　　(b) 接收子程序流程图

图 10-26　例 10-6 程序流程图

② 接收子程序

接收子程序流程图如图 10-26（b）所示。参考程序为：

```
RXSUB:  CLR   RI          ; 清 RI
RXLEN:  JNB   RI，$       ; 等待接收数据块长度字节
        CLR   RI          ; 接收完后清 RI
        MOV   A，SBUF     ; 数据块长度字节送 A
        MOV   R2，A       ; 存入 R2
        ADD   A，R3       ; 开始求累加和
        MOV   R3，A       ; 累加和存入 R3
RXD:    JNB   RI，$       ; 等待接收字符
        CLR   RI          ; 接收完后清 RI
        MOV   A，SBUF
```

```
        MOV    @R0，A          ；接收字符存入内存
        ADD    A，R3           ；求累加和
        MOV    R3，A           ；存入 R3
        INC    R0              ；接收数据区指针加 1
        DJNZ   R2，RXD         ；若数据块未收完，则继续
RXSUM:  JNB    RI，$           ；等待接收累加和
        CLR    RI              ；接收完后清 RI
        MOV    A，SBUF         ；接收到的累加和送 A
        XRL    A，R3           ；比较两个累加和
        JNZ    ERROR           ；若不等，则转出错处理
        MOV    SUBF，#00H      ；若相等，则回送 00H 后返回
        JNB    TI，$
        CLR    TI
        RET
```

③ 出错处理程序

始发端发送的字符被接收端接收后，若校验结果有错，常常需要接收端把出错指示信息（例如："WRONG MESSAGE"）连同求得的累加和一起回送给始发端，始发端接收到后进行屏幕显示并进行重发。具体程序在此略去，仅简单的回送 FFH 以作指示：

```
ERROR:  MOV    SUBF，#0FFH
        JNB    TI，$
        CLR    TI
        RET
```

*C51 源程序：

```
#include<reg51.h>
#define uchar unsigned char
uchar data len;
uchar i;
uchar sum;
uchar data *d;
void main (void)
{
  TMOD = 0x20;                  /*T1 方式 2 定时*/
  TH1 = TL1 = 0xf4;             /*产生 2400bps 的时间常数*/
  TR1 = 1;                      /*启动 T1*/
  PCON = 0x00;                  /*波特率不加倍*/
  SCON = 0x50;                  /*设置串口为工作方式并启动接收 1 */
  while (RI==0);RI=0;           /*等待接收数据块的长度值*/
  len=SBUF;                     /*将接收到的数据块长度值赋给 len*/
  for (i=0;i<len;i++)           /*循环接收数据*/
  {
    while (RI==0);RI=0;
    d[i] =SBUF;                 /*存储接收的数据*/
    sum+=d[i];                  /*计算累加和*/
  }
  while (RI==0);RI=0;           /*接收发送端送来的累加和*/
```

```
        if ((SBUF^sum)==0)
        {   TI=0;SBUF=0x00;                    /*两累加和相同，校验正确，回送00H*/
            while (TI==0);TI=0;
        }                                      /*全部数据正确接收完毕，动态停机*/
        else
        {   TI=0;SBUF=0xff;                    /*两累加和不相同，校验失败，回送FFH */
            while (TI==0);TI=0;
        }
        while(1) ;                             /*本次数据通信完毕，动态停机*/
    }
```

10.4　单片机的主从式多机通信

多机通信是指两台以上计算机之间的数据传输。由于计算机技术的飞速发展和测控系统的复杂化，多机通信的应用越来越广泛。目前，单片机多机通信的形式较多，但通常可分为星形、环形、串行总线型和主从式等4种。主从式多机通信是分散型网络结构，具有接口简单和使用灵活等优点，也是多机通信系统中最简单的一种。现对其原理进行简要介绍。

主从式多机通信系统中只有一台主机，从机则可有多台，主机发送的信息可传到各个从机或指定的从机，而各从机发送的信息只能被主机接收，各从机之间不能直接通信。主机通常由系统机（如PC、工控制机等）担当，也可由单片机充任；从机通常为单片机。其连接方式如图10-27所示。

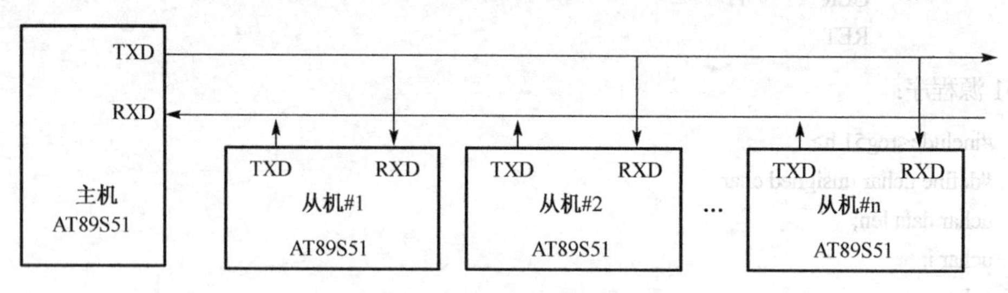

图10-27　主从式多机通信示意图

AT89S51单片机用于多机通信时必须在方式2或方式3下工作。在主从式多机通信时，主机发出的信息有两类：地址和数据。地址是用来传送需要和主机通信的从机地址，特征是串行数据的第9位为1（TB8 = 1），而发送数据的特征则是第9位数据为0（TB8 = 0）。对从机来讲就可以利用SCON寄存器中SM2位的功能，来控制数据的接收与否。从机接收时，若RI = 0，则只要SM2 = 0，接收总能实现；而若SM2为1，则必须发送的第9位数据TB8为1，接收才能进行。因此，对从机来讲，当主机发送地址时，虽然各从机的SM2 = 1，但是接收到的RB8也为1，故各从机都能接收到地址信息，当主机发送数据时，被选中的从机让SM2 = 0，以便收下TB8 = 0的数据。

其具体工作过程如下：

（1）主机的SM2位置为0，所有从机的SM2位置1。

（2）主机令第9位数据TB8为1，发出需要与之通信的从机地址到各个从机。

（3）所有从机在SM2 = 1、RB8 = 1和RI = 0时收到地址，向本机的CPU申请中断。进入中断服务程序后比较和确认地址。

（4）被寻址的从机，用指令使SM2 = 0，准备接收数据，并向主机发回地址以便核对。这次不参与通信的其余从机依然保持SM2 =1，退出中断服务程序。

（5）主机发送数据（也可以是数据形式的控制信号或命令）给已被寻址的从机，发送数据时 TB8＝0，作为数据特征位，由于未参与通信的从机的 SM2＝1，故不能接受 TB8＝0 的数据。通信完成后，被寻址的从机重新使 SM2＝1，等待下次通信。

图 10-27 所示的多机系统是主从式，由主机控制多机之间的通信，从机和从机的通信只能经主机才能实现。

10.5　单片机与 PC 间的串行通信

近年来，在智能仪器仪表、数据采集、嵌入式自动控制等场合，越来越普遍地应用单片机作为核心控制部件。但当需要处理较复杂的数据或要对多个采集的数据进行综合处理以及需要进行集散控制时，单片机的算术运算和逻辑运算能力就都显得不足，这时往往需要借助于计算机系统。将单片机采集的数据通过串行口传送给 PC，由 PC 高级语言或数据库语言对数据进行处理，或者实现 PC 对远端单片机进行控制，是解决这类问题的一个常用方案。因此，实现单片机与 PC 之间的远程通信具有重要的实际意义。

10.5.1　单片机与 PC 串行通信的硬件连接

单片机中的数据信号电平都是 TTL 电平，这种电平采用正逻辑标准，即约定大于等于 2.4V 表示逻辑 1，而小于等于 0.5V 表示逻辑 0，这种信号只适用于通信距离很短的场合，若用于远距离传输，必然会使信号衰减和畸变。因此，在实现 PC 与单片机之间通信或单片机与单片机之间远距离通信时，通常采用美国电子工业协会（EIA）正式公布的串行总线接口，标准有 RS-232C、RS-422、RS-423 和 RS-485 等。其中 RS-232C 原本是美国电子工业协会（Electronic Industry Association，EIA）的推荐标准，现已在全世界范围内广泛采用，是在异步串行通信中应用最广的总线标准，它适用于短距离（小于 15m）或带调制解调器的通信场合。采用 RS-422、RS-485 标准时，通信距离可达 1000m。下面着重介绍单片与 RS-232C 标准串行总线通信接口的连接问题。

1. RS-232C 总线标准规范

（1）接口信号

RS-232C 实际上是串行通信的总线标准。该总线标准定义了 25 条信号线，使用 25 个引脚的连接器。各信号引脚的定义如表 10-3 所示。

表 10-3　RS-232C 接口信号

引脚号	定义（助记符）	引脚号	定义（助记符）
1	保护地（PG）	9	未定义
2	发送数据（TXD）	10	未定义
3	接收数据（RXD）	11	未定义
4	请求发送（RTS）	12	辅助通道接收线路信号检测（SDCD）
5	清除发送（CTS）	13	辅助通道允许发送（SCTS）
6	数据准备好（DSR）	14	辅助通道发送数据（STXD）
7	信号地（GND）	15	发送时钟（TXC）
8	接收线路信号检测（DCD）	16	辅助通道接收数据（SRXD）

续表

引脚号	定义（助记符）	引脚号	定义（助记符）
17	接收时钟（RXC）	22	振铃指示（RI）
18	未定义	23	数据信号速率选择
19	辅助通道请求发送（SRTS）	24	发送时钟
20	数据终端准备就绪（DTR）	25	未定义
21	信号质量检测		

（2）电气特性

RS-232C是一种电压型总线标准，它采用负逻辑标准：+3～+15V表示逻辑0（space）；−3～−15V表示逻辑1（mark），噪声容限为2V。通常采用−10V左右为逻辑1，+10V左右为逻辑0。

除此之外，RS-232C标准的其他规定还有如下几点：

① 标准数据传送速率有50、75、110、150、300、600、1200、2400、4800、9600和19200bps。

② 采用标准的25心插头座（DB-25）进行连接，因此该插头座也称为RS-232C连接器。

表10-3中许多信号是为通信业务或信息控制而定义的，在计算机串行通信中主要使用如下9个信号：

① 数据传送信号：发送数据（TXD）；接收数据（RXD）。

② 调制解调器控制信号：请求发送（RTS）；清除发送（CTS）；数据通信设备准备就绪（DSR）；数据终端准备就绪（DTR）。

③ 定位信号：接收时钟（RXC）；发送时钟（TXC）。

④ 信号地GND。

因此，在计算机串行通信中也常用到标准的9心插头座（DB-9），如图10-28所示。

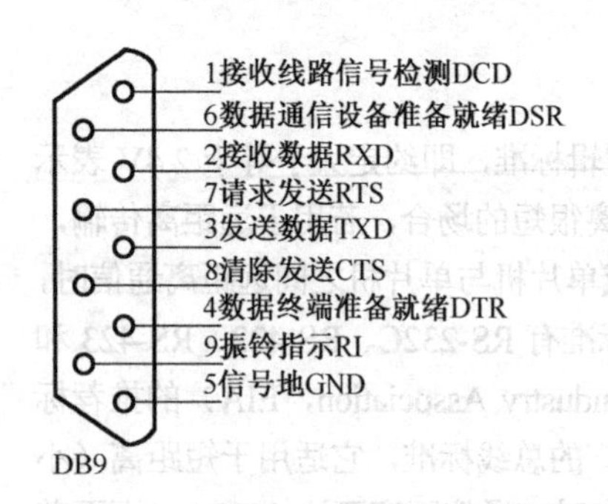

图10-28　微机9针D形串口连接器

（3）RS-232C接口电路

由于RS-232C信号电平（EIA）与单片机信号电平（TTL）不一致，因此，必须进行信号电平转换。实现这种电平转换的电路称为RS-232C接口电路。一般有两种形式：一种是采用运算放大器、晶体管、光电隔离器等器件组成的电路来实现；另一种是采用专用集成芯片（如MC1488、MC1489、MAX232等）来实现。下面介绍由专用集成芯片MAX232构成的接口电路。

MAX232芯片是MAXIM公司生产的具有两路接收器和驱动器的IC芯片，其内部有一个电源电压变换器，可以将输入+5V的电压变换成RS-232C输出电平所需的±15V电压。所以采用这种芯片来实现接口电路特别方便，只需单一的+5V电源即可。

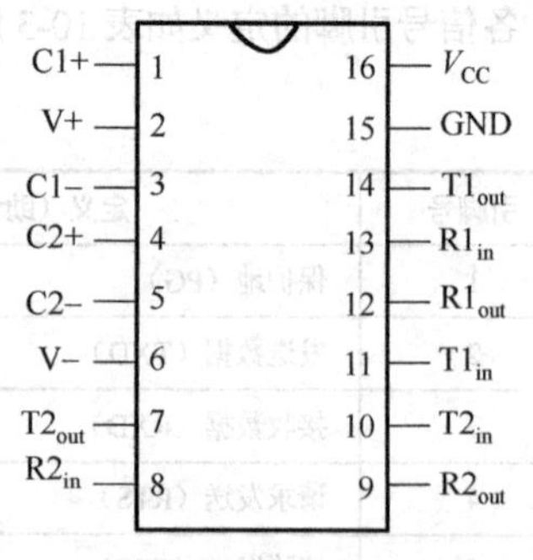

图10-29　MAX232引脚图

MAX232芯片的引脚结构如图10-29所示，其中引脚1～6（C1+、V+、C1−、C2+、C2−、V−）用于电源电压转换，只要在外部接入相应的电解电容即可；引脚7～10和引脚11～14构成两组TTL信号电平与RS-232信号电平的转换电路，对应引脚可直接与单片机串行口的TTL电平引脚和PC的RS-232电平引脚相连。具体连线如图10-30所示。

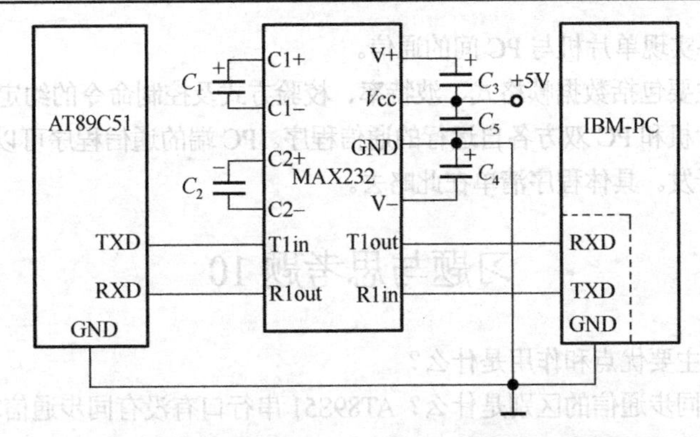

图 10-30　用 MAX232 实现串行通信接口电路图

（4）PC 与 AT89S51 单片机串行通信电路

用 MAX232 芯片实现 PC 与 AT89C51 单片机串行通信的典型电路如图 10-30 所示。图中外接电解电容 C1、C2、C3、C4 用于电源电压变换，可提高抗干扰能力，它们可取相同容量的电容，一般取 1.0μF/16V。电容 C5 的作用是对+5V 电源的噪声干扰进行滤波，一般取 0.1μF。选用两组中的任意一组电平转换电路实现串行通信，选 Tlin、Rlout 分别与 AT89S51 的 TXD、RXD 相连，Tlout、Rlin 分别与 PC 中 R232C 接口的 RXD、TXD 相连。这种发送与接收的对应关系不能接错，否则将不能正常工作。

目前，较新的个人计算机都没有了 DB-9 串行口，特别是笔记本电脑，而 USB 接口则是标准配置。在这种情况下，我们可以使用 USB 转串口的芯片进行转换，常见的 USB 转串口芯片有 CH340T、CP2010 等。CH340T 与单片机的接口电路如图 10-31 所示。

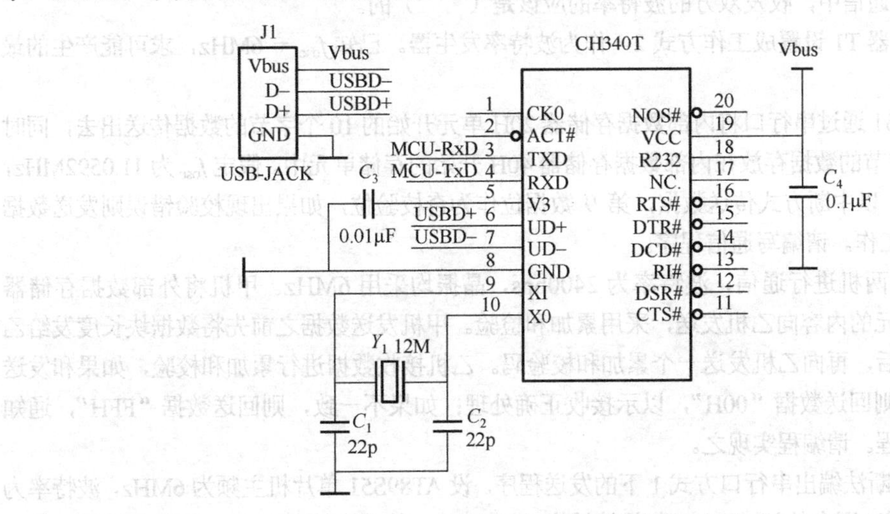

图 10-31　CH340T 与单片机的接口电路

USB 转串口电路只是实现 USB 传输协议和 UART 传输协议之间的转换，对于用户而言，程序设计上没有本质的改变，相当于一个串口使用。唯一需要注意的是，在 PC 上编程选择串口的时候，串口号的选择要正确。

10.5.2　通信协议与通信程序

通信的硬件接口连接完毕后，还必须在通信双方约定好通信的协议，然后完成通信程序的设计、调试与运行，才能最终实现单片机与PC间的通信。

通信协议的内容主要包括数据帧格式、波特率、校验方式及控制命令的约定。

通信程序包括单片机和PC双方各自运行的通信程序。PC端的通信程序可以采用汇编语言、C语言、VB、VC等进行开发。具体程序清单在此略去。

习题与思考题 10

10.1 串行通信的主要优点和作用是什么？

10.2 异步通信和同步通信的区别是什么？AT89S51串行口有没有同步通信功能？

10.3 串行通信有哪几种制式？各有什么特点？

10.4 串行通信中为什么要用Modem？

10.5 若异步通信接口按方式3传送，已知其每分钟传送3600个字符，其波特率是多少？

10.6 AT89S51单片机的串行口由哪些功能部件组成？各有什么作用？

10.7 AT89S51单片机串行口有几种工作方式？有几种帧格式？各种工作方式的波特率如何确定？

10.8 为什么AT89S51串行口的方式0帧格式没有起始位（0）和停止位（1）？

10.9 AT89S51中SCON的SM2、TB8、RB8有何作用？

10.10 为什么定时器/计数器T1用作串行口波特率发生器时，常采用方式2？若已知时钟频率、通信波特率，如何计算其初值？

10.11 以方式1为例，简述AT89S51串行口接收和发送数据的过程。

10.12 在串行通信中，收发双方的波特率的应该是（　　）的。

10.13 若定时器T1设置成工作方式2，作为波特率发生器。已知f_{osc} = 6MHz，求可能产生的最高和最低的波特率。

10.14 AT89S51通过串行口将内部数据存储器20H单元开始的10个字节的数据传送出去，同时将接收到的10个字节的数据存放在内部数据存储器40H开始的存储单元中。假定f_{osc}为11.0592MHz，波特率为1200bps，以中断方式传送数据，第9数据位作为奇校验位，如果出现校验错误则发送数据“FFH”，然后停止工作。请编写通信程序。

10.15 设甲乙两机进行通信，波特率为2400bps，晶振均采用6MHz。甲机将外部数据存储器2000H～20FFH单元的内容向乙机发送，采用累加和检验。甲机发送数据之前先将数据块长度发给乙机，当数据发送完后，再向乙机发送一个累加和校验码。乙机接收数据进行累加和校验，如果和发送方的累加和一致，则回送数据“00H”，以示接收正确处理；如果不一致，则回送数据“FFH”，通知甲机再重新发送过程。请编程实现之。

10.16 请用中断法编出串行口方式1下的发送程序。设AT89S51单片机主频为6MHz，波特率为600b/s，发送数据缓冲区在外部RAM，起始地址为TBLOCK，数据块长度为30，采用偶校验，放在发送数据第8位（数据块长度不发送）。

10.17 请用中断法编出AT89S51串行口在方式2下的发送程序。设：波特率为fosc/64，发送数据缓冲区在外部RAM，起始地址是TBLOCK，发送数据长度为30，采用偶校验，放在发送数据第9位上（数据块长度不发送）。

10.18 请用查询法编出AT89S51串行口在方式2下的接收程序。设：波特率为focs/32，接收数据块在外部RAM，起始地址为RBLOCK，数据块长度为50，采用奇校验，放在接收数据的第9位上（接收数据块长度不发送）。

10.19　设 A、B 两单片机通过串行口进行通信，其中 A 机发送数据，B 机接收数据，两机主频均为 11.0592MHz，波特率为 2400bps，均采用串口方式 1。A 机循环发送数字 0～9，并将所发送数字在本方 LED 数码管上显示。B 机接收数据后待按键 SC 按下，再将所接收的数字送本机显示器显示，并向 A 机回送接收值。A 机接收到回送值后，若上次发送值与本返回值相等，则继续循环操作发送下一数字，否则重复发送上次的数字。要求采用中断法检查收发是否完成，试编写程序实现所要求的功能并用 Proteus 仿真所设计的系统。注意，为简洁起见，两机皆通过 P2 口外接 7SEG-BCD 型的数码管，本身带译码电路，可直接显示输入数据 0～9 的字形，无须显示字模。

10.20　设甲、乙两单片机以工作方式 2 进行串行通信，可程控的第 9 位数据作为偶校验用的补偶位，试编程实现如下所述的应答通信功能并用 Proteus 仿真所设计的系统。

两机准备就绪后让各自的数码管显示字符“8”。甲机作为数据发送方，待按键 SC 按下后，将外部数据存储器 1000H 单元开始存放的 128 字节数据逐一取出，进行补偶设置后发送给乙机。

乙机对收到的数据进行偶校验，若校验正确则向甲机发出应答信息“00H”，代表“数据发送正确”，甲机接收到此信息后再发送下一个字节。若奇偶校验错误，则乙机向甲机发出应答信息“0FFH”，代表“数据不正确”，要求甲机再次发送原数据，直至数据发送正确。乙机还要将接收到的数据依次存放在外部数据存储器 2000H 开始的存储单元。

在数据传送过程中，如果奇偶校验正确，则让各自的显示器显示字符“1”，否则显示字符“E”。

甲机发送完 128 字节数据后停止发送。完成数据传送后，甲、乙两机的显示器皆显示字符“0”，以示数据传送结束。试编写程序实现所要求的功能并用 Proteus 仿真。

10.21　单片机多机通信有哪几种网络结构？

10.22　简述利用串行口进行多机通信的原理。

第 11 章　51 系列单片机的存储器扩展

内容提要

虽然一片内带程序存储器的单片机就构成了一个最小嵌入式应用系统，但由于单片机内的 RAM、ROM 和 I/O 接口数量有限，很可能无法满足复杂应用系统的需求，在这种情况下就需要进行系统扩展。本章首先介绍 51 系列单片机系统总线的构建方法，然后介绍其两个外部存储空间的地址分配方法，最后介绍外部程序存储器和外部数据存储器扩展的设计方法和实例。

教学目标

- 熟练掌握 51 系列单片机并行总线的结构及操作时序。
- 熟练掌握 51 系列单片机存储器地址空间分配的原理。
- 熟练掌握 51 系列单片机程序存储器和数据存储器的扩展。

11.1　单片机系统扩展概述

单片机中虽然已经集成了 CPU、I/O 口、定时器、中断系统、存储器等计算机的基本部件（即系统资源），但是对一些较复杂的应用系统来说，有时以上资源中的一种或几种会不够使用，这时就需要在单片机芯片外增加相应的芯片、电路，使得有关功能得以扩充，这称为系统扩展（即系统资源的扩展）。单片机系统扩展包括程序存储器扩展、数据存储器扩展、I/O 口扩展、定时器/计数器扩展、中断系统扩展和串行口扩展。本章只介绍应用较多的程序存储器和数据存储器的扩展。单片机系统扩展的方法包括并行总线扩展法和串行总线扩展法，在此也只介绍并行总线扩展法，串行总线扩展法留待第 15 章介绍。

51 系列单片机采用了总线结构，使扩展易于实现。51 系列单片机系统扩展图结构如图 11-1 所示。

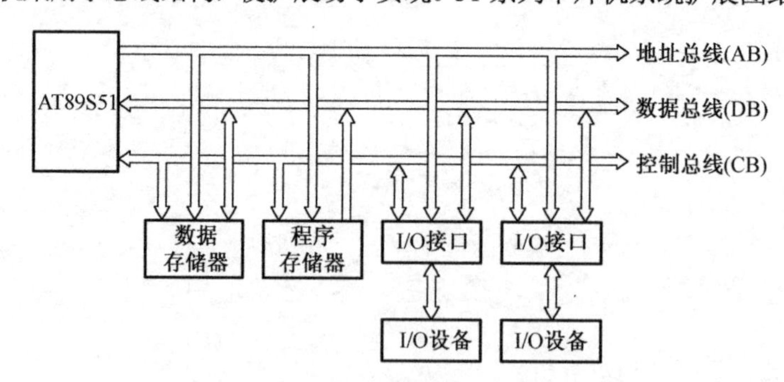

图 11-1　AT89S51 的系统扩展结构示意图

由图 11-1 可以看出，系统扩展主要包括存储器扩展和 I/O 接口部件扩展。外部存储器扩展又包括程序存储器扩展和数据存储器扩展。51 系列单片机采用的是程序存储器空间和数据存储器空间（包括 I/O 接口）截然分开的哈佛结构。扩展后，形成了两个并行的外部存储器空间。

11.2　51 系列单片机并行总线构造和地址锁存器

11.2.1　并行总线的构造

单片机的系统扩展就是以单片机为核心，通过三总线把单片机与各扩展部件连接起来。因此，要进行系统扩展，首先要构造系统总线。系统总线按功能通常分为如下 3 组。

（1）地址总线（Address Bus，AB）：用于传送单片机发出的地址信号，以便进行存储单元和 I/O 接口芯片中的寄存器单元的选择。

（2）数据总线（Data Bus，DB）：用于单片机与外部存储器或 I/O 接口之间传送数据，数据总线是双向的。

（3）控制总线（Control Bus，CB）：控制总线是单片机发出的各种控制信号线。

为使单片机能便利地与各种扩展芯片连接，应利用单片机的外部引脚构建出一般微型计算机的三总线结构形式，即地址总线、数据总线和控制总线。

下面讨论如何构造系统的三总线。

1．地址总线

51 系列单片机的硬件结构决定：由 P2 口提供高 8 位地址信号（A8～A15），由 P0 口提供低 8 位（A0～A7）地址信号。P2 口具有输出锁存的功能，能在访问存储单元的过程中一直保留相应的地址信息。由于 P0 口是地址、数据分时使用的通道口，所以为保存地址信息，需利用 ALE 正脉冲信号的下降沿来控制外加的地址锁存器锁存低 8 位的地址信息，以保证在外扩存储器（或 I/O 口）的读写过程中其被操作单元的地址信号一直有效。

2．数据总线

由 P0 口提供，此口是双向、输入三态控制的通道口。

3．控制总线

包括地址锁存信号 ALE、片外程序存储器的读选通信号 $\overline{PSEN}$、外扩的数据存储器和 I/O 接口公用的读写信号 $\overline{RD}$ 和 $\overline{WR}$。

据此构造出的系统总线如图 11-2 所示。

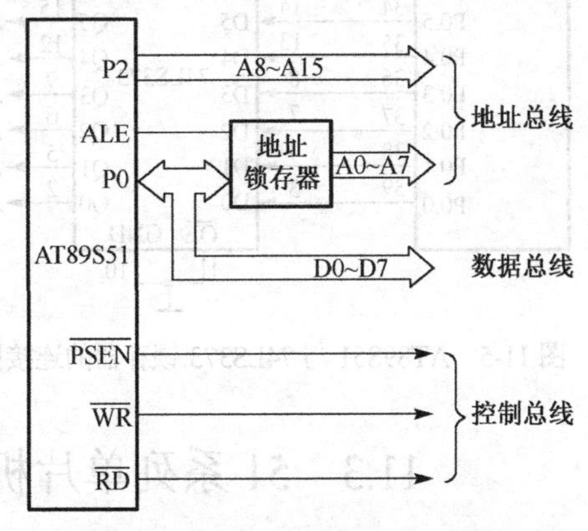

图 11-2　51 系列单片机三总线的结构

11.2.2　外部地址锁存器

外部地址锁存器的作用是配合地址锁存信号 ALE，将 CPU 通过 P0 口输出的所要访问单元的低 8 位地址信号锁存起来，以使此地址信号在对所访问单元的操作过程中一直有效，并使 P0 口能作为数据通道使用。常用的地址锁存器有 74LS373、74LS573 等。下面以 74LS373 为例，做一简要介绍。

74LS373 是一种带三态门的 8D 锁存器，它可以直接挂在总线上，并具有三态总线驱动的能力。其内部结构如图 11-3 所示，引脚图如图 11-4 所示。AT89S51 与 74LS373 锁存器的连接如图 11-5 所示。

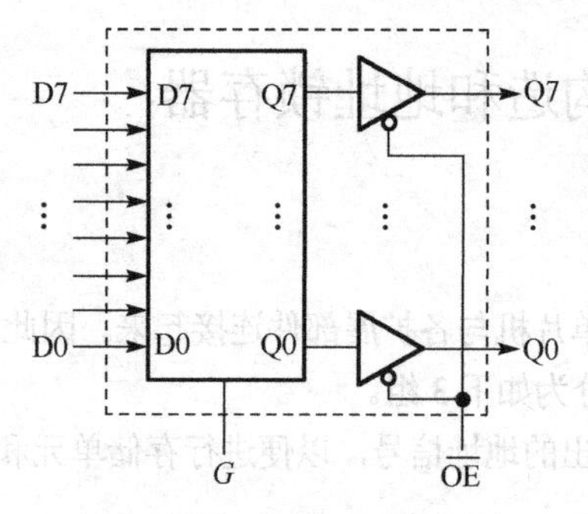

图 11-3　74LS373 的内部结构

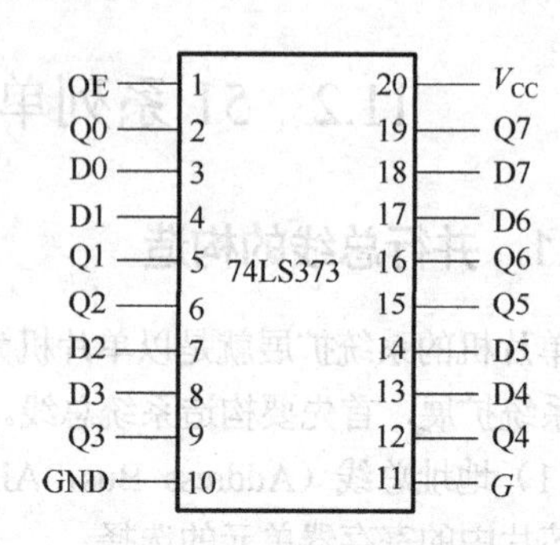

图 11-4　74LS373 引脚图

74LS373 引脚说明：

D0～D7：8 位数据输入线。

Q0～Q7：8 位数据输出线。

G：数据输入锁存选通信号。当加到该引脚的信号为高电平时，外部数据选通到内部锁存器，该信号产生负跳变时，数据锁存到锁存器中。

表 11-1 所示为 74LS373 的真值表。

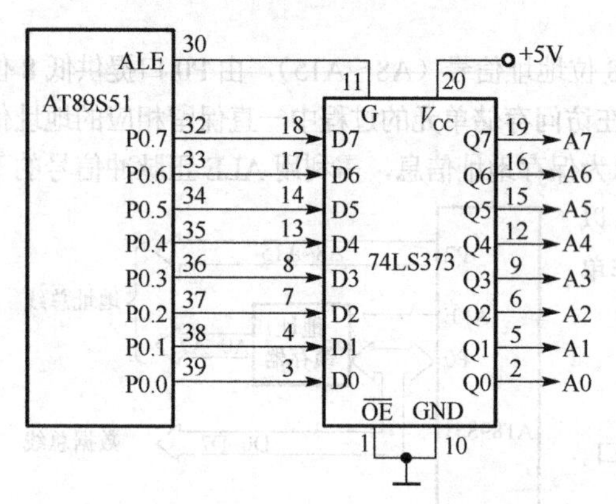

图 11-5　AT89S51 与 74LS373 锁存器的连接图

表 11-1　74LS373 真值表

$\overline{OE}$	*G*	*D*	*Q*
0	1	1	1
0	1	0	0
0	0	X	不变
1	X	X	高阻态

11.3　51 系列单片机地址空间分配和地址译码器

在实际的单片机应用系统设计中，往往既需要扩展程序存储器，又需要扩展数据存储器（I/O 接口芯片中的寄存器也作为数据存储器的一部分），如何把片外的两个 64KB 地址空间分配给各个程序存储器、数据存储器芯片，并且使程序存储器和数据存储器的各芯片之间，一个存储器单元只对应一个地址，避免单片机发出一个地址时同时访问两个单元，而发生数据冲突。这就是存储器的地址空间的分配问题。

51 系列单片机发出的地址码用于选择某个存储器单元，在外扩的多片存储器芯片中，单片机要完成这种功能，必须进行两种选择：一是必须选中该存储器芯片，称为片选。只有被选中的存储器芯片才能被单片机访问，未被选中的芯片不能被访问。二是在片选的基础上再根据单片机发出的地址码来对选中的芯片的某一单元进行访问，这称为单元选择。为了实现片选，每个存储器芯片都有片选信号引脚。同时每个存储器芯片也都有多个地址线引脚，以便对其进行单元选择。需要注意的是，片选和单元选择都是单片机通过地址总线发出的地址信号来完成的。

可以把 51 系列单片机地址总线的 16 根线分为低段和高段两部分。低段地址作为单元选择信号线直接用于被选中芯片的单元选择，高段地址信号线作为片选线，用于产生选片信号。注意，这里根据地址总线作用的不同而划分的高、低两段与根据地址总线来源的不同而划分的高 8 位和低 8 位是不同的。在这里，16 条地址线中，高、低段地址线的数目也不是固定的，要根据所外扩的芯片的具体情况来定。

根据高段地址信号线产生选片信号的方法之不同，存储器地址空间分配方法可分为 3 种：线选法、全译码法和部分译码法。

1．线选法

线选法是直接利用系统的某一高段地址线作为存储器芯片（或 I/O 接口芯片）的片选控制信号。为此，只需要把用到的高段地址线与存储器芯片的片选端直接连接，如例 11-1 中的图 11-6 所示。

线选法的优点是电路简单，不需要另外增加地址译码器硬件电路，体积小，成本低。缺点是可寻址的芯片数目受到限制。另外，地址空间不连续，存在地址空间重叠或每个存储单元的地址不唯一这样的现象，这会造成存储空间的浪费，也会给程序设计带来一些不便，只适用于外扩芯片数目不多的单片机系统的存储器扩展。

【例 11-1】 存储器扩展连接如图 11-6 所示，试分析其地址分布情况。

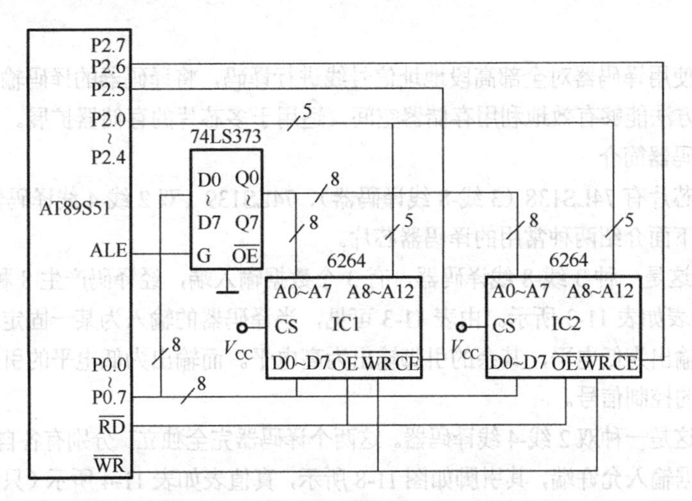

图 11-6　例 11-1 存储器扩展连接图

解：图中的 6264 是容量为 8KB 的 RAM，每片 6264 有 13 根地址线 A12～A0。因此，用于片内单元选择的低段地址线需要 13 根，剩下的 3 根高段地址线用来产生各片 6264 的片选信号。选择其中的两根 A13 和 A14 分别作为两片 6264 的片选信号，这就是线选法的一个应用实例。

根据硬件电路的连接，A12～A0 用于片内单元的选择，可对共计 8KB 的单元进行选择。A13、A14 分别作为 IC1 和 IC2 的片选信号，它们不能同时有效，否则会产生数据冲突。也就是说 A13A14 = 00 所对应的地址段是不能使用的。因此，选中 IC1 时 A13A14 = 01，选中 IC2 时 A13A14 = 10。A15（P2.7）没有参与地址译码而处于浮空状态。因此，其为 0 或为 1 对存储单元的选择都没有影响。但是，作为地址信号的一个组成部分，它必须有一个确定的值。由此，可得出扩展的两片存储器的地址分布情况如表 11-2 所示。

通过表 11-2 可以看出，每片 6264 都有两块存储空间和它相对应，且有些存储空间是不能使用的，这就造成了存储空间的浪费。

表 11-2 例 11-1 存储器地址分布表

A15	A14	A13	A12～A0	地址分布	对应芯片
0	0	0	0～0 1～1	0000H～1FFFH	禁用
0	0	1	0～0 1～1	2000H～3FFFH	IC2
0	1	0	0～0 1～1	4000H～5FFFH	IC1
0	1	1	0～0 1～1	6000H～7FFFH	未用
1	0	0	0～0 1～1	8000H～9FFFH	禁用
1	0	1	0～0 1～1	A000H～BFFFH	IC2
1	1	0	0～0 1～1	C000H～DFFFH	IC1
1	1	1	0～0 1～1	E000H～FFFFH	未用

2. 全译码法

全译码法就是使用译码器对全部高段地址信号线进行译码，将译码器的译码输出作为存储器芯片的片选信号。这种方法能够有效地利用存储器空间，适用于多芯片的存储器扩展。

（1）常用的译码器简介

常用的译码器芯片有 74LS138（3 线-8 线译码器）、74LS139（双 2 线-4 线译码器）和 74LS154（4 线-16 线译码器）。下面介绍两种常用的译码器芯片。

① 74LS138。这是一种 3 线-8 线译码器，有 3 个数据输入端，经译码产生 8 种状态。 其引脚如图 11-7 所示，真值表如表 11-3 所示。由表 11-3 可见，当译码器的输入为某一固定编码时，其输出仅有一个固定的引脚输出为低电平，其余的引脚输出为高电平。而输出为低电平的引脚就可作为某一存储器芯片的片选端的控制信号。

② 74LS139。这是一种双 2 线-4 线译码器。这两个译码器完全独立，分别有各自的数据输入端、译码状态输出端及数据输入允许端，其引脚如图 11-8 所示，真值表如表 11-4 所示（只给出其中的一组）。

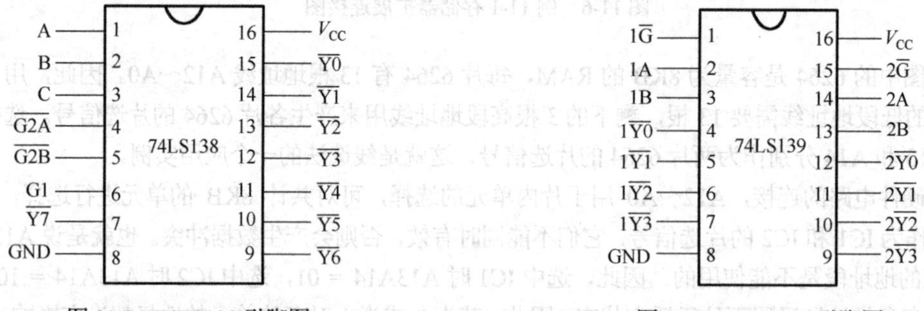

图 11-7 74LS138 引脚图　　　图 11-8 74LS139 引脚图

（2）全译码法下的地址分配

下面以 74LS138 为例介绍全译码法下如何进行地址分配。对于例 11-1 所述的情况，如果外扩的 6264 芯片为 8 片，显然高段地址线的数量无法满足线选法的要求。这时可采取全译码法，把全部 3 根高段地址线接入 74LS138 的译码信号输入端，即 P2.7、P2.6、P2.5 分别接到 74LS138 的 C、B、A 端，译码器的 8 个输出 $\overline{Y0}$～$\overline{Y7}$，分别接到 8 片 6264 的片选端，实现 8 选 1 的片选。而低 13 位地址（P2.4～P2.0，P0.7～P0.0）依然用于对选中的 6264 芯片的单元选择。这样就把 64KB 存储器空间分成 8 个 8KB 空间。64KB 地址空间的分配如图 11-9 所示。

表 11-3　74LS138 真值表

输 入 端						输 出 端							
G1	$\overline{G2A}$	$\overline{G2B}$	C	B	A	$\overline{Y7}$	$\overline{Y6}$	$\overline{Y5}$	$\overline{Y4}$	$\overline{Y3}$	$\overline{Y2}$	$\overline{Y1}$	$\overline{Y0}$
1	0	0	0	0	0	1	1	1	1	1	1	1	0
1	0	0	0	0	1	1	1	1	1	1	1	0	1
1	0	0	0	1	0	1	1	1	1	1	0	1	1
1	0	0	0	1	1	1	1	1	1	0	1	1	1
1	0	0	1	0	0	1	1	1	0	1	1	1	1
1	0	0	1	0	1	1	1	0	1	1	1	1	1
1	0	0	1	1	0	1	0	1	1	1	1	1	1
1	0	0	1	1	1	0	1	1	1	1	1	1	1
其他状态			x	x	x	1	1	1	1	1	1	1	1

注：1 表示高电平，0 表示低电平，x 表示任意。

表 11-4　74LS139 真值表

输 入 端			输 出 端			
允 许	选 择					
G	B	A	$\overline{Y3}$	$\overline{Y2}$	$\overline{Y1}$	$\overline{Y0}$
0	0	0	1	1	1	0
0	0	1	1	1	0	1
0	1	0	1	0	1	1
0	1	1	0	1	1	1
1	x	x	1	1	1	1

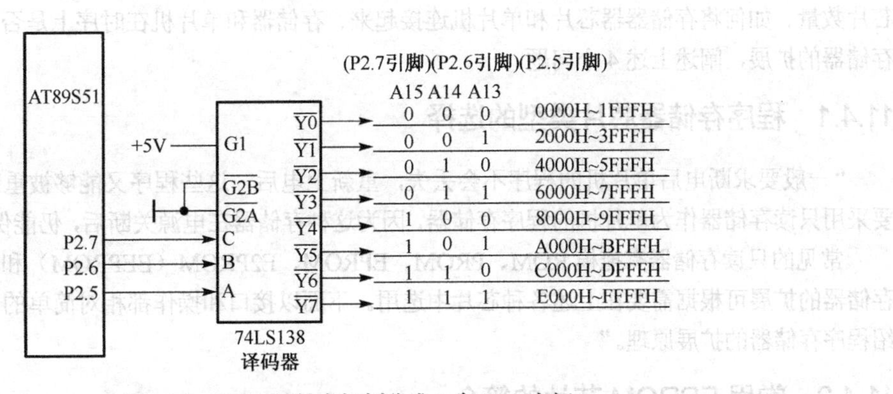

图 11-9　64KB 地址空间划分成 8 个 8KB 空间

上述分析揭示出全译码法的优点：地址空间的逻辑地址与存储器物理单元是一一对应的关系，每一个逻辑地址都可以被利用上。

图 11-10 所示是全译码的另一个方案。假设扩展用的存储器芯片是 4KB 的，则利用此方案可以扩展 32KB 的存储器，占用的是 64KB 存储空间的前 32KB，每片存储器的地址分布在图 11-10 中已经标

出。这里，高段地址线 P2.7 虽然没有直接连接译码器的译码信号输入端，但它参与了对译码器的选择控制，实际上还是参与了存储空间的地址分配。如果将 P2.7 不通过非门而直接连接另外一片 74LS139 的 G1 端，这样就可以构建对 64KB 存储空间的后 32KB 存储空间的地址分配电路。

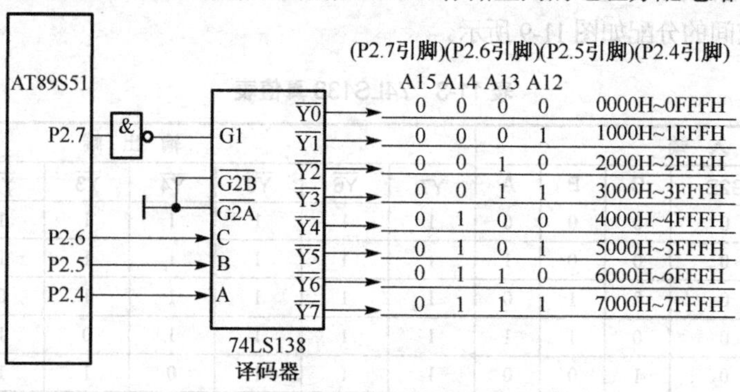

图 11-10 存储器划分为每块 4KB 的译码方案

3．部分译码法

仅部分高段地址线参与译码的方法称为部分译码法。部分译码存在着部分存储器地址空间相重叠的情况。

对于图 11-10 所示的方案，如果高段地址线 P2.7 不参与对译码器的控制，而是处于浮空状态，这就成了一个部分译码的方案。这时，P2.7 的值对存储器存储单元的选择没有影响。但是，作为 16 位地址信号的一部分，地址信号输出时它必须有一个确定的值。于是，当 P2.7 为 0 和为 1 时，各得到 32KB 的两块存储器地址空间，但是这两块存储空间对应的却是同一个由 8 片 4KB 存储器构建的 32KB 的存储器物理空间。

11.4 程序存储器的扩展

存储器的扩展要考虑 4 个问题：选取什么类型的存储器芯片、选择多大容量的存储器芯片及所需芯片数量、如何将存储器器芯片和单片机连接起来、存储器和单片机在时序上是否相配。下面就程序存储器的扩展，阐述上述 4 个问题。

11.4.1 程序存储器芯片类型的选择

“一般要求断电后单片机的程序不会丢失，重新上电后，这些程序又能够被重新执行。因此，需要采用只读存储器作为单片机的程序存储器，因为这种存储器在电源关断后，仍能保存所存储的内容。

常见的只读存储器有掩模 ROM、PROM、EPROM、E2PROM（EEPROM）和 Flash ROM。程序存储器的扩展可根据需要在上述各种芯片中选用。下面以接口和操作都相对简单的 EPROM 为例，介绍程序存储器的扩展原理。”

11.4.2 常用 EPROM 芯片的简介

EPROM 的典型芯片是 27 系列产品，如 2764（8KB）、27128（16KB）、27256（32KB）、27512（64KB）。型号名称 27 后面的数字表示其位存储容量。如果换算成字节容量，只需将该数字除以 8 即可。例如，27128 中 27 后面的数字为 128，128/8 =16KB。

随着大规模集成电路技术的发展，大容量存储器芯片的产量剧增，售价不断下降。其性能价格比明显增高，而且由于有些厂家已停止生产小容量的芯片，使市场上某些小容量芯片的价格反而比大容量芯片还高。所以，在扩展程序存储器设计时，应尽量采用大容量芯片。

1．常用的 EPROM 芯片

27 系列 EPROM 芯片的引脚图如图 11-11 所示，参数如表 11-5 所示。

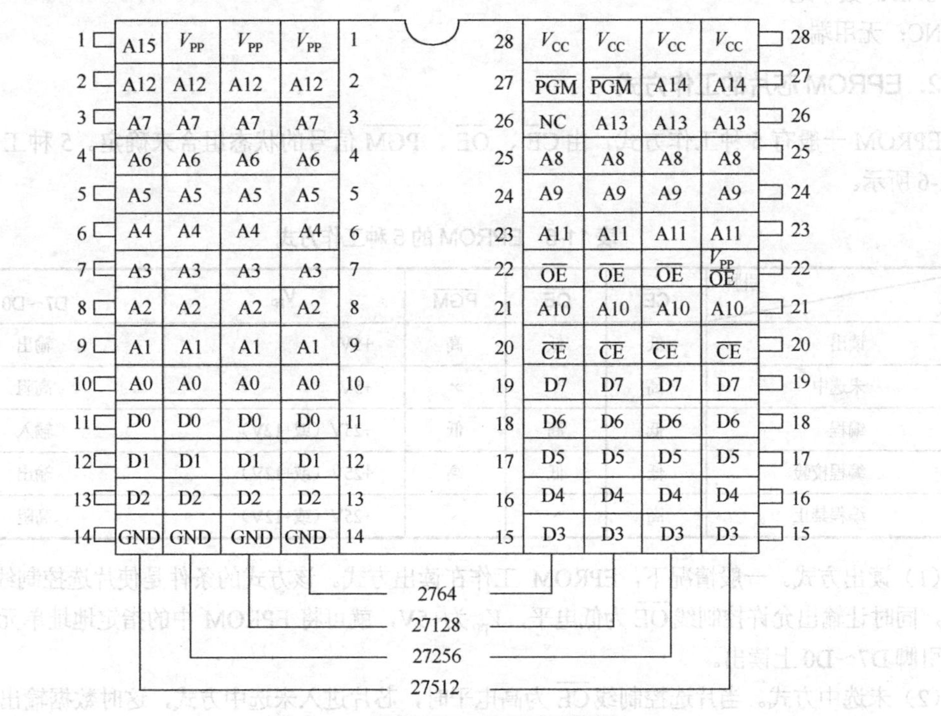

图 11-11　常用 EPROM 芯片引脚图

表 11-5　常用 EPROM 芯片参数表

	V_{CC}（V）	V_{PP}（V）	I_m（mA）	I_S（mA）	T_{RM}（ns）	容　量
TMS2732A	5	21	132	32	200～450	4KB×8
TMS2764	5	21	100	35	200～450	8KB×8
Intel2764A	5	12.5	60	20	200	8KB×8
Intel27C64	5	12.5	10	0.1	200	8KB×8
Intel27128A	5	12.5	100	40	120～200	16KB×8
SCM27C128	5	12.5	30	0.1	200	16KB×8
Intel27256	5	12.5	100	40	200	32KB×8
MBM27C256	5	12.5	8	0.1	250～300	32KB×8
Intel27512	5	12.5	125	40	250	64KB×8

图 11-11 中芯片的引脚功能如下。

A0～A15：地址线引脚。它的数目由芯片的存储容量决定，用于进行单元选择。

D7～D0：数据线引脚。

$\overline{CE}$：片选控制端。

$\overline{\text{OE}}$：输出允许控制端。

$\overline{\text{PGM}}$：编程时，编程脉冲的输入端。

V_{PP}：编程时，编程电压（+12V 或+25V）输入端。

V_{CC}：+5V，芯片的工作电压。

GND：数字地。

NC：无用端。

2. EPROM 芯片的工作方式

EPROM 一般有 5 种工作方式，由 $\overline{\text{CE}}$、$\overline{\text{OE}}$、$\overline{\text{PGM}}$ 信号的状态组合来确定。5 种工作方式如表 11-6 所示。

表 11-6　EPROM 的 5 种工作方式

引脚 / 方式	$\overline{\text{CE}}$	$\overline{\text{OE}}$	$\overline{\text{PGM}}$	V_{pp}	D7～D0
读出	低	低	高	+5V	输出
未选中	高	×	×	+5V	高阻
编程	低	高	低	+25V（或+12V）	输入
编程校验	低	低	高	+25V（或+12V）	输出
编程禁止	高	×	×	+25V（或+12V）	高阻

（1）读出方式。一般情况下，EPROM 工作在读出方式。该方式的条件是使片选控制线 $\overline{\text{CE}}$ 为低电平，同时让输出允许控制线 $\overline{\text{OE}}$ 为低电平，V_{pp} 为+5V，就可将 EPROM 中的指定地址单元的内容从数据引脚 D7～D0 上读出。

（2）未选中方式。当片选控制线 $\overline{\text{CE}}$ 为高电平时，芯片进入未选中方式，这时数据输出为高阻抗悬浮状态，不占用数据总线。EPROM 处于低功耗的维持状态。

（3）编程方式。在 V_{PP} 端加上规定的较高电压，$\overline{\text{CE}}$ 和 $\overline{\text{OE}}$ 端加上合适的电平（不同的芯片要求不同），就能将数据线上的数据写入到指定的地址单元。此时，编程地址和编程数据分别由系统的 A15～A0 和 D7～D0 提供。

（4）编程校验方式。在 V_{PP} 端保持相应的编程电压（高压），再按读出方式操作，读出编程固化好的内容，以校验写入的内容是否正确。

（5）编程禁止方式。编程禁止方式输出呈高阻状态，不写入程序。

11.4.3　访问程序存储器的控制信号

AT89S51 单片机访问片外扩展的程序存储器时，所用的控制信号有以下 3 种。

（1）ALE：用于低 8 位地址锁存控制。

（2）$\overline{\text{PSEN}}$：片外程序存储器“读选通”控制信号。它接外扩 EPROM 的 $\overline{\text{OE}}$ 引脚。

（3）$\overline{\text{EA}}$：片内、片外程序存储器访问的控制信号。当 $\overline{\text{EA}}$=1 时，在单片机发出的地址小于片内程序存储器最大地址时，访问片内程序存储器；当 $\overline{\text{EA}}$=0 时，只访问片外程序存储器。

如果指令是从片外 EPROM 中读取的，除了 ALE 用于低 8 位地址锁存信号之外，控制信号还有 $\overline{\text{PSEN}}$，$\overline{\text{PSEN}}$ 接外扩 EPROM 的 $\overline{\text{OE}}$ 脚。此外，还要用到 P0 口和 P2 口，P0 口分时用作低 8 位地址总线和数据总线，P2 口用作高 8 位地址线。

11.4.4 AT89S51 单片机与 EPROM 的接口电路设计

1．三总线连接问题

单片机与 EPROM 的接口电路设计实际上要考虑的就是 EPROM 如何与单片机的三总线相连。关于地址总线的连接问题实际上在 11.2 节已做出了解答。数据总线的连接问题也很简单，在驱动力足够的情况下，只需将单片机的数据总线和存储器的数据线直接相连接。下面重点分析控制总线的连接问题。

AT89S51 单片机访问片外扩展的程序存储器时，所用的控制信号有以下 3 种。

（1）ALE：用于低 8 位地址锁存控制，连接地址锁存器的 G 端。

（2）$\overline{\text{PSEN}}$：片外程序存储器“读选通”控制信号。用于接外扩 EPROM 的 $\overline{\text{OE}}$ 引脚。

（3）$\overline{\text{EA}}$：片内、片外程序存储器访问的控制信号。当 $\overline{\text{EA}}$=1 时，在单片机发出的地址小于片内程序存储器最大地址时，访问片内程序存储器；当 $\overline{\text{EA}}$=0 时，只访问片外程序存储器。

2．扩展实例

（1）单片 EPROM 的扩展

图 11-12 所示为 AT89S51 单片机外扩一片 16KB 程序存储器 27128 的连接图。图中采用三态输出 8D 锁存器 74LS373 作为 P0 口外部地址锁存器，其三态控制端 $\overline{\text{OE}}$ 接地，保证输出常通，锁存控制端 G 与单片机的 ALE 端相连，27128 的片选端 $\overline{\text{CE}}$ 接地，输出使能端 $\overline{\text{OE}}$ 受单片机 $\overline{\text{PSEN}}$ 端的控制。27128 的存储容量为 16KB，片内单元选择需要 14 根地址线，其中低 8 位的地址线连到单片机 P0 口外部的锁存器的输出端。高 6 位地址线直接连接到单片机 P2 口的相应端口线；8 位数据线直接连到单片机的 P0 口。按这种连接方法，由于地址总线中 A14、A15 两根地址处于浮空状态，因此，这片 27128 所占用的地址空间有 4 块，地址分布分别为 0000H～3FFFH、4000H～7FFFH、8000H～BFFFH 和 C000H～FFFFH。

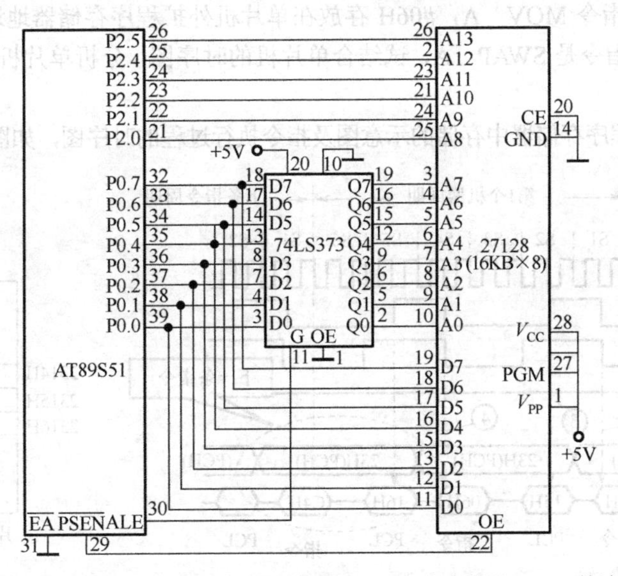

图 11-12　在 AT89S51 单片机外部扩展 16KB 程序存储器 27128 的连接图

（2）多片 EPROM 的扩展

与单片 EPROM 扩展电路相比，多片 EPROM 的扩展除片选线 $\overline{CE}$ 外，其他均与单扩展电路相同。图 11-13 所示为 4 片 27128 EPROM 扩展成 64KB 程序存储器的方法。片选控制信号由译码器产生。

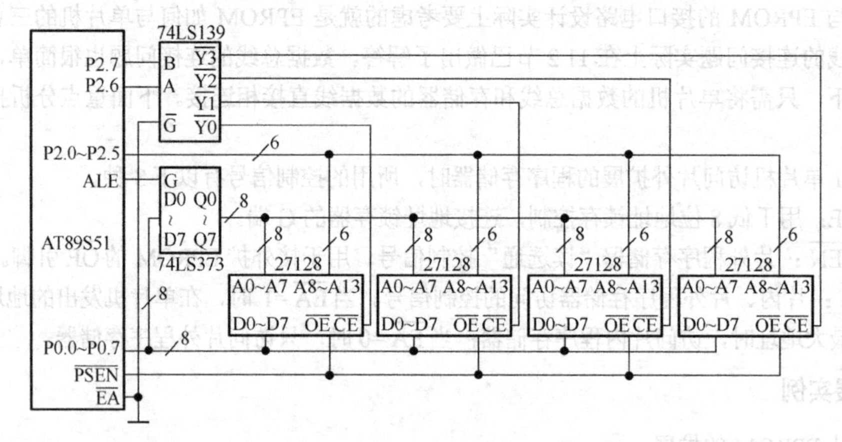

图 11-13　AT89S51 与 4 片 27128 EPROM 的接口电路

11.4.5　单片机外扩程序存储器的时序分析与使用

单片机和外扩的程序存储器的连接完成后，还必须弄清楚存储器在时序上能否和单片机相配合，如果时序合不上，即使硬件连接正确，单片机也无法实现对存储器的正确操作。单片机和存储器的时序参数可查阅有关手册。一般的单片机与半导体存储器在时序上是能够相配合的。

51 系列单片机的时序，已在第 3 章做过详细介绍，下面结合实例来分析单片机对外扩程序存储器的访问过程及与程序存储器的时序配合问题。

【例 11-2】 假设指令 MOV　A，#06H 存放在单片机外扩程序存储器地址以 2314H 开始的存储单元中，且下一条指令是 SWAP　A，试结合单片机的时序图，分析单片机访问程序存储器取指令的过程。

解：所述指令在程序存储器中存储的示意图及指令执行过程的时序图，如图 11-14 所示。

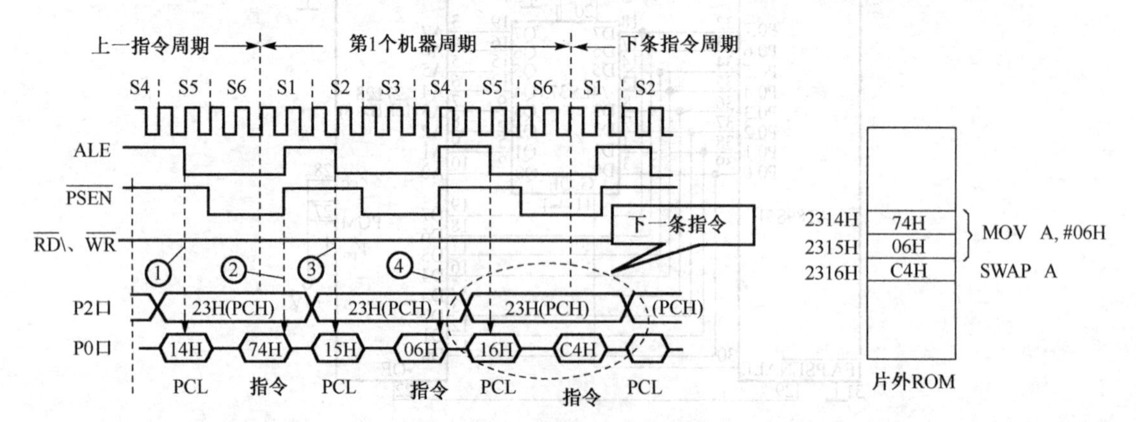

图 11-14　例 11-2 指令存储示意图及执行过程的时序图

MOV　A，#06H 是双字节单机器周期的指令。由图 11-14 中的①可见，在本条指令的指令周期之前一个机器周期的 S5 就完成了对本条指令操作码地址的准备工作，接着在 S6 就开始由 $\overline{PSEN}$ 控制外扩的程序存储器将本条指令的操作码输出。从 $\overline{PSEN}$ 变成低电平打开存储器的输出门，到存放在存储器相应单元中的程序代码稳定地出现在数据总线上，这两者之间有一个时间延迟。这个延迟时间的长短就反映了存储器的工作速度。如果存储器的工作速度太慢，在 $\overline{PSEN}$ 有效的整个期间存储器输出的代码都没能在数据总线上稳定出现，则单片机无法实现对此程序存储器的正确操作，说明此存储器和单片机在时序上不配合。

图 11-14 中②所指位置是 $\overline{PSEN}$ 即将由低变高的时刻，在这个时刻 CUP 采样数据总线完成了对本条指令操作码的输入。之所以安排 CPU 在这个时刻读取指令，是为了给程序存储器尽量多的时间来输出所存代码。另外，单片机之所以在每条指令的第一个 S1 状态就可以完成取操作码的操作，是因为上一条指令的末期已经为本指令的取指做好了准备工作。

由图 11-14 中的③可见，在这个位置上，完成了对本条指令第二字节代码存储单元地址的准备工作。

由图 11-14 中的④可见，在这个位置上，CPU 完成了对本条指令第二字节代码即立即数“06H”的读取。此后，CPU 进行将“06H”送累加器的操作，同时完成对下一条指令的操作码“C4H”的准备工作，然后结束本指令周期，进入下一条指令周期。如此循环往复，逐条完成指令的取指令和执行，最终实现整个程序的运行。

11.5　数据存储器扩展

AT89S51 单片机内部有 128B 的 RAM，在实际应用中有时会不够用，这时就必须扩展外部数据存储器。对数据存储器的扩展同样要考虑程序存储扩展所面临的那 4 个问题：芯片类型选择、芯片容量及芯片数量选择、如何将存储器器芯片和单片机连接起来、存储器和单片机在时序上是否相匹配。下面同样围绕上述 4 个问题来分析单片机数据存储器的扩展。

11.5.1　数据存储器芯片类型的选择

作为数据存储器使用的芯片，要求单片机能在线对其进行读/写操作，因此必须是随机存取的存储器（RAM）。RAM 分动态和静态两种。动态 RAM 虽然集成度更高，但由于要解决刷新问题，在单片机系统中很少使用。因此在单片机应用系统中，外扩的数据存储器通常采用的是静态数据存储器（SRAM）。所以，本节只讨论静态数据存储器与单片机的接口。

11.5.2　常用静态数据存储器 RAM 芯片简介

单片机系统中常用 SRAM 芯片的典型型号有 6116（2KB）、6264（8KB）、62128（16KB）、62256（32KB）。它们都用单一+5V 电源供电，双列直插封装，6116 为 24 引脚封装，6264、62128、62256 为 28 引脚封装。这些 RAM 芯片的引脚如图 11-15 所示。

图 11-15 中的 RAM 各引脚功能如表 11-7 所示。

RAM 存储器有读出、写入、维持 3 种工作方式，这些工作方式的控制如表 11-8 所示。

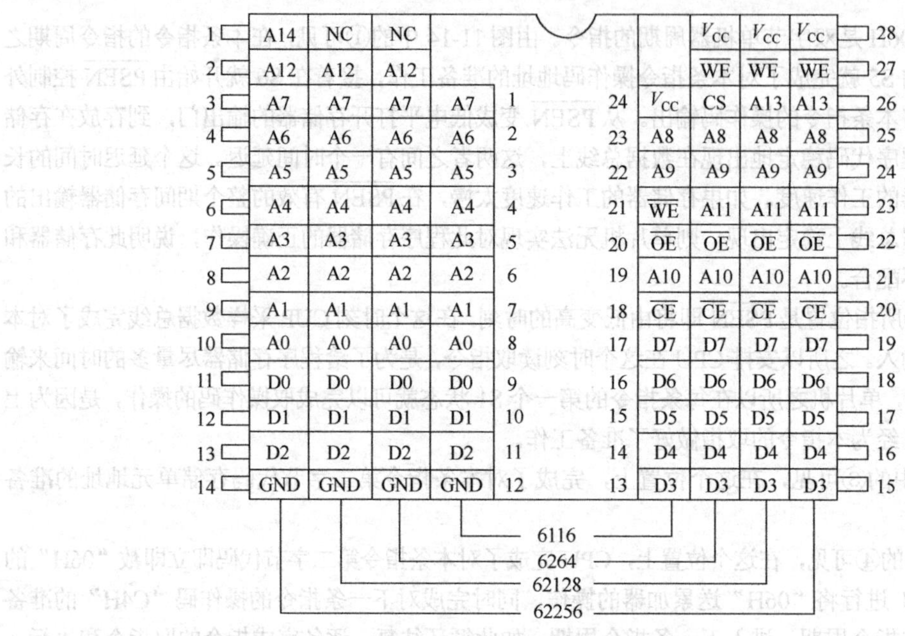

图 11-15　常用的 RAM 引脚图

表 11-7　RAM 各引脚功能

引　脚	功　能
A0～A14	地址输入线
D0～D7	双向三态数据线
$\overline{CE}$	片选信号输入线，低电平有效。对于 6264 芯片，当 24 脚（CS）为高电平且 CE 为低电平时才选中该片
$\overline{OE}$	读选通信号输入线，低电平有效
$\overline{WE}$	写允许信号输入线，低电平有效
V_{CC}	工作电源+5V
GND	地

表 11-8　6116、6264、62256 芯片 3 种工作方式的控制

信号 工作方式	CE	$\overline{OE}$	$\overline{WE}$	D0～D7
读入	0	0	1	数据输出
写入	0	1	0	数据输入
维持	1	×	×	高阻态

注：对于 CMOS 的静态 RAM，$\overline{CE}$ 为高电平，电路处于降耗状态。此时，V_{CC} 电压可降至 3V 左右，内部所存储的数据也不会丢失。

11.5.3　AT89S51 单片机与外部 RAM 的接口电路设计

1. 三总线的连接

单片机所扩展的数据存储器空间地址由 P2 口提供高 8 位地址，P0 口分时提供低 8 位地址和 8 位双向数据总线。这一点和程序存储器的情况相同，所以，单片机所扩展数据存储芯片与地址总线和数据总线的连接情况与程序存储器的扩展方案完全相同，不同的是控制总线的连接。片外数据存储器

RAM 的写选通由 AT89S51 的 $\overline{WR}$（P3.7）信号控制。片外数据存储器 RAM 的读选通由 AT89S51 的 $\overline{RD}$（P3.6）信号控制，而片外程序存储器的输出允许端（$\overline{OE}$）由 AT89S51 的选通端 $\overline{PSEN}$ 信号控制。尽管数据存储器与程序存储器的地址空间范围都是相同的，但由于控制信号不同，故不会发生总线冲突。

2．扩展实例

【例 11-3】图 11-16 所示为用线选法扩展 24KB 静态 RAM 6264 的连接图。单片机的 $\overline{WR}$ 和 $\overline{RD}$ 分别与 6264 写允许端 $\overline{WR}$ 和读允许端 $\overline{OE}$ 连接，以实现读写控制，6264 的地址线为 A0～A12，占用 P0.0～P0.7 和 P2.0～P2.4，故 AT89S51 剩余地址线为 3 条。用线选法最多可扩展 3 片 6264。

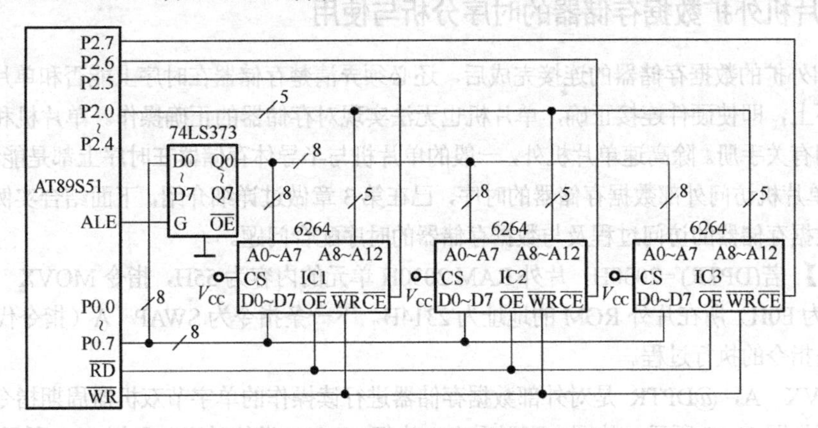

图 11-16　例 11-3 线选法扩展外部数据存储器电路图

图 11-19 中的 3 片 6264 的地址如表 11-9 所示。

表 11-9　3 片 6264 芯片对应的存储空间表

P2.7	P2.6	P2.5	选中芯片	地址范围	存储容量
1	1	0	IC1	C000H～DFFFH	8KB
1	0	1	IC2	A000H～BFFFH	8KB
0	1	1	IC3	6000H～7FFFH	8KB

【例 11-4】 用译码法扩展外部数据存储器的接口电路如图 11-17 所示。图中，数据存储器选用 62128，该芯片地址线为 A0～A13，这样，AT89S51 单片机剩余地址线为两条，若采用 2 线-4 线译码器，可扩展 4 片 62128。各片 62128 芯片地址分配如表 11-10 所示。

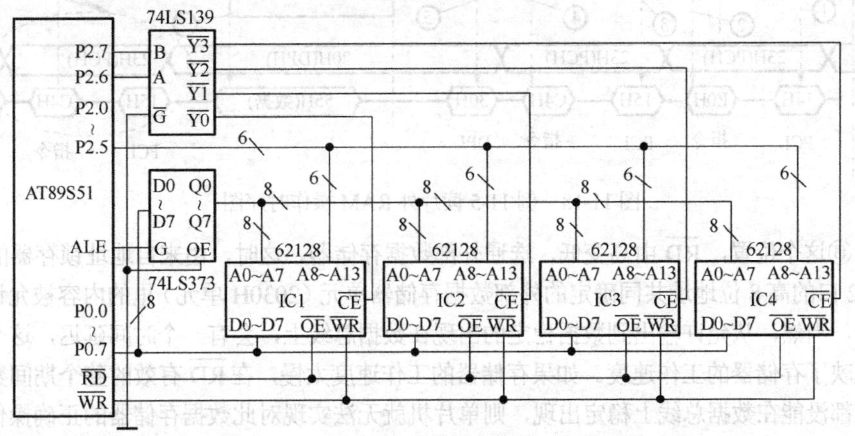

图 11-17　例 11-4 译码法扩展外部数据存储器电路图

表 11-10 各 62128 芯片的地址空间分配

2-4 译码器输入 P2.7	P2.6	2-4 译码器输出有效输出	选中芯片	地址范围	存储容量
0	0	$\overline{Y0}$	IC1	0000H～3FFFH	16KB
0	1	$\overline{Y1}$	IC2	4000H～7FFFH	16KB
1	0	$\overline{Y2}$	IC3	8000H～BFFFH	16KB
1	1	$\overline{Y3}$	IC4	C000H～FFFFH	16KB

11.5.4 单片机外扩数据存储器的时序分析与使用

单片机和外扩的数据存储器的连接完成后，还必须弄清楚存储器在时序上能否和单片机相配合，如果时序合不上，即使硬件连接正确，单片机也无法实现对存储器的正确操作。单片机和存储器的时序参数可查阅有关手册。除高速单片机外，一般的单片机与半导体存储器在时序上都是能够相匹配的。

51 系列单片机访问外部数据存储器的时序，已在第 3 章做过详细介绍，下面结合实例来分析单片机对外扩的数据存储器的访问过程及与数据存储器的时序配合问题。

【例 11-5】 若(DPTR) =2030H，片外 RAM 2030H 单元的内容为 55H，指令 MOVX A，@DPTR（该指令代码为 E0H）所在片外 ROM 的地址为 2314H。下一条指令为 SWAP A（指令代码为 C4H），试分析第一条指令的执行过程。

解： MOVX A，@DPTR 是对外部数据存储器进行读操作的单字节双机器周期指令。指令执行过程的时序图如图 11-18 所示。从图中可以看出，执行 MOVX 类的时序，和例 11-2 所示的非 MOVX 类指令的时序有所不同。图中①～④这 4 个位置的情况和非 MOVX 指令的情况相同，只是 CPU 在④这个位置读入的指令代码被自动丢弃。

在图中⑤这个位置实现锁存器对来自 DPL 的外部数据存储器的低 8 位地址的锁存。而此时 P2 口保持着来自 DPH 的外部数据存储器的高 8 位地址，并一直保持到对外部数据存储器的操作结束。

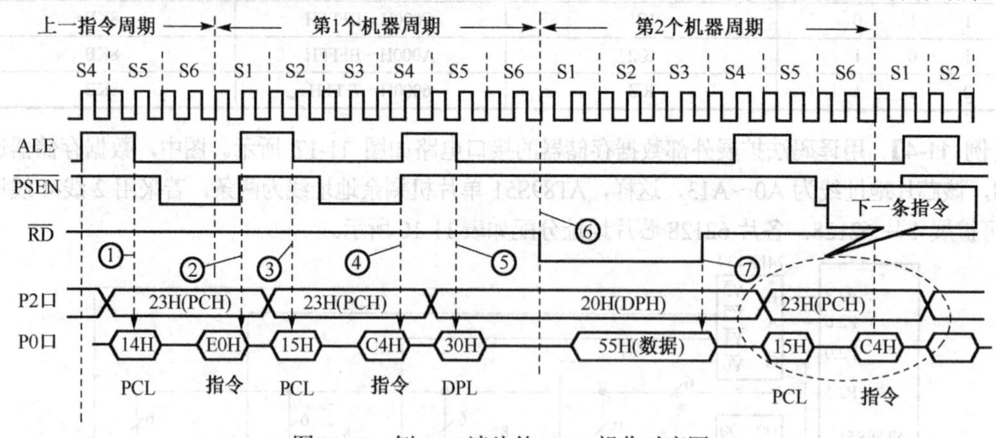

图 11-18 例 11-5 读片外 RAM 操作时序图

在图中⑥这个位置，$\overline{RD}$ 由高变低，选通外部数据存储器。这时，由来自地址锁存器的低 8 位地址和来自 P2 口的高 8 位地址共同确定的外部数据存储器单元（2030H 单元）里的内容被允许输出到数据总线上来。当然，从允许输出到数据稳定的出现在数据总线上，会有一个时间延迟，这个延迟时间的长短就反映了存储器的工作速度。如果存储器的工作速度太慢，在 $\overline{RD}$ 有效的整个期间数据存储器输出的数据都没能在数据总线上稳定出现，则单片机就无法实现对此数据存储器的正确操作。这说明此数据存储器和单片机在时序上不配合。

图中⑦所指位置是 $\overline{RD}$ 即将由低变高的时刻，在这个时刻 CUP 采样数据总线完成对来自数据存储器的数据的读取，并将它送入累加器 A。之所以安排 CPU 在这个时刻读取数据，是为了给数据存储器尽量多的时间来输出所存数据。在这之后，单片机的时序又转为和非 MOVX 指令时序一样的情况，开始准备进入下一条指令的取指令操作过程。

【例 11-6】 若(DPTR) = 2030H，(A) = 66H，指令 MOVX　@DPTR，A（该指令代码为 F0H）所在片外 ROM 的地址为 2314H，下一条指令仍然为 SWAP　A，试分析第一条指令的执行过程。

解： MOVX　@DPTR，A 是对外部数据存储器进行写操作的指令，为单字节单机器周期。指令执行过程的时序图如图 11-19 所示。

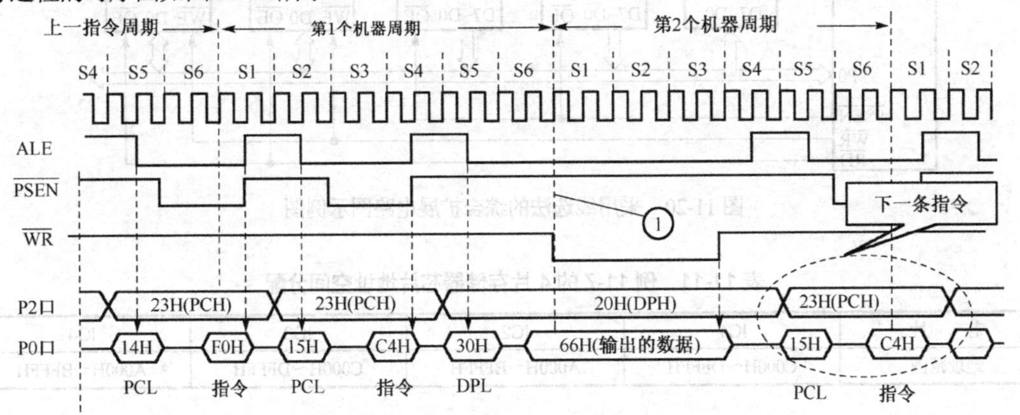

图 11-19　例 11-6 写片外 RAM 操作时序图

从图中可以看出，此指令和对外部数据存储器读操作的指令的执行过程相似，只有两点不同。一是选通信号由 $\overline{RD}$ 换成了 $\overline{WR}$，二是在 $\overline{WR}$ 有效之前 CPU 就已经把要输出的数据稳定地保持在数据总线上了（如图中标注①所示），而在 $\overline{WR}$ 失效之后，这个输出的数据才被撤销，这样就给了外扩的数据存储器尽量长的时间来实现数据的写入操作。本指令正确执行完毕后，数据"66H"即被写入外部数据存储器的 2030H 单元。

如果在 $\overline{WR}$ 变为高电平时，外部数据存储器还不能完成数据的写入操作，则表明此数据存储器芯片和单片机时序不匹配。

11.6　程序存储器和数据存储器的综合扩展

在实际的单片机开发中，通常既要扩展程序存储器又要扩展数据存储器或 I/O 口，即进行存储器的综合扩展。本节通过几个实例来简要介绍单片机的综合扩展。

【例 11-7】 采用线选法利用 2764 和 6264 扩展 16KB 程序存储器和 16KB 数据存储器。

解： 2764 是 8KB 的 EPROM 芯片，6264 是 8KB 的 RAM 芯片，因此需要各选用两片才能完成所要求的存储器的扩展。扩展的硬件接口电路如图 11-20 所示。

（1）数据总线的连接

从数据总线的连接情况来看，各芯片的数据线和数据总线的连接都是相同的。

（2）地址总线的连接及各芯片地址空间分配

从地址总线的连接情况看，IC1 和 IC3 及 IC2 和 IC4 这两组芯片的地址线及片选线与地址总线的连接情况完全一样。也就是说，这两组芯片中组内的两片存储器的地址分布是一样的，如表 11-11 所示。

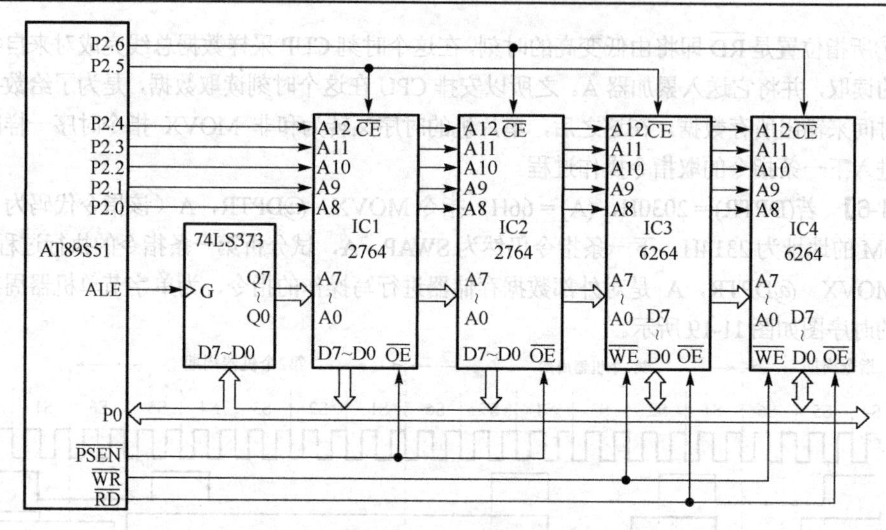

图 11-20　采用线选法的综合扩展电路图示例图

表 11-11　例 11-7 的 4 片存储器芯片地址空间分配

芯　片	IC1	IC2	IC3	IC4
地址范围	C000H～DFFFH	A000H～BFFFH	C000H～DFFFH	A000H～BFFFH

IC2 与 IC4 占用相同的地址空间，由于二者中一个为程序存储器，一个为数据存储器，3 条控制线 $\overline{PSEN}$、$\overline{WR}$、$\overline{RD}$ 只能有一个有效。因此，即使地址空间重叠，也不会发生数据冲突。IC1 与 IC3 也同样如此。

上面介绍的是采用线选法进行地址空间分配的示例，下面介绍采用译码器法进行地址空间分配的例子。

【例 11-8】 采用译码法扩展 2 片 8KB EPROM 和 2 片 8KB RAM。EPROM 选用 2764，RAM 选用 6264，共扩展 4 片芯片，扩展接口电路如图 11-21 所示。试分析各存储器芯片的地址分布情况。

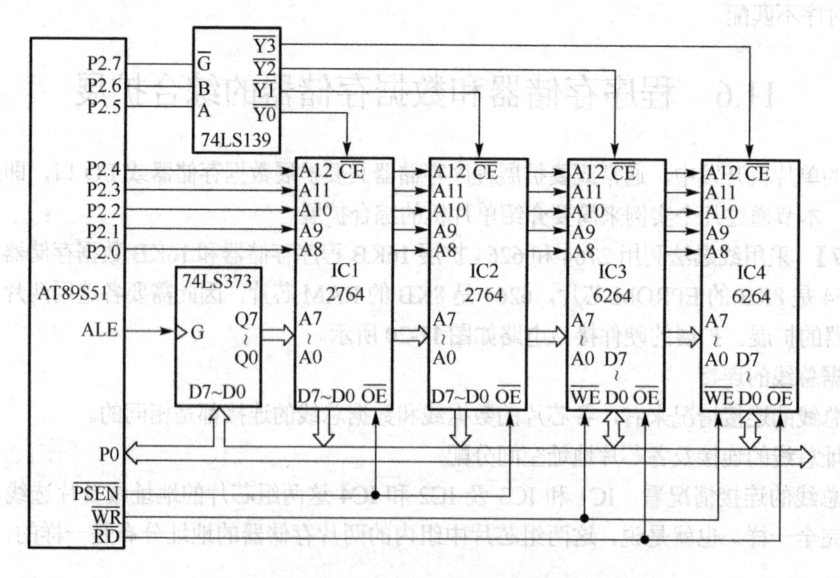

图 11-21　采用译码法的综合扩展电路图示例图

解：图 11-21 中 74LS139 的 4 个输出端，$\overline{Y0}$～$\overline{Y3}$ 分别连接 4 个芯片 IC1、IC2、IC3、IC4 的片选端。74LS139 在对输入端译码时，$\overline{Y0}$～$\overline{Y3}$ 每次只能有 1 位输出为 0，其他 3 位全为 1，输出为 0 的一端所连接的芯片被选中。

译码法地址分配，首先要根据译码芯片真值表确定译码芯片的输入状态，由此再判断其输出端选中芯片的地址。

如图 11-21 所示，74LS139 的输入端 A、B、$\overline{G}$ 分别接 P2 口的 P2.5、P2.6、P2.7 三端，$\overline{G}$ 为使能端，低电平有效。当 $\overline{G}$=0、A=0、B=0 时，输出端只有 $\overline{Y0}$ 为 0，$\overline{Y0}$～$\overline{Y3}$ 全为 1，选中 IC1。这样，P2.7、P2.6、P2.5 全为 0，P2.4～P2.0 与 P0.7～P0.0 这 13 条地址线的任意状态都能选中 IC1 的某一单元。当 13 条地址线全为 0 时，为最小地址 0000H；当 13 条地址线全为 1 时，为最大地址 1FFFH，所以 IC1 芯片的地址范围为 0000H～1FFFH。同理可确定电路中各个存储器的地址范围，见表 11-12。

由上可见，全译码法进行地址分配，各芯片的地址空间是连续的。

表 11-12　例 11-8 的 4 片存储器芯片地址空间分配

芯　片	IC1	IC2	IC3	IC4
地址范围	0000H～1FFFH	2000H～3FFFH	4000H～5FFFH	6000H～7FFFH

11.7　E²PROM 的扩展简介

11.7.1　并行 E²PROM 芯片简介

EEPROM，或写做 E²PROM，是一种电可擦除式可编程的只读存储器。主要特点是能在断电时保持内容不丢失，既可以像普通 EPROM 一样断电后长期保存信息，又可以在线进行字节擦除/写入。

根据与微机的连接方式，E²PROM 有并行和串行之分。并行的速度比串行快，容量大。而串行接口的 E²PROM 则需要的接口连线少。目前比较流行的串行接口的 E²PROM 是 24 系列的 E²PROM，主要由 ATMEL、MICROCHIP 等几家公司提供。典型芯片有 AT24C02、AT24C08 和 AT24C16。串行 I²C 接口扩展将在第 15 章中介绍。本节只对单片机与并行 E²PROM 芯片的接口设计做简单介绍。

常见的并行 E²PROM 芯片有 2816/2816A、2817/2817A 和 2864A 等。这些芯片的引脚数及其主要性能如表 11-13 所示（表中芯片均为 Intel 公司产品）。

表 11-13　几种常用的 E²PROM

型　号	引 脚 数	容　量	引脚兼容的存储器
2816	24	2KB	2716，6116
2817	28	2KB	
2864	28	8KB	2764，6264
28C256	28	32KB	27C256
28F512	32	64KB	27C512
28F010	32	128KB	27C010
28F020	32	256KB	27C020
28F040	32	512KB	27C040

单片机掉电保护通常可采用以下3种方法：

① 加接不间断电源，让整个系统在掉电时继续工作。

② 采用备份电源，掉电后保护系统中全部或部分数据存储单元的内容。

③ 采用E²PROM来保存数据。

由于第一种方法体积大、成本高，对单片机系统来说，不宜采用。第二种方法是根据实际需要，掉电时保存一些必要的数据，使系统在电源恢复后，能够继续执行程序。E²PROM既具有ROM掉电不丢失数据的特点，又有RAM随机读写的特点，所以使用E²PROM是实现掉电保护最可行的一种方式。

11.7.2　E²PROM的工作方式

E²PROM的擦除不需要借助于其他设备，它是以电子信号来修改其内容的，而且以字节为最小修改单位，无须将整片存储器资料全部擦除就能写入，彻底摆脱了 EPROM Eraser 和编程器的束缚。E²PROM在写入数据时，仍要利用一定的编程电压，此时，只需用厂商提供的专用刷新程序就可以轻而易举地改写内容，所以它属于双电压芯片。

E²PROM有4种工作模式：读取模式、写入模式、擦除模式、校验模式。读取时，芯片只需要V_{cc}低电压（一般+5V）供电。编程写入时，芯片通过V_{pp}（一般+25V，较新者可能使用12V或5V）获得编程电压，并通过PGM编程脉冲（一般50ms）写入数据。擦除时，只需使用V_{pp}高电压，不需要紫外线，便可以擦除指定地址的内容。为保证写入正确，在每写入一块数据后，都需要进行类似于读取的校验步骤，若错误就重新写入。现今的 E²PROM 通常已不再需要使用额外的V_{pp}电压，且写入时间也已有缩短。

11.7.3　并行E²PROM与单片机的接口设计

并行E²PROM与单片机的接口设计与前述EPROM的情况类似，在此不再赘述，只列举一例。图11-22所示为AT89S51单片机与8k×8位的并行E²PROM芯片2864A的接口电路。

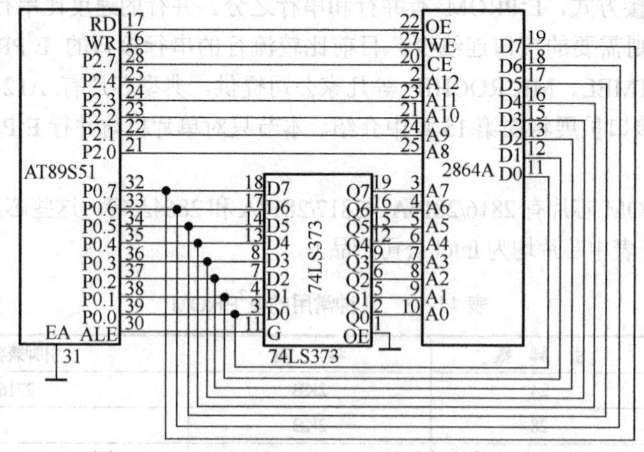

图11-22　2864A与AT89S51单片机的接口电路

11.8　AT89S51单片机片内Flash存储器的编程

讨论如何把调试完毕的程序写入AT89S51的片内Flash存储器，即AT89S51单片机的Flash存储器编程问题。

11.8.1　AT89S51 单片机片内 Flash 存储器概况

AT89S51 片内有 4KB Flash 程序存储器，其基本性能如下：

（1）可循环写入/擦除 1000 次。

（2）存储器数据保存时间为 10 年。

（3）程序存储器具有 3 级加密保护。

AT89S51 出厂时，Flash 存储器处于全部空白状态（各单元均为 FFH），可直接进行编程。若不全为空白状态（即单元中有不是 FFH 的），应先将芯片内容擦除（即各单元内容均为 FFH）后，方可写入程序。

AT89S51 片内的 Flash 存储器有 3 个可编程的加密位，定义了 3 个加密级别，只要对 3 个加密位 LB1、LB2、LB3 进行编程即可实现 3 个不同级别的加密。3 个加密位的状态可以是编程（P）或不编程（U），3 个加密位的状态所提供的 3 个级别的加密功能如表 11-14 所示。

表 11-14　3 个级别的加密功能

类型	程序加密位			加密保护功能
	LB1	LB2	LB3	
1	U	U	U	无程序加密特性
2	P	U	U	禁止片外部程序存储器中的 MOVC 指令从片内 Flash 存储器读取程序代码；禁止片内 Flash 存储器编程；在复位脉冲期间，$\overline{EA}$ 被采样并锁定
3	P	P	U	与类型 2 相同，但校验也被禁止
4	P	P	P	与类型 3 相同，并禁止执行片外程序

对 3 个加密位的编程可参照表 11-15 所示的控制信号来进行，也可按照所购买的编程器的菜单，选择加密功能选项（如果有的话）即可。经过上述加密处理，使解密难度加大，但还可解密。现在有一种非恢复性加密（OTP 加密）方法，就是将 AT89S51 的第 31 脚（$\overline{EA}$ 脚）烧断或某些数据线烧断，经过上述处理的芯片仍正常工作，但不再具有读取、擦除、重复烧写等功能，是一种较强的加密手段。国内某些厂家编程器直接具有此功能（如 RF-1800 编程器）。

表 11-15　加密位编程

	RST	$\overline{PSEN}$	ALE/$\overline{PROG}$	$\overline{EA}$/V_{PP}	P2.6	P2.7	P3.6	P3.7
LB1	H	L	负脉冲	V_{PP}	H	H	H	H
LB2	H	L	负脉冲	V_{PP}	H	H	L	L
LB3	H	L	负脉冲	V_{PP}	H	L	H	L

11.8.2　AT89S51 单片机片内 Flash 存储器的编程

调试好的程序必须写入 AT89S51 单片机片内的 Flash 存储器中才能得到正常的执行。片内 Flash 存储器有低电压编程（V_{PP}= 5V）和高电压编程（V_{PP}= 12V）两类芯片。低电压编程可用于在线编程，高电压编程与一般常用的 EPROM 编程器兼容。在 AT89S51 芯片的封装面上标有低电压编程或高电压编程的编程电压标志。

应用程序在 PC 中与在线仿真器以及用户目标板一起调试通过后，PC 中调试完毕的程序代码文件（.Hex 目标文件），必须写入 AT89S51 片内的闪速存储器中。目前常用的编程方法主要有两种：一种是使用通用编程器编程，另一种是使用下载型编程器进行编程。

1. 通用编程器编程

下载程序时，编程器只是将 AT89S51 视为一个待写入程序的外部程序存储器芯片。PC 中的程序代码一般通过串行口或 USB 口与 PC 连接，并有相应的服务程序。

在编程器与 PC 连接好以后，运行服务程序，在服务程序中先选择所要编程的单片机型号，再调入.Hex 目标文件，编程器就将目标文件烧录到单片机片内的 Flash 存储器中。开发者只需在市场购买现成的编程器。下面以市场上常见的 RF-810 编程器为例，介绍基本功能。

RF-810 编程器的性能特点如下：

（1）可对 100 余厂家的 1000 多种常用器件进行编程与测试。

（2）采用 40 脚锁紧插座，与 PC 并行口（打印机口）联机工作。

（3）可自行调整烧录电压的参数，具有芯片损坏、插反检测功能，可有效地保护芯片。

（4）对各种单片机内 Flash 存储器、EPROM、E^2PROM、PLD 进行编程。

RF-810 编程器配备全中文的 Windows 环境下运行的驱动软件。对芯片的编程不需要人工干预，软件用户界面易学，使用方便。

RF-810 编程器套件包括：RF-810 编程器主机、并口电缆及匹配器插座以及 AC/DC 电源适配器等。使用编程器前应先进行硬件安装和软件安装。

硬件安装时，首先把编程器的电缆与 PC 并行口连接好后，再接通 PC 电源，打开编程器的电源开关，编程器主机上的电源灯亮。此时，再进行编程器软件安装。PC 电源接通后，进入 Windows 环境。编程器的软件安装与普通软件的安装方法相同。软件安装完毕后，自动在桌面上生成 RF-810 编程器的图标。

单击 RF-810 编程器的图标，进入主菜单。主菜单下有如下功能的快捷方式图标的命令可供选择。

（1）选择要编程芯片的厂家、类型、型号、容量等。

（2）编程的内容调入缓冲区，进行浏览、修改操作。

（3）检查器件是否处于空白状态。

（4）可按照擦除、编程、校验等操作顺序自动完成对器件的全部操作过程。

（5）把缓冲区的内容写入芯片内并进行校验。

（6）把器件的内容读入缓冲区。

（7）校对器件内容和缓冲区内容是否一致，并列出有差异的第一个单元的地址。

（8）逐单元比较器件内容和缓冲区内容有无差异，并将有差异的单元列表显示。

（9）将器件的内容在屏幕上显示。

具体使用，可详细阅读所购买的编程器的使用说明书。

2. ISP 编程

AT89S5x 系列单片机支持对片内 Flash 存储器在线编程（ISP）。ISP 是指在电路板上的被编程的空白器件可以直接写入程序代码，而不需要从电路板上取下器件，已编程的器件也可用 ISP 方式擦除或再编程。ISP 下载编程器非常简单，可以自行制作，也可电子市场购买。

ISP 下载编程器与单片机一端连接的端口通常采用 ATMEL 公司提供的接口标准，即 10 引脚的 IDC 端口。图 11-23 所示为 IDC 端口的实物图及端口的定义。

采用 ISP 下载程序时，用户板上必须装有上述 IDC 端口，端口信号线必须与目标板上 AT89S51 的对应引脚连接。注意，图中的 8 脚 P1.4（SS）端只对 AT89LP 系列单片机有效，对 AT89S5x 系列单片机无效，不用连接。

常见市售的 ISP 下载型编程器为 ISPro 下载型编程器。用户将安装光盘插入光驱，运行安装程序 SETUP.exe 即可。安装后，在桌面上建立一个“ISPro.exe 下载型编程器”图标，双击该图标，即可启动编程软件。

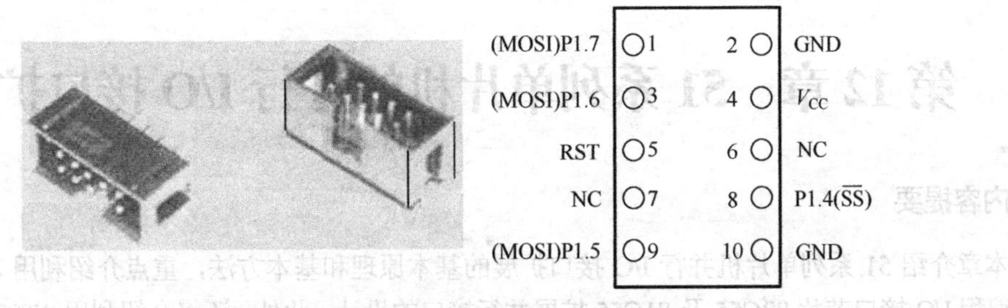

图 11-23　IDC 端口的实物图及端口的定义

ISPro 下载型编程器软件的使用与 RF-810 软件的使用方法基本相同，可参照编程器使用说明书进行操作。

上面介绍了两种程序下载的方法，就单片机的发展方向而言，已经趋向于 ISP 程序下载方式，一方面由于原有不支持 ISP 下载的芯片逐渐被淘汰（大部分已经停产），另一方面 ISP 使用起来十分方便，不增加太多的成本就可以实现程序的下载，所以 ISP 下载方式已经逐步成为主流。

习题与思考题 11

11.1　51 系列单片机的系统总线是如何构造的？

11.2　51 系列单片机的 16 位地址信号线，根据其在访问存储单元中所起的作用，可分成那两个部分？各起什么作用？

11.3　在存储器扩展中，无论是线选法还是译码法最终都是为扩展芯片的片选端提供（　　）控制信号。

11.4　单片机存储器的主要功能是存储（　　）和（　　）。

11.5　起止范围为 0000H～3FFFH 的存储器的容量是（　　）KB。

11.6　在 AT89S51 单片机中，PC 和 DPTR 都用于提供地址，但 PC 是为访问（　　）存储器提供地址，而 DPTR 是为访问（　　）存储器提供地址。

11.7　执行指令 MOVX　A，@DPTR 时，WR、$\overline{RD}$ 引脚可能出现的电平组合为（　　）。

A. 高电平，高电平　　B. 低电平，高电平

C. 高电平，低电平　　D. 低电平，低电平

11.8　在 AT89S51 单片机系统中，外接程序存储器和数据存储器公用 16 位地址线和 8 位数据线，为何不会发生冲突？

11.9　区分 AT89S51 单片机片外程序存储器和片外数据存储器的最可靠方法是（　　）。

A. 看其是位于地址范围的低端还是高端　B. 看其距 AT89S51 芯片的远近

C. 看其芯片的型号是 ROM 还是 RAM　　D. 看其是与 $\overline{RD}$ 信号连接还是与 $\overline{PSEN}$ 信号连接

11.10　11 根地址线可选（　　）个存储单元，16KB 存储单元需要（　　）根地址线。

11.11　32KB RAM 存储器的首地址若为 2000H，则末地址为（　　）H。

11.12　现有 AT89S51 单片机、74LS373 锁存器、1 片 2764 EPROM 和 2 片 6116 RAM，请使用它们组成一个单片机系统，要求：

（1）画出硬件电路连线图，并标注主要引脚。

（2）指出该应用系统程序存储器空间和数据存储器空间各自的地址范围。

第12章　51系列单片机的并行I/O接口扩展

内容提要

本章介绍51系列单片机并行I/O接口扩展的基本原理和基本方法，重点介绍利用TTL电路芯片和可编程I/O接口芯片82C55及81C55扩展并行接口的设计。此外，还将介绍利用AT89S51串行口扩展并行I/O接口的设计。

学习要点

- 了解I/O接口的基本概念。
- 掌握简单并行I/O接口的扩展方法。
- 熟练掌握82C55及81C55的结构及初始化编程。
- 掌握AT89S51单片机与82C55及81C55的接口电路设计。
- 了解利用AT89S51单片机的串行口扩展并行口的原理和方法。

12.1　I/O接口扩展概述

微型计算机由CPU、存储器和外部设备组成，CPU通过地址总线、数据总线、控制总线与存储器及外部设备交换信息。目前使用的大多数是半导体存储器，它和CPU的定时及速度匹配问题都比较容易解决，因此存储器通常可直接接在系统总线上。

但是对于外部设备来说，情况却并非如此简单。外部设备种类繁多，彼此之间在结构、速度、信号电平、信息格式等方面存在较大差异，因此CPU不能直接和外设相连，而必须通过接口电路相连。

AT89S51虽然有4个8位的并行I/O接口P0～P3，但真正专门用于I/O接口的只有P1口。其他的接口线由于可能要担当第二功能，不一定能用作接口线，因此，很多情况下需要扩展外部I/O接口。

12.1.1　I/O接口的功能

CPU与I/O设备间的数据传送，实质上是CPU与I/O接口间的数据传送。单片机与I/O设备间的关系如图12-1所示。

单片机I/O接口的扩展，主要工作实际上就是I/O接口芯片的设计或选配以及驱动软件的设计。总的来说，I/O接口的功能包括如下几方面。

1. 实现和不同外设的速度匹配

大多数外设的速度较慢，无法和微秒量级的单片机速度相比。关于这个问题，从第3章介绍的单片机的时序图就可清晰看出：单片机利用数据总线和外界互传送数据时，只允许所传送的数据在很短的时间里占用数据总线，在这么短的时间里，外设很可能来不及做出反应。为此，在CPU和外设之间必须设置I/O接口，这个I/O接口电路必须具备输出数据锁存和输入数据缓冲的功能，这也是I/O接口最基本的功能。

（1）输出数据锁存

与外设比，单片机的工作速度快，数据在数据总线上保留的时间十分短暂，无法满足慢速外设的数据接收。所以在扩展的 I/O 接口电路中应有输出数据锁存器，以保证输出数据能为慢速的接收设备所接收。

（2）输入数据三态缓冲

数据总线上可能“挂”有多个数据源，同时，数据总线上的信息也是频繁变化的。为使传送数据时不发生冲突，只允许当前时刻正在接收数据的 I/O 接口使用数据总线，其余的 I/O 接口应处于隔离状态，为此要求 I/O 接口电路能为微机的数据输入提供三态缓冲功能。

2. 信号转换

由于 I/O 设备的多样性，必须利用 I/O 接口实现微机与外设间信号类型（数字与模拟、电流表与电压）、信号电平（高与低、正与负）、信号格式（并行与串行）等的转换。

3. 提供状态和控制信息及时序协调

微机在与外设间进行数据传送时，只有在确认外设已为数据传送做好准备的前提下才能进行数据传送。外设是否准备好，就需要 I/O 接口与外设之间传送状态信息，以协调传送之前的准备工作，如外设“准备好”、数据缓冲器“空”或“满”等。

I/O 接口电路还要能对外设进行中断管理，如暂存中断请求、中断排队、提供中断矢量等，以便实现数据的传送控制。另外，I/O 接口电路还可能需要提供时序信号，以满足 CPU 和各种外设在时序控制上的要求。

当然，并不是每一块 I/O 接口芯片都必须完整地包含上述功能，根据具体 I/O 接口的作用，会对上述功能做些取舍，但输出锁存输入缓冲功能是必不可少的。

12.1.2 I/O 端口的编址

在介绍 I/O 端口编址之前，首先要弄清楚 I/O 接口（Interface）和 I/O 端口（Port）这两个概念。I/O 接口是微机与外设间的连接电路的总称，而 I/O 端口（简称 I/O 口）是指 I/O 接口电路中具有单元地址的寄存器或缓冲器。一个 I/O 接口芯片可以有多个 I/O 端口，传送数据的称为数据端口，提供状态的称为状态端口，接收命令并提供控制信号的称为控制端口。当然，并不是所有的外设都一定需要 3 种端口齐全的 I/O 接口。3 种端口与 I/O 设备及单片机的连接关系如图 12-1 所示。

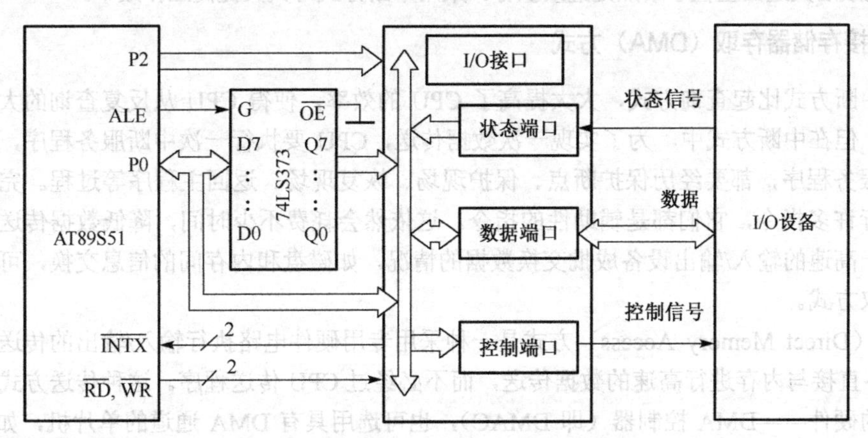

图 12-1 单片机与 I/O 设备间的连接关系

每个I/O接口中的端口都要有地址，以便CPU通过读写端口来和外设交换信息。常用的I/O端口编址有两种方式，即独立编址方式与统一编址方式。

1．独立编址

I/O端口地址空间和存储器地址空间分开编址。优点是I/O地址空间和存储器地址空间相互独立，界限分明。但需要设置一套专门的读写I/O端口的指令和控制信号。

2．统一编址

把I/O端口与数据存储器单元同等对待。I/O端口和外部数据存储器RAM统一编址。因此外部数据存储器空间也包括I/O端口在内。优点是不需要专门的I/O指令。缺点是需要把数据存储器单元地址与I/O端口的地址划分清楚，避免数据冲突。

51系列单片机使用的就是I/O端口和外部数据存储器RAM统一编址的方式，扩展的I/O端口和外部数据存储器共同分享单片机的外部数据存储器空间。

12.1.3　单片机与I/O设备的数据传送方式

为了实现和不同外设的速度匹配，必须根据不同外设选择恰当的I/O数据传送方式。I/O数据传送方式有同步传送、异步传送、中断传送和直接存储器存取（DMA）方式。

1．同步传送

同步传送又称无条件传送。当外设速度和单片机的速度相比拟时，常采用同步传送方式，典型的同步传送是单片机和外部数据存储器之间的数据传送。

2．异步传送

异步传送又称有条件传送（也称查询传送）。通过查询外设“准备好”后，再进行数据传送。优点是通用性好，硬件连线和查询程序简单，但工作效率不高。

3．中断传送

为了提高单片机对外设的工作效率，通常采用中断传送方式来实现I/O数据的传送。单片机只有在外设准备好后，才中断主程序的执行，从而进入与外设数据传送的中断服务子程序，进行数据传送。中断服务完成后又返回主程序断点处继续执行。采用中断方式可大大提高工作效率。

4．直接存储器存取（DMA）方式

采用中断方式比起查询方式，大大提高了CPU的效率，使得CPU从反复查询的大量等待中解脱出来。但在中断方式中，为了实现一次数据传送，CPU要执行一次中断服务程序，而每执行一次中断服务程序，都要经历保护断点、保护现场、恢复现场、返回主程序等过程。完成这些过程，需执行许多指令，它们都是辅助性的指令。这依然会耗费不少时间，降低数据传送的速率。因此，对于高速的输入/输出设备成批交换数据的情况，如磁盘和内存间的信息交换，可采取直接存储器存取方式。

DMA（Direct Memory Access）方式是一种采用专用硬件电路执行输入/输出的传送方式，它使I/O设备直接与内存进行高速的数据传送，而不必经过CPU传送程序。这种传送方式通常需要采用专门的硬件——DMA控制器（即DMAC），也可选用具有DMA通道的单片机，如80C152J或83C152J等。

12.1.4　单片机并行 I/O 接口的扩展方法概述

单片机并行 I/O 接口的扩展方法主要有两大类，即：利用并行总线扩展和利用串行口扩展两类方法。而利用并行总线扩展法又可根据所用 I/O 接口芯片类型的不同，分为简单 I/O 接口的扩展和可编程并行 I/O 接口的扩展。下面分别加以介绍。

12.2　简单 I/O 接口的扩展

所谓简单 I/O 接口是指利用通用锁存器和三态缓冲器实现的 I/O 接口。既然 I/O 接口最基本的功能是输出应具有数据锁存功能而输入应该具有数据三态缓冲功能，那么在单片机应用系统中，有时为了降低成本、缩小体积，可直接采用锁存器和三态缓冲器来扩展出简单的并行输出口和输入口。此种方法的特点是：电路简单、成本低、配置灵活。扩展单个 8 位输出或输入接口时非常方便。

常用于扩展的 TTL 芯片有 74LS240、74LS241、74LS242、74LS244、74LS245，典型的数据锁存器有 74LS273、74LS373，在实际应用当中，可根据系统对输入/输出的要求来选择合适的扩展芯片。下面举例说明。

【例 12-1】 如图 12-2 所示为一个利用 74LS244 和 74LS273 芯片，将 P0 口扩展成简单的输入/输出口的电路。编写程序通过发光二极管显示按钮开关状态。

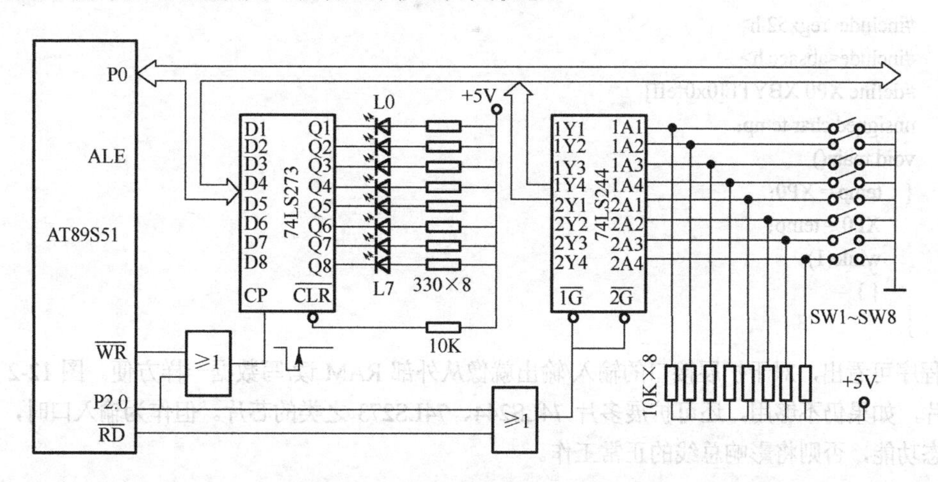

图 12-2　例 12-1 利用 TTL 扩展 I/O 口

解： 74LS244 是常用的输入接口器件，内部有两个 4 位三态缓冲器，一个是 1A1～1A4（输入端），1Y1～1Y4（输出端），$\overline{\text{1G}}$（输出允许端），另一个是 2A1～2A4（输入端），2Y1～2Y4（输出端），$\overline{\text{2G}}$（输出允许端）。将 $\overline{\text{1G}}$ 和 $\overline{\text{2G}}$ 短接，并用同一个信号控制，可作为一个 8 位的输入接口，接输入设备。

74LS273 是一个 8D 触发器，CP 为时钟端，在该引脚出现脉冲上升沿时，输入端 1D～8D 的数据被传送到输出端 1Q～8Q，当无脉冲上升沿时，输出端维持不变，可作为输出接口锁存数据。

图 12-2 中的 74LS244 和 74LS273 的工作受 AT89S51 的 P2.0、$\overline{\text{RD}}$ 和 $\overline{\text{WR}}$ 这 3 条控制线控制。74LS244 作为扩展的输入口，8 个输入端分别接 8 个按钮开关。74LS273 作为扩展的输出口，接 8 个 LED 发光二极管，以显示 8 个按钮开关状态。

当某条输入口线的按钮开关按下时，该输入口线为低电平，读入单片机后，其相应位为“0”，然后再将口线的状态经 74LS273 输出，某位低电平时二极管发光，从而显示出按下的按钮开关的位置。

该电路的工作原理如下：

当 P2.0=0 时，$\overline{RD}$=0（$\overline{WR}$=1）时，选中 74LS244 芯片，此时若无按钮开关按下，输入全为高电平。当某开关按下时则对应位输入为“0”，74LS244 的输入端不全为“1”，其输入状态通过 P0 口数据线被读入 AT89S51 片内。

当 P2.0=0 时，$\overline{WR}$=0（$\overline{RD}$=0）时，选中 74LS273 芯片，CPU 通过 P0 口输出数据锁存到 74LS273，74LS273 的输出端低电平位对应的 LED 发光二极管点亮。

对于这两个端口的地址，只要保证 P2.0 为“0”，其他地址位或“0”或“1”都无关紧要。如地址用 FEFFH（无效位全为“1”），或用 0000H（无效位全为“0”）都可以。

实现所要求功能的程序清单如下。

汇编语言源程序：

```
        ORG     0000H
DDIS:   MOV     DPTR，#0FEFFH      ；输入口地址→DPTR
LP：    MOVX    A，@DPTR           ；按钮开关状态读入 A 中
        MOVX    @DPTR，A           ；A 中数据送显示输出口
        SJMP    LP                 ；反复连续执行
        END
```

*C51 源程序：

```
#include<regx52.h>
#include<absacc.h>
#define XP0 XBYTE[0x0feff]
unsigned char temp;
void main()
{   temp = XP0;
    XP0 = temp;
    while(1)
    {}
}
```

由程序可看出，对于扩展接口的输入/输出就像从外部 RAM 读/写数据一样方便。图 12-2 仅仅扩展了两片，如果仍不够用，还可扩展多片 74LS244、74LS273 之类的芯片。但作为输入口时，一定要求有三态功能，否则将影响总线的正常工作。

12.3　利用可编程接口芯片 82C55 扩展并行口

可编程接口芯片是指功能可由计算机指令来改变的接口芯片。可编程接口通过编制程序，可使一个接口芯片执行多种不同的接口功能，因而使用灵活。用它来连接计算机和外设时，不需要或只需要很少的外加硬件。单片机中常用的可编程并行接口芯片有 82C55 和 81C55 两种。下面分别介绍它们的结构、工作原理及应用。

12.3.1　82C55 芯片简介

82C55 是 Intel 公司生产的可编程并行 I/O 接口芯片，它具有 3 个 8 位并行 I/O 口，3 种工作方式，可通过编程改变其功能，因而使用灵活方便，可作为单片机与多种外设连接时的中间接口电路。82C55 的引脚和内部结构如图 12-3 和图 12-4 所示。

82C55 所具有的 3 个 8 位并行 I/O 口，分别为 PA、PB、PC 口，其中 C 口可作为 2 个独立的 4 位

接口。外设通过数据口和单片机进行数据通信，各数据口的工作方式和数据传送方向由用户对控制口（控制字寄存器）写入控制字进行设置。各端口地址由 A1、A0 决定。当 A1A0 分别为 00、01、10、11 时，对应选择 A 口、B 口、C 口和控制口。

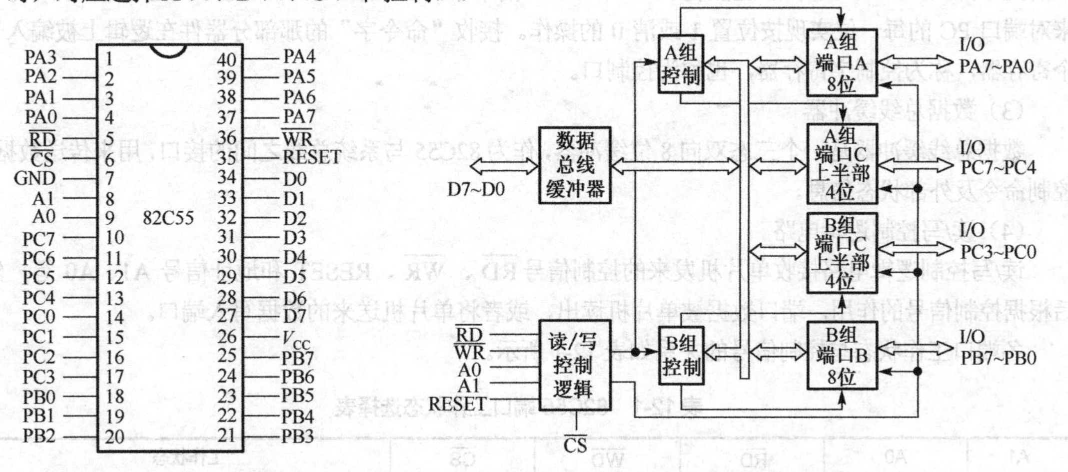

图 12-3 82C55 引脚图　　　　图 12-4 82C55 的内部结构

1．引脚说明

由图 12-3 可知，82C55 共有 40 个引脚，采用双列直插式封装。各引脚功能如下。

D7～D0：三态双向数据线，与单片机的 P0 口连接，用来与单片机之间传送数据信息。

$\overline{CS}$：片选信号线，低电平有效，表示本芯片被选中。

$\overline{RD}$：读信号线，低电平有效，用来作为读出 82C55 端口数据的控制信号。

$\overline{WR}$：写信号线，低电平有效，用来作为向 82C55 写入端口数据的控制信号。

V_{CC}：+5V 电源。

PA7～PA0：端口 A 输入/输出线。

PB7～PB0：端口 B 输入/输出线。

PC7～PC0：端口 C 输入/输出线。

A1、A0：地址线，用来选择 82C55 内部的 4 个端口。

RESET：复位引脚，高电平有效。

2．82C55 的片内结构

82C55 的片内结构如图 12-4 所示，其中包括 3 个并行数据输入/输出端口，两组工作方式的控制电路，一个读/写控制逻辑电路和一个 8 位数据总线缓冲器。

各部件的功能如下。

（1）端口 PA、PB、PC

82C55 有 3 个 8 位并行口 PA、PB 和 PC，都可以选为输入/输出工作模式，各自在功能和结构上有所差异。

PA 口：包含一个 8 位数据输出锁存器和缓冲器，一个 8 位数据输入锁存器。

PB 口：包含一个 8 位数据输出锁存器和缓冲器，一个 8 位数据输入缓冲器。

PC 口：包含一个 8 位的输出锁存器和一个 8 位数据输入缓冲器。

通常 PA 口、PB 口作为输入/输出口，PC 口既可作为输入/输出口，也可在软件控制下，分为两个 4 位的端口，作为端口 PA、PB 选通方式操作时的状态控制信号。

（2）A组和B组控制电路

这是两组根据单片机写入的“命令字”来控制82C55工作方式的控制电路。A组控制PA口和PC口的上半部（PC7～PC4）；B组控制PB口和PC口的下半部（PC3～PC0）。另外，还可用“命令字”来对端口PC的每一位实现按位置1或清0的操作。接收“命令字”的那部分器件在逻辑上被编入一个寄存器，称为控制字寄存器，也称为控制口。

（3）数据总线缓冲器

数据总线缓冲器是一个三态双向8位缓冲器，作为82C55与系统总线之间的接口，用来传送数据、控制命令及外部状态信息。

（4）读/写控制逻辑电路

读/写控制逻辑电路接收单片机发来的控制信号$\overline{RD}$、$\overline{WR}$、RESET和地址信号A1、A0等，然后根据控制信号的作用，端口数据被单片机读出，或者将单片机送来的数据写入端口。

各端口工作状态与控制信号的关系如表12-1所示。

表12-1　82C55端口工作状态选择表

A1	A0	$\overline{RD}$	$\overline{WD}$	$\overline{CS}$	工作状态
0	0	0	1	0	A口数据→数据总线（读端口A）
0	1	0	1	0	B口数据→数据总线（读端口B）
1	0	0	1	0	C口数据→数据总线（读端口C）
0	0	1	0	0	总线数据→A口（写端口A）
0	1	1	0	0	总线数据→B口（写端口B）
1	0	1	0	0	总线数据→C口（写端口C）
1	1	1	0	0	总线数据→控制口（写控制字）
×	×	×	×	1	数据总线为三态
1	1	0	1	0	非法状态
×	×	1	1	0	数据总线为三态

12.3.2　工作方式选择控制字及端口C按位置位/复位控制字

单片机可向82C55控制字寄存器（控制口）写入两种不同的控制字。

1. 工作方式选择控制字

82C55有3种基本工作方式。

（1）方式0：基本输入/输出。

（2）方式1：选通输入/输出。

（3）方式2：双向传送（仅PA口有此工作方式）。

3种工作方式由写入控制字寄存器的工作方式控制字来决定。工作方式控制字的格式如图12-5所示。最高位D7=1，为本控制字的标志，以便与另一控制字相区别（最高位D7＝0）。3个端口中，PC口又被分成两个部分，上半部分随PA口称为A组，下半部分随PB口称为B组。其中PA口可工作于方式0、方式1和方式2，而PB口只能工作在方式0和方式1。

2. PC口按位置位/复位控制字

单片机控制82C55的另一个控制字为PC口按位置位/复位控制字，可通过向82C55的控制寄存器写入这个控制字来对PC口按位置1或清0。PC口按位置位/复位控制字的格式如图12-6所示。

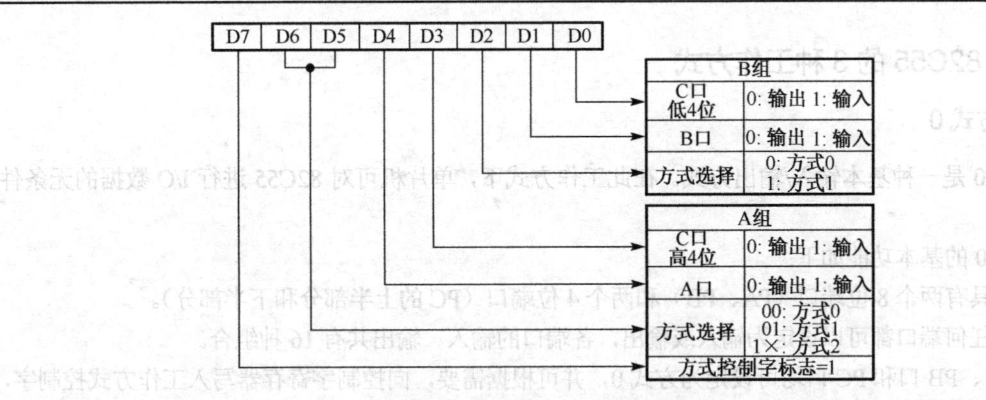

图 12-5　82C55 的方式控制字格式

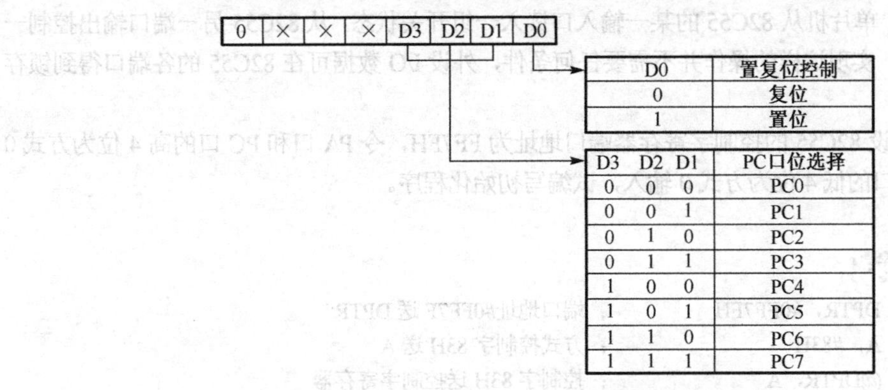

图 12-6　PC 口按位置位/复位控制字格式

【例 12-2】 假设控制寄存器端口地址为 7FFFH，AT89S51 向 82C55 的控制字寄存器写入工作方式控制字 07H，则 PC3 置 1。

解： 程序清单如下。

汇编语言源程序：

```
MOV     DPTR，#7FFFH
MOV     A，#07H                  ；工作方式控制字 07H 送 A
MOVX    @DPTR，A                 ；控制字 07H 送控制寄存器，把 PC3 置 1
```

*C51 源程序：

```
#include<reg51.h>
#include<absacc.h>
#define   XPC3 XBYTE[0x7fff]
void main()
{
    XPC3 = 0x07;
    while(1)
    {
    …
    }
}
```

12.3.3 82C55 的 3 种工作方式

1. 方式 0

方式 0 是一种基本输入/输出方式。在此工作方式下，单片机可对 82C55 进行 I/O 数据的无条件传送。

方式 0 的基本功能如下：

（1）具有两个 8 位端口（PA、PB）和两个 4 位端口（PC 的上半部分和下半部分）。

（2）任何端口都可以设定为输入或输出，各端口的输入、输出共有 16 种组合。

PA 口、PB 口和 PC 口均可设定为方式 0，并可根据需要，向控制字寄存器写入工作方式控制字，设定各端口为输入或输出方式。

例如，AT89S51 单片机从 82C55 的某一输入口读入一组开关状态，从 82C55 另一端口输出控制一组指示灯的亮或灭。实现这样的操作并不需要任何条件，外设 I/O 数据可在 82C55 的各端口得到锁存和缓冲。

【例 12-3】 假设 82C55 的控制字寄存器端口地址为 FF7FH，令 PA 口和 PC 口的高 4 位为方式 0 输出，PB 口和 PC 口的低 4 位为方式 0 输入，试编写初始化程序。

解：清单如下。

汇编语言源程序：

```
MOV     DPTR，#0FF7FH       ；端口地址#0FF7F 送 DPTR
MOV     A，#83H             ；方式控制字 83H 送 A
MOVX    @DPTR，A            ；控制字 83H 送控制字寄存器
```

*C51 源程序：

```
#include<reg51.h>
#include<absacc.h>
#define XA XBYTE[0xff7f]
void main()
{
    XA = 0x83;
        while(1)
    {
        …
    }
}
```

2. 方式 1

方式 1 是一种采用应答联络的输入/输出工作方式。PA 口和 PB 口皆可独立地设置成这种工作方式。在方式 1 下，82C55 的 PA 口和 PB 口通常用于 I/O 数据的传送，PC 口的端口线用作 PA 口和 PB 口的应答联络信号线，以实现中断方式来传送 I/O 数据。PC 口的 PC7～PC0 的应答联络线是规定好的，其各位分配如图 12-7 和图 12-8 所示，图中，标有 I/O 的各位仍可用作基本输入/输出，不作应答联络用。

下介绍方式 1 输入/输出时的应答联络信号与工作原理。

（1）方式 1 输入

方式 1 输入应答联络信号如图 12-7 所示。其中 $\overline{STB}$ 与 IBF 为一对应答联络信号。各应答联络信号的功能如下。

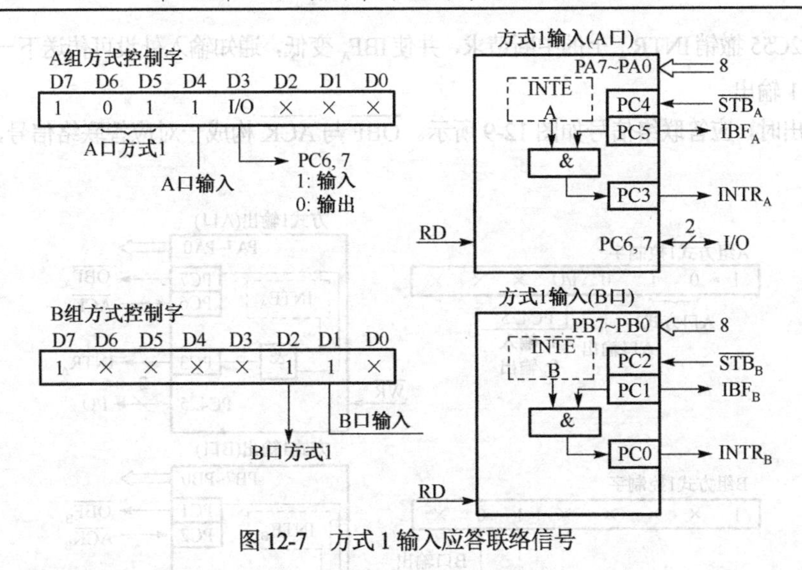

图 12-7　方式 1 输入应答联络信号

$\overline{\text{STB}}$：选通输入信号，低电平有效。这是由输入外设提供的选通信号，当其有效时，把输入设备送来的数据送入输入锁存器。

IBF：输入缓冲器满信号，高电平有效。它是 82C55 送至外设的信号，当其有效时，表示数据已输入至输入寄存器。

INTR：由 82C55 向单片机发出的中断请求信号，高电平有效。

INTE_A：控制 PA 口是否允许中断的控制信号，由 PC4 的置位/复位来控制，置位允许中断，复位禁止中断。

INTE_B：控制 PB 口是否允许中断的控制信号，由 PC2 的置位/复位来控制，控制方法同上。

下面以 PA 口的方式 1 输入为例，介绍方式 1 输入的工作过程。PA 口方式 1 输入的过程如图 12-8 所示。

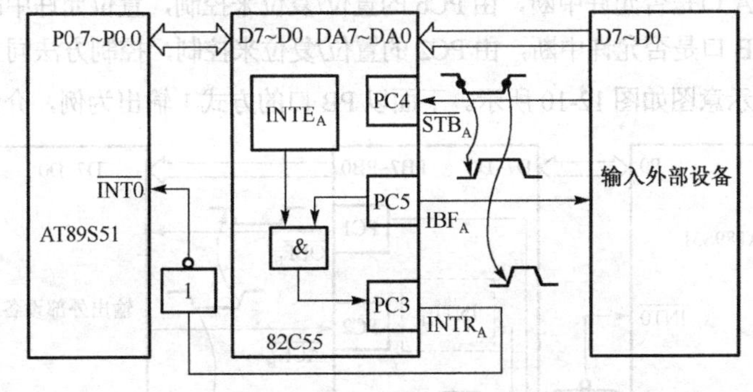

图 12-8　PA 口方式 1 输入工作过程示意图

① 当外设向 82C55 输入一个数据并送到 PA7～PA0 时，外设自动在 $\overline{\text{STB}}$ 上向 82C55 发送一个低电平选通信号。

② 82C55 收到 $\overline{\text{STB}}$ 后，先把 PA7～PA0 输入的数据存入 PA 口的输入数据缓冲/锁存器，然后使输出应答线 IBF 变为高，通知输入外设，PA 口已收到它送来的数据。

③ 82C55 检测到 $\overline{\text{STB}}$ 由低电平变为高电平、IBF_A（PC5）为“1”状态和中断允许 INTE_A（PC4）=1 时，使 INTR_A（PC3）变为高电平，向单片机发出中断请求。INTE_A 的状态可由用户通过指令对 PC4 的按位置位/复位控制字来控制。

④ 单片机响应中断后，进入中断服务子程序来读取 PA 口的外设发来的输入数据。当输入数据被单

片机读走后，82C55 撤销 $INTR_A$ 上的中断请求，并使 IBF_A 变低，通知输入外设可传送下一个输入数据。

（2）方式 1 输出

方式 1 输出时，应答联络信号如图 12-9 所示。$\overline{OBF}$ 与 $\overline{ACK}$ 构成一对应答联络信号，应答联络信号功能如下。

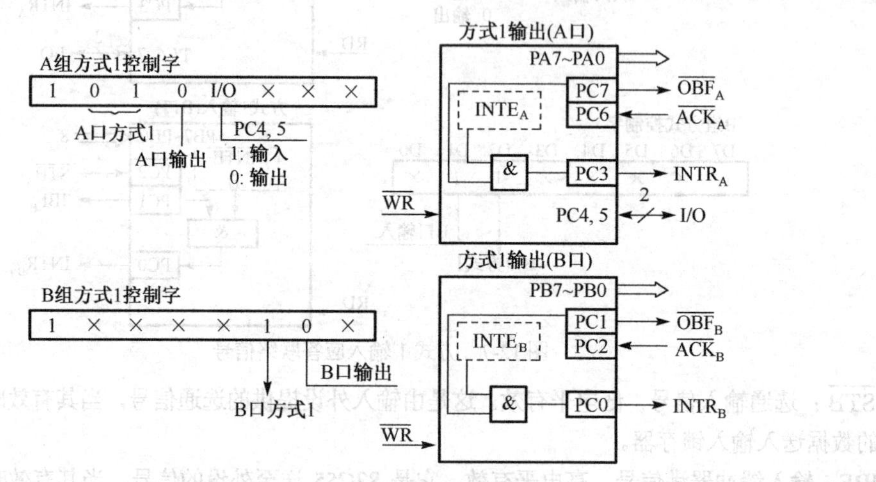

图 12-9 方式 1 输出应答联络信号

$\overline{OBF}$：端口输出缓冲器满信号，低电平有效。它是 82C55 发给外设的联络信号，表示外设可以将数据取走。

$\overline{ACK}$：外设应答信号，低电平有效。表示外设已把 82C55 发出的数据取走。

INTR：中断请求信号，高电平有效。表示该数据已被外设取走，向单片机发出中断请求，如果单片机响应该中断，则可在中断服务程序中向 82C55 写入要输出的下一数据。

$INTE_A$：控制 PA 口是否允许中断，由 PC6 的置位/复位来控制，置位允许中断，复位禁止中断。

$INTE_B$：控制 PB 口是否允许中断，由 PC2 的置位/复位来控制，控制方法同上。

方式 1 输出工作示意图如图 12-10 所示。下面以 PB 口的方式 1 输出为例，介绍其工作过程。

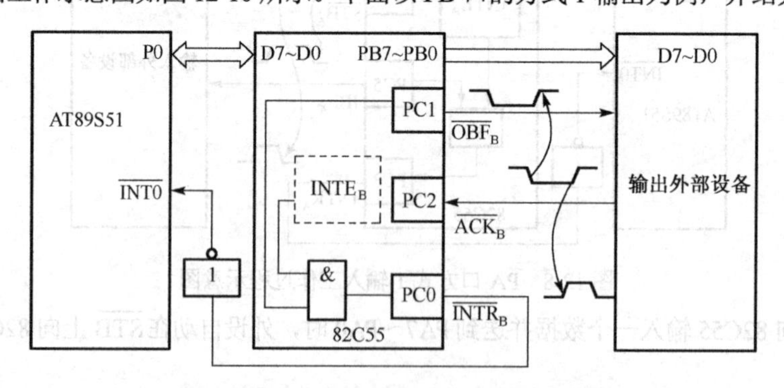

图 12-10 PB 口方式 1 输出工作过程示意图

① AT89S51 通过“MOVX @DPTR，A”或“MOVX @Ri，A”指令把输出数据送到 PB 口的输出数据锁存器，82C55 收到后便令输出缓冲器满信号引脚 $\overline{OBF_B}$（PC1）变低，通知外设输出的数据已在 PB 口的端口线 PB7～PB0 上。

② 输出外设收到 $\overline{OBF_B}$ 上的低电平后，先从 PB7～PB0 上取走输出数据，然后使 $\overline{ACK_B}$ 变低电平，以通知 82C55 输出外设已收到 82C55 输出的数据。

③ 82C55 从应答输入线 $\overline{ACK_B}$ 收到低电平后就对 $\overline{OBF_B}$ 和中断允许控制位 $INTE_B$ 状态进行检测，若皆为高电平，则 $INTR_B$ 变为高电平而向单片机请求中断。

④ AT89S51 单片机响应 $INTR_B$ 上的中断请求后便可通过中断服务程序把下一个输出数据送到 PB 口的输出数据锁存器。重复上述过程，完成整批数据的输出。

3. 方式 2

只有 PA 口才有方式 2。图 12-11 所示为方式 2 工作示意图。方式 2 实质上是方式 1 输入和输出的组合。此时，PA7～PA0 为双向 I/O 总线。当作为输入口使用时，PA7～PA0 受 $\overline{STB_A}$ 和 IBF_A 控制，其工作过程和方式 1 输入相同；当作为输出端口使用时，PA7～PA0 受 $\overline{OBF_A}$ 和 $\overline{ACK_A}$ 控制，其工作过程和方式 1 输出相同。

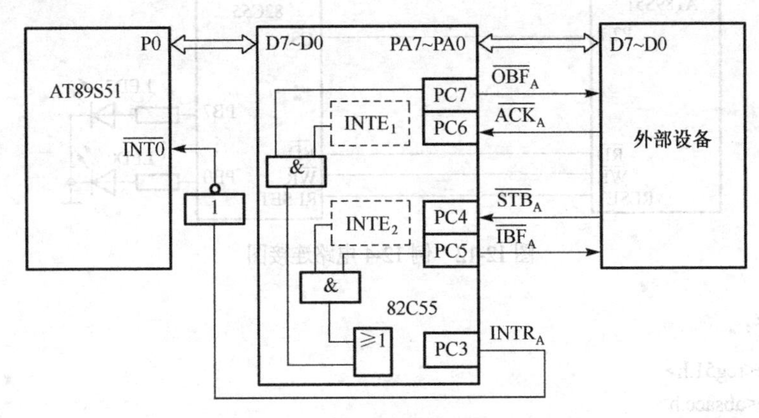

图 12-11　PA 口在方式 2 下的工作示意图

方式 2 特别适用于像键盘、显示器一类的外部设备，因为有时需要把键盘上输入的编码信号通过 PA 口送给单片机，有时又需把单片机发出的数据通过 PA 口送给显示器显示。

12.3.4 AT89S51 单片机与 82C55 的接口设计

单片机与 82C55 的连接和与外部数据存储器的连接完全类同，可把 82C55 看作一片只有 4 个存储单元的 RAM。下面通过实例加以介绍。

【例 12-4】 图 12-12 所示为 AT89S51 与一片 82C55 的连接电路。单片机的 P0 口与 82C55 的数据线相连，PA 口与开关相连，用于检测开关的状态，PB 口与发光二极管相连，用来驱动发光二极管显示开关的开断状态。试编程序实现之。

解： 由图可见，82C55 的左边是和单片机的接口，而右边是和外设的连接。82C55 的 A 口作为输入口，8 个开关 K7～K0 分别接入 PA7～PA0；B 口为输出口，PB7～PB0 分别连接发光二极管 LED7～LED0；用 74LS373 作为地址锁存器。从图中可以看出，82C55 的 A、B、C 及控制寄存器的端口地址分别为 7FFCH、7FFDH、7FFEH、7FFFH。

程序清单如下。

汇编语言源程序：

```
        MOV     DPTR，#7FFFH      ； 8255A 初始化
        MOV     A，#10010000B
        MOVX    @DPTR，A
LOOP:   MOV     DPTR，#7FFCH      ； 读 A 口开关状态
```

```
            MOVX    A，@DPTR
            MOV     DPTR，#7FFDH      ；通过B口输出控制LED
            MOVX    @DPTR，A
            SJMP    LOOP              ；循环和检测
```

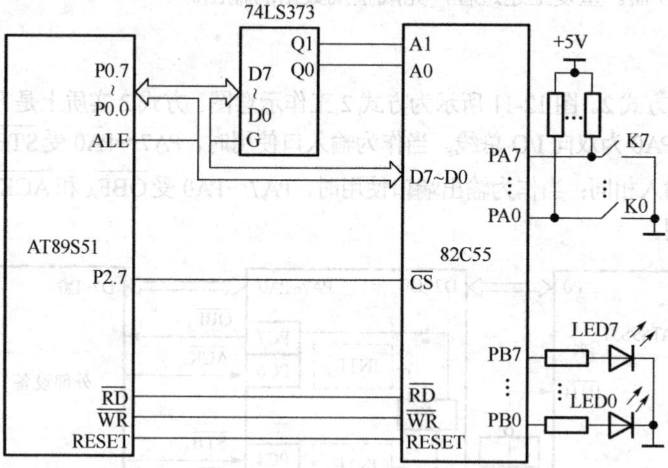

图12-12　例12-4电路连接图

*C51源程序：

```
#include<reg51.h>
#include<absacc.h>
#define XP0 XBYTE [0x7fff]
#define XA XBYTE [0x7ffc]
#define XB XBYTE [0x7ffd]
unsigned char temp;
void main()
{
    XP0 = 0x90;
        while (1)
    {
        temp = XA;
        XB = temp;
    }
}
```

12.4　利用可编程接口芯片81C55扩展并行口

81C55是另一种常用的可编程接口芯片，一片81C55芯片拥有的资源包括：256B的RAM存储器（静态），RAM的存取时间为400ns，两个8位的可编程并行I/O口PA和PB，一个6位的可编程并行I/O口PC，以及一个14位的减1计数器。PA口和PB口可工作于基本输入/输出方式（同82C55的方式0）或选通输入/输出方式（同82C55的方式1）。81C55可直接与51系列单片机相连，不需增加任何硬件逻辑电路。由于81C55片内集成有I/O口、RAM和减1计数器，因而是单片机系统中经常被选用的I/O接口芯片之一。

12.4.1　81C55 的内部结构和外部引脚

1．81C55 的内部结构

81C55 的内部逻辑结构如图 12-13 所示。

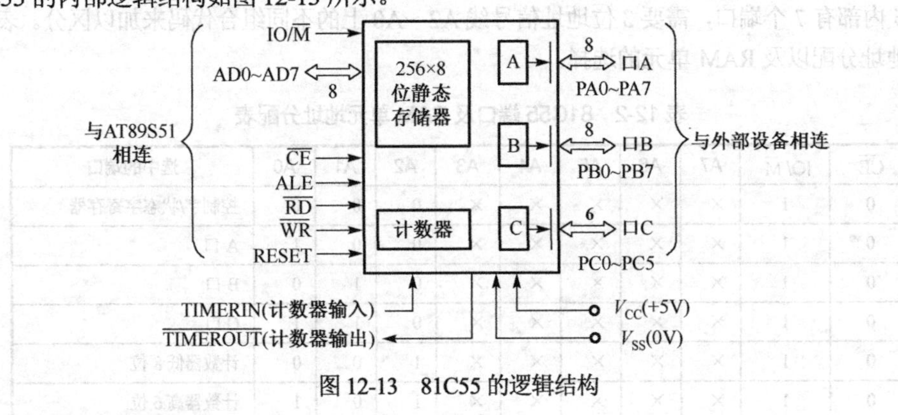

图 12-13　81C55 的逻辑结构

2．81C55 的引脚功能

81C55 为 40 引脚双列直插式封装，如图 12-14 所示。各引脚功能如下。

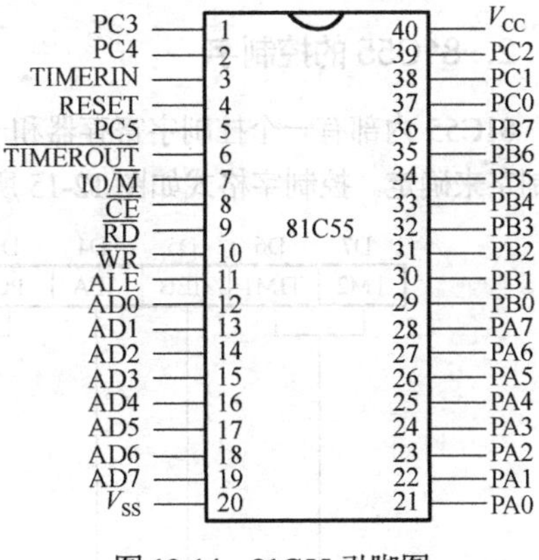

图 12-14　81C55 引脚图

（1）AD7～AD0，为地址/数据线，与 AT89S51 单片机的 P0 口相连，用于分时传送地址/数据信息。

（2）I/O 口线（22 条）。PA7～PA0 为通用 I/O 线，数据传送方向由写入 81C55 的命令字决定（见图 12-15）；PB7～PB0 为通用 I/O 线，用于传送 PB 口上的外设数据，数据传送方向也由写入 81C55 的控制字决定。PC5～PC0 为数据/控制线，共有 6 条，在通用 I/O 方式下，用作传送 I/O 数据；在选通 I/O 方式下，用作传送命令/状态信息（见表 12-3）。

（3）控制引脚

RESET：复位输入线，在 RESET 线上输入一个大于 600ns 宽的正脉冲时，81C55 即可处于复位状态，复位后各端口处于基本输入状态。

$\overline{CE}$、IO/$\overline{M}$：$\overline{CE}$ 为片选线，若 CE＝0，则 AT89S51 单片机选中本 81C55 工作；否则，本 81C55 未被选中。IO/$\overline{M}$ 为 I/O 端口或 RAM 存储器选择线，若 IO/M＝0，则 AT89S51 单片机选中 81C55 片内的 RAM 存储器；若 IO/$\overline{M}$＝1，则 AT89S51 单片机选中 81C55 的某一 I/O 端口。

$\overline{RD}$ 和 $\overline{WR}$：$\overline{RD}$ 是 81C55 的读控制信号线，$\overline{WR}$ 为写控制信号线。当 $\overline{RD}$＝0 且 $\overline{WR}$＝1 时，81C55 处于被读出数据状态；当 $\overline{RD}$＝1 且 $\overline{WR}$＝0 时，81C55 处于被写入数据状态。

ALE：地址锁存信号输入端。在 ALE 的下降沿将单片机 P0 口输出到 AD7～AD0 的低 8 位地址信息锁存到 81C55 的内部寄存器，因此 P0 口输出的低 8 位地址无须外接锁存器的锁存。

TIMERIN 和 $\overline{TIMEROUT}$：TIMERIN 是计数器脉冲输入线，输入的脉冲上跳沿用于对 81C55 片内的 14 位计数器进行减 1 操作。TIMEROUT 为计数器输出线，当 14 位计数器减为 0 时就可以在该引线上输出脉冲或方波信号，输出信号的形式与所选的计数器工作方式有关。

（4）电源线。V_{CC} 为+5V 电源输入线，V_{SS} 接地。

12.4.2 单片机对 81C55 端口的控制

81C55 的 3 个端口的数据传送方式是由控制字来决定的。

1．81C55 各端口的地址分配

81C55 内部有 7 个端口，需要 3 位地址信号线 A2～A0 上的不同组合代码来加以区分。表 12-2 所示为端口地址分配以及 RAM 单元的选择。

表 12-2 81C55 端口及 RAM 单元地址分配表

$\overline{CE}$	IO/$\overline{M}$	A7	A6	A5	A4	A3	A2	A1	A0	选中的端口
0	1	×	×	×	×	×	0	0	0	控制字/状态字寄存器
0	1	×	×	×	×	×	0	0	1	A 口
0	1	×	×	×	×	×	0	1	0	B 口
0	1	×	×	×	×	×	0	1	1	C 口
0	1	×	×	×	×	×	1	0	0	计数器低 8 位
0	1	×	×	×	×	×	1	0	1	计数器高 6 位
0	0	×	×	×	×	×	×	×	×	RAM 单元

2．81C55 的控制字

81C55 内部有一个控制字寄存器和一个状态标志寄存器。81C55 的工作方式由写入控制寄存器的控制字来确定。控制字格式如图 12-15 所示。控制字寄存器只能写入不能读出。

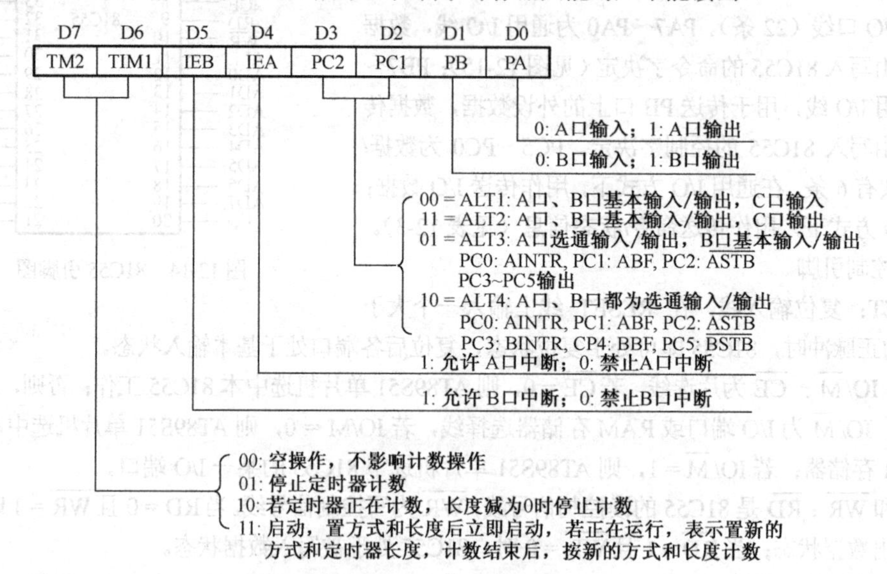

图 12-15 81C55 控制字格式

控制寄存器中的 D3～D0 位用来设置 PA 口、PB 口和 PC 口的工作方式。

D4、D5 位用来确定 A 口、B 口以选通输入/输出方式工作时是否允许中断请求。

D6、D7 位用来设置计数器的操作。

3. 81C55 的状态字

81C55 内部的状态标志寄存器用来提供 PA 口和 PB 口的工作状态标志。它的地址与控制字寄存器地址相同，只能对其读出，不能写入。格式如图 12-16 所示。

下面仅对状态字中的 D6 位给出说明，其他位的意义在图 12-16 中都有了明确的表达。

D6 为计数器中断状态标志位 TIMER。若计数器正在计数或开始计数前，则 D6 = 0；若计数器的计数长度已计满，即计数器减为 0，则 D6 = 1，可作为计数器中断请求标志。在硬件复位或对它读出后其值为 0。

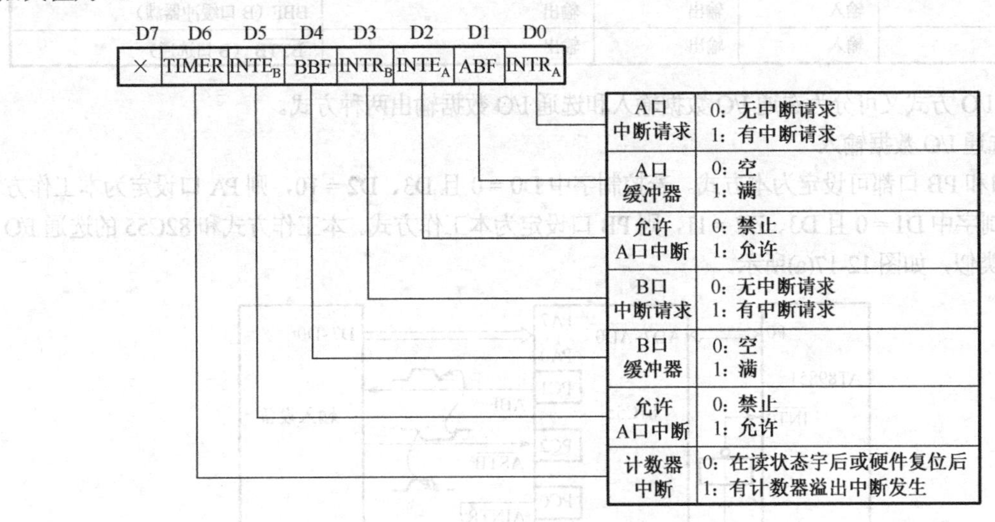

图 12-16　81C55 状态字格式

12.4.3　81C55 的工作方式

下面介绍 81C55 的两种工作方式。

1. 存储器方式

当 $IO/\overline{M}$=0 且 $\overline{CE}$=0 时，81C55 工作在存储器方式下，此时就相当于是一片具有 256B 的静态 RAM，单片机可通过 81C55AD7～AD0 上的地址选择 RAM 存储器中相应的单元进行读/写操作。

2. I/O 方式

当 $IO/\overline{M}$=1 且 $\overline{CE}$=0 时，81C55 处于 I/O 方式，用于扩展 I/O 接口。此时的工作方式又可进一步分为基本 I/O 和选通 I/O 两种方式，如表 12-3 所示。在 I/O 方式下，81C55 可选择片内任意端口寄存器进行读/写操作，端口地址由 A2、A1、A0 这 3 位决定。

（1）基本 I/O 方式。在本方式下，PA、PB、PC 三口用作输入/输出，由图 12-15 所示的控制字决定。其中，PA、PB 两口的输入/输出由 D1、D0 决定，PC 口各位由 D3、D2 状态决定。例如，若把 02H 的控制字送到 81C55 控制字寄存器，则 81C55 的 PA 口和 PC 口各位设定为输入方式，PB 口设定为输出方式。

（2）选通 I/O 方式。由控制字中的 D3、D2 状态设定，PA 口和 PB 口都可独立工作于这种方式。此时，PA 口和 PB 口用作数据口，PC 口用作 A 口和 B 口的应答联络控制。PC 口各位应答联络线的定义是在设计 81C55 时规定的，其分配和命名如表 12-3 所示。

表 12-3 PC 口在两种 I/O 方式下各位的定义

PC 口	通用 I/O 方式		选通 I/O 方式	
	ALT1	ALT2	ALT3	ALT4
PC0	输入	输出	AINTR（A 口中断）	AINTR（A 口中断）
PC1	输入	输出	ABF（A 口缓冲器满）	ABF（A 口缓冲器满）
PC2	输入	输出	$\overline{ASTB}$（A 口选通）	$\overline{ASTB}$（A 口选通）
PC3	输入	输出	输出	BINTR（B 口中断）
PC4	输入	输出	输出	BBF（B 口缓冲器满）
PC5	输入	输出	输出	$\overline{BTTB}$（B 口选通）

选通 I/O 方式又可分为选通 I/O 数据输入和选通 I/O 数据输出两种方式。

① 选通 I/O 数据输入

PA 口和 PB 口都可设定为本方式。若控制字中 D0 = 0 且 D3、D2 = 10，则 PA 口设定为本工作方式；若控制字中 D1 = 0 且 D3、D2 = 11，则 PB 口设定为本工作方式。本工作方式和 82C55 的选通 I/O 输入情况类似，如图 12-17(a)所示。

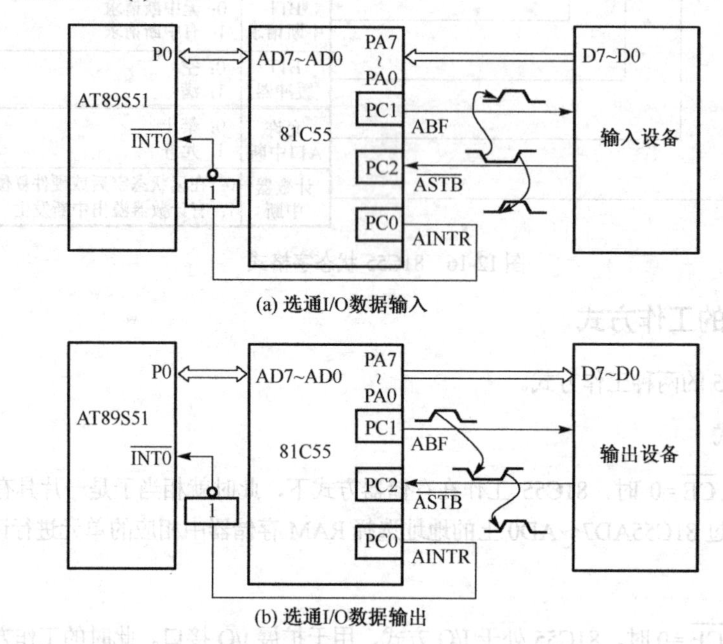

(a) 选通I/O数据输入

(b) 选通I/O数据输出

图 12-17 选通 I/O 方式示意图

② 选通 I/O 数据输出

PA 口和 PB 口都可设定为本方式。若控制字 D0 = 1 且 D3、D2 = 10，则 PA 口设定为本工作方式；若控制字 D1 = 1 且 D3、D2 = 11，则 PB 口设定为本工作方式。

选通 I/O 数据的输出过程也和 82C55 的选通 I/O 输出情况类似，图 12-17(b)所示为选通 I/O 数据输出的示意图。

3. 内部计数器/计数器及使用

14 位的计数器/计数器，CPU 可通过软件来选择计数长度和计数方式。计数长度和计数方式由写入计数器的控制字来确定。计数器的格式如图 12-18 所示。

	D7	D6	D5	D4	D3	D2	D1	D0
T_L(04H)	T7	T6	T5	T4	T3	T2	T1	T0
T_H(05H)	M2	M1	T13	T12	T11	T10	T9	T8

图 12-18　81C55 计数器的格式

其中，T13～T0 为计数器的计数位；M2、M1 用来设置计数器的输出方式。81C55 计数器的 4 种工作方式及对应的引脚输出波形如图 12-19 所示。

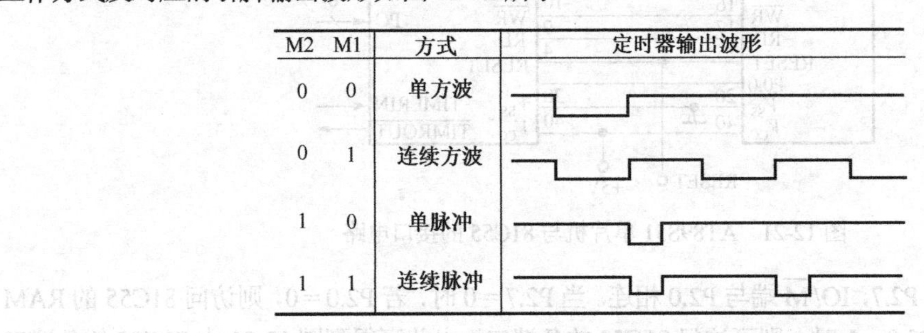

图 12-19　81C55 计数器工作方式及引脚输出波形

任何时候都可设置计数器长度和工作方式，将控制字写入控制寄存器。如果计数器正在计数，只有在写入启动命令后，计数器才接收新计数长度并按新的工作方式计数。

若写入计数器的初值为奇数，则 $\overline{\text{TIMEROUT}}$ 引脚的方波输出是不对称的。例如，初值为 9 时，计数器的输出，在 5 个计数脉冲周期内为高电平，在 4 个计数脉冲周期内为低电平，如图 12-20 所示。

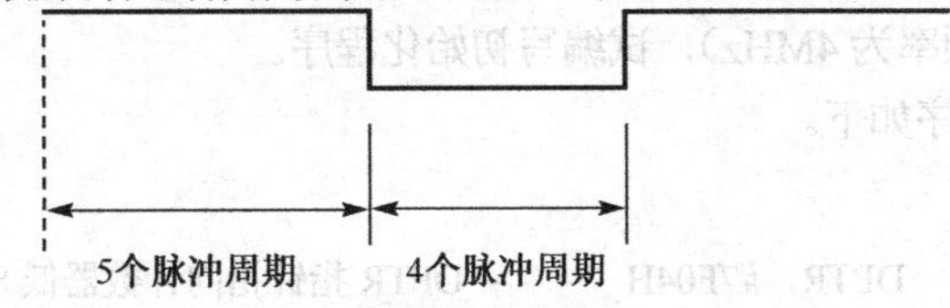

图 12-20　计数长度为奇数时的不对称方波输出（长度为 9）

注意，81C55 的计数器初值不是从 0 开始，而是从 2 开始。这是因为，如果选择计数器的输出为方波形式（无论是单方波还是连续方波），则规定是从启动计数开始，前一半计数输出为高电平，后一半计数输出为低电平。显然，如果计数初值是 0 或 1，就无法产生这种方波。因此，81C55 计数器的写入初值范围是 3FFFH～2H。

如果硬要将 0 或 1 作为初值写入，其效果将与送入初值 2 的情况一样。81C55 复位后使计数器停止计数。

12.4.4　AT89S51 单片机与 81C55 的接口设计及软件编程

1．硬件接口电路

51 系列单片机可以和 81C55 直接连接而无须任何外加逻辑器件，AT89S51 单片机与 81C55 的接口电路如图 12-21 所示。

在图 12-21 中，单片机 P0 口输出的低 8 位地址不需要另外加锁存器（因 81C55 片内集成有地址锁存器），而直接与 81C55 的 AD0～AD7 相连，既可作为低 8 位地址总线，又可作为数据总线，地址锁存控制直接使用 AT89S51 发出的 ALE 信号。

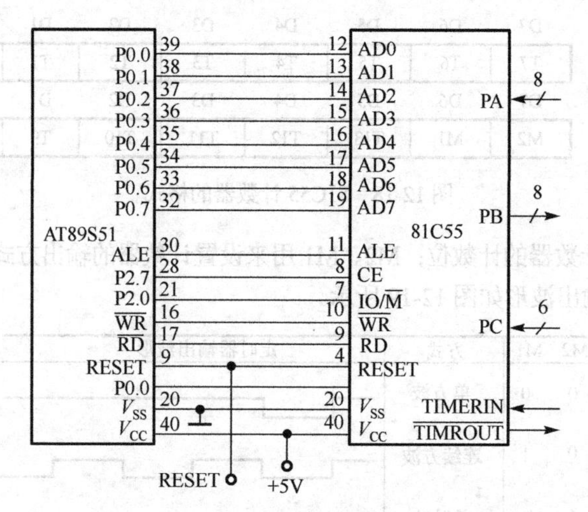

图 12-21 AT89S51 单片机与 81C55 的接口电路

81C55 的 $\overline{\text{CE}}$ 端接 P2.7，IO/$\overline{\text{M}}$ 端与 P2.0 相连。当 P2.7 = 0 时，若 P2.0 = 0，则访问 81C55 的 RAM 单元。而当 P2.7 = 0，P2.0 = 1 时，则可访问 81C55 的各端口。由此可得到图 12-21 中 81C55 的各端口及 RAM 单元的地址编码，如表 12-4 所示。

2. 81C55 的编程

根据图 12-21 所示的接口电路，下面举例介绍对 81C55 的具体操作。

【例 12-5】 若 PA 口定义为基本输入方式，PB 口定义为基本输出方式，对输入脉冲进行 24 分频（81C55 计数器的最高计数频率为 4MHz），试编写初始化程序。

解： 81C55 的初始化程序如下。

汇编语言源程序：

```
START： MOV    DPTR，#7F04H    ； DPTR 指针指向计数器低 8 位
        MOV    A，#18H         ； 计数初值 24 送 A
        MOVX   @DPTR，A        ； 计数初值低 8 位装入计数器
        INC    DPTR            ； 指向计数器高 6 位
        MOV    A，#40H         ； 计数初值 64 送 A
        MOVX   @DPTR，A        ； 计数初值高 6 位装入计数器
        MOV    DPTR，#7F00H    ； 指向命令/状态口
        MOV    A，#0C2H        ； 设定命令控制字
        MOVX   @DPTR，A        ； A 口基本输入，B 口基本输出，开启计数
```

*C51 源程序：

```
#include<reg51.h>
#include<absacc.h>
#define   control XBYTE[0x7f00]
#define   lowcount XBYTE[0x7f04]
#define   highcount XBYTE[0x7f05]
void main(void)
{
lowcount = 0x18;
highcount = 0x40;
```

```
control = 0xc2;
    while(1)
    {
      …
    }
}
```

【例 12-6】 读 81C55 的 7EF1H 单元。

解：程序如下：

```
MOV     DPTR，#7EF1H        ；DPTR 指针指向 81C55 的 7EF1H 单元
MOVX    A，@DPTR            ；7EF1H 单元内容→A
```

【例 12-7】 将立即数 41H 写入 81C55 RAM 的 7E20H 单元。

解：程序如下：

```
MOV     A，#41H             ；立即数→A
MOV     DPTR，#7E20H        ；DPTR 指针指向 81C55 的 7E20H 单元
MOVX    @DPTR，A            ；立即数 41H 送 81C55 RAM 的 7E20H 单元
```

81C55 既有 RAM 又有 I/O 口，此外，还有计数器。在同时需要扩展 RAM、I/O 和计数器的系统中，选用 81C55 特别经济，是单片机系统中常用的外围接口芯片之一。

12.5　利用单片机的串行口扩展并行 I/O 口

第 10 章介绍过 AT89S51 单片机的串行口工作于方式 0 时可用于扩展并行 I/O 口。下面再举两例，介绍利用串行口扩展多个并行 I/O 口的情况。

12.5.1　用 74LS164 扩展并行输出口

图 12-22 所示为串口外接两片 74LS164（8 位串入并出移位寄存器）扩展两个 8 位并行输出口的接口电路。

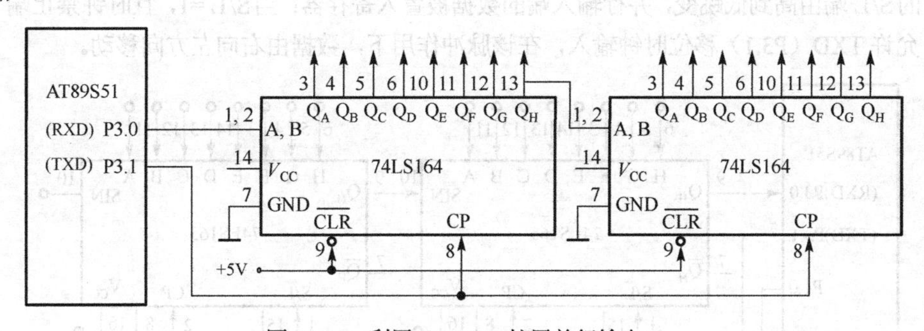

图 12-22　利用 74LS164 扩展并行输出口

当 AT89S51 单片机串行口工作在方式 0 发送时，串行数据由 P3.0（RXD）送出，移位时钟由 P3.1（TXD）送出。注意，由于 74LS164 无并行输出控制端，在串行输入中，其输出端的状态会不断变化，故在某些场合，在 74LS164 输出端应加接输出三态门控制，以便保证串行输入结束后再输出数据。

【例 12-8】 编程将内部 RAM 30H、31H 单元的内容经串行口从图 12-22 所示的 16 位扩展口并行输出。

解：程序清单如下。

汇编语言源程序：

```
START:  MOV   R7，#02H       ；设置要发送的字节个数
        MOV   R0，#30H       ；设置地址指针
        MOV   SCON，#00H     ；置串行口为方式0
SEND:   MOV   A，@R0
        MOV   SBUF，A        ；启动串行口发送过程
WAIT:   JNB   TI，WAIT       ；一帧未发完，等待
        CLR   TI
        INC   R0             ；取下一个数
        DJNZ  R7，SEND       ；未发完，继续
        SJMP  $              ；发送完毕动态停机
```

*C51 源程序：

```
#include<reg51.h>
#define uchar unsigned char
uchar data d[2];
void main (void)                    /*主函数*/
{
    SCON=0x00;                      /*设置串行口工作方式 0 */
    SBUF=d[0];                      /*发送第一个字节 */
    while (TI==0);TI=0;
    SBUF=d[1];                      /*发送第二个字节 */
    while (TI==0);TI=0;
    while (1);                      /*发送完毕动态停机 */
}
```

12.5.2 用 74LS165 扩展并行输入口

图 12-23 所示为串口扩展两个 8 位并行输入口。74LS165 是 8 位并行输入串行输出的寄存器。当 74LS165 的 $S/\overline{L}$ 端由高到低跳变，并行输入端的数据被置入寄存器；当 $S/\overline{L}=1$，且时钟禁止端（15 脚）为低时，允许 TXD（P3.1）移位时钟输入，在该脉冲作用下，数据由右向左方向移动。

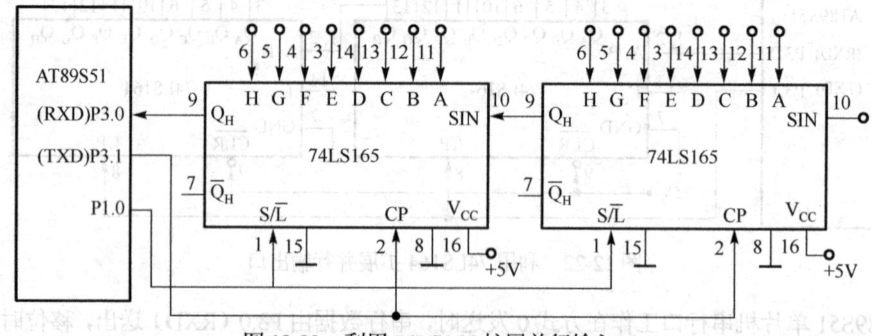

图 12-23 利用 74LS165 扩展并行输入口

TXD 与所有 74LS165 的 CP 相连；RXD 与 74LS165 的串行输出端 QH 相连；P1.0 与 $S/\overline{L}$ 相连，控制 74LS165 的串行移位或并行输入；15 脚接地，允许时钟输入。当扩展多个 8 位输入口时，相邻两芯片的首尾（QH 与 SIN）相连。

【例 12-9】编程实现从图 12-23 所示的 16 位扩展口读入 8 组数据（每组 2B），把它们转存到内部 RAM 20H 开始的单元。

解：程序清单如下。

汇编语言源程序：

```
            MOV    R7，#08H              ；设置读入组数
            MOV    R0，#20H              ；设置内部 RAM 数据区首址
START：     CLR    P1.0                  ；并行置入数据，S/L̄ ＝0
            SETB   P1.0                  ；允许串行移位，S/L̄ ＝1
            MOV    R2，#02H              ；设每组字节数，即 74LS165 的个数
RXDATA：    MOV    SCON，#00010000B      ；设置串口方式 0，允许接收，启动接收过程
WAIT：      JNB    RI，WAIT              ；未接收完一帧，循环等待
            CLR    RI                    ；RI 标志清 0，准备下次接收
            MOV    A，SBUF               ；读入数据
            MOV    @R0，A                ；送至 RAM 缓冲区
            INC    R0                    ；指向下一个地址
            DJNZ   R2，RXDATA            ；未读完一组数据，继续读下一个字节
            DJNZ   R7，START             ；8 组数据未读完重新并行置入
            SJMP   $                     ；8 组数据读完动态停机
```

上面程序中串行接收过程采用的是查询等待的控制方式，如必要，也可改用中断方式。从理论上讲，按图 12-22 和图 12-23 方法扩展的输出/输入口几乎是无限的，但扩展得越多，口的操作速度也就越慢。

*C51 源程序：

```
#include<reg51.h>
typedef unsigned char BYTE;
BYTE rx_data[16];
bit test_flag;                          /*定义读入字节的奇偶标志*/
sbit P1_0=P1^0;                         /*定义工作状态控制端*/
BYTE receive(void)                      /*读入数据函数*/
{
  BYTE temp;
  while(RI==0);RI=0;temp=SBUF;
  return temp;
}
void main (void)                        /*主函数*/
{
  BYTE i;
  test_flag=1;                          /*奇偶标志初始值为 1，表示读的是奇数字节*/
  for(i=0;i<8;i++)                      /*循环读入 8 组数据*/
  {
    if(test_flag==1)
    {
          P1_0=0;                       /*并行置入 2 字节数据*/
            P1_0=1;                     /*允许移位寄存器串行移位输出*/
    }
    SCON=0x10;                          /*设置串行口方式 0 输入 */
    rx_data[i]=receive( );              /*接收 1 字节数据*/
```

```
        test_flag=~test_flag;             /*改写读入字节的奇偶性，以决定是否重新并行置入*/
        }
        while(1);                         /*8组数据读完，动态停机*/
    }
```

习题与思考题 12

12.1 什么是I/O接口？I/O接口的功能有哪些？其最基本的功能是什么？

12.2 I/O接口和I/O端口有什么区别？

12.3 常用的I/O接口编址有哪两种方式？它们各有什么特点？AT89S51的I/O端口编址采用的是哪种方式？

12.4 I/O数据传送有哪几种传送方式？分别在哪些场合下使用？

12.5 编写程序，利用82C55的C口按位置位/复位控制字，将PC7置0，PC4置1，（已知82C55各端口的地址为7FFCH～7FFFH）。

12.6 82C55的方式控制字和C口按位置位/复位控制字都可以写入82C55的同一控制寄存器，82C55是如何区分这两个控制字的？

12.7 根据图12-8，画出82C55的A口在方式1输入过程中各有关信号的时序图。

12.8 AT89S51单片机扩展了一片82C55，要求A口以选通的方式输入数据，B口以选通的方式输出数据，同时还要将C口的最高位两根口线置“1”，请编写初始化程序，假设C口地址为：AB7EH。

12.9 判断下列说法是否正确，为什么？

A．由于81C55不具有地址锁存功能，因此在与AT89S51的接口电路中必须加地址锁存器

B．在81C55芯片中，决定端口和RAM单元编址的信号线是AD7～AD0和$\overline{WR}$

C．82C55具有三态缓冲器，因此可以直接挂在系统的数据总线上

D．82C55的B口可以设置成方式2

12.10 假设81C55的TIMERIN引脚输入的频率为4MHz？问81C55的最大定时时间是多少？

12.11 AT89S51的并行接口的扩展有多种方式，在什么情况下，采用扩展81C55比较合适？什么情况下，采用扩展82C55比较适合？

12.12 假设81C55的TIMERIN引脚输入的脉冲频率为1MHz，请编写出在81C55的$\overline{TIMEROUT}$引脚上输出周期为10ms的方波的程序。

12.13 根据图12-21所示的电路，编程完成对81C55的如下操作：

A．读81C55的80H单元

B．将立即数88H写入81C55的30H单元

12.14 根据图12-21所示的电路，欲将81C55内部40H单元中的内容传送到A口输出，试编程实现之。

12.15 利用单片机的并行总线扩展并行口和利用串行口扩展并行口这两种扩展并行口的方法各有什么优缺点？各适用于什么场合？

第 13 章　51 系列单片机与常用外设的接口设计

内容提要

本章主要介绍 AT89S51 单片机与 LED 数码管显示器、非编码键盘、液晶显示器、微型打印机等常用输入/输出外设的接口设计及软件编程。

教学目标

- 熟练掌握 LED 数码管显示器、非编码键盘的工作原理及应用。
- 掌握液晶显示器、微型打印机与单片机的接口设计与编程，深入理解 I/O 接口的重要作用。

13.1　AT89S51 单片机与 LED 数码管显示器的接口

显示器作为单片机系统中常用的输出设备，一般用于显示单片机系统的运行结果与运行状态等。常用的显示器主要有 LED 数码管显示器、LCD 液晶显示器和 CRT 显示器。在单片机系统中，通常用 LED 数码管显示器显示各种数字或简单符号。由于 LED 数码管显示器具有显示清晰、亮度高、使用电压低、寿命长等特点，因此使用非常广泛。

13.1.1　LED 数码管的结构与工作原理

LED 数码管是由发光二极管组成显示字段的显示器件，也可称为数码管。单片机系统中通常使用八段 LED 数码管显示器，其外形及引脚如图 13-1(a)所示，由图可见八段 LED 数码管由 8 个发光二极管组成。其中 7 个长条形的发光二极管排列成数字 8，另一个圆点形的发光二极管在显示器的右下角作为显示小数点用，通过这些发光二极管亮与暗的不同组合，可以显示各种数字及包括 A～F 在内的部分英文字母和小数点“.”等字样。

LED 数码管有两种不同的形式：一种是 8 个发光二极管的阳极都连在一起，称为共阳极 LED 数码管；另一种是 8 个发光二极管的阴极都连在一起，称为共阴极 LED 数码管。如图 13-1(b)和图 13-1(c)所示。

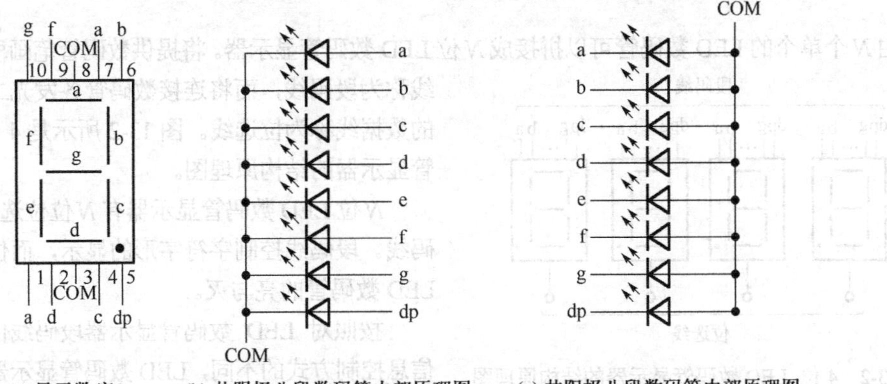

(a) 显示数字8　　(b) 共阴极八段数码管内部原理图　　(c) 共阳极八段数码管内部原理图

图 13-1　八段 LED 数码管的结构和原理图

共阴极和共阳极结构的LED数码管各笔画对应的段名和安排位置是相同的，当二极管导通时，相应的笔画段点亮，由点亮的笔画段组合从而显示各种字符。8个笔画段dp、g、f、e、d、c、b、a对应8位二进制数中的D7、D6、D5、D4、D3、D2、D1和D0位，于是用8位二进制数码就可以表示要显示字符的字形代码。字形码各位的定义如表13-1所示。例如，对于共阴极LED数码管，当公共阴极接地（为低电平），而阳极dp、g、f、e、d、c、b、a各段为00111111时，显示器显示“0”字符，即对于共阴极LED数码管，“0”字符的字形码是3FH。如果是共阳极LED数码管，公共阳极接高电平，显示“0”字符的字形代码应为11000000B，即字形码是C0H。这里必须要注意的是，很多产品为方便接线，常不按规则的方法去对应字段与位的关系，这时字形码就必须根据接线自行设计。八段LED数码管常用字形码（段码）如表13-2所示。

表13-1　字形码各位的定义

D7	D6	D5	D4	D3	D2	D1	D0
dp	g	f	e	d	c	b	a

表13-2　八段LED数码管的字形码（段码）表

显示字形	共阳极字形码	共阴极字形码	显示字形	共阳极字形码	共阴极字形码
0	C0H	3FH	D	A1H	5EH
1	F9H	06H	E	86H	79H
2	A4H	5BH	F	8EH	71H
3	B0H	4FH	P	8CH	73H
4	99H	66H	U	C1H	3EH
5	92H	6DH	T	CEH	31H
6	82H	7DH	H	89H	76H
7	F8H	07H	L	C7H	38H
8	80H	7FH	-	BFH	40H
9	90H	6FH	.	7FH	80H
A	88H	77H	无显示	FFH	00H
B	83H	7CH	…	…	…
C	C6H	39H			

13.1.2　LED数码管显示器的工作原理

由N个单个的LED数码管可以拼接成N位LED数码管显示器。将提供数码管笔画段信号的数据线称为段码线，而将连接数码管各发光二极管公共端的数据线称为位选线。图13-2所示是4位LED数码管显示器的结构原理图。

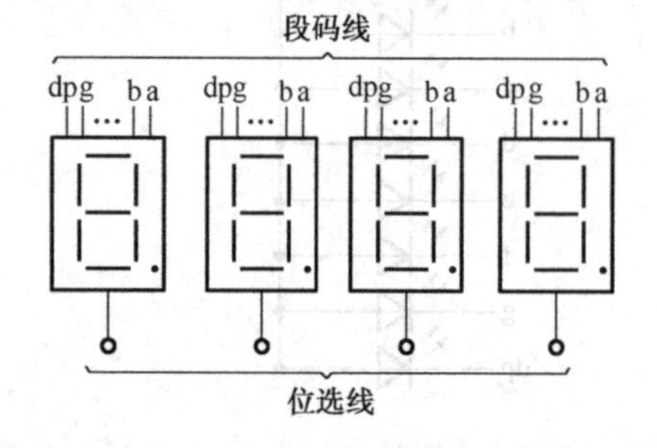

图13-2　4位LED数码管显示器的结构原理图

N位LED数码管显示器有N位位选线和$8N$条段码线。段码线控制字符字形的显示，而位选线控制该LED数码管的亮与灭。

按照对LED数码管显示器段码线信息和位选线信息控制方式的不同，LED数码管显示器的显示方式可以分为静态和动态两种。

1. LED 数码管显示器的静态显示方式

所谓静态显示，是指组成数码管显示器的各数码管同时处于显示的状态。LED 数码管显示器工作于静态显示方式时，各位的共阴极（或共阳极）连接在一起并接地（或接+5V）；每位的段码线（a～dp）分别与一个 8 位的锁存器输出相连。之所以称为静态显示，是因为各个 LED 的显示字符一经确定，相应锁存器锁存的段码输出将维持不变，直到送入另一个字符的段码为止。正因为如此，静态显示器的亮度较高。

图 13-3 所示为一个 4 位静态 LED 数码管显示器电路。该电路各位可独立显示，只要在该位的段码线上保持相应的段码信息，该位就能保持显示相应的字符。由于各位分别由一个 8 位的数据输出口（如 82C55 的 PA、PB、PC 口）控制段码线，故在同一个时间里，每一位显示的字符可以各不相同。这种显示方式编程容易，但是需要用到的端口线较多。如果显示器的位数较多，则需要增加的输出端口也较多，这会大大增加硬件的开销。因此在显示位数较多的情况下，一般可采用动态显示方式。

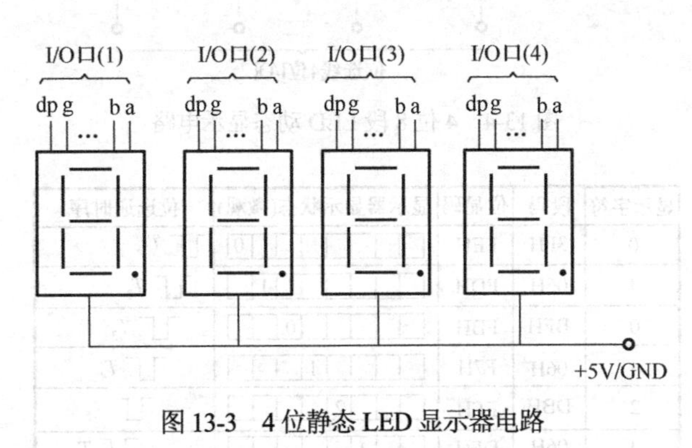

图 13-3　4 位静态 LED 显示器电路

2. LED 数码管显示器的动态显示方式

在多位 LED 显示时，为简化硬件电路，通常将所有位的段码线的相应段并接在一起，由一个 8 位 I/O 口控制，而各位的共阳极或共阴极分别由相应的 I/O 线控制，形成各位的分时选通。图 13-4 所示为一个 4 位 8 段 LED 动态显示器电路。其中段码线占用一个 8 位 I/O 口，而位选线占用一个 4 位 I/O 口。由于各位的段码线并联，8 位 I/O 口输出的段码对各个显示位来说都是相同的。因此，在同一时刻，如果各位位选线都处于选通状态，4 位 LED 将显示相同的字符。若要各位 LED 能够分别显示出与本位相应的显示字符，就必须采用动态显示方式，即在某一时刻，只让某一位的位选线处于选通状态，而其他各位的位选线处于关闭状态，同时，段码线上输出相应位要显示的字符的段码。这样，在同一时刻，4 位 LED 中只有选通的那一位显示出字符，而其他三位则是熄灭的。同样，在下一时刻，只让下一位的位选线处于选通状态，而其他各位的位选线处于关闭状态，在段码线上输出将要显示字符的段码，此时，只有选通位显示出相应的字符，而其他各位则是熄灭的。如此循环下去，就可以使各位轮流显示出将要显示的字符。

虽然这些显示的字符是在不同时刻出现的，而在同一时刻，只有一位显示，其他各位熄灭，但由于 LED 显示器的余辉和人眼的“视觉暂留”作用，只要每位显示间隔足够短，就可以造成“多位同时点亮”的假象，达到同时显示的效果。

LED 不同位显示的时间间隔应根据实际情况而定。发光二极管从导通到发光有一定的延时，导通时间太短，则发光太弱，人眼无法看清；但也不能太长，因为要受限于临界闪烁频率，如果“扫描”

速率太低则会出现闪烁现象。而且扫描时间越长，占用单片机时间也越多。一般每一位显示的时间为 1～5ms。另外，显示位数增多，也将占用大量的单片机时间，因此动态显示的实质是以牺牲单片机时间来换取 I/O 端口的减少。

图 13-5 所示为 8 位 LED 动态显示 2012.10.10 的过程。图 13-5 (a)是显示过程，某一时刻，只有一位 LED 被选通显示，其余位则是熄灭的；图 13-5 (b)是实际显示结果，人眼看到的是 8 位稳定的同时显示的字符。

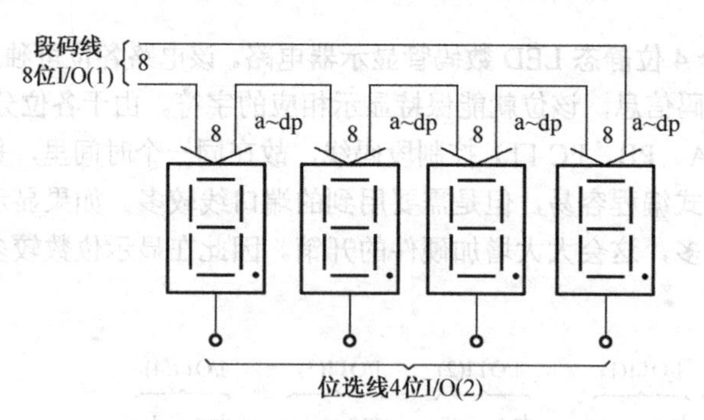

图 13-4　4 位 8 段 LED 动态显示电路

显示字符	段码	位显码	显示器显示状态(微观)	位选通时序
0	3FH	FEH	0	T_1
1	06H	FDH	1	T_2
0.	BFH	FBH	0.	T_3
1	06H	F7H	1	T_4
2.	DBH	EFH	2.	T_5
1	06H	DFH	1	T_6
0	3FH	BFH	0	T_7
2	5BH	7FH	2	T_8

(a)8位LED动态显示过程

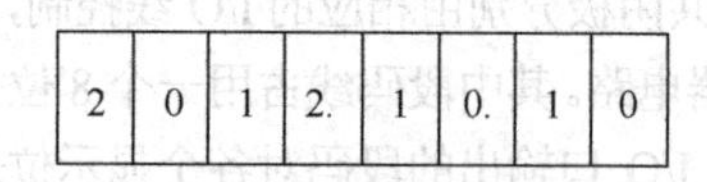

(b) 人眼看到的显示结果

图 13-5　8 位 LED 动态显示过程和结果

为了减少硬件开销，提高系统可靠性并降低成本，单片机应用系统通常采用动态扫描显示，另外，数码管内部发光二极管点亮时大约需要 5mA 电流，而且电流不可过大，否则会烧毁发光二极管。由于单片机的 I/O 送不出如此大的电流，所以数码管与单片机连接时需要加驱动电路，可以加三极管驱动或使用专门的数码管驱动芯片，如 74LS245、74HC573 等。

13.1.3　LED 数码管显示器应用举例

【例 13-1】 图 13-6 所示为 AT89S51 单片机外接 6 位共阴极 LED 数码管动态显示器的接口电路，显示字符的字形码由 P1 口输出，经 74LS245 驱动后提供。位选择码由 P2 口经 74LS04 反相驱动器提供。编程使 6 个数码管动态显示“123456”字样。

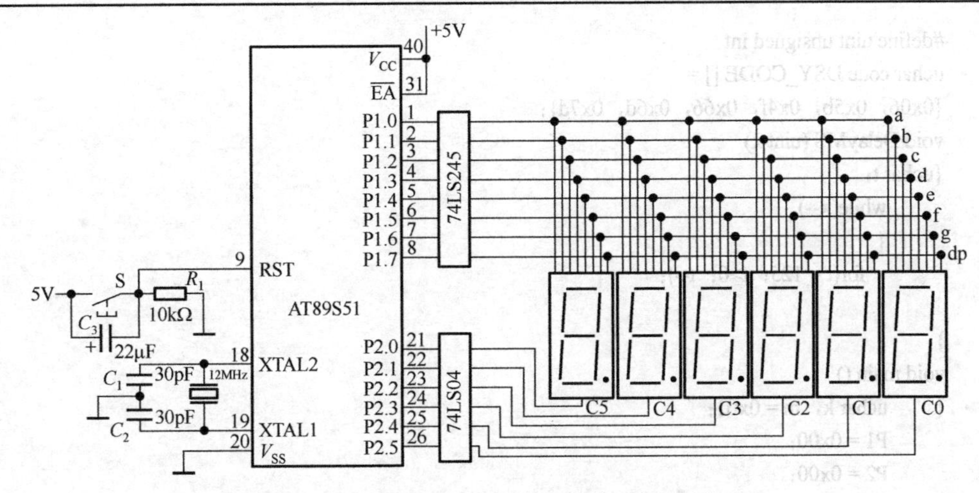

图 13-6　6 位共阴极 LED 数码管的动态显示接口

解： 依据接口电路所编制的程序清单如下。

汇编语言源程序：

```
        ORG     0000H
        MOV     P2，#0                 ；关闭显示
MAIN：  MOV     DPTR，#TAB1            ；指向字形码表首地址
        MOV     R0，#0                 ；R0 存所取字形码的序号
        MOV     R1，#01H               ；R1 存首位数码管显示的位选码
NEXT：  MOV     A，R0
        MOVC    A，@A+DPTR             ；取字形码
        MOV     P1，A                  ；送 P1 口输出
        MOV     A，R1                  ；取位选码
        MOV     P2，A                  ；输出位选码
        ACALL DELAY                    ；显示并延时 1ms
        INC     R0                     ；指向下一位字形码
        RL      A                      ；指向下一位数码管
        MOV     R1，A
        CJNE    R1，#40H，NEXT         ；六位数码管显示完？
        SJMP    MAIN                   ；轮流显示完一遍后重新下一轮显示
DELAY： MOV     R6，#2                 ；延时 1ms 子程序
DL2：   MOV     R7，#7DH
DL1：   NOP
        NOP
        DJNZ    R7，DL1
        DJNZ    R6，DL2
        RET
TAB1：  DB  06H，5BH，4FH，66H，6DH，7DH  ；1～6 的字形码
        END
```

*C51 源程序：

```
#include <reg51.h>
#include <intrins.h>
#define uchar unsigned char
```

```
#define uint unsigned int
uchar code DSY_CODE [] =
{0x06，0x5b，0x4f，0x66，0x6d，0x7d}；
void DelayMS (uint x)
{uchar t;
      while(x--)
      {
         for(t = 125；t>0；t--);
      }
}
void main ()
{     uchar k，m = 0x01;
      P1 = 0x00;
      P2 = 0x00;
      while(1)
      {for (k = 0；k<8；k++)
         {  P2 = m;
            m = _crol_ (m，1);
            P1 = DSY_CODE[k];
            DelayMS (1);
         }
      }
}
```

13.2　AT89S51单片机键盘接口技术

在单片机应用系统中通常需要进行人机对话，包括人对应用系统状态的干预及向系统输入数据等，键盘是实现这种功能的常用外设。

13.2.1　键盘的任务和分类

1．键盘的任务

为了能够通过键盘把信息传送给主机，键盘的任务有如下3项：

（1）判别是否有键按下？若有，进入下一步工作。

（2）识别哪一个键被按下，并求出相应的键值。

（3）根据键值，找到相应的处理程序入口，通过执行相应的处理程序，实现相关按键的功能。

此外，完善的键盘处理程序还应对一些非正常使用的情况进行处理，例如，对多重按键（串键）的处理。在程序中检测到串键时，可不对按键响应或只响应第一个检测到的按键。

2．键盘的分类

根据键盘对其任务完成方式的不同，计算机系统中所用的键盘可分为全编码键盘和非编码键盘两种。全编码键盘由硬件自动提供与被按键对应的编码，此外，还具有去抖动和重键、串键识别电路。通过将些编码送给主机以实现信息的输入。这种键盘使用方便，但制造成本较高，一般单片机应用系统较少采用。单片机应用系统中通常采用的是非编码键盘，这种键盘对键的识别通过软件来实现。本节介绍的就是这种类型的键盘。

13.2.2　按键输入信号的特点和处理

1．按键输入信号的特点

键盘是一组按键开关的集合，组成键盘的按键有触点式和非触点式两种。常用的键盘一般采用由机械触点构成的键盘开关，利用机械触点的接通与断开将电压信号输入单片机的 I/O 端口。图 13-7(a)所示的按键开关两端分别连接在行线和列线上。通过按键开关机械触点的断开、闭合，其行线输出电压实际上呈图 13-7(b)所示的波形，图中 t_1 和 t_3 分别为键的闭合和断开过程中的抖动期（呈现一串负脉冲），抖动时间长短与开关的机械特性有关，一般为 5～10ms，t_2 为稳定的闭合期，其时间由按键动作确定，一般为十分之几秒到几秒，t_0、t_4 为断开期。

为了保证 CPU 对键的一次闭合仅做一次键输入处理，必须采取措施消除抖动的影响。

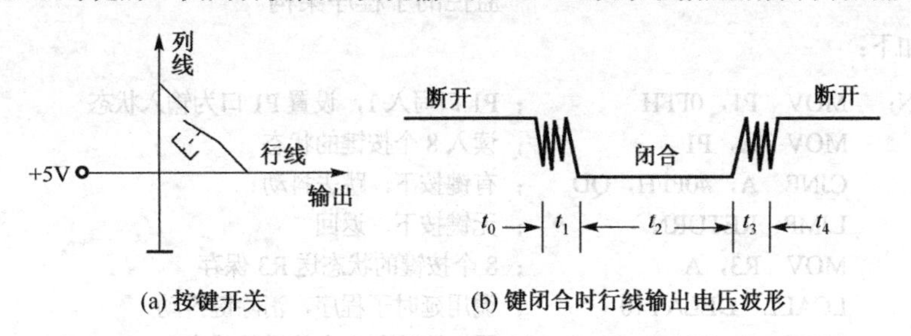

图 13-7　键盘开关及其行线波形

2．按键抖动的消除方法

常用的消除按键抖动的方法有两种：硬件去抖和软件延时去抖。

硬件去抖通过在键输出端加双稳态去抖电路（通常由 R-S 触发器组成）或 RC 滤波去抖电路来达到消除抖动的效果，硬件去抖电路如图 13-8 所示。

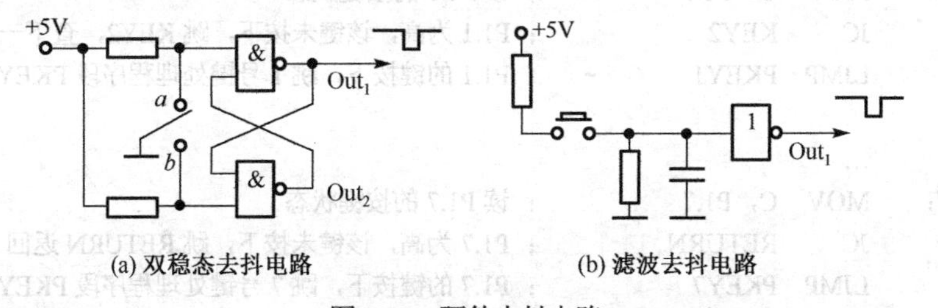

图 13-8　硬件去抖电路

软件去抖法是在程序上采取措施，当检测到有键按下时，执行一个 10ms 左右的延时程序后，再确认该键电平是否仍保持闭合状态电平，若保持闭合状态电平，则确认该键处于闭合状态，从而去除了抖动的影响。

13.2.3　非编码键盘的工作原理

常见的非编码键盘有两种结构：独立式键盘和矩阵式键盘。下面分别介绍它们的组成和工作原理。

1．独立式键盘

独立式键盘的结构特点是：一键一线，各键相互独立，每个键各接一条 I/O 口线，通过检测 I/O 输入线的电平状态，判断哪个按键被按下，如图 13-9 所示。

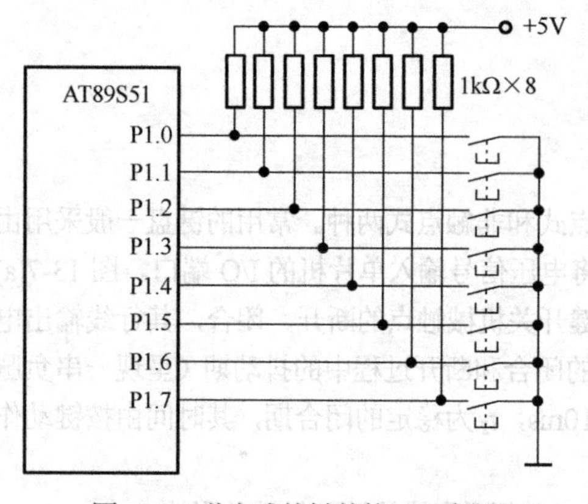

图 13-9　独立式按键的接口示意图

图 13-9 中的上拉电阻保证按键释放时，输入检测线上有稳定的高电平。当某一按键按下时，对应的检测线就变成了低电平，与其他按键相连的检测线仍为高电平，只需读入 I/O 输入线的状态，判别哪一条 I/O 输入线为低电平，很容易识别哪个键被按下。

这种键盘的优点是：电路简单，各条检测线独立，识别按下按键的软件编写简单；它适用于键盘按键数目较少的场合，而不适用于键盘按键数目较多的场合，因为将占用较多的 I/O 口线。

【例 13-2】 对于图 13-9 所示的键盘，设计出键盘监控的子程序架构。

程序清单如下：

```
KEYIN:  MOV   P1，0FFH          ；P1 口写入 1，设置 P1 口为输入状态
        MOV   A，P1             ；读入 8 个按键的状态
        CJNE  A，#0FFH，QD      ；有键按下，跳去抖动
        LJMP  RETURN            ；无键按下，返回
QD:     MOV   R3，A             ；8 个按键的状态送 R3 保存
        LCALL   DELAY10         ；调用延时子程序，消除键抖动
        MOV   A，P1             ；再一次读入 8 个按键的状态
        CJNE  A，R3，RETURN     ；两次键值比较，不同，
                                ；是干扰引起，无键按下，转 RETURN
KEY0:   MOV   C，P1.0           ；有键按下，读 P1.0 的按键状态
        JC    KEY1              ；P1.0 为高，该键未按下，跳 KEY1，查下一个键
        LJMP  PKEY0             ；P1.0 的键按下，跳 0 号键处理程序段 PKEY0
KEY1:   MOV   C，P1.1           ；读 P1.1 的按键状态
        JC    KEY2              ；P1.1 为高，该键未按下，跳 KEY2，查下一个键
        LJMP  PKEY1             ；P1.1 的键按下，跳 1 号键处理程序段 PKEY1
        …
        …
KEY7:   MOV   C，P1.7           ；读 P1.7 的按键状态
        JC    RETURN            ；P1.7 为高，该键未按下，跳 RETURN 返回
        LJMP  PKEY7             ；P1.7 的键按下，跳 7 号键处理程序段 PKEY7
RETURN: RET
PKEY0:  …
        …
        LJMP  RETURN
PKEY1:  …
        …
        LJMP  RETURN

PKEY7:  …
        …
        LJMP     RETURN
```

2．矩阵式键盘

（1）矩阵式键盘的硬件结构

当按键数量较多时，一键一线的独立式键盘就不堪使用了，这时可采用矩阵式（也称行列式）键盘。矩阵式键盘由一系列行线和列线，以及在行列线的交叉点上设置的按键组成。在按键数目较多的场合，可以节省较多的 I/O 口线。如图 13-10 所示。

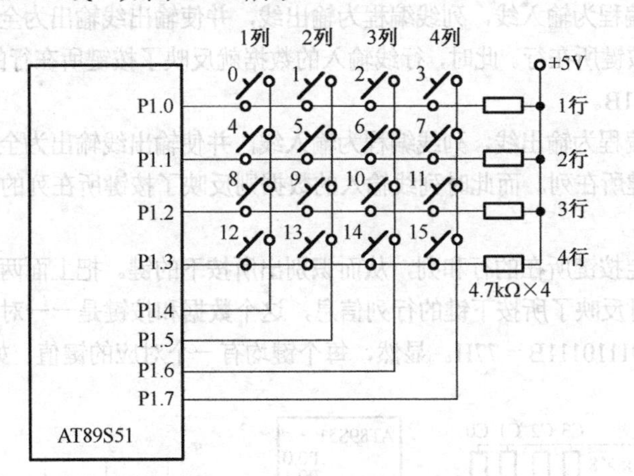

图 13-10　矩阵式键盘的硬件结构

（2）矩阵式键盘按键的识别方法

由图 13-10 所示的矩阵式键盘的结构可知：当矩阵中无按键按下时，行线为高电平；当有按键按下时，行线电平状态将由与此行线相连的列线的电平决定。列线的电平如果为低，则行线电平为低；列线的电平如果为高，则行线的电平也为高，这是识别按键是否按下的关键所在。由于矩阵式键盘中行、列线为多键公用，各按键彼此将相互发生影响，所以必须将行、列线信号配合，才能确定闭合键位置。根据识别按键位置时行、列线信号配合方法的不同，矩阵式键盘按键的识别方法有扫描法和线反转法两种。

① 扫描法

单片机对键盘的监控可分为 3 步：第 1 步，判断键盘有无键按下；第 2 步，如果有键被按下，则识别出具体的键位；第 3 步，计算出按键的键号，转入相应的处理程序，以实现按键的相应功能。下面以图 13-10 所示键盘中的键 3 被按下为例，说明识别此键的过程。

第 1 步，判断键盘有无键按下。首先把所有列线均置为低电平，然后检查各行线电平是否都为高，如果全为高，再说明没有键被按下，否则就有键被按下。

例如，当键 3 按下时，第 1 行线为低电平，但此时还不能确定是键 3 被按下，因为如果同一行的键 2、键 1 或键 0 之一被按下，行线也为低电平，因此只能得出第 1 行有键被按下的结论。

第 2 步，识别出哪个按键被按下。采用逐列扫描法，即在某一时刻只让一条列线处于低电平，其余所有列线处于高电平。当第 1 列为低电平，其余各列为高电平时，因为是键 3 被按下，第 1 行的行线仍处于高电平；当第 2 列为低电平，其余各列为高电平时，第 1 行的行线仍处于高电平；直到让第 4 列为低电平，其余各列为高电平时，此时第 1 行的行线电平变为低电平，据此，可判断第 1 行第 4 列交叉点处的按键，即键 3 被按下。

第 3 步，依据公式“键号 = 行首键号＋列号”，计算出所按下键的键号，再据此键号转入相应的处理程序，此时通常要用到散转程序。

综上所述，扫描法的思想就是：先把某一列置为低电平，其余各列置为高电平，检查各行线电平的变化，如果某行线电平为低电平，则可确定此行此列交叉点处的按键被按下。

② 线反转法

扫描法要逐列扫描查询，当列数多时效率不高。这时，可采用线反转法。线反转法方法简练，无论被按键是处于第一列还是处于最后一列，均只需经过两步便能获得此按键所在的行列值。下面以图 13-11 所示的矩阵式键盘为例，介绍线反转法的具体步骤。

第 1 步，让行线编程为输入线，列线编程为输出线，并使输出线输出为全低电平，则行线中电平由高变低的所在行为按键所在行。此时，行线输入的数据就反映了按键所在行的信息。如 F 号键按下，则此时的列数据为 0111B。

第 2 步，把行线编程为输出线，列线编程为输入线，并使输出线输出为全低电平，则列线中电平由高变低所在列为按键所在列。而此时列线输入的数据则反映了按键所在列的信息。F 号键按下时的列数据为 0111B。

如此两步即可确定按键所在的行和列，从而识别出所按下的键。把上面两步输入的两个数据合在一起的这个数据就同时反映了所按下键的行列信息，这个数据和按键是一一对应的关系，称为键值。如 F 号键的键值即为 01110111B＝77H。显然，每个键均有一个对应的键值，如图 13-11 所示。

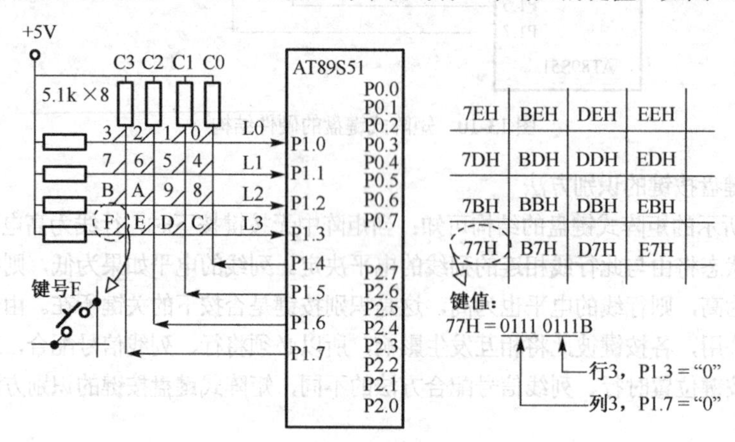

图 13-11　键与键值

由图 13-11 可见，代表按键的键值杂乱无章，没有规律。为了给按键编排一个有序的编号，以便于按键的标识及进一步的处理，可按顺序给每个按键定义一个数字，称为键号，然后，依据所获得的键值，通过查表逐一比较的方式，获得其键号。

具体做法为：首先将键值以键号的顺序列成一个有序表，存入程序存储器中；然后，设置一个初始值为 0 的计数器，将线反转法所获得的键值与按顺序查表所得的键值比较，若相等，则此时计数器的值就是所按下键的键值；若不相等，则让计数器加 1，并进行下一次的查表和比较，直到找到相等的键值并确定相应的键号。

【例 13-3】 用线反转法编写图 13-11 所示的键盘的监控程序，要求将所按下键的键号以十六进制数的形式，通过 P2 口所外接的一个 LED 数码管显示出来。该数码管的初始显示内容为字符“P”。

解：程序清单如下。

汇编语言源程序：

```
          ORG    0000H
          AJMP   START
          ORG    0050H
START:    MOV    P2, #73H        ；初始显示“P”
```

```
            CLR     F0
ST1:        ACALL   MAKEY
            JNB     F0，ST1
            MOV     A，R3           ；R3 中为键号
            MOV     DPTR，#DISPCODE ；取键号的段码送 P2 显示
            MOVC    A，@A+DPTR
            MOV     P2，A
            CLR     F0
            AJMP    ST1             ；返回，等待下一次按键的输入
MAKEY:      ACALL   KEYHN           ；检查有无键按下
            JNZ     HAVE            ；有键按下
            AJMP    NRET            ；无键按下，清标志后退出
HAVE:       ACALL   D10MS
            ACALL   KEYHN
            JNZ     TRUE            ；延时去抖动后，确认有键按下
            AJMP    NRET
TRUE:       MOV     P1，#0FH        ；查找键号
            MOV     A，P1           ；输入行值
            ANL     A，#0FH
            MOV     B，A            ；行值暂存于 B
            MOV     P1，#0F0H       ；线反转输入列值
            MOV     A，P1           ；
            ANL     A，#0F0H
KEYNUM:     ORL     B，A            ；行列值合并得到键值
            MOV     DPTR，#KEY_TAB  ；查键值表以得到键号
            MOV     R3，#0
SCTAB:      MOV     A，R3
            MOVC    A，@A+DPTR
            CJNE    A，B，NEXT      ；不匹配，查下一序号
            AJMP    FIND
NEXT:       INC     R3
            AJMP    SCTAB
FIND:       ACALL   KEYHN           ；查到键号，等待按键释放
            JNZ     FIND
            SETB    F0              ；按键释放后置标志后返回主程序
            AJMP    HRET
NRET:       CLR     F0
HRET:       RET
KEYHN:      MOV     P1，#0FH        ；有无键按下检查子程序
            MOV     A，P1
            XRL     A，#0FH
            RET
D10MS:      MOV     R5，#10
D1MS:       MOV     R4，#250
DL:         NOP
            NOP
```

```
                DJNZ     R4，DL
                DJNZ     R5，D1MS
                RET
KEY_TAB：       DB 0EEH，0DEH，0BEH，7EH，0EDH，0DDH，0BDH，7DH
                DB 0EBH，0DBH，0BBH，7BH，0E7H，0D7H，0B7H，77H
DISPCODE：      DB 3FH，06H，5BH，4FH，66H，6DH，7DH，07H，7FH
                DB 6FH，77H，7CH，39H，5EH，79H，71H，73H，31H
                END
```

*C51 源程序：

```
#include <reg51.h>
#define uchar unsigned char
#define uint unsigned int
sfr KEY = 0x90;                                   /*定义 P1 口为键盘接口 */
uchar code KeyTab[] = {0xEE，0xDE，0xBE，0x7E，0xED，0xDD，      /* 键值表*/
0xBD，0x7D，0xEB，0xDB，0xBB，0x7B，0xE7，0xD7，0xB7，0x77}；
uchar code CODE_P2[] = {0x3f，0x06，0x5b，0x4f，0x66，0x6d，0x7d，   /* 字形表*/
0x07，0x7f，0x6f，0x77，0x7c，0x39，0x5e，0x79，0x71，0x73，0x31}；
void Delay(unsigned char a)                       /*延时函数（单位为毫秒）*/
{     unsigned char i；
      while( --a != 0)
      {
       for(i = 0；i < 125；i++)；
      }
}
Key ()                                            /*键盘处理函数 */
{
      uchar a，b，c，i；                           /*定义 4 个变量 */
      KEY = 0x0f；                                 /*置列线值全“0”行线值全“1” */
      if (KEY != 0x0f)                             /*输入行值若非全“1”则往下处理*/
      {     Delay (10)；                           /*延时 10 毫秒去抖 */
            if (KEY != 0x0f)                       /*确实有键按下则继续处理 */
            {
            a = KEY；                              /*行线键值存入变量 a */
            }
            KEY = 0xf0；                           /*置列线值全“1”行线值全“0” */
            c = KEY；                              /*将第二次输入值存入变量 c */
            a = a|c；                              /*将两个数据合并得到键值*/
            for(i = 0；i<16；i++)                  /*通过查表比较获取键号*/
                if(a = = KeyTab[i])
                        b = CODE_P2[i]；           /*取出键号对应的字形码 */
      }
      if(b!= 0x00)
            return b；                             /*有按键按下时返回对应的字形码 */
      else
            return b = 0x73；                      /*没有按键按下返回“P”的字形码 */
}
```

```
void main()                          /*主函数*/
{
        while(1)
        P2 = Key();                  /*调用键盘处理函数将返回的字形码送 P2 口显示*/
}
```

13.2.4　单片机对键盘的监控方式

单片机在忙于其他各项工作任务时，如何兼顾键盘的输入，这取决于对键盘的监控方式。键盘监控方式选取的原则是，既要保证及时响应按键操作，又不过多占用单片机工作时间。键盘监控方式方式有 3 种，即编程扫描、定时扫描和中断扫描。

1．编程扫描方式

编程扫描方式，也称查询方式，是在单片机空闲时，调用键盘扫描子程序，反复扫描键盘来响应键盘的输入请求。

采用这种监控方式，如果单片机的查询频率过高，虽能及时响应键盘的输入，但也会影响其他任务的进行。而查询的频率过低，则可能会对键盘输入漏判。所以要根据单片机系统工作的繁忙程度和键盘的操作频率，来调整键盘扫描的频率。

2．定时扫描方式

定时扫描方式是单片机每隔一定的时间对键盘扫描一次。在这种方式中，通常利用单片机内的定时器产生的定时中断，进入中断子程序来对键盘进行扫描，在有键按下时识别出该键，并执行相应键的处理程序。为了不漏判有效的按键操作，定时中断的周期一般应小于 100ms。

3．中断扫描方式

为提高单片机监控键盘的工作效率，可采用中断扫描方式，如图 13-12 所示。图中只有在键盘有按键按下时，8 输入的与非门 74LS30 的输出才会是高电平，经过 74LS04 反相后向单片机发出中断请求信号。单片机响应中断，执行键盘扫描中断服务程序。如无键按下，单片机将无须顾及键盘。这种方式的优点是，只有按键按下时，才进行处理，所以其实时性强，工作效率高。

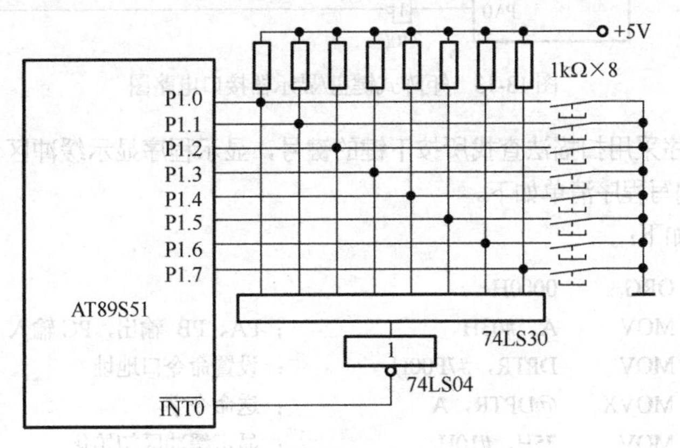

图 13-12　中断扫描方式示意图

至此，可将非编码矩阵式键盘所完成的工作总结为 3 个层次。

（1）单片机如何来监视键盘的输入，体现在键盘监控方式上就是：编程扫描、定时扫描和中断扫描。

（2）确定按下键的键号。体现在按键的识别方法上就是：扫描法和线反转法。

（3）根据按下键的键号，实现按键的功能，即跳向对应的键处理程序。

13.3 键盘/显示器接口设计举例

在单片机应用系统设计中，一般都把键盘和显示器放在一起考虑。下面就矩阵式键盘/显示器接口设计列举一例。

【例 13-4】 利用 AT89S51 单片机外扩的 81C55 连接键盘及显示器如图 13-13 所示。试编写系统监控程序，将每次所按下键的键号在显示器的最低位显示，原显示内容依次左移，初始显示状态为最左边一位数码管显示字符“P”。

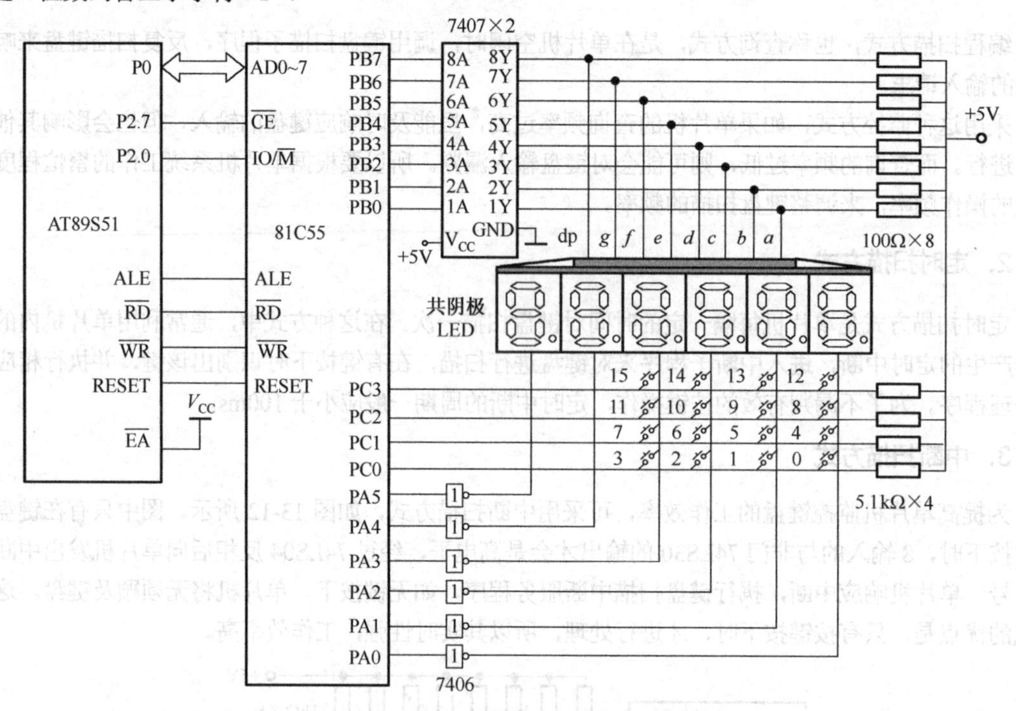

图 13-13 矩阵式键盘/显示器接口电路图

解： 键盘监控程序采用扫描法查找所按下键的键号，显示程序显示缓冲区设置在内部 RAM 的 70H～75H 单元。所编写程序清单如下。

汇编语言源程序如下：

```
          ORG     0000H
KEYSCAN:  MOV     A，#03H            ；PA、PB 输出，PC 输入
          MOV     DPTR，#7F00H       ；设置命令口地址
          MOVX    @DPTR，A           ；送命令字
          MOV     75H，#10H          ；显示缓冲区初始化
          MOV     74H，#10H
          MOV     73H，#10H
          MOV     72H，#10H
```

```
        MOV     71H，#10H
        MOV     70H，#11H           ；开始时最左边一位显示字符“P”
MAKEY:  ACALL   KEYHN               ；查有无键按下
        JNZ     HAVE                ；有，转键扫描
        ACALL   DIS                 ；无，调显示子程序
        AJMP    MAKEY
HAVE:   ACALL   DIS                 ；键扫描
        ACALL   DIS                 ；延时 12ms 去抖动
        ACALL   KEYHN               ；再查有无键按下
        JNZ     TURE                ；确认有键按下，转键号查找程序段
        ACALL   DIS                 ；无键按下，调显示子程序
        AJMP    MAKEY
TURE:   MOV     R2，#01H            ；对应首列输出码，注意有反相器
        MOV     R4，#00H            ；从 0 列开始
SCAN:   MOV     DPTR，#7F01H
        MOV     A，R2;
        MOVX    @DPTR，A
        INC     DPTR
        INC     DPTR
        MOVX    A，@DPTR;
        JB      ACC.0，L1           ；第 0 行无键按下，转查第 1 行
        MOV     A，#00H             ；第 0 行有键按下，该行首键号送 A
        AJMP    KEYNUM              ；转键号计算
L1:     JB      ACC.1，L2           ；第 1 行无键按下，转查第 2 行
        MOV     A，#04H             ；第 1 行有键按下，该行首键号送 A
        AJMP    KEYNUM              ；转键号计算
L2:     JB      ACC.2，L3           ；第 2 行无键按下，转查第 3 行
        MOV     A，#08H             ；第 2 行有键按下，该行首键号送 A
        AJMP    KEYNUM;
L3:     JB      ACC.3，NEXT         ；第 3 行无键按下，转查下一列
        MOV     A，#0CH             ；第 3 行有键按下，该行首键号送 A
KEYNUM: ADD     A，R4               ；键号 = 行首键号+列号
        PUSH    ACC                 ；保护键号
UPKEY:  ACALL   DIS                 ；等待键释放
        ACALL   KEYHN
        JNZ     UPKEY
        POP     ACC                 ；重新取回键号
        MOV     70H，71H            ；更新显示内容
        MOV     71H，72H
        MOV     72H，73H
        MOV     73H，74H
        MOV     74H，75H
        MOV     75H，A
        AJMP    KEYDONE
NEXT:   MOV     A，R4               ；指向下一列
```

```
            ADD     A，#01H
            MOV     R4，A
            MOV     A，R2
            JB      ACC.3，KEYDONE
            RL      A                       ；未完，扫描字对应下一列
            MOV     R2，A
            AJMP    SCAN                    ；转下一列扫描
KEYDONE:    AJMP    MAKEY
KEYHN:      MOV     DPTR，#7F01H            ；有无键按下判断子程序。先指向 A 口
            MOV     A，#0FH                 ；经 7046 反相后输出 6 位“0”
            MOVX    @DPTR，A                ；送扫描字“0FH”
            INC     DPTR
            INC     DPTR                    ；指向 C 口
            MOVX    A，@DPTR
            CPL     A
            ANL     A，#0FH                 ；屏蔽高 5 位
            RET                             ；出口：A 非 0 则有键按下
DIS:        MOV     R0，#75H                ；显示子程序：置显示缓冲区末地址
            MOV     R2，#01H                ；送位选码初值
            MOV     A，R2
LOOP:       MOV     DPTR，#7F01H            ；A 口地址
            MOVX    @DPTR，A                ；送位选码
            MOV     A，@R0
            MOV     DPTR，#TABLE
            MOVC    A，@A+DPTR
            MOV     DPTR，#7F02H
            MOVX    @DPTR，A
            ACALL   D5ms
            DEC     R0
            MOV     A，R2
            JBC     ACC.5，KDONE            ；判是否到最后一位
            RL      A                       ；位选码左移
            MOV     R2，A
            AJMP    LOOP
KDONE:      RET                             ；完成一遍循环显示返回
TABLE:      DB      3FH，06H，5BH，4FH，66H，6DH，7DH，07H，7FH
            DB      6FH，77H，7CH，39H，5EH，79H，71H，00H，73H
D5ms:       MOV     R6，#05H                ；延时子程序
D1ms:       MOV     R5，#0FFH
            DJNZ    R5，$
            DJNZ    R6，D1ms
            RET
            END
```

*C51 源程序：

```
#include <reg51.h>
```

```
#include <absacc.h>
#define uint unsigned int
#define uchar unsigned char
#define Com8155 XBYTE[0x7f00]                    /*定义命令/状态口*/
#define Pa8155 XBYTE[0x7f01]                     /*定义 PA 口*/
#define Pb8155 XBYTE[0x7f02]                     /*定义 PB 口*/
#define Pc8155 XBYTE[0x7f03]                     /*定义 PC 口*/
uchar KeyValue;
uchar dipbf[6] = {17,16,16,16,16,16};            /*显示缓冲区，初时只最左边一位显示“P” */
uchar code segcode[]={0x3f,0x06,0x5b,0x4f,0x66,  /*共阴极段码表*/
0x6d,0x7d,0x07,0x7f,0x6f,0x77,0x7c,0x39,
0x5e, 0x79, 0x71, 0x00, 0x73};
/*声明 3 个函数*/
void delayMs(uint z);                            /*延时函数*/
uchar keyScan();                                 /*键盘扫描函数*/
void display();                                  /*数码管显示函数*/
/************************主函数*********************************/
void main()
{
while (1)
{
KeyValue =keyScan();                             /*从键盘扫描函数中获得键值*/
if (KeyValue != 16)                              /*移位后在最低位显示键值*/
   {
      dipbf [0] = dipbf[1];
      dipbf [1] = dipbf[2];
      dipbf [2] = dipbf[3];
      dipbf [3] = dipbf[4];
      dipbf [4] = dipbf[5];
      dipbf [5] = KeyValue;
      display ();
   }
display ();
}
}
/************************数码管显示函数**********************/
void display()
{
uchar i, sel;
Com8155 = 0x03;                                  /*PA 口，PB 口输出*/
sel=0x20;
for (i=0;i<6;i++){
Pa8155=0x00;
Pb8155 = segcode [dipbf[i]];
Pa8155=sel;
delayMs (5);
sel=sel>>1 ;}
```

```
}
/****************************键盘扫描函数**********************************/
uchar keyScan ()
{
uchar i,kscan;
uchar temp=0x00,kval=0x00,kmask=0x01;                /*从第0列开始扫描*/
uchar num = 16;
uchar tempp = 0;
Com8155 = 0x03;                                      /*PA口、PB口输出，PC口输入*/
for (i=0;i<4;i++){
 Pa8155=kmask;
 kscan =Pc8155;
 switch (kscan&0x0f){
       case (0x0e):kval=0x00+temp;break;            /*第0行有键按下，键号=行首键号加列号*/
       case (0x0d):kval=0x04+temp;break;            /*第1行有键按下，键号=行首键号加列号*/
       case (0x0b):kval=0x08+temp;break;            /*第2行有键按下，键号=行首键号加列号*/
       case (0x07):kval=0x0c+temp;break;            /*第3行有键按下，键号=行首键号加列号*/
       default:
       kmask =(kmask<<1);                           /*扫描下一列*/
           temp = temp++; break;                    /*列号加1*/
 }
 }
while (tempp != 0x0f)                                /*等待按键释放*/
 {Pa8155=0x0f;
  tempp = Pc8155;
  tempp &= 0x0f;
  display ();
 }
if (kmask==0x10)kval=16;                             /*无键按下，返回键值16*/
return kval ;                                        /*有键按下，返回实际键值*/
}
/****************************延时函数**********************************/
void delayMs(uint z)
{
 uchar i,j;
 for (i=0;i<z;i++)
   for (j=0; j<110;j++);
}
```

13.4 AT89S51单片机与液晶显示器的接口

LCD（Liquid Crystal Display）是液晶显示器的缩写，它是一种被动式显示器，即液晶本身并不发光，而是利用液晶经过处理后能改变光线通过方向的特性，达到白底黑字或黑底白字显示的效果。液晶显示器具有体积小、重量轻、功耗低、抗干扰能力强等优点，广泛应用在智能仪器仪表和单片机测控系统中。目前市场上的液晶显示器主要有字段式、点阵式和点图式三大类。本节仅介绍在单片机应用系统中广泛使用的点阵字符式液晶显示模块LCD1602的使用方法。

13.4.1　LCD1602 模块的外形与引脚

1．LCD1602 模块的外形

点阵字符式液晶显示器根据显示容量可以分为 1×16 字，2×16 字及 2×20 字等形式。LCD1602 模块为 2×16 字，其外形如图 13-14 所示。

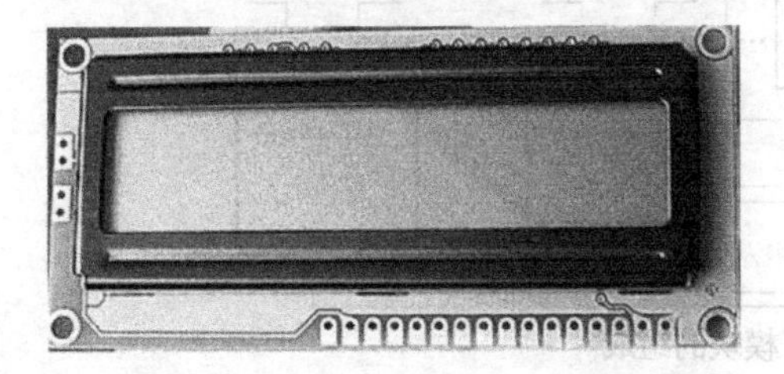

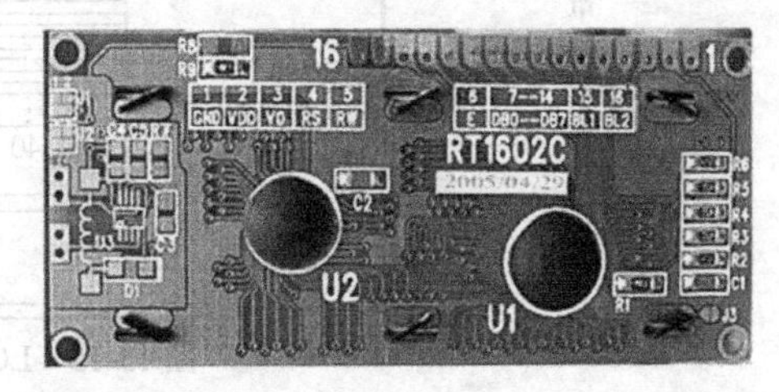

图 13-14　LCD1602 模块的外形

2．LCD1602 模块的引脚

LCD1602 模块通常有 16 个引脚，如表 13-3 所示。通过单片机写入模块的命令和数据，就可对显示方式和显示内容做出选择。

表 13-3　LCD1602 模块引脚及其功能

引脚号	符　号	引 脚 功 能
1	V_{SS}	电源地
2	V_{DD}	+5V 逻辑电源
3	VL	液晶显示偏压（调节对比度），通常接地，此时对比度最高
4	RS	数据/命令寄存器选择端（1：数据寄存器，0：命令、状态寄存器）
5	$R/\overline{W}$	读/写操作选择端。高电平时读操作，低电平时写操作
6	E	使能端。由高电平跳变成低电平时，液晶模块执行命令
7～14	D0～D7	数据总线，与单片机的数据总线相连，三态双向
15	BLA	背光板电源，通常为+5V，串联一个电位器，调节背光亮度
16	BLK	背光板电源地

13.4.2　LCD1602 模块的组成

LCD1602 模块组成图如图 13-15 所示。

LCD1602 模块由控制器 HD44780、驱动器 HD44100 和液晶板组成。HD44780 是典型的液晶显示控制器。它集控制和驱动于一体，本身就可以驱动单行 16 字符或 2 行 8 字符。对于 2 行 16 字符的显示要增加 HD44100 驱动器。HD44780 由字符发生器 CGROM、自定义字符发生器 CGRAM 和显示缓冲区 DDRAM 组成。

字符发生器 CGROM 存储了不同的点阵字符图形。包括数字、英文字母的大小写字符、常用的符号和日文字符等，每一个字符都有一个固定的代码，如图 13-16 所示。

自定义字符发生器 CGRAM 可由用户定义 8 个 5×7 字形。地址的高 4 位为“0000”时对应 CGRAM 空间（0000x000B～0000x111B）。每个字形由 8 字节编码组成，且每个字符编码仅用到了低 4 位（4～0 位）。要显示的点用“1”表示，不显示的点用“0”表示。最后一个字节编码要留给光标，所以通常是 0000 0000B。

LCD显示板
COM1
COM16
SEG1
DB0~DB7
HD44780
与单片机相连
E
R/W
RS
VEE
VDD
GND
SEG40
SEG41
SEG80
HD44100
HD44100
1
n

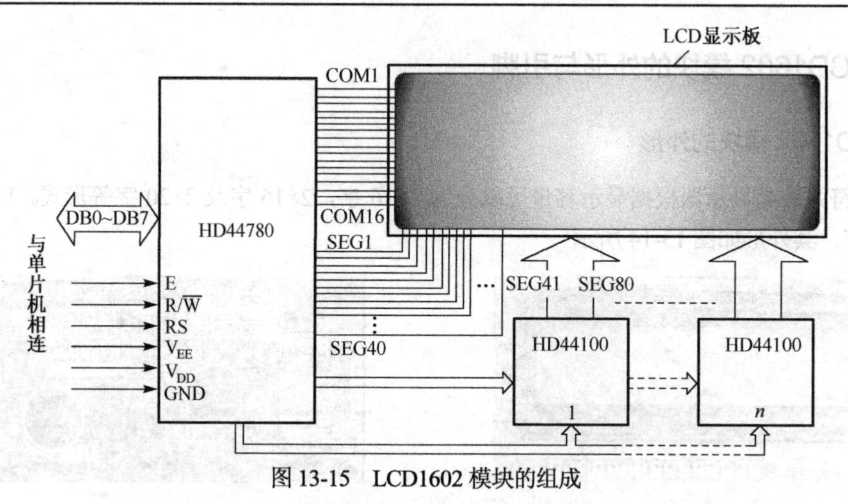

图 13-15　LCD1602 模块的组成

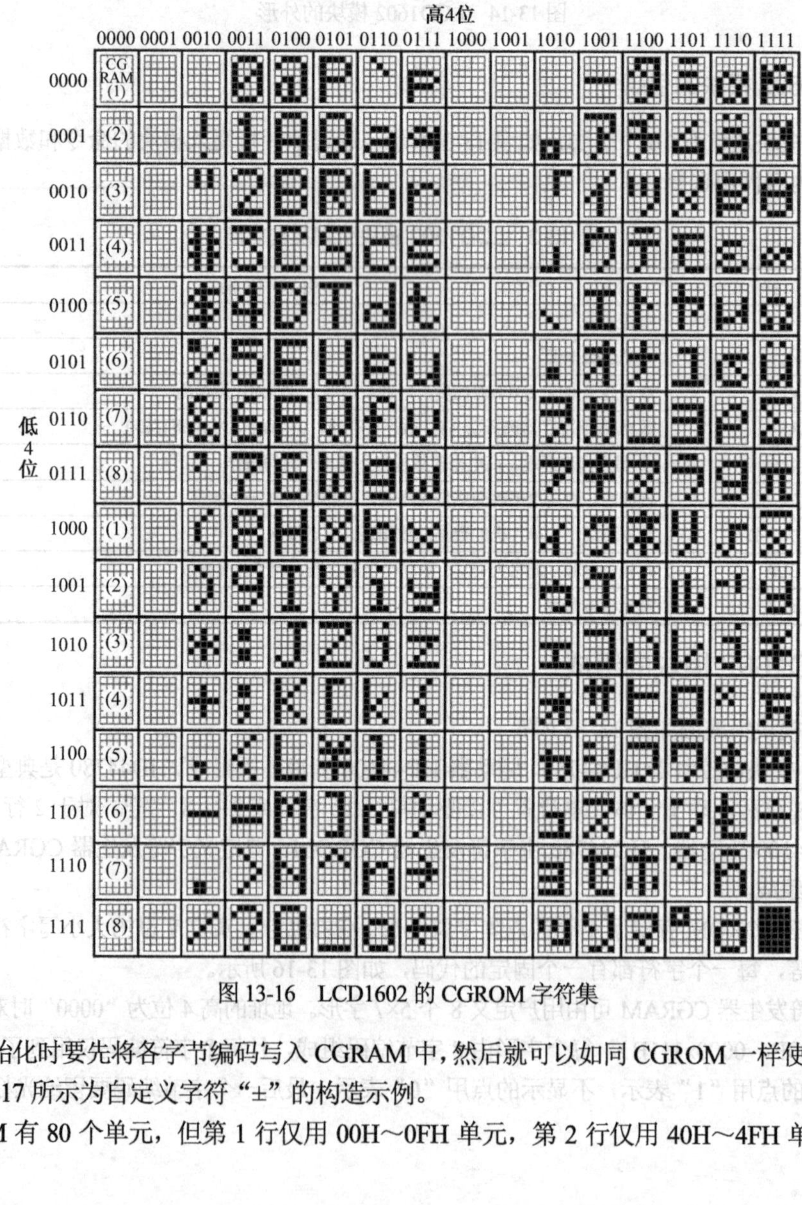

高4位
0000 0001 0010 0011 0100 0101 0110 0111 1000 1001 1010 1001 1100 1101 1110 1111
低4位
0000 0001 0010 0011 0100 0101 0110 0111 1000 1001 1010 1011 1100 1101 1110 1111
CG RAM
(1) (2) (3) (4) (5) (6) (7) (8) (1) (2) (3) (4) (5) (6) (7) (8)

图 13-16　LCD1602 的 CGROM 字符集

程序初始化时要先将各字节编码写入 CGRAM 中，然后就可以如同 CGROM 一样使用这些自定义字形。图 13-17 所示为自定义字符“±”的构造示例。

DDRAM 有 80 个单元，但第 1 行仅用 00H～0FH 单元，第 2 行仅用 40H～4FH 单元。DDRAM

地址与显示位置的关系如图 13-18 所示。DDRAM 单元存放的是要显示字符的编码（ASCII 码），控制器以该编码为索引，到 CGROM 或 CGRAM 中取点阵字形送液晶板显示。

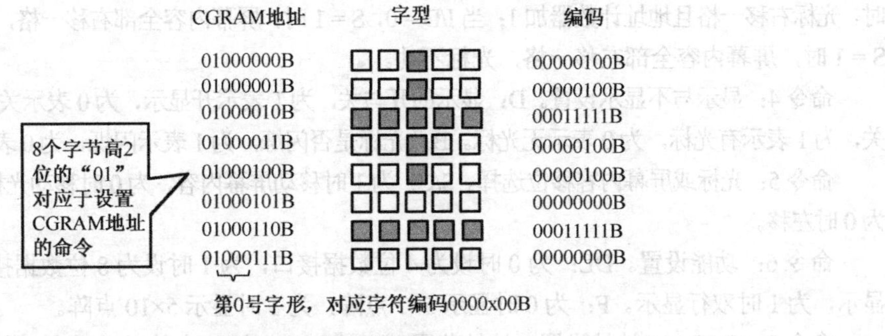

图 13-17 自定义字形

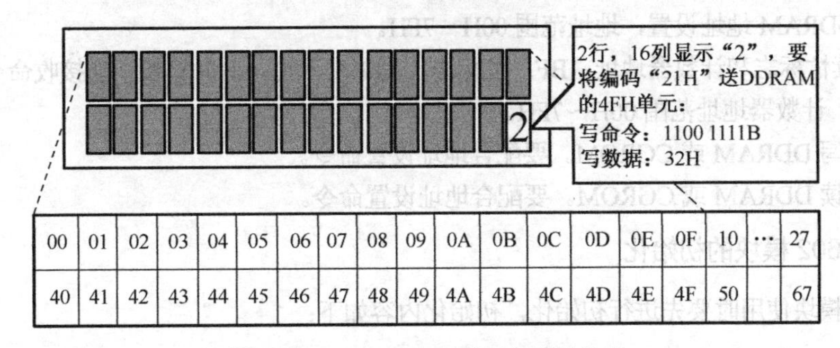

图 13-18　DDRAM 与显示位置的关系

13.4.3　LCD1602 模块的命令及初始化

1．LCD1602 模块的命令格式及功能说明

LCD1602 模块的控制是通过操作命令完成的。共有 11 条命令，如表 13-4 所示。

表 13-4　LCD1602 的操作命令

序号	指令	RS	R/$\overline{W}$	D7	D6	D5	D4	D3	D2	D1	D0
1	清屏	0	0	0	0	0	0	0	0	0	1
2	光标归位	0	0	0	0	0	0	0	0	1	*
3	输入模式设置	0	0	0	0	0	0	0	1	I/D	S
4	显示与不显示设置	0	0	0	0	0	0	1	D	C	B
5	光标或屏幕内容移位选择	0	0	0	0	0	1	S/C	R/L	*	*
6	功能设置	0	0	0	0	1	DL	N	F	*	*
7	CGRAM 地址设置	0	0	0	1	CGRAM 地址					
8	DDRAM 地址设置	0	0	1	DDRAM 地址						
9	读忙标志和计数器地址设置	0	1	BF	计数器地址						
10	写 DDRAM 或 CGROM	1	0	要写的数据							
11	读 DDRAM 或 CGROM	1	1	读出的数据							

对各命令的功能说明如下。

命令 1：清屏（DDRAM 全写空格）。光标回到屏幕左上角，地址计数器设置为 0。

命令 2：光标归位。光标回到屏幕左上角。

命令3：输入模式设置，用于设置每写入一个数据字节后，光标的移动方向及字符是否移动。I/D：光标移动方向，S：全部屏幕。当I/D＝0，S＝0时，光标左移一格且地址计数器器减1；当I/D＝1，S＝0时，光标右移一格且地址计数器加1；当I/D＝0，S＝1时，屏幕内容全部右移一格，光标不动；当I/D＝1，S＝1时，屏幕内容全部左移一格，光标不动。

命令4：显示与不显示设置。D：显示的开与关，为1表示开显示，为0表示关显示。C：光标的开与关，为1表示有光标，为0表示无光标。B：光标是否闪烁，为1表示闪烁，为0表示不闪烁。

命令5：光标或屏幕内容移位选择。S/C：为1时移动屏幕内容，为0时移动光标。R/L：为1时右移，为0时左移。

命令6：功能设置。DL：为0时设为4位数据接口，为1时设为8位数据接口。N：为0时单行显示，为1时双行显示。F：为0时显示5×7点阵，为1时显示5×10点阵。

命令7：CGRAM地址设置，地址范围00H～3FH（共64个单元，对应8个自定义字符）。

命令8：DDRAM地址设置，地址范围00H～7FH。

命令9：读忙标志和计数器地址。BF：忙标志，为1表示忙，此时模块不能接收命令或者数据，为0表示不忙。计数器地址范围00H～7FH。

命令10：写DDRAM或CGROM。要配合地址设置命令。

命令11：读DDRAM或CGROM。要配合地址设置命令。

2．LCD1602模块的初始化

LCD1602模块使用时要先进行初始化，初始化内容如下：

- 清屏。
- 功能设置。
- 显示与不显示设置。
- 输入模式设置。

13.4.4　AT89S51单片机与LCD1602模块的接口示例

单片机与LCD1602模块的接口电路如图13-19所示。

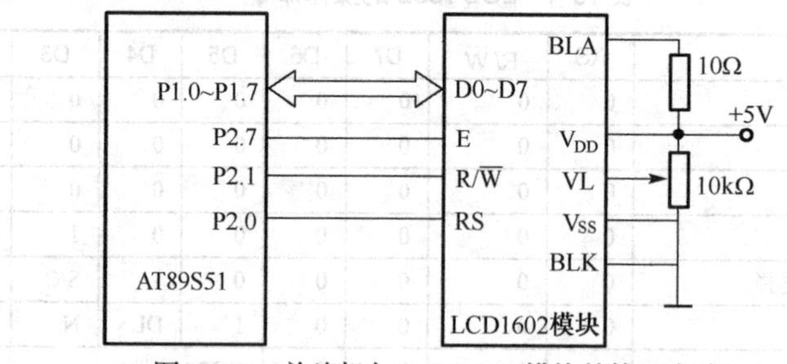

图13-19　单片机与LCD1602模块的接口电路

如果要在第一行显示“ECJTU”，第二行显示“ZDH”，则编制的程序清单如下所示。

汇编语言源程序：

```
/**********************************1602.asm*********************************/
RS          BIT         P2.0
E           BIT         P2.7
            ORG         0000H
            JMP         START
            ORG         0040H
```

```
START:  MOV     SP，#5FH
        ACALL   INIT
        MOV     A，#84H        ；第 1 行，第 4 列
        ACALL   WRC            ；写命令
        MOV     A，#45H        ；“E”的 ASCII 码
        ACALL   WRD            ；写数据
        MOV     A，#85H        ；第 1 行，第 5 列
        ACALL   WRC            ；写命令
        MOV     A，#43H        ；“C”的 ASCII 码
        ACALL   WRD
        MOV     A，#86H        ；第 1 行，第 6 列
        ACALL   WRC            ；写命令
        MOV     A，#4AH        ；“J”的 ASCII 码
        ACALL   WRD
        MOV     A，#87H        ；第 1 行，第 7 列
        ACALL   WRC            ；写命令
        MOV     A，#54H        ；“T”的 ASCII 码
        ACALL   WRD
        MOV     A，#88H        ；第 1 行，第 8 列
        ACALL   WRC            ；写命令
        MOV     A，#55H        ；“U”的 ASCII 码
        ACALL   WRD
        MOV     A，#0C4H       ；第 2 行，第 4 列（注：首列号为 1）
        ACALL   WRC
        MOV     A，#5AH        ；“Z”的 ASCII 码
        ACALL   WRD
        MOV     A，#0C5H       ；第 2 行，第 5 列
        ACALL   WRC            ；写命令
        MOV     A，#44H        ；“D”的 ASCII 码
        ACALL   WRD
        MOV     A，#0C6H       ；第 2 行，第 6 列
        ACALL   WRC            ；写命令
        MOV     A，#48H        ；“H”的 ASCII 码
        ACALL   WRD
        SJMP    $
INIT:   CLR     E
        MOV     A，#01H        ；清屏
        ACALL   WRC
        MOV     A，#38H        ；8 位数据，2 行，5×7 点阵
        ACALL   WRC
        MOV     A，#0FH        ；写入开显示、显示光标、光标闪烁命令
        ACALL   WRC
        MOV     A，#06H        ；字符不动，光标自动右移 1 格
        ACALL   WRC
        RET
CBUSY:  PUSH    ACC            ；忙检查子程序
        PUSH    DPH
        PUSH    DPL
        PUSH    PSW
WEIT:   CLR     RS
        CLR     E
        SETB    E
        MOV     A，P0
        CLR     E
        JB      ACC.7，WEIT
        POP     PSW
```

```
        POP     DPL
        POP     DPH
        POP     ACC
        ACALL   DELAY
        RET
WRC:    ACALL   CBUSY           ；写入命令子程序
        CLR     RS
        MOV     P1，A
        ACALL   DELAY
        SETB    E
        ACALL   DELAY
        CLR E
        ACALL   DELAY
        RET
WRD:    ACALL   CBUSY           ；写入数据子程序
        SETB    RS
        MOV     P1，A
        ACALL   DELAY
        SETB    E
        ACALL   DELAY
        CLR     E
        ACALL   DELAY
        RET
DELAY:  MOV     R7，#5
LP1:    MOV     R6，#0F8H
        DJNZ    R6，$
        DJNZ    R7，LP1
        RET
        END
```

*C51 源程序：

```
/************************1602.c************************************************/
#include<reg51.h>
#define uchar unsigned char
#define uint unsigned int
sbit lcde = P2^7;
sbit lcdrs = P2^0;
uchar num;
uchar table[] = "ECJTU";
uchar table2[] = "ZDH";
void init();
void write_c(uchar c);
void write_d(uchar d);
void delay(uint z);
/******************* 主函数 **********************/
void main()
{
    init();
    write_c(0x80+0x04);                  /* 指定第 1 行显示的首地址 */
    for(num = 0；num<5；num++)
    {
        write_d(table[num]);
        delay(10);
    }
    write_c(0xc0+0x04);                       /* 指定第 2 行显示的首地址 */
    for(num = 0；num<3；num++)
```

```
    {
        write_d(table2[num]);
        delay(10);
    }
    while(1);
}
/****************** 初始化函数 ********************/
void init()
{
    lcde = 0;
    write_c(0x38);              /* 设置显示模式，16×2 显示，5×7 点阵，8 位数据接口 */
    write_c(0x0f);              /* 写入开显示、显示光标、光标闪烁命令 */
    write_c(0x01);              /* 写清屏命令 */
    write_c(0x06);              /* 写一个字符，地址指针加 1，光标加 1 */
}
/****************** 写命令函数 ********************/
void write_c(uchar c)
{
    lcdrs = 0;
    P1 = c;
    delay(2);
    lcde = 1;
    delay(5);
    lcde = 0;
    delay(2);
}
/****************** 写数据函数 ********************/
void write_d(uchar d)
{
    lcdrs = 1;
    P1 = d;
    delay(2);
    lcde = 1;
    delay(5);
    lcde = 0;
    delay(2);
}
/****************** 延时子函数 ********************/
void delay(uint z)
{
    uint j, k;
    for(j = z; j>0; j--)
    for(k = 120; k>0; k--);
}
```

13.5　AT89S51 单片机与微型打印机 TPμP-40A/16A 的接口

打印机也是微型计算机系统中常用的输出设备。单片机应用系统中多使用微型点阵打印机。在微型打印机的内部有一个控制用单片机，固化有微型打印机的控制打印程序。打印机通电后，由打印机内部的单片机执行固化的控制打印程序，就可以接收和分析主控单片机送来的数据和命令，然后通过控制电路，实现对打印头机械动作的控制，进行打印。此外，微型打印机还能接受人工干预，完成自检、停机和走纸等操作。

在单片机应用系统中，常用的微型打印机有 TPμP-40A/16A、GP16 及 XLF 嵌入仪器面板上的汉字微型打印机。下面介绍 AT89S51 单片机与常见的 TPμP-40A/16A 微型打印机的接口设计。

1．TPμP-40A/16A 微型打印机简介

TPμP-40A/16A 是一种单片机控制的微型智能打印机。TPμP-40A 与 TPμP-16A 的接口信号与时序完全相同，操作方式相近，硬件电路及插脚完全兼容，只是某些命令代码不同。TPμP-40A 每行打印 40 个字符，TPμP-16A 则每行打印 16 个字符。

（1）TPμP-40A/16A 主要技术性能、接口要求及时序

① 采用单片机控制，具有 2KB 控制打印程序及标准的 Centronics 打印机并行接口。

② 可打印全部标准的 ASCII 代码字符，以及 128 个非标准字符和图符。有 16 个代码字符（6×7 点阵）可由用户通过程序自行定义，并可通过命令用此 16 个代码字符去替换任何驻留代码字型，以便用于多种文字的打印。

③ 可打印出 8×240 点阵的图样（汉字或图案点阵）。代码字符和点阵图样可在一行中混合打印。

④ 字符、图符和点阵图可以在宽和高的方向放大 2、3、4 倍。

⑤ 每行字符的点行数（包括字符的行间距）可用命令更换，即字符行间距空点行可在 0～256 间任选。

⑥ 带有水平和垂直制表命令，便于打印表格。

（2）Centronics 接口信号

TPμP-40A/16A 采用国际上流行的 Centronics 打印机并行接口，与单片机间通过一条 20 心扁平电缆及接插件相连。打印机有一个 20 线扁平插座，信号引脚排列如图 13-20 所示。

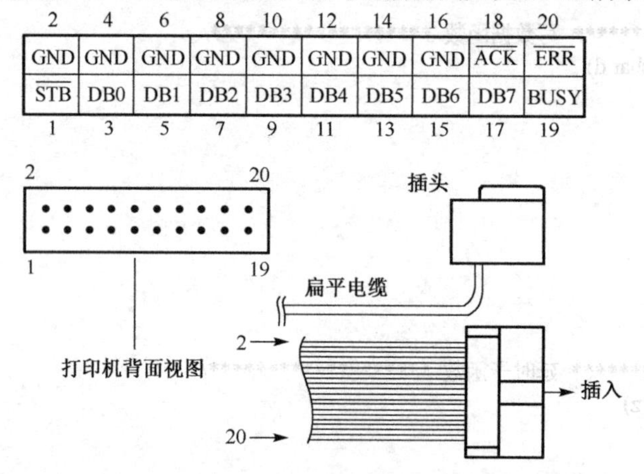

图 13-20　TPμP-40A/16A 引脚排列（从打印机背视）

各信号引脚的功能如下。

- DB0～DB7：数据线，单向传输，由单片机发送给打印机。
- $\overline{STB}$（STROBE）：数据选通信号。在该信号上升沿时，数据线上的 8 位并行数据被打印机读入机内锁存。
- BUSY：打印机“忙”状态信号。信号有效（高电平）时，打印机正忙于处理数据。此时，单片机不得使$\overline{STB}$信号有效，向打印机送入新的数据。
- $\overline{ACK}$：打印机的应答信号，低电平有效。表明打印机已取走数据线上的数据。
- $\overline{ERR}$：“出错”信号。当送入打印机的命令格式出错时，打印机立即打印一行提示出错的信息。在打印出错信息之前，该信号线出现一个负脉冲，脉冲宽度为 30μs。

（3）接口信号时序

时序如图 13-21 所示。

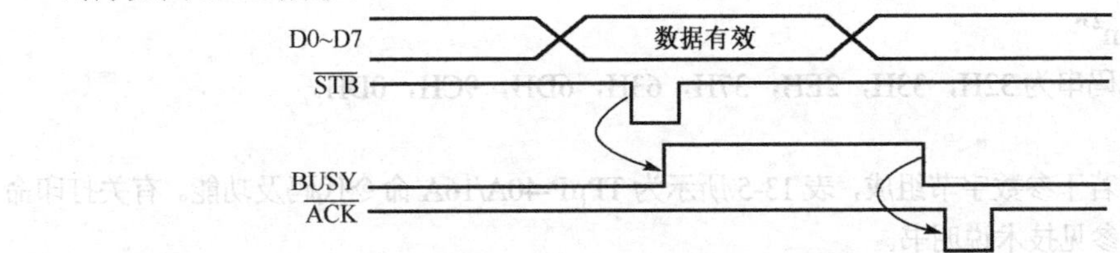

图 13-21　TPμP-40A/16A 接口信号时序

选通信号 $\overline{STB}$ 宽度需大于 0.5μs。应答信号可 $\overline{ACK}$ 与 $\overline{STB}$ 信号作为一对应答联络信号，也可使用 $\overline{STB}$ 与 BUSY 为一对应答联络信号。

2. 字符代码及打印命令

写入 TPμP-40A/16A 的全部代码共 256 个，其中 00H 无效。代码 01H～0FH 为打印命令；代码 10H～1FH 为用户自定义代码；代码 20H～7FH 为标准 ASCII 代码；TPμP40A/16A 可打印的非 ASCII 代码如图 13-22 所示，代码 80H～FFH 为非 ASCII 代码，其中包括少量汉字、希腊字母、块图图符和一些特殊字符。

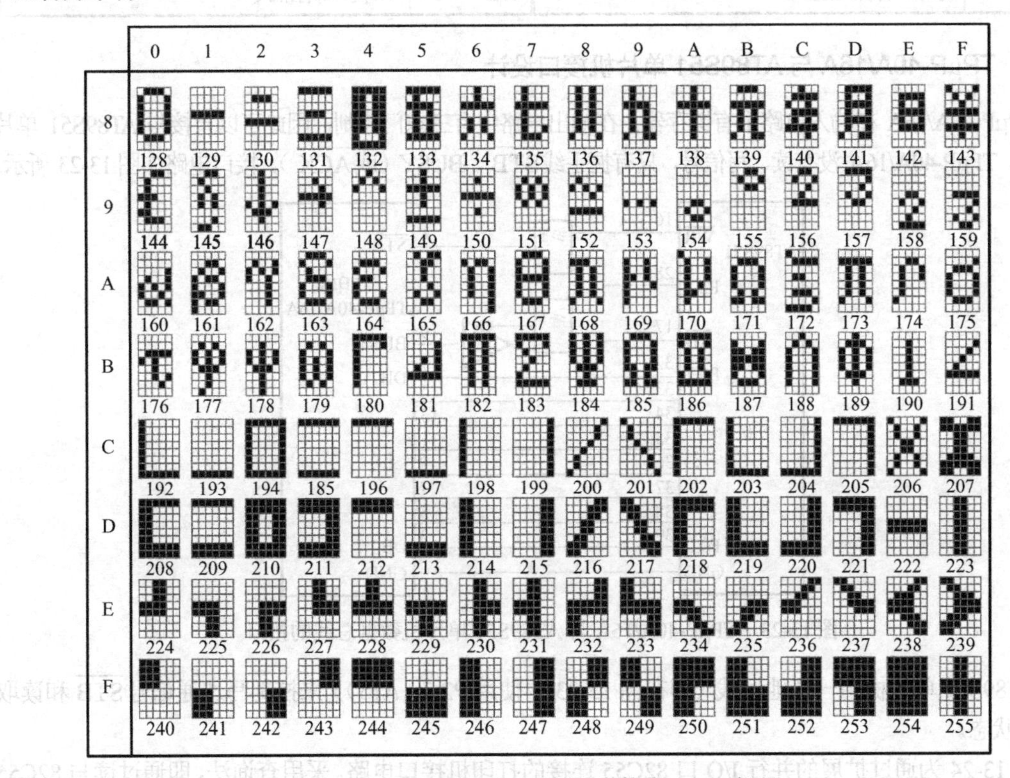

图 13-22　TPμP-40A/16A 可打印的非 ASCII 代码

（1）字符代码

TPμP-40A/16A 全部字符代码为 10H~FFH，回车换行代码 0DH 为字符串的结束符。但当输入代码满 40/16 个时，打印机自动回车。举例如下。

① 打印“$2356.73”

单片机输出的代码串为24H，32H，33H，35H，36H，2EH，37H，33H，0DH。

② 打印“23.7cm²”

单片机输出的代码串为32H，33H，2EH，37H，63H，6DH，9CH，0DH。

（2）打印命令

由一个命令字和若干参数字节组成，表13-5所示为TPμP-40A/16A命令代码及功能。有关打印命令的更详细说明，可参见技术说明书。

表13-5 打印命令代码表及功能

命令代码	命令功能	命令代码	命令功能
01H	打印字符、图等，增宽（1，2，3，4倍）	08H	垂直（制表）跳行
02H	打印字符、图等，增高（1，2，3，4倍）	09H	恢复ASCII代码和清输入缓冲区命令
03H	打印字符、图等，宽和高同时增加（1，2，3，4倍）	0AH	一个空位后回车换行
04H	字符行间距更换/定义	0BH～0CH	无效
05H	用户自定义字符点阵	0DH	回车换行/命令结束
06H	驻留代码字符点阵式样更换	0EH	重复打印同一字符命令
07H	水平（制表）跳区	0FH	打印位点阵图命令

3. TPμP-40A/16A与AT89S51单片机接口设计

TPμP-40A/16A在输入电路中有锁存器，在输出电路中有三态门控制，因此可以直接与AT89S51单片机相接。TPμP-40A/16A没有读、写信号，只有握手线$\overline{STB}$、BUSY（或$\overline{ACK}$），接口电路如图13-23所示。

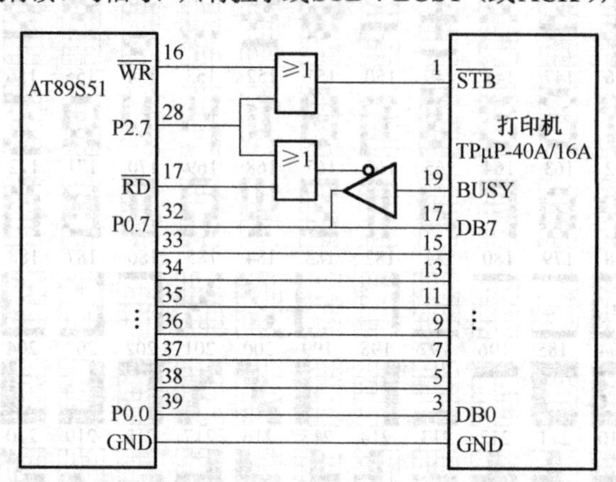

图13-23 TPμP-40A/16A与AT89S51单片机数据总线的接口

AT89S51单片机用一条地址线（即在图13-23中使用P2.7（A15））来控制写选通信号$\overline{STB}$和读取BUSY状态。

图13-24为通过扩展的并行I/O口82C55连接的打印机接口电路。采用查询法，即通过读与82C55的PC0脚相连的BUSY状态，来判断送给打印机的一个字节的数据是否处理完毕。也可用中断法（BUSY直接与单片机的$\overline{INT0}$脚相连）。

【例13-5】 把AT89S51单片机内部RAM 3FH～4FH单元中的ASCII码数据送打印机打印。82C55的端口A与端口C的上半部设置为方式0输出，端口C的下半部为方式0输入。

解： 单片机的打印程序清单如下。

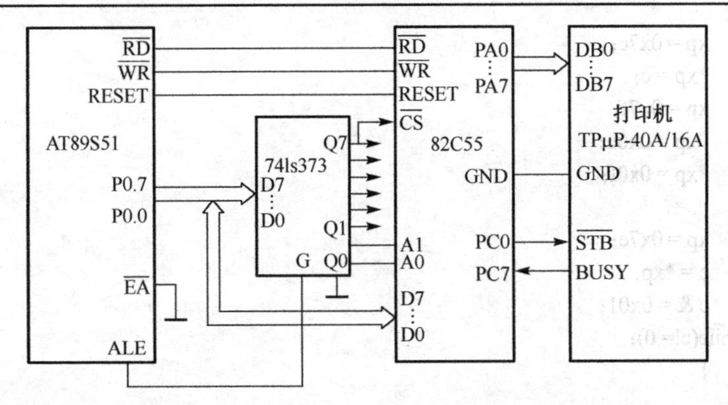

图 13-24　TPμP-40A/16A 与 AT89S51 单片机扩展的 I/O 连接

汇编语言源程序：

```
PRINT:  MOV     R0，#7FH     ；控制端口地址→R0
        MOV     A ，#81H     ；82C55 控制字→A
        MOVX    @R0，A       ；控制字→控制口
        MOV     R1，#3FH     ；数据区首地址→R1
        MOV     R2，#0FH     ；R2 为打印数据个数的计数器
LOOP:   MOV     A，@R1       ；打印数据单元中内容→A
        INC     R1           ；指向下一个数据单元
        MOV     R0，#7CH     ；82C55 的端口 A 地址→R0
        MOVX    @R0，A       ；打印数据送 82C55 并锁存
        MOV     R0，#7FH     ；82C55 的控制口地址→R0
        MOV     A，#0EH      ；PC7 的复位控制字→A
        MOVX    @R0，A       ；PC7 = 0
        MOV     A，#0FH      ；PC7 的置位控制字→A
        MOVX    @R0，A       ；PC7 由 0 变 1
LOOP1:  MOV     R0，#7EH     ；端口 C 地址→R0
        MOVX    A，@R0       ；读入端口 C 的值
        ANL     A，#01H      ；屏蔽掉端口 C 的高 7 位，只留 PC0 位
        JNZ     LOOP1        ；查 BUSY 状态，为 1，未处理完，跳 LOOP1
        DJNZ    R2，LOOP     ；打印数据个数 R2 非 0，未完，跳 LOOP 继续打印
        SJMP    $            ；打印结束，动态停机
        END
```

*C51 源程序：

```
#include<reg51.h>
typedef   unsigned char u8;            /* 定义无符号整型 */
void main(void)
{
    u8 xdata *xp;                      /* 定义一个指向外部数据存储区的指针 */
    u8 i，c;                           /* 声明两个 char 型变量 i，c */
    u8 data *p;                        /* 声明指向内部 RAM 的数据指针 P */
    xp = 0x7f;                         /* 给外部指针 xp 赋值 0x7f */
    *xp = 0x81;                        /* xp 所指向的外部地址内容赋值 0x81 */
    for (p = 0x3f，i = 15；i != 0；i --)
    {
        c = *p;
        p ++;
```

```
                xp = 0x7c;
                *xp = c;
                xp = 0x7f;
                *xp = 0x0e;
                *xp = 0x0f;
        do {
                xp = 0x7e;
                c = *xp;
                c & = 0x01;
        } while(c!= 0);
                }
}
```

习题与思考题 13

13.1　LED 数码管的连接方式有哪些？各有什么特点？

13.2　由多位 LED 数码管组成的显示器的显示方式有哪几种？各有什么特点？

13.3　分别写出表 13-2 中共阳极和共阴极 LED 数码管仅显示小数点“.”的段码。

13.4　为什么要消除按键的机械抖动？消除按键的机械抖动的方法有哪几种？原理是什么？

13.5　键盘可分为哪几类？各有什么特点？

13.6　非编码键盘分为哪几类？

13.7　说明矩阵式键盘按键按下的识别原理

13.8　行扫描法识别闭合键的工作原理是什么？

13.9　叙述线反转法的基本工作原理。

13.10　单片机对键盘的监控有哪 3 种方式？它们各自的工作原理及特点是什么？

13.11　根据图 13-19 所示单片机与 LCD1602 模块的接口电路，编制在第 1 行显示“MADE IN CHINA”，第 2 行显示“2013.10.10”的程序。

13.12　简述 TPμP-40A/16A 微型打印机的 Centronics 接口的主要信号线及功能。与 AT89S51 单片机相连接时，如何连接那几条控制线？

13.13　如果把图 13-24 所示打印机的 BUSY 线断开，然后与 AT89S51 单片机的 $\overline{INT0}$ 线相连，请简述接口电路的工作原理并编写将以 30H 为起始地址的连续 20 个内存单元中的内容输出并打印的程序。

第 14 章　51 系列单片机模拟量接口技术

内容提要

本章介绍单片机模拟量接口技术，包括 51 系列单片机与 D/A、A/D 转换器的接口与应用。

教学目标

- 了解单片机模拟量接口设计的原理与方法。
- 熟练掌握典型芯片 DAC0832、ADC0809 与 51 系列单片机的接口技术。
- 了解 51 系列单片机与 12 位 D/A 转换器的接口技术。
- 了解 51 系列单片机与串行 D/A 转换器的接口技术。

计算机可以直接输入/输出及处理的都是二进制数形式的数字量。但是，在单片机测控系统中，常需要检测被测对象的一些物理参数，如温度、压力、流量、速度等，这些参数都是模拟信号形式。它们需经传感器先转换成连续变化的模拟电信号（电压或电流），这些模拟电信号必须转换成数字电信号后才能在单片机中用软件进行处理。实现模拟量转换成数字量的器件称为 A/D 转换器（ADC）。单片机处理完毕的数字量，有时根据控制要求需要转换为模拟信号输出，例如直流电动机的转速控制，这就要求单片机系统应该具有输出模拟量的能力。数字量转换成模拟量的器件称为 D/A 转换器（DAC）。下面将着重从应用的角度，介绍典型的 ADC、DAC 集成电路芯片，以及它们同 AT89S51 单片机的硬件接口设计及软件设计。

14.1　51 系列单片机与 D/A 转换器的接口

14.1.1　器件选型

1．器件选型注意事项

使用 D/A 转换器时，应注意 D/A 转换器选择的几个问题。

（1）D/A 转换器的输出形式

D/A 转换器有两种输出形式。一种是电压输出型；另一种是电流输出型。在实际应用中，对电流输出型的 D/A 转换器，如需要模拟电压输出，可在其输出端加一个由运算放大器构成的 I/V 转换电路，将电流输出转换为电压输出。

（2）D/A 转换器与单片机的接口形式

单片机与 D/A 转换器的连接，早期多采用 8 位数字量并行传输的并行接口，现在除并行接口外，带有串行口的 D/A 转换器品种也不断增多。除了通用的 UART 串行口外，目前较为流行的还有 I^2C 串行口和 SPI 串行口等。因此在选择单片 D/A 转换器时，应根据系统结构考虑单片机与 D/A 转换器的接口形式。

2．主要技术指标

D/A 转换器的指标很多，使用者最关心的几个指标如下。

（1）分辨率

分辨率指单片机输入给 D/A 转换器的单位数字量的变化所引起的模拟量输出的变化，通常定义为输出满刻度值与 2^n 之比（n 为 D/A 转换器的二进制位数），习惯上用输入数字量的位数表示。显然，二进制位数越多，分辨率越高，即 D/A 转换器对输入量变化的敏感程度越高。例如，8 位的 D/A 转换器，若满量程输出为 10V，根据分辨率定义，则分辨率为 $10V/2^n$，分辨率为 10V/256 = 39.1mV，即输入的二进制数最低位的变化可引起输出的模拟电压变化 39.1mV，该值占满量程的 0.391%，常用符号 1LSB 表示。

同理，对于 10 位 D/A 转换，1LSB = 9.77mV = 0.1%满量程；对于 12 位 D/A 转换，1LSB = 2.44mV = 0.024%满量程；对于 16 位 D/A 转换，1LSB = 0.076mV = 0.00076%满量程。

使用时，应根据对 D/A 转换器分辨率的需要来选定 D/A 转换器的位数。

（2）建立时间

建立时间是描述 D/A 转换器转换快慢的一个参数，用于表明转换时间或转换速度。其值为从输入数字量到输出达到终值误差±(1/2)LSB（最低有效位）时所需的时间。电流输出的转换时间较短，而电压输出的转换器，由于要加上完成 I/V 转换的运算放大器的延迟时间，因此转换时间要长一些。快速 D/A 转换器的转换时间可控制在 1μs 以下。

（3）转换精度

理想情况下，转换精度与分辨率基本一致，位数越多，精度越高。

但由于电源电压、基准电压、电阻、制造工艺等各种因素存在着误差，严格来讲，转换精度与分辨率并不完全一致。只要位数相同，分辨率则相同，但相同位数的不同转换器转换精度会有所不同。例如，某种型号的 8 位 DAC 精度为±0.19%，而另一种型号的 8 位 DAC 精度为±0.05%。

目前市面上常见的商品化 DAC 芯片较多，设计者只需要合理地选用合适的芯片，了解它们的功能、引脚外特性及与单片机的接口设计方法即可。由于现在部分的单片机芯片中集成了 D/A 了转换器，位数一般在 10 位左右，且转换速度也很快，所以单片的 DAC 开始向高位数和高转换速度上转变，但是在实验室或涉及某些工业控制方面的应用，低端的 8 位 DAC 以其优异性价比还是具有一定的应用空间。另外，8 位 DAC 结构相对简单，也成为初学者的入门首选。下面首先以 8 位 D/A 转换器 DAC0832 为对象，介绍其结构及与单片机的接口设计和应用。

14.1.2 AT89S51 与 8 位 D/A 转换器 DAC0832 的接口设计

1. DAC0832 芯片简介

（1）DAC0832 的特性

DAC0832 是采用 CMOS/Si-Cr 工艺制成的 8 位 D/A 转换器。它可直接与 AT89S51 单片机连接，其主要特性如下：

① 分辨率为 8 位。

② 电流输出，建立时间为 1μs。

③ 可双缓冲输入、单缓冲输入或直接数字输入。

④ 单一电源供电（+5～+15V）。

⑤ 低功耗，20mW。

（2）DAC0832 的内部结构及外部引脚

DAC0832 由一个 8 位输入寄存器、一个 8 位 DAC 寄存器和一个 8 位 D/A 转换器 3 部分组成，它的两个寄存器实现了输入数据的两级缓冲，D/A 转换器采用 R-2R T 形电阻网络。

DAC0832 的内部结构如图 14-1 所示。“8 位输入寄存器”用于存放单片机送来的数字量，使输入数字量得到缓冲和锁存，由 $\overline{LE1}$ 加以控制；“8 位 DAC 寄存器”用于存放待转换的数字量，由 $\overline{LE2}$ 控制；“8 位 D/A 转换电路”受“8 位 DAC 寄存器”输出的数字量控制，能输出和数字量成正比的模拟电流。因此，DAC0832 通常需要外接由运算放大器组成的 I/V 转换电路，才能得到模拟输出电压。

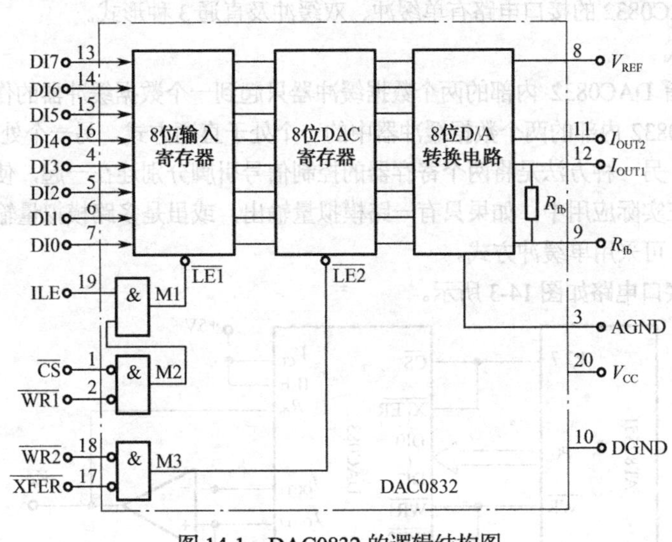

图 14-1　DAC0832 的逻辑结构图

DAC0832 采用的是双列直插式封装，其引脚布置如图 14-2 所示，其各引脚的功能如下。

DI0～DI7：8 位数字信号输入端，可与单片机的数据总线 P0 口相连，用于接收单片机送来的待转换为模拟量的数字量。

$\overline{CS}$：片选端，当 $\overline{CS}$ 为低电平时，本芯片被选中。

ILE：输入寄存器的选通允许控制端，高电平有效。

$\overline{WR1}$：输入寄存器写选通控制端，低电平有效。

当 $\overline{CS}=0$，ILE = 1，$\overline{WR1}=0$ 时，$\overline{LE1}$=1，待转换的数字量被写入作为第一级缓冲的 8 位输入寄存器中；当 $\overline{LE1}$ 的电平由高变低时，此负跳变将此时输入寄存器的内容锁存。

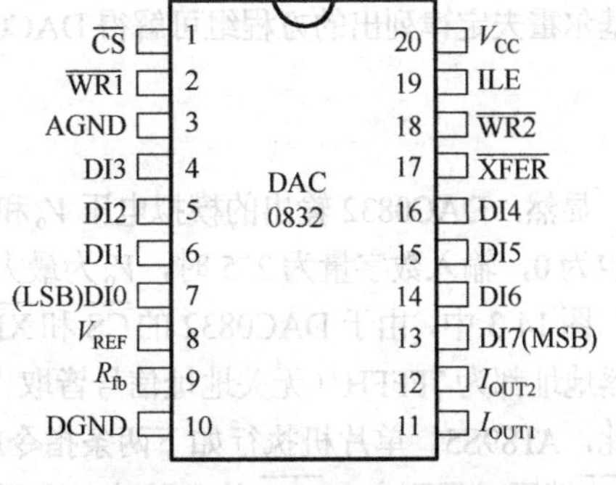

图 14-2　DAC0832 的引脚图

$\overline{WR2}$：DAC 寄存器写选通控制端，低电平有效。

$\overline{XFER}$：数据传送控制信号，低电平有效。

当 $\overline{XFER}=0$，$\overline{WR2}=0$ 时，$\overline{LE2}$ =1，输入寄存器中待转换的数据传入 8 位 DAC 寄存器中，此数据同时送达 D/A 转换电路进行数模转换；当 $\overline{LE2}$ 的电平由高变低时，此负跳变将此时 DAC 寄存器的内容锁存。

V_{REF}：基准电压输入，它与 DAC 内的电阻网络相连。V_{REF} 可在±10V 范围内调节。

I_{OUT1}：D/A 转换器电流输出 1 端，输入数字量全为 1 时，I_{OUT1} 最大，为 $\dfrac{255}{256}\dfrac{V_{REF}}{R_{fb}}$；输入数字量全为 0 时，$I_{OUT1}$ 最小，为 0。

I_{OUT2}：D/A 转换器电流输出 2 端，$I_{OUT2}+I_{OUT1}=$ 常数。

R_{fb}：外部反馈信号输入端，内部已有反馈电阻 R_{fb}，根据需要也可外接输出增益调整电位器。

V_{CC}：电源输入端，在+5～+15V 范围内。

DGND：数字信号地。

AGND：模拟信号地，最好与基准电压共地。

2. AT89S51单片机与DAC0832的接口电路设计

AT89S51与DAC0832的接口电路有单缓冲、双缓冲及直通3种形式。

（1）单缓冲方式

单缓冲方式是指DAC0832内部的两个数据缓冲器只起到一个数据缓冲器的作用。具体做法有两种，一种是将DAC0832内部的两个数据缓冲器中的一个处于直通方式，另一个处于受AT89S51单片机控制的锁存方式。另一种方法是将两个寄存器的控制信号引脚分别连在一起，使得数据可以同时写入两个寄存器中。在实际应用中，如果只有一路模拟量输出，或虽是多路模拟量输出但并不要求多路输出同步的情况下，可采用单缓冲方式。

单缓冲方式的接口电路如图14-3所示。

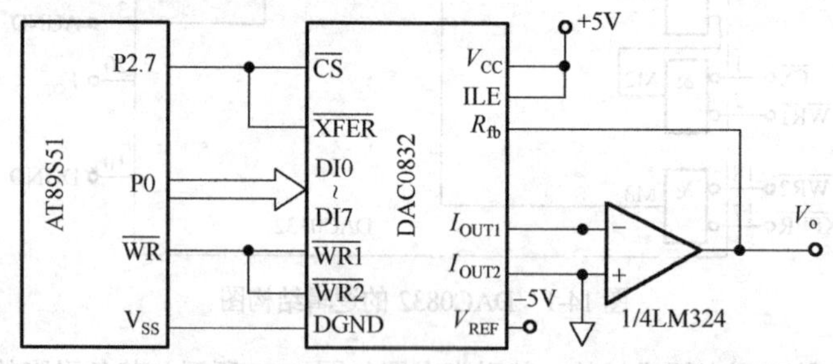

图14-3 单缓冲方式下AT89S51单片机与DAC0832的接口电路

图14-3所示的是单极性模拟电压输出电路，由于DAC0832是8位（$2^8=256$）的D/A转换器，由基尔霍夫定律列出的方程组可解得DAC0832输出电压V_o与输入数字量B的关系为

$$V_o=-B\cdot\frac{V_{REF}}{256}$$

显然，DAC0832输出的模拟电压V_o和输入的数字量B以及基准电压V_{REF}成正比，且B为0时，V_o也为0，输入数字量为255时，V_o为最大的绝对值输出，且不会大于V_{REF}。

图14-3中，由于DAC0832的$\overline{CS}$和$\overline{XFER}$都与P2.7相连，故DAC0832的输入寄存器和DAC寄存器地址都为7FFFH（无关地址信号皆取“1”）。而$\overline{WR1}$和$\overline{WR2}$同时与AT89S51的$\overline{WR}$引脚相连，因此，AT89S51单片机执行如下两条指令就可在$\overline{CS}$和$\overline{XFER}$上同时产生低电平信号，并在$\overline{WR1}$和$\overline{WR2}$端同时得到来自$\overline{WR}$的负脉冲，进而使DAC0832接收AT89S51送来的数字量。

```
MOV     DPTR，#7FFFH          ；DAC端口地址7FFFH→DPTR
MOVX    @DPTR，A              ；启动D/A转换
```

现举例说明单缓冲方式下DAC0832的应用。

【例14-1】 DAC0832用作波形发生器。试根据图14-3，分别写出产生锯齿波、三角波和矩形波的程序。

解：在图14-3中，运算放大器LM324输出端V_0直接反馈到R_{fb}端，故这种接线产生的模拟输出电压是单极性的。产生上述3种波形的参考程序如下。

① 锯齿波的产生

程序清单如下。

汇编语言源程序：

```
         ORG     2000H
START:   MOV     DPTR，#7FFFH      ；DAC 地址 7FFFH→ DPTR
         MOV     A，#00H           ；数字量→A
LOOP:    MOVX    @DPTR，A          ；数字量→D/A 转换器
         INC     A                 ；数字量逐次加 1
         SJMP    LOOP
```

输入数字量从 0 开始，逐次加 1 进行 D/A 转换，模拟量与其成正比输出。当(A) = FFH 时，再加 1 则溢出清 0，模拟输出又为 0，然后又重新重复上述过程，如此循环，输出的波形就是锯齿波，如图 14-4 所示。但实际上，每一上升斜边要分成 256 个小台阶，每个小台阶暂留时间为执行后三条指令所需要的时间。因此在“INC A”指令后插入 NOP 指令或延时程序，则可改变锯齿波频率。

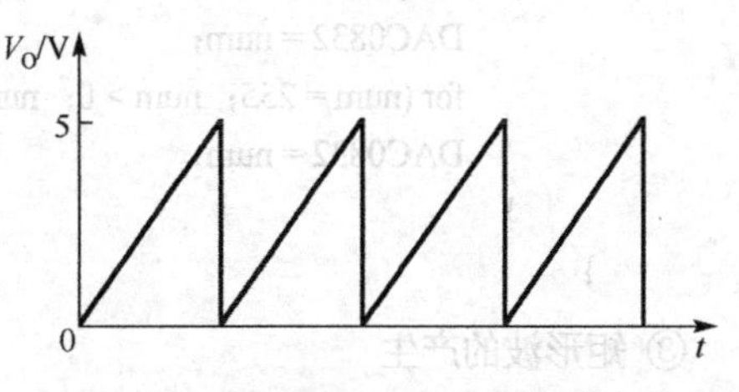

图 14-4 DAC0832 产生的锯齿波输出

*C51 源程序：

```
#include<reg51.h>
#include<absacc.h>
#define DAC0832 XBYTE[0x7fff]            /* 设置 DAC0832 的访问地址 */
unsigned char num;
void main()
{
    while (1)
    {
        for (num = 0; num< = 255; num++) /* 产生锯齿波 */
        DAC0832 = num;                   /* DAC0832 转换输出 */
    }
}
```

② 三角波的产生

程序清单如下。

汇编语言源程序：

```
         ORG     2000H
START:   MOV     DPTR，#7FFFH
         MOV     A，#00H
UP:      MOVX    @DPTR，A       ；产生三角波的上升边
         INC     A
         JNZ     UP
DOWN:    DEC     A              ；A = 0 时减 1 为 FFH，产生三角波的下降边
         MOVX    @DPTR，A
         JNZ     DOWN
         SJMP    UP
```

输出的三角波如图 14-5 所示。

图 14-5 DAC0832 产生的三角波输出

*C51 源程序：

```
#include<absacc.h>
#define DAC0832 XBYTE[0x7fff]        /* 设置 DAC0832 的访问地址 */
```

```
unsigned char num;
void main()
{
    while (1)
    {
        for (num = 0; num < 255; num++)         /*上升段波形 */
        DAC0832 = num;                          /*DAC0832 转换输出 */
        for (num = 255; num > 0; num--)         /*下降段波形 */
        DAC0832 = num;                          /*DAC0832 转换输出 */
    }
}
```

③ 矩形波的产生

程序清单如下。

汇编语言源程序：

```
         ORG     2000H
START:   MOV     DPTR, #7FFFH
LOOP:    MOV     A, #data1       ; #data1 为上限电平对应的数字量
         MOVX    @DPTR, A        ; 置矩形波上限电平
         LCALL   DELAY1          ; 调用高电平延时程序
         MOV     A, #data2       ; #data2 为下限电平对应的数字量
         MOVX    @DPTR, A        ; 置矩形波下限电平
         LCALL   DELAY2          ; 调用低电平延时程序
         SJMP    LOOP            ; 重复进行下一个周期
```

DELAY1、DELAY2 为两个延时程序，分别决定输出的矩形波高、低电平时的持续宽度。输出的矩形波如图 14-6 所示。

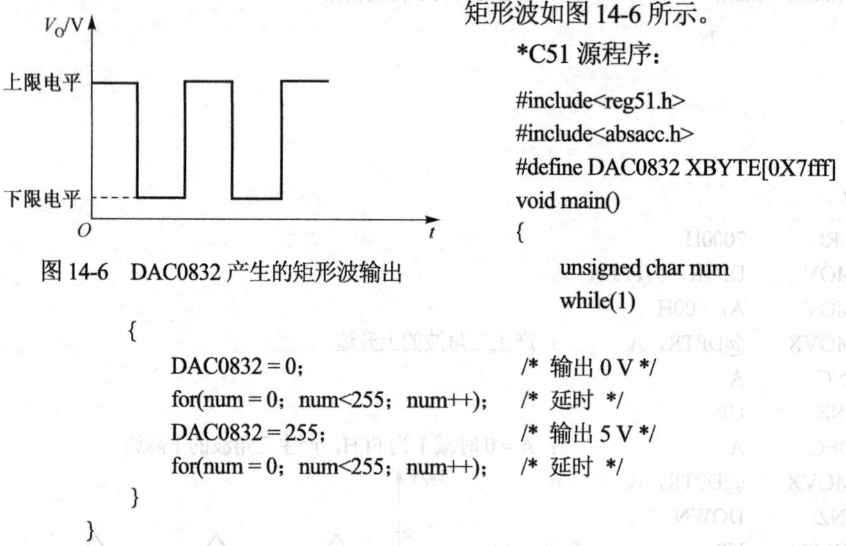

图 14-6 DAC0832 产生的矩形波输出

*C51 源程序：

```
#include<reg51.h>
#include<absacc.h>
#define DAC0832 XBYTE[0X7fff]
void main()
{
    unsigned char num
    while(1)
    {
        DAC0832 = 0;                            /* 输出 0 V */
        for(num = 0; num<255; num++);           /* 延时 */
        DAC0832 = 255;                          /* 输出 5 V */
        for(num = 0; num<255; num++);           /* 延时 */
    }
}
```

（2）双缓冲方式

对于多路 D/A 转换，如果要求同步输出，则必须采用双缓冲同步方式。在此方式工作下，数字量的输入锁存和 D/A 转换的启动是分两步完成的。首先将需要转换的数字量分别锁存到各路 D/A 转换的输入寄存器中，然后向所有的 DAC 发出控制信号，使各 DAC 输入寄存器中的数据同时打入各自的 DAC 寄存器，从而实现多路信号的同步输出。

图 14-7 所示是一个两路同步输出的例子。由图可见，1#DAC0832 因 $\overline{\text{CS}}$ 和 P2.5 相连，因而其输入寄存器的地址为 DFFFH；2#DAC0832 因 $\overline{\text{CS}}$ 和 P2.6 相连，故其输入寄存器的地址为 BFFFH。而两片 DAC 的 $\overline{\text{XFER}}$ 同时和 P2.7 相连，故两片 DAC 的 DAC 寄存器的地址皆为 7FFFH。

完成两路 D/A 同步转换的程序段如下：

```
MOV     DPTR，#0DFFFH        ；指向 1#DAC0832 输入寄存器
MOV     A，#data1
MOVX    @DPTR，A             ；data1 送入 1#DAC0832 输入寄存器
MOV     DPTR，#0BFFFH        ；指向 2#DAC0832 输入寄存器
MOV     A，#data2
MOVX    @DPTR，A             ；data2 送入 2#DAC0832 输入寄存器
MOV     DPTR，#7FFFH
MOVX    @DPTR，A             ；同时启动两片 DAC 的 D/A 转换
```

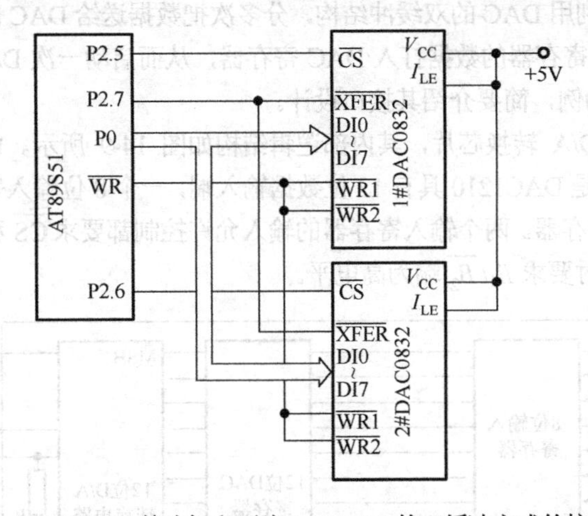

图 14-7　AT89S51 单片机和两片 DAC0832 的双缓冲方式的接口电路

（3）直通方式

当 DAC0832 芯片的片选信号 $\overline{\text{CS}}$、写信号 $\overline{\text{WR1}}$、$\overline{\text{WR2}}$ 及传送控制信号 $\overline{\text{XFER}}$ 的引脚全部接地，允许输入锁存信号引脚 ILE 接+5V 时，DAC0832 就处于直通工作方式，数字量一旦输入，就直接进入 DAC 寄存器，进行 D/A 转换。

3. DAC0832 的双极性电压输出

单极性输出电压只能为正或负，但实际系统中，有时需要由负到正（或由正到负）的双极性电压输出。图 14-8 所示为 DAC0832 双极性输出电路。图中，DAC0832 的数字量由单片机送来，A_1 和 A_2 均为运算放大器，V_o 通过 $2R$ 电阻反馈到运算放大器 A_2 输入端，G 点为虚拟地。由基尔霍夫定律列出的方程组可解得

$$V_o = (B-128)\times\frac{V_{REF}}{128}$$

由上式知，当单片机输出给 DAC0832 的数字量 $B\geqslant128$ 时，即数字量最高位 b_7 为 1，输出的模拟电压 V_o 为正；当单片机输出给 DAC0832 的数字量 $B<128$ 时，即数字量最高位为 0，则 V_o 的输出电压为负。

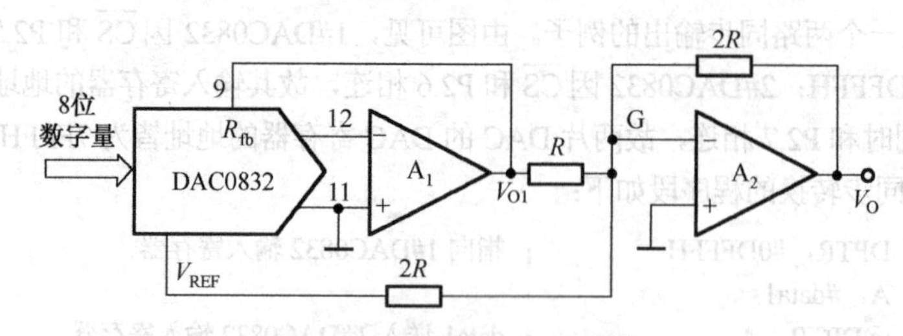

图 14-8　双极性 DAC 的接法

14.1.3　AT89S51 与 12 位 D/A 转换器 DAC1210 的接口设计

类似 AT89S51 这样的 8 位单片机与 8 位 DAC 的接口是比较简单的，与高于 8 位的 DAC 之接口也不复杂。主要区别是要利用 DAC 的双缓冲结构，分多次把数据送给 DAC 的输入寄存器，然后再在 DAC 内部一次性地将输入寄存器的数据打入 DAC 寄存器，从而启动一次 D/A 转换。下面以 12 位的 D/A 转换芯片 DAC1210 为例，简要介绍其接口设计。

DAC1210 是 12 位 D/A 转换芯片，其内部逻辑结构如图 14-9 所示。由图可知，其逻辑结构与 DAC0832 类似，所不同的是 DAC1210 具有 12 位数据输入端，一个 8 位输入寄存器和一个 4 位输入寄存器组成 12 位数据输入寄存器。两个输入寄存器的输入允许控制都要求 $\overline{CS}$ 和 $\overline{WR1}$ 为低电平，8 位输入寄存器的数据输入还同时要求 $B_1/\overline{B_2}$ 端为高电平。

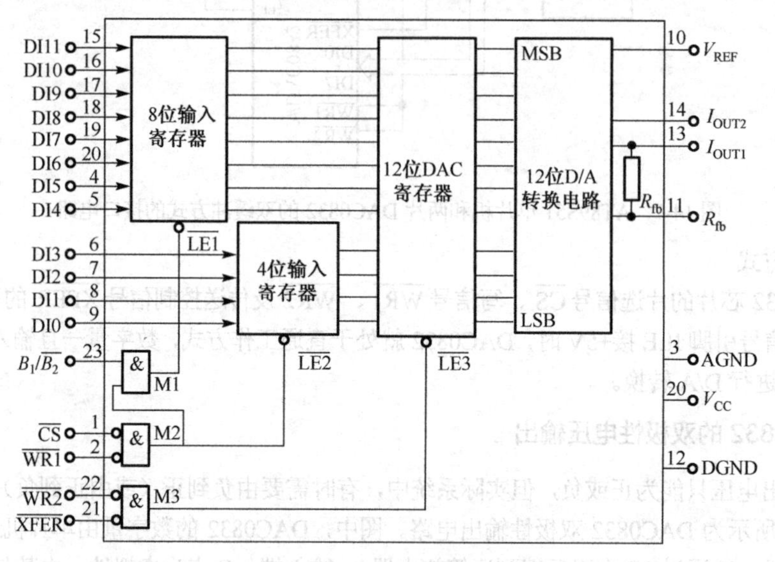

图 14-9　DAC1210 逻辑结构图

DAC1210 与 8 位数据线的 AT89S51 单片机接口方法如图 14-10 所示，将 DAC1210 输入数据线的高 8 位 DI11～DI4 与 AT89S51 单片机的数据总线 DB7～DB0 相连，低 4 位 DI3～DI0 接至 AT89S51 数据线的高四位 DB7～DB4。12 位数据输入经两次写入操作完成，首先输入高 8 位，然后输入低 4 位。

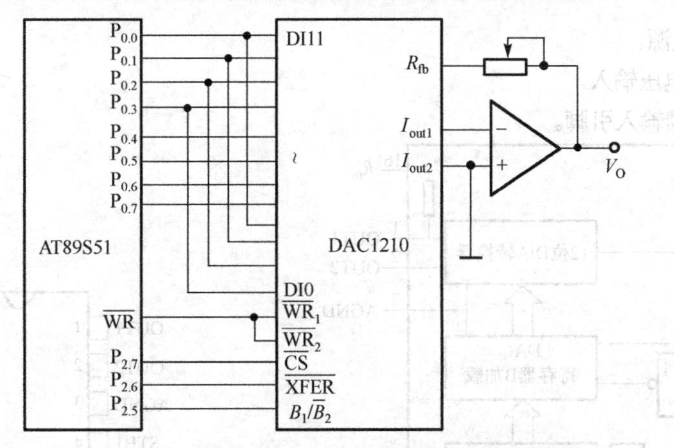

图 14-10　DAC1210 与 AT89S51 单片机的接口电路

程序如下：

```
MOV     DPTR,  #7FFFH      ; CS=0, XFER=1, B1/B2=0, 选 8 位的输入寄存器
MOV     A,     #DATA1
MOVX    @DPTR, A           ; 数据 DATA1 写入 DAC1210 的高 8 位 DI11～DI4
MOV     DPTR,  #5FFFH      ; B1/B2=1, 送 4 位输入寄存器
MOV     A,     #DATA2
MOVX    @DPTR, A           ; 数据 DATA2 写入 DAC1210 的低 4 位 DI3～DI0
MOV     DPTR,  #0BFFFH     ; XFER=0, 指向 12 位 DAC 寄存器
MOVX    @DPTR, A           ; 12 位数据写入 DAC 寄存器，启动转换
```

14.1.4　AT89S51 与串行输入的 12 位 D/A 转换器 AD7543 的接口设计

1. AD7543 简介

AD7543 是美国 AD 公司专为通用异步串行口设计的 12 位廉价 D/A 转换器。AD7543 可直接与 AT89S51 的串行口相连。

AD7543 的内部结构如图 14-11 所示，片内由 12 位串行输入并行输出移位寄存器（寄存器 A）和 12 位 DAC 输入寄存器（寄存器 B）组成。在选通信号的前沿或后沿（可选择）定时把 SRI 引脚上的串行数据装入寄存器 A，一旦寄存器 A 装满，在加载脉冲的控制下，寄存器 A 的数据便装入寄存器 B 中。

AD7543 的引脚如图 14-12 所示，功能如下。

OUT1：AD7543 的电流输出引脚 1。

OUT2：AD7543 的电流输出引脚 2。

AGND：模拟地。

STB1：寄存器 A 的选通控制信号。

$\overline{\text{LD1}}$：寄存器 B 加载 1 输入。当 $\overline{\text{LD1}}$ 和 $\overline{\text{LD2}}$ 为低电平时，寄存器 A 的内容送到寄存器 B。

SRI：单片机输入到寄存器 A 的串行数据输入引脚。

$\overline{\text{LD2}}$：寄存器 B 加载 2 输入。

$\overline{\text{STB3}}$：寄存器 A 选通 3 输入。

STB4：寄存器 A 选通 4 输入。

DGND：数字地。

$\overline{\text{CLR}}$：寄存器 B 清除输入，用于异步地将寄存器 B 复位至 000H。

VDD：+5V 电源。

VREF：基准电压输入。

R_{fb}：DAC 反馈输入引脚。

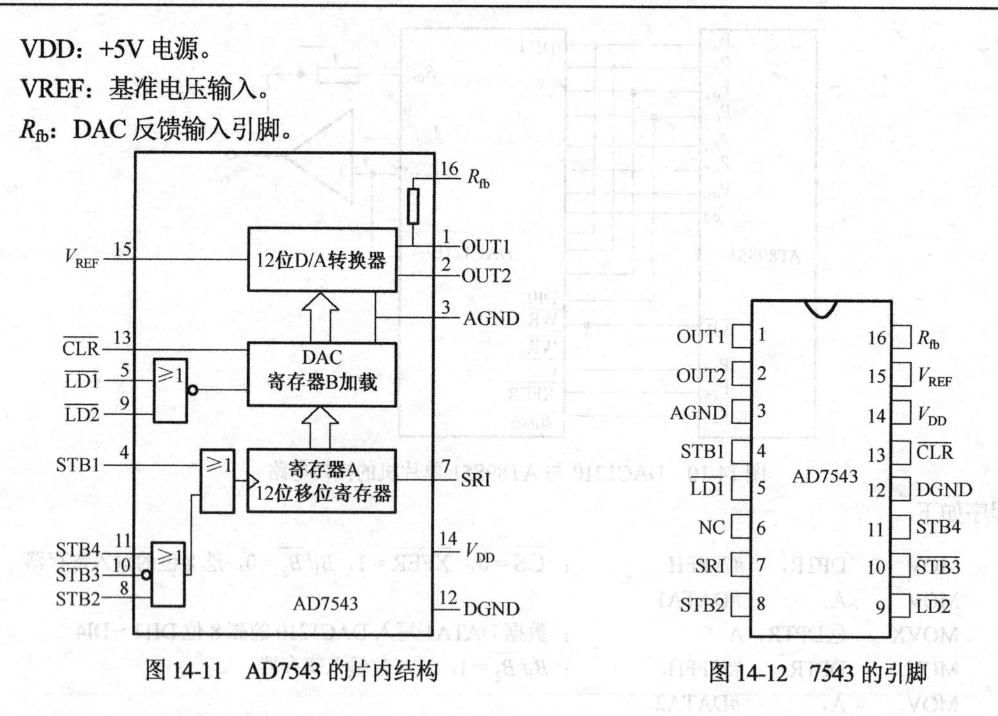

图 14-11　AD7543 的片内结构　　　　图 14-12　7543 的引脚

2. AD7543 与 AT89S51 的接口

AD7543 与 AT89S51 的接口电路如图 14-13 所示，图中只画出了与 D/A 转换有关的电路。图 14-13 中的单片机串行口直接与 AD7543 相连（假定串行口不做他用），串行口选用方式 0，其 TXD 端移位脉冲的负跳变将 RXD 输出的串行位数据移入 AD7543，利用地址译码器的输出信号产生$\overline{\text{LD2}}$，从而将 AD7543 移位寄存器 A 中的内容移入寄存器 B 中，并启动 D/A 转换。

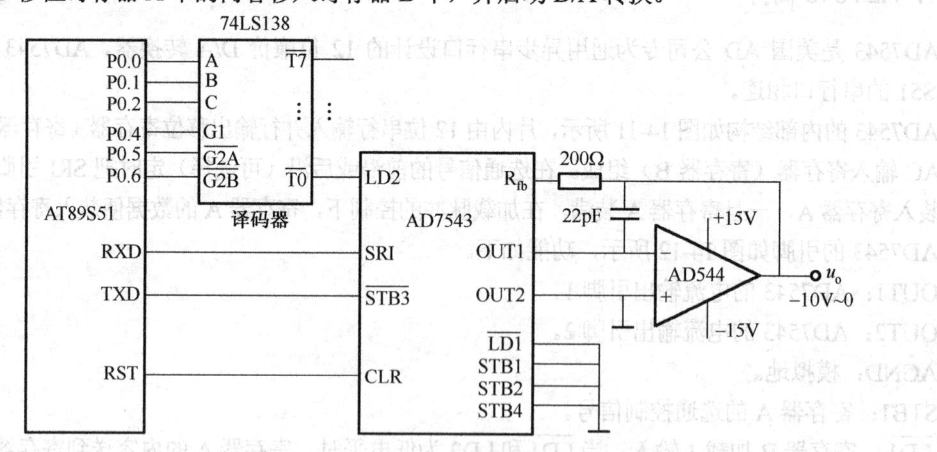

图 14-13　AD7543 与 AT89S51 的接口电路

由于 AD7543 的 12 位数据是高至低逐位串行输入的，而 AT89S51 的串行口方式 0 是低至高逐位串行输出的，因此在数据传输到 AD7543 之前必须重新装配。下面是单片机的驱动程序，假设 AD7543 的端口地址为 addrH，数据缓冲器单元地址为 dbufh（高 4 位）和 dbufl（低 8 位）。

```
OUTDA:  MOV     A，#dbufh       ；取高 4 位数据
        ACALL   ASMB            ；调用装配子程序
        MOV     SBUF，A         ；串行口输出
```

```
        MOV     A，#dbufl       ；取低 8 位数据
        ACALL   ASMB            ；调用装配子程序
        MOV     SBUF，A         ；串行口输出
        MOV     DPTR，#addrH    ；AD7543 端口地址送数据指针
        MOVX    @DPTR，A        ；将 AD7543 寄存器 A 送寄存器 B
        RET
ASMB:   MOV     R6，#00H        ；装配子程序
        MOV     R7，#08H
        CLR     C
AL0:    RLC     A
        XCH     A，R6
        RRC     A
        XCH     A，R6
        DJNZ    R7，AL0
        XCH     A，R6
        RET
```

14.2　51 系列单片机与 A/D 转换器的接口

14.2.1　A/D 转换器简介

1. A/D 转换器概述

A/D 转换器（ADC）的作用就是把模拟量转换成数字量，以便于单片机进行数据处理。随着超大规模集成电路技术的飞速发展，A/D 转换器的新设计思想和制造技术层出不穷。为满足各种不同的检测及控制任务的需要，大量结构不同、性能各异的 A/D 转换芯片应运而生，对于使用者来说，只需合理地选择芯片即可。现在部分的单片机片内集成了 A/D 转换器，位数为 10 或 12 位，且转换速度也很快，但是在片内 A/D 转换器不能满足需要的情况下，还是需要外扩。另外作为扩展 A/D 转换器的基本方法，读者还是应当掌握。

尽管 A/D 转换器的种类很多，但目前广泛应用在单片机应用系统中的主要有逐次比较型和双积分型转换器，此外Σ-Δ式转换器也逐渐得到重视和较为广泛的应用。

逐次比较型 A/D 转换器，在精度、速度和价格上都适中，是最常用的 A/D 转换器。

双积分型 A/D 转换器具有精度高、抗干扰性好、价格低廉等优点，与逐次比较型 A/D 转换器相比，转换速度较慢，近年来在单片机应用领域中也得到广泛应用。Σ-Δ型 A/D 转换器具有双积分型与逐次比较型 A/D 转换器的双重优点。它对工业现场的串模干扰具有较强的抑制能力，不亚于双积分型 A/D 转换器，与双积分型 A/D 转换器相比，它有较高的转换速度；与逐次比较型 A/D 转换器相比，有较高的信噪比，分辨率高，线性度好，不需要采样保持电路。由于上述优点，Σ−Δ型 A/D 转换器得到了重视，已有多种Σ−Δ型的 A/D 转换器芯片可供用户选用。

A/D 转换器按照输出数字量的有效位数分为 4 位、8 位、10 位、12 位、14 位、16 位并行输出以及 BCD 码输出的 3 位半、4 位半、5 位半等多种。目前，除并行输出 A/D 转换器外，随着单片机串行扩展方式的日益增多，带有同步 SPI 串行接口的 A/D 转换器的使用也逐渐增多。串行输出的 A/D 转换器具有占用端口线少、使用方便、接口简单等优点，因此，读者要给予足够重视。较为典型的串行 A/D 转换器为美国 TI 公司的 TLC549（8 位）、TLC1549（10 位）及 TLC1543（10 位）和 TLC2543（12 位）。单片机与串行 A/D 转换器接口设计，涉及同步串行口 SPI 的内容，本章不做介绍，感兴趣的读者，请参见第 15 章 15.2 节中的内容。本章仅介绍单片机与并行输出 A/D 转换器的接口设计。

A/D转换器按照转换速度可大致分为超高速（转换时间≤1ns）、高速（转换时间≤1μs）、中速（转换时间≤1ms）、低速（转换时间≤1s）等几种不同转换速度的芯片。为适应系统集成的需要，有些转换器还将多路转换开关、时钟电路、基准电压源、二–十进制译码器和转换电路集成在一个芯片内，为用户提供很多方便。

2. A/D转换器的主要技术指标

（1）转换时间和转换速率

转换时间是指A/D转换器完成一次转换所需要的时间。转换时间的倒数为转换速率。

（2）分辨率

在A/D转换器中，分辨率是衡量A/D转换器能够分辨出输入模拟量最小变化程度的技术指标。分辨率取决于A/D转换器的位数，所以习惯上用输出的二进制位数或BCD码位数表示。例如，A/D转换器AD1674的满量程输入电压为5V，可输出12位二进制数，即用2^{12}个数进行量化，其分辨率为1LSB，即$5V/2^{12} = 1.22mV$，其分辨率为12位，或A/D转换器能分辨出输入电压1.22mV的变化。又如，双积分型输出BCD码的A/D转换器MC14433，其满量程输入电压为2V，其输出最大的十进制数为1999，分辨率为$3\frac{1}{2}$位，即三位半，如果换算成二进制位数表示，其分辨率约为11位，因为1999最接近于$2^{11} = 2048$。

量化过程引起的误差称为量化误差。量化误差是由于有限位数字量对模拟量进行量化而引起的误差。量化误差理论上规定为一个单位分辨率的±LSB，提高A/D转换器的位数既可以提高分辨率，又能够减少量化误差。

（3）转换精度

A/D转换器的转换精度定义为一个实际A/D转换器与一个理想A/D转换器在量化值上的差值，可用绝对误差或相对误差表示。

14.2.2 AT89S51与逐次比较型8位A/D转换器ADC0809的接口

1. ADC0809的结构及工作原理

ADC0809的结构如图14-14所示。ADC0809采用逐次比较法完成A/D转换，由单一的+5V电源供电。片内带有锁存功能的8选1模拟开关，由*C*、*B*、*A*的编码来决定所选的通道。ADC0809完成一次转换需100μs左右（转换时间与CLK脚的时钟频率有关），它具有输出TTL三态锁存缓冲器，可直接连到AT89S51单片机数据总线上。通过适当的外接电路，ADC0809可对0～5V的模拟信号进行转换。

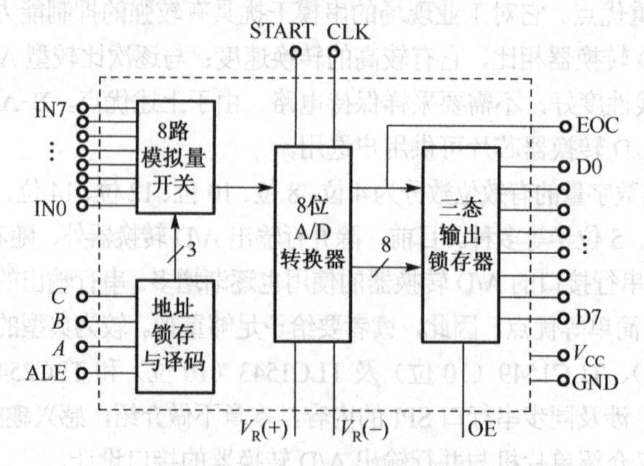

图14-14 DAC0809结构框图

2．ADC0809 的引脚及功能

ADC0809 是逐次比较型 8 路模拟输入、8 位数字量输出的 A/D 转换器，其引脚如图 14-15 所示。ADC0809 是 28 引脚双列直插式封装，其各引脚功能如下。

IN0～IN7：8 路模拟信号输入端。

D0～D7：转换完毕的 8 位数字量输出端。

A、*B*、*C* 与 ALE：控制 8 路模拟输入通道的切换。*A*、*B*、*C* 分别与单片机的三条地址线相连，3 位编码对应 8 个通道地址端口。*C*、*B*、*A* = 000～111 分别对应 IN0～IN7 通道地址。各路模拟输入之间的切换由软件改变 *C*、*B*、*A* 引脚上的电平来实现。

OE、START、CLK：OE 为输出允许端，START 为启动信号输入端，CLK 为时钟信号输入端。

$V_R(+)$、$V_R(-)$：基准电压输入端。

3．ADC0809 的时序图

ADC0809 的时序图如图 14-16 所示。从时序图可以看出，通道地址由 *C*、*B*、*A* 送入，在 ALE 上升沿，经锁存和译码选通一路模拟量。在 START 信号的下降沿，A/D 转换器开始转换，但是约需 10μs，EOC 才变为低电平，指示转换正在进行中。当转换结束时，EOC 信号再变为高电平。OE 信号为低电平时，D7～D0 引脚对外呈高阻态。OE 端的电平由低变高，打开三态输出锁存器，转换结果的数字量出现在 D7～D0 引脚。

4．ADC0809 的主要技术指标

（1）分辨率：8 位。

（2）不可调误差：≤±1LSB。

（3）转换时间：100μs（时钟频率 640kHz 时）。

（4）温度范围：–40℃～+85℃。

（5）功耗：15mW。

（6）单一电源：+5V。

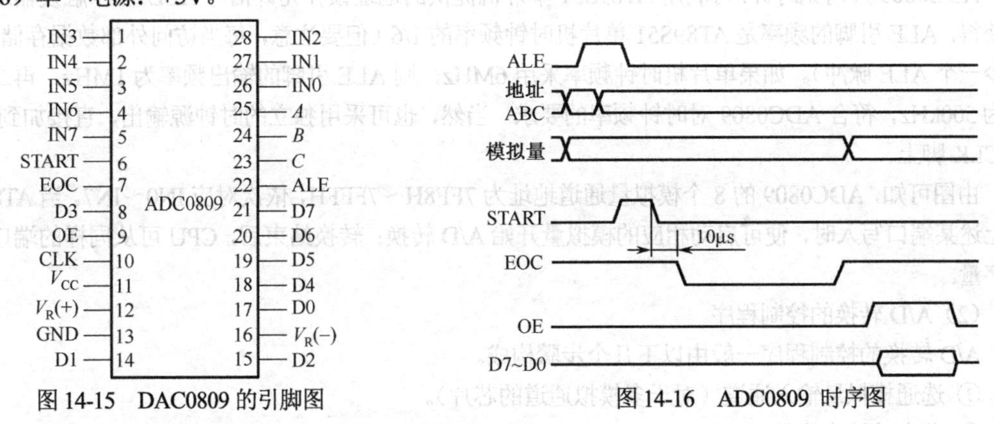

图 14-15　DAC0809 的引脚图　　　图 14-16　ADC0809 时序图

5．AT89S51 单片机与 ADC0809 的接口及应用

（1）硬件接口

ADC0809 的内部有一个三态数据输出缓冲锁存器和一个通道地址锁存及译码器，与单片机的接口非常简单。图 14-17 所示为 ADC0809 与 AT89S51 的典型接口电路。

图 14-17 所示的基准电压是提供给 A/D 转换器在转换时所需要的基准电压，这是保证转换精度的

基本条件。基准电压要单独用高精度稳压电源供给，其电压的变化要小于1LSB。否则当被变换的输入电压不变，而基准电压的变化大于 1LSB 时，也会引起 A/D 转换器输出的数字量变化。

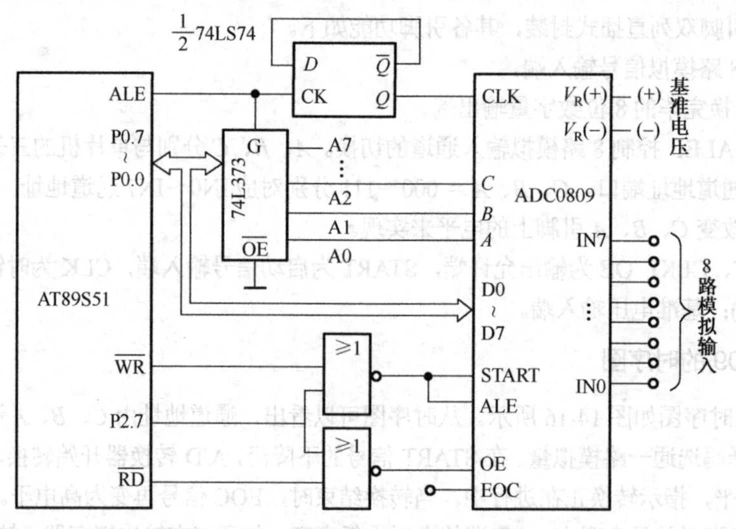

图 14-17　ADC0809 与 AT89S51 的接口电路

由于 ADC0809 具有输出三态锁存器，其 8 位数据输出引脚 D0～D7 可直接与 AT89S51 的 P0 口相连。地址译码引脚 *C*、*B*、*A* 分别与地址总线的低三位 A2、A1、A0 相连，以选通 IN0～IN7 中的一个通道。

ADC0809 的通道地址锁存信号 ALE 和启动信号 START 共同由 AT89S51 的 P2.7 与 $\overline{WR}$“或”逻辑控制，当 $\overline{WR}$ 和 P2.7 都为低电平时，ALE 有效，将通道地址 ABC 锁存并译码，同时 START 信号有效，A/D 启动转换开始。ADC0809 的输出允许信号 OE 在 P2.7 和 $\overline{RD}$ 信号同为低电平时有效，输出转换后的数字量。转换结束信号 EOC 可经反相器接 AT89S51 的中断请求信号 INT0。

ADC0809 片内无时钟，可利用 AT89S51 单片机提供的地址锁存允许信号 ALE 经 D 触发器二分频后获得，ALE 引脚的频率是 AT89S51 单片机时钟频率的 1/6（但要注意，每当访问外部数据存储器时，将少一个 ALE 脉冲）。如果单片机时钟频率采用 6MHz，则 ALE 引脚的输出频率为 1MHz，再二分频后为 500kHz，符合 ADC0809 对时钟频率的要求。当然，也可采用独立的时钟源输出，直接加到 ADC 的 CLK 脚上。

由图可知，ADC0809 的 8 个模拟量通道地址为 7FF8H～7FFFH，依次对应 IN0～IN7。当 AT89S51 向上述某端口写入时，便可启动相应的模拟量开始 A/D 转换；转换结束后，CPU 可从同样的端口读出数字量。

（2）A/D 转换的控制程序

A/D 转换的控制程序一般由以下几个步骤构成。

① 选通模拟量输入通道（对于多模拟通道的芯片）。

② 发启动转换信号。

启动 A/D 转换时，通过执行“MOVX　@DPTR，A”或“MOVX　@Ri，A”指令，由单片机的写控制信号 $\overline{WR}$ 和 P2.7 控制 ADC0809 的地址锁存和转换启动，由于 ALE 和 START 连在一起，因此 ADC0809 在锁存通道地址的同时，启动转换，开始对选中通道的模拟量进行转换。

当执行“MOVX　@DPTR，A”时，单片机的 $\overline{WR}$ 信号有效，借此产生一个启动脉冲。信号给 ADC0809 的 START 脚，开始对选中通道转换。

③ 判断 A/D 转换结束。

通常有下列 3 种方法。

a. 程序查询方式

该方法是将 A/D 转换器的转换结束信号 EOC 连接至单片机的某个输入端口线，单片机启动 A/D 转换后，就不断查询转换结束信号输入端，直到有结束信号时，从 A/D 转换器读出结果。

b. 中断控制方式

该方法是将 A/D 转换结束信号 EOC 连接至单片机的外部中断请求输入端，单片机启动 A/D 转换后，继续执行主程序，与 A/D 转换器并行工作；当 A/D 转换结束时，通过 EOC 向单片机发出中断请求信号，单片机在中断服务程序中读取转换结果。中断控制方式效率高，所以特别适合于转换时间较长的 ADC。

c. 软件延时方式

该方法是在单片机启动 A/D 转换后，执行延时子程序，等待 A/D 转换结束。延时时间长短由 A/D 转换器的转换时间决定。

④ 读取转换结果，对其进行处理。

当转换结束后，通过执行“MOVX　A，@DPTR”或“MOVX　A，@Ri”指令来读取转换结果。在读取转换结果时，用低电平的读信号 $\overline{RD}$ 和 P2.7 引脚经一级或非门后产生的正脉冲作为 OE 信号，用来打开三态输出锁存器，从而把转换完毕的数字量读入到单片机的累加器 A 中。

（3）应用举例

【例 14-2】 对于图 14-17 所示的系统，分别对 ADC0809 的 8 路模拟信号轮流采样一次，并依次把结果转储到数据存储区。

解： 下面给出软件延时方式和中断方式两个实现方案。

① 软件延时方式

下面的程序采用软件延时的方式，分别对 8 路模拟信号轮流采样一次，并依次把结果转储到数据存储区的程序段。

汇编语言程序：

```
MAIN:   MOV     R1，#30H          ；置数据区首地址
        MOV     DPTR，#7FF8H      ；端口地址送 DPTR，P2.7 = 0，且指向通道 IN0
        MOV     R7，#08H          ；置通道个数
LOOP:   MOVX    @DPTR，A          ；启动 A/D 转换
        MOV     R6，  #0AH        ；软件延时，等待转换结束
DELAY:  NOP
        NOP
        NOP
        DJNZ    R6，DELAY
        MOVX    A，@DPTR          ；读取转换结果
        MOV     @R1，A            ；存储转换结果
        INC     DPTR              ；指向下一个通道
        INC     R1                ；修改数据区指针
        DJNZ    R7，LOOP          ；8 个通道全采样完否？未完则继续
   …                              ；采样完毕，继续完成其他的工作
```

*C51 源程序：

```
#include<reg51.h>
```

```
#define uchar unsigned char
xdata uchar *ad;
uchar i = 0;
uchar data adtab[8];
void delay(unsigned int time)                  /* 延时程序 */
  {
   for(; time>0; time--);
  }
void main ()
{
        ad = 0x7ff8;                           /* 置地址指针 */
        *ad = 0;                               /* 启动通道 0 的 A/D 转换 */
        for (; i<8; i++)                       /* 依次对 8 个通道的模拟量进行转换和输入 */
{
delay(5);                                      /* 软件延时，等待通道 i 转换结束 */
        adtab[i] = *ad;                        /* 读入转换数据 */
        ad++;                                  /* 指向下一通道 */
        *ad = 0;                               /* 启动转换 */
        }
  }
```

② 中断方式

ADC0809 与 AT89S51 单片机的中断方式接口电路只需要将图 14-17 所示的 EOC 引脚经过一个非门连接到 AT89S51 单片机的外中断输入引脚 $\overline{\text{INT1}}$ 即可。采用中断方式可大大节省单片机的时间。当转换结束时，EOC 发出一个脉冲向单片机提出中断申请，单片机响应中断请求，由外部中断 1 的中断服务程序读 A/D 结果，并启动 ADC0809 的下一次转换，外部中断 1 应该采用跳沿触发方式。参考程序如下。

汇编语言源程序：

主程序：

```
          ORG     0000H
          LJMP    MAIN
          ORG     0013H           ；INT1 中断入口地址
          LJMP    IINT1
          ORG     0030H
MAIN:     MOV     R1，#30H        ；置数据存储区首址
          MOV     R2，#08H        ；置需采集通道路数计数器初值
          SETB    IT1             ；设置边沿触发中断
          SETB    EA
          SETB    EX1             ；开放外部中断 1
          MOV     DPTR，#7FF8H    ；指向 0809 通道 0
STAD:     MOVX    @DPTR，A        ；启动 A/D 转换
RSTAD:    MOV     A，R2           ；通道路数计数器计数值送 A
          JNZ     RSTAD           ；8 路巡回检测未完，继续等待中断
          CLR     EA              ；巡回检测完毕，关中断
          …                       ；完成其他的工作
```

中断服务程序：

```
IINT1:  MOVX    A, @DPTR      ; 读取 A/D 转换结果
        MOV     @R1, A        ; 向指定单元存数
        INC     DPTR          ; 输入通道号加 1
        INC     R1            ; 存储单元地址加 1
        MOVX    @DPTR, A      ; 启动新通道 A/D 转换
        DEC     R2            ; 通道路数计数器计数值减 1
        RETI                  ; 中断返回
```

*C51 源程序：

```
#include<reg51.h>
#define uchar unsigned char
xdata uchar *ad;
uchar i = 0;
uchar data adtab[8];
addv() interrupt 2                      /* 中断服务 */
{
    adtab[i] = *ad;                     /* 读入转换数据 */
    ad++;                               /* 指向下一通道 */
    i++;                                /* 中断方式接收 */
    *ad = 0;                            /* 启动转换 */
}
void main()
{
    EA = 1; EX1 = 1; IT1 = 1;           /* 开中断，下沿触发中断 */
    ad = 0x7ff8;                        /* 置地址指针初值，指向通道 0 */
    *ad = 0;                            /* 启动通道 0A/D 转换 */
    while(i<8){};                       /* 若 8 路巡回检测未完，则继续等待中断 */
    EA = 0;                             /* 8 路转换完毕，关中断 */
}
```

【例 14-3】 采用 ADC0809 设计数据采集电路，对 IN2 通道输入的模拟量信号进行测量，并将结果用两位数码管以十六进制数形式显示出来，试设计相应的软硬件系统。

解：在图 14-17 的基础上，利用 P1 口连接两位带译码电路的数码管作为显示器，将输入的十六进制数码直接显示出来。利用电位器分压电路提供一个模拟的模拟量信号源，以验证系统的功能。另外，还可将地址锁存器省去。因 ADC0809 具有通道地址锁存功能，此时只需将通道号以数据的形式送给由 P2.0 = 0 所确定的此片 ADC0809 的选片端口，即可实现 0809 对通道地址的锁存并启动相应通道的转换。AT89S51 对 ADC0809 的监控采用查询法，即利用 P3.3 接收来自 EOC 的信号。运用 Proteus 设计出的硬件系统仿真图如图 14-18 所示。

下面给出采用查询方式的软件实现方案。

汇编语言源程序：

```
        ORG     0000H
MAIN:   MOV     DPTR, #0FEFFH   ; 指向 0809 选片端口（P2.0 = 0 即可）
LOOP:   MOV     A, #02H         ; 送通道号
        MOVX    @DPTR, A        ; 启动通道 2 的 A/D 转换
        JNB     P3.3, $         ; 通过 P3.3 查询 EOC 信号是否变低电平
        JB      P3.3, $         ; 通过 P3.3 查询 EOC 看 A/D 转换是否结束
```

```
        MOVX    A，@DPTR    ；转换结束，读取结果
        MOV     P1，A       ；将转换结果通过P1口送数码管显示
        AJMP    LOOP        ；循环输入与显示
        END
```

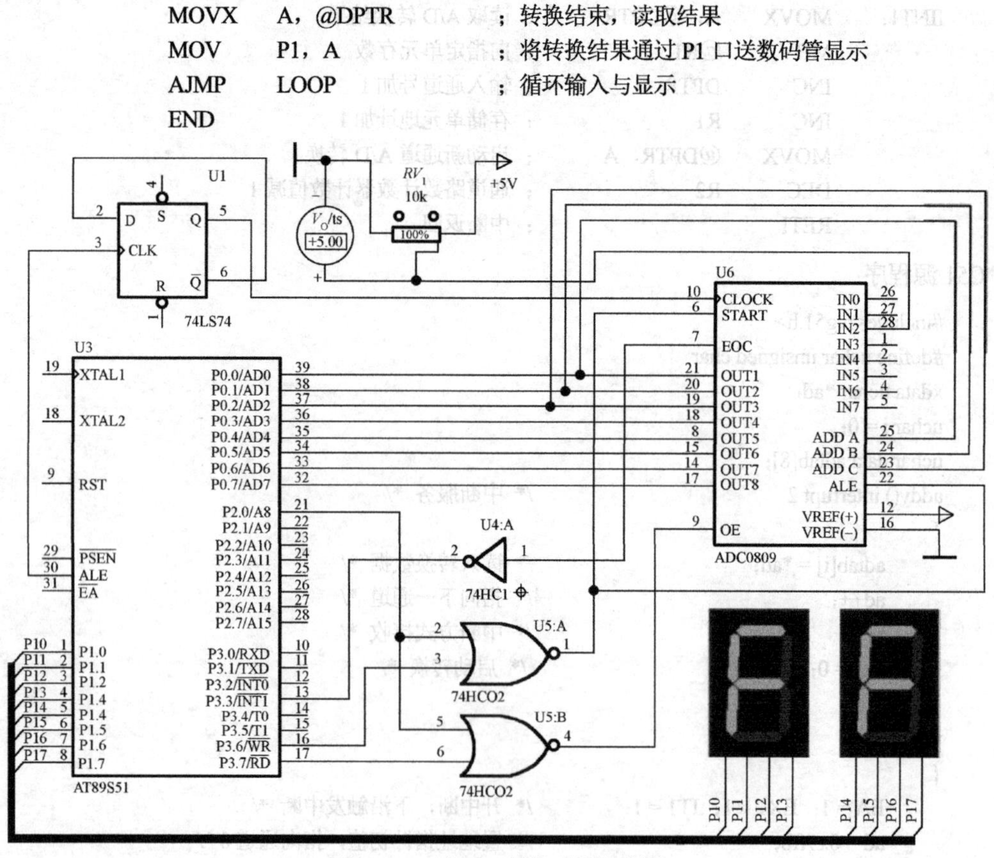

图 14-18 例 14-3 硬件系统仿真图

*C51 源程序：

```
#include <reg51.h>
#include <absacc.h>
#define  AD_IN  XBYTE[0xfeff]        /* 定义 0809 片选端口*/
sbit ad_busy = P3^3；                /* 定义检测单元变量*/
void main (void)
{
    while (1)
    {
        AD_IN = 2；                   /* 给 0809 装入通道号同时发出启动 A/D 信号 */
        while(ad_busy = = 1)；        /* 等待 A/D 转换结束 */
        P1 = AD_IN；                  /* A/D 转换结束取转换数据显示 */
    }
}
```

习题与思考题 14

14.1 D/A 转换器的主要功能是什么？

14.2 对于电流输出型的 D/A 转换器，为了得到电压的转换结果，应采取什么措施？

14.3 D/A 转换器的主要性能指标有哪些？设某 DAC 为二进制 12 位，满量程输出电压为 5V，试

问它的分辨率是多少？

14.4　DAC0832 采用输入寄存器和 DAC 寄存器二级缓冲有何优点？

14.5　AT89S51 与 DAC0832 接口时，有哪 3 种连接方式？各有什么特点？各适合在什么场合使用？

14.6　设 AT89S51 单片机采用单缓冲方式，通过一片 DAC0832 将内部 RAM 地址为 30H～3FH 的存储单元内的数据转换成模拟电压，每隔 1ms 输出一个数据。试设计接口电路图并编制相应的程序。

14.7　A/D 转换器的主要功能是什么？A/D 转换器的主要性能指标有哪些?

14.8　分析 A/D 转换器产生量化误差的原因。一个 8 位的 A/D 转换器，当输入电压为 0～5V 时，其最大的量化误差是多少？

14.9　启动 ADC0809 芯片开始进行 A/D 转换的方法是_______引脚输入正脉冲。

14.10　ADC0809 引脚 OE 是___________________________信号，高电平有效。

14.11　CPU 用查询方式从 A/D 转换器读取数据时，CPU 查询 A/D 转换器的_______信号。

14.12　判断下列说法是否正确。

（1）转换速率这一指标仅适用于 A/D 转换器，D/A 转换器不用考虑转换速率这一问题。（　　）

（2）ADC0809 可以利用“转换结束”信号 EOC 向 AT89S51 单片机发出中断请求。（　　）

（3）输出模拟量的最小变化量称为 A/D 转换器的分辨率。（　　）

14.13　试构建一个由 AT89S51 单片机与一片 ADC0809 组成的数据采集系统，假设 ADC0809 的 8 个输入通道的地址为 FEF8H～FEFFH，画出有关接口的电路图，并编写程序，实现每隔 1 分钟依次采集 8 个通道的数据各一次 8 个，共采样 2 次，其采样值存入片内 RAM 中以 30H 单元开始的存储区中。

*第15章 51系列单片机的串行总线扩展技术

内容提要

随着电子技术的发展，并行总线扩展已不再是单片机系统唯一的扩展结构，串行总线扩展技术的应用也变得越来越广泛。本章重点介绍I^2C和SPI串行扩展技术。

教学目标

- 了解I^2C串行总线的结构与原理。
- 掌握AT89S51单片机软件模拟I^2C串行接口总线时序实现I^2C接口的方法。
- 了解I^2C串行总线的结构与原理。
- 了解AT89S51单片机的SPI总线读写时序模拟及操作。

单片机的串行扩展技术与并行扩展技术相比具有显著的优点，串行接口器件与单片机接口时需要的I/O口线很少（仅需1～4条），串行接口器件体积小，因而占用电路板的空间小，仅为并行接口器件的10%，明显减少了电路板空间和成本。

除上述优点外，还有工作电压宽、抗干扰能力强、功耗低、数据不易丢失等特点。串行扩展技术在IC卡、智能仪器仪表及分布式控制系统等领域得到了广泛应用。

15.1 I^2C总线接口及其扩展

标准型的51系列单片机没有配置I^2C总线接口，但是可以利用其并行口线模拟I^2C总线接口时序，这样就可以广泛地利用I^2C串行总线接口的芯片资源。

15.1.1 I^2C串行总线概述

I^2C（Inter Interface Circuit）总线全称为芯片间接口总线，是Philips公司推出的一种串行总线，用于连接微控制器及其外设。目前许多接口器件采用了I^2C总线接口。如AT24C系列的E^2PROM器件、LED驱动器SAA1064等。

1. I^2C总线系统基本架构

I^2C总线只有两条信号线，一条是数据线SDA，另一条是时钟线SCL。两条线均是双向的，所有连到I^2C总线上器件的数据线都接到SDA线上，各器件时钟线均接到SCL线上。I^2C总线系统基本架构如图15-1所示。带有I^2C总线的单片机（如Philips公司的8xC552）可直接与I^2C总线接口的各种扩展器件（如存储器、I/O芯片、A/D、D/A、键盘、显示器、日历/时钟）连接。由于I^2C总线的寻址采用纯软件的寻址方法，无须片选线的连接，这样就大大简化了总线数量。

2. I^2C总线的特点

I^2C 总线的运行由主器件（主机）控制。主器件是指启动数据的发送（发出起始信号）、发出时钟信号、传送结束时发出终止信号的器件，通常由单片机来担当。从器件（从机）可以是存储器、LED或LCD驱动器、A/D或D/A转换器、时钟/日历器件等，从器件必须带有I^2C串行总线接口。

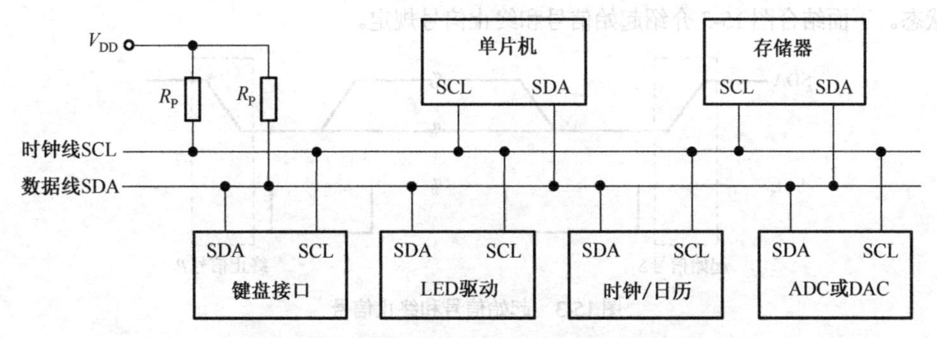

图 15-1　I²C 串行总线系统的基本结构

当 I²C 总线空闲时，SDA 和 SCL 两条线均为高电平。由于连接到总线上器件（节点）的输出级必须是漏极或集电极开路，只要有一器件任意时刻输出低电平，都将使总线上的信号变低，即各器件的 SDA 及 SCL 都是“线与”关系。由于各器件输出端为漏极开路，故必须通过上拉电阻接正电源，以保证 SDA 和 SCL 在空闲时被上拉为高电平。SCL 线上的时钟信号对 SDA 线上的各器件间的数据传输起同步控制作用。SDA 线上的数据起始、终止及数据的有效性均要根据 SDA 线上的时钟信号来判断。

在标准 I²C 普通模式下，数据的传输速率为 100kbps，高速模式下可达 400kbps。总线上扩展的器件数量不是由电流负载决定的，而是由电容负载确定的。I²C 总线上每个节点器件的接口都有一定的等效电容，连接的器件越多，电容值越大，这会造成信号传输的延迟。总线上允许的器件数以器件的电容量不超过 400pF（通过驱动扩展可达 4000pF）为宜，据此可计算出总线长度及连接器件的数量。每个连到 I²C 总线上的器件都有一个唯一的地址，扩展器件时也要受器件地址数目的限制。

I²C 系统允许多主器件，究竟哪一主器件控制总线要通过总线仲裁来决定，以及如何仲裁，可查阅 I²C 仲裁协议。但在实际应用中，经常遇到的是以单一单片机为主机，其他外围接口器件为从机的情况。

15.1.2　I²C 总线的数据传送

1．数据位的有效性规定

I²C 总线在进行数据传送时，每一数据位的传送都与时钟脉冲相对应。时钟脉冲为高电平期间，数据线上的数据必须保持稳定，在 I²C 总线上，只有在时钟线为低电平期间，数据线上的电平状态才允许变化，如图 15-2 所示。

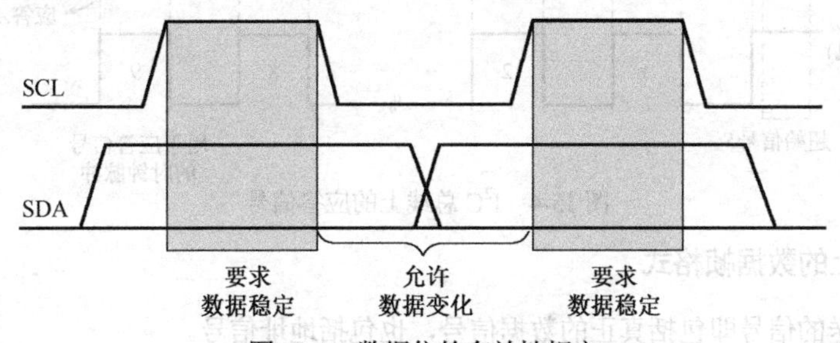

图 15-2　数据位的有效性规定

2．起始和终止信号

据 I²C 总线协议，总线上数据信号传送由起始信号（*S*）开始、由终止信号（*P*）结束。起始信号和终止信号都由主机发出，在起始信号产生后，总线就处于占用状态；在终止信号产生后，总线就处于空闲状态。下面结合图 15-3 介绍起始信号和终止信号规定。

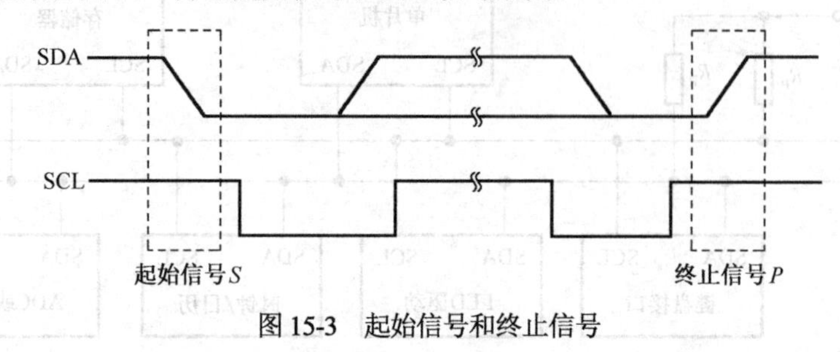

图 15-3 起始信号和终止信号

（1）起始信号（*S*）：在 SCL 线为高期间，SDA 线由高向低的变化表示起始信号，只有在起始信号以后，其他命令才有效。

（2）终止信号（*P*）：在 SCL 线为高期间，SDA 线由低向高的变化表示终止信号。随着终止信号出现，所有外部操作都结束。

3. I²C 总线上数据传送的应答

I²C 总线数据传送时，传送的字节数（数据帧）没有限制，但每一个字节必须为 8 位长度。数据传送，先传最高位（MSB），每一个被传送字节后都须跟随 1 位应答位（即一帧共有 9 位），如图 15-4 所示。

I²C 总线在传送每一字节数据后都须有应答信号 A，在第 9 个时钟位上出现，与应答信号对应的时钟信号由主机产生。这时发方须在这一时钟位上使 SDA 线处于高电平状态，以便收方在这一位上送出低电平应答信号 A。

由于某种原因接收方不对主机寻址信号应答时，例如，接收方正在进行其他处理而无法接收总线上的数据时，必须释放总线，将数据线置为高电平，而由主机产生一个终止信号以结束总线的数据传送。

当主机接收来自从机的数据时，接收到最后一个数据字节后，必须给从机发送一个非应答信号（$\overline{A}$），使从机释放数据总线，以便主机发送一个终止信号，从而结束数据的传送。

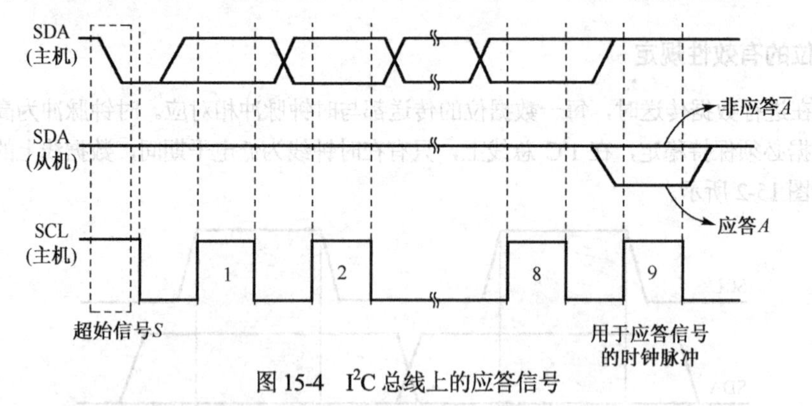

图 15-4 I²C 总线上的应答信号

4. I²C 总线上的数据帧格式

I²C 总线上传送的信号即包括真正的数据信号，也包括地址信号。

I²C 总线规定，在起始信号后必须传送一个从机的地址（7 位），第 8 位是数据传送的方向位（$R/\overline{W}$），用“0”表示主机发送数据（$\overline{W}$），用“1”表示主机接收数据（*R*）。每次数据传送总是由主机产生的终止信号结束。但是，若主机希望继续占用总线进行新的数据传送，则可不产生终止信号，马上再次发出起始信号对另一从机进行寻址。因此，在总线一次数据传送过程中，可以有以下几种组合方式。

（1）主机向从机发送 n 个字节的数据，数据传送方向在整个传送过程中不变，传送格式如图 15-5 所示。

图 15-5　主机向从机发送数据格式图

说明：阴影部分表示主机向从机发送数据，无阴影部分表示从机向主机发送数据，以下同。上述格式中的从机地址为 7 位，紧接其后的“1”和“0”表示主机的读/写方向，“1”为读，“0”为写。

格式中，字节 1～字节 n 为主机写入从机的 n 字节数据。

（2）主机读出来自从机的 n 个字节。除第一个寻址字节由主机发出，n 个字节都由从机发送，主机接收，数据传送格式如图 15-6 所示。

图 15-6　主机接收数据格式图

其中，字节 1～字节 n 为从机被读出的 n 个字节的数据。主机发送终止信号前应发送非应答信号（$\overline{A}$），向从机表明读操作要结束。

（3）主机的读、写操作。在一次数据传送过程中，主机先发送一个字节数据，然后再接收一个字节数据，此时起始信号和从机地址都被重新产生一次，但两次读写的方向位正好相反。数据传送的格式如图 15-7 所示。

S	从机地址	0	A	数据	A/$\overline{A}$	Sr	从机地址 r	1	A	数据	$\overline{A}$	P

图 15-7　主机读、写数据传送格式图

格式中“Sr”表示重新产生的起始信号，“从机地址 r”表示重新产生的从机地址。

由上可见，无论哪种方式，起始信号、终止信号和从机地址均由主机发送，数据字节传送方向由寻址字节中的方向位规定，每字节传送都必须有应答位（A 或 $\overline{A}$）相随。

5．寻址字节

在上面所介绍的数据帧格式中，均有 7 位从机地址和紧跟其后的 1 位读/写方向位，即下面要介绍的寻址字节。I²C 总线的寻址采用软件寻址，主机在发送完起始信号后，立即发送寻址字节来寻址被控的从机，寻址字节格式如图 15-8 所示。

寻址字节	器件地址				引脚地址			方向位
	DA3	DA2	DA1	DA0	A2	A1	A0	$R/\overline{W}$

图 15-8　寻址字节格式图

7 位从机地址即为“DA3、DA2、DA1、DA0”和“A2、A1、A0”。其中“DA3、DA2、DA1、DA0”为器件地址，是外围器件固有的地址编码，器件出厂时就已经给定。“A2、A1、A0”为引脚地址，由器件引脚 A2、A1、A0 在电路中接高电平或接地决定。

数据方向位（$R/\overline{W}$）规定了总线上的单片机（主机）与外围器件（从机）的数据传送方向。$R/\overline{W}=1$，表示主机接收（读）；$R/\overline{W}=0$，表示主机发送（写）。

下面通过实例介绍单片机与 I²C 接口器件的接口设计与编程。

15.1.3 应用举例：AT89S51与AT24C02的接口

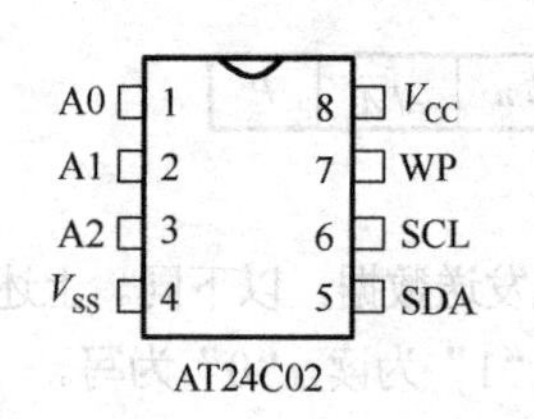

图15-9 AT24C02的引脚图

1．器件概述

AT24C02为串行E^2PROM存储器，体积小、功耗低、占用I/O口线少，性能价格比高。其引脚图如图15-9所示，引脚定义如表15-1所示。

2．AT89S51与AT24C02的硬件连接图

AT89S51与AT24C02的硬件连接图如图15-10所示。

表15-1 AT24C02的引脚定义

引　脚	功能描述
A0 A1 A2	器件地址选择
SCL	串行时钟
SDA	串行数据/地址
WP	写保护，低电平允许写入
V_{CC}	正电源5V
V_{SS}	地

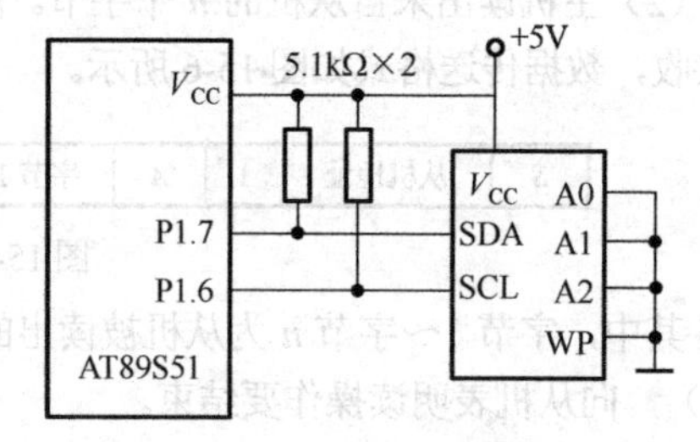

图15-10 AT89S51与AT24C02的连接图

3．读写数据流程

根据上一小节所介绍的I^2C总线协议，可列出AT89S51单片机对AT24C02读写时的操作步骤。

（1）写入数据步骤

① 单片机发送起始信号S。

② 单片机发送控制字节，释放SDA线。

③ 被选中的器件确认是自己的地址后，在SDA线产生应答。

④ 单片机发送1字节预写入存储区首地址。

⑤ 器件产生应答。

⑥ 单片机发出停止信号P。

⑦ 器件进入写周期（10ms内结束）。

（2）读数据步骤

① 单片机发送起始信号S。

② 单片机发送控制字节（伪写），释放SDA线。

③ 被选中的器件确认是自己的地址后，在SDA线产生应答。

④ 单片机发送1字节预读出存储区首地址。

⑤ 器件产生应答。

⑥ 单片机再发一次起始信号S和读控制字节。

⑦ 器件产生应答。

⑧ 单片机读数据、恢复应答。

⑨ 最后字节读完、发非应答、发停止信号P。

4．汇编语言源程序清单

```
SDA     BIT     P1.7
SCL     BIT     P1.6
ACK     BIT     F0                  ；应答标志
```

```
NUMBYTE EQU     72H                  ; 读/写字节数
SUBA     EQU     71H                  ; 存放 24C02 内部地址
SLA      EQU     70H                  ; 24C02 器件地址
TD       EQU     40H                  ; 发送数据存储区首地址（40H～47H）
RDA      EQU     50H                  ; 接收数据存储区首地址（50H～57H）
ReadData: MOV    SLA，#0A0H
         MOV     SUBA，#30H
         MOV     NUMBYTE，#8
         LCALL   IRBYTE
         RET
WriteData: MOV   SLA，#0A0H           ; 24C02 器件地址，写操作
         MOV     SUBA，#30H           ; 24C02 片内地址
         MOV     NUMBYTE，#8          ; 写入 8 个字节
         LCALL   DELAY                ; 写下个数据前，延时 10ms
         LCALL   IWBYTE               ; 写数据
         RET
; -------------------------写数据---------------------
IWBYTE:  MOV     R3，NUMBYTE
         LCALL   START                ; 启动总线
         MOV     A，SLA               ; 24C02 器件地址
         LCALL   WRBYTE               ; 发送器件地址
         LCALL   CHECK                ; 检查应答位
         JNB     ACK，RET1            ; 无应答，退出
         MOV     A，SUBA              ; 24C02 内部地址
         LCALL   WRBYTE               ; 发送内部地址
         LCALL   CHECK                ; 检查应答位
         MOV     R1，#TD              ; 发送数据存储区首地址
WRDA:    MOV     A，@R1
         LCALL   WRBYTE               ; 开始写入数据
         LCALL   CHECK
         JNB     ACK，IWBYTE          ; 无应答从新写入
         INC     R1
         DJNZ    R3， WRDA            ; 判断字节数是否写完
RET1:    LCALL   STOP
         RET
; -------------------------读数据-------------------------
IRBYTE:  MOV     R3，NUMBYTE          ; 接收字节数
         LCALL   START                ; 启动总线
         MOV     A，SLA               ; 24C02 器件地址，伪写入
         LCALL   WRBYTE               ; 发送器件地址
         LCALL   CHECK                ; 检查应答信号
         JNB     ACK，RET2            ; 无应答退出
         MOV     A，SUBA              ; 24C02 内部地址，要读的地址
         LCALL   WRBYTE               ; 发送内部地址
         LCALL   CHECK                ; 检查应答信号
         LCALL   START                ; 重新启动总线
         MOV     A，SLA
         INC     A                    ; 进行真正的读操作
         LCALL   WRBYTE               ; 发送读指令
         LCALL   CHECK
         JNB     ACK，IRBYTE          ; 无应答，重新发送
         MOV     R1，#RDA             ; 接收数据存储区首址
RON1:    LCALL   RDBYTE               ; 开始读取 24C02
         MOV     @R1，A               ; 把读取的数据存放到数据接收区
         DJNZ    R3，SACK             ; 是否接收到，规定的字节数
         LCALL   FYD                  ; 最后一个字节发送应答位
RET2:    LCALL   STOP                 ; 停止读
         RET
SACK:    LCALL   YD                   ; 接收到数据，发送应答
         INC     R1                   ; 接收数据单元的下一个地址
         SJMP    RON1                 ; 继续读取
```

```
; ---------------------------启动总线---------------------
START:   SETB   SDA           ；发送起始条件数据信号
         NOP
         SETB   SCL           ；发送起始条件时钟信号
         NOP
         NOP
         NOP
         NOP
         NOP                  ；起始条件锁定时间大于 4.7μs
         CLR    SDA           ；SDA 由高电平到低电平，发送起始信号
         NOP
         NOP
         NOP
         NOP                  ；起始条件锁定时间大于 4.7μs
         CLR    SCL           ；锁住总线，准备发送数据
         NOP
         RET
; ---------------------------停止总线-----------------------
STOP:    CLR    SDA           ；发送停止条件数据信号
         NOP
         NOP
         SETB   SCL           ；发送停止条件数据信号
         NOP
         NOP
         NOP
         NOP
         NOP
         SETB   SDA           ；发送总线停止信号
         NOP
         NOP
         NOP
         NOP
         NOP
         RET
; ---------------------------发送应答信号------------------------
YD:      CLR    SDA
         NOP
         NOP
         SETB   SCL
         NOP
         NOP
         NOP
         NOP
         NOP
         CLR    SCL
         NOP
         NOP
         RET
; --------------------------发送非应答信号-----------------------
FYD:     SETB   SDA
         NOP
         NOP
         SETB   SCL
         NOP
         NOP
         NOP
         NOP
         NOP
         CLR    SCL
         NOP
         NOP
```

```
        RET
; ---------------------------------检查应答位-----------------------------------
CHECK:  SETB    SDA             ；数据线拉高
        NOP
        NOP
        SETB    SCL             ；打开时钟
        CLR     ACK             ；应答标志清零
        NOP
        NOP
        MOV     C，SDA          ；读取应答信号
        JC      CEND            ；判断应答信号，无应答，返回
        SETB    ACK             ；有应答，ACK 置 1
CEND:   NOP
        CLR     SCL
        NOP
        RET
; ----------------------------发送字节，字节存在 ACC 中--------------------------
WRBYTE: MOV     R0，#08H
WLP:    RLC     A
        JC      WR1
        SJMP    WR0
WR1:    SETB    SDA             ；发送 1
        NOP
        SETB    SCL
        NOP
        NOP
        NOP
        NOP
        NOP
        CLR     SCL
        SJMP    WLP1
WR0:    CLR     SDA             ；发送 0
        NOP
        SETB    SCL
        NOP
        NOP
        NOP
        NOP
        NOP
        CLR     SCL
        SJMP    WLP1
WLP1:   DJNZ    R0，WLP
        NOP
        RET
; -----------------------读取字节，读出后存在 ACC 中--------------------
RDBYTE: MOV     R0，#08H
RLP:    SETB    SDA
        NOP
        SETB    SCL             ；打开时钟，24C02 发了一个数据
                                ；这时开始读取数据线上的数
        NOP
        NOP
        MOV     C，SDA          ；读取数据位
        CLR     A
        CLR     SCL
        RLC     A
        NOP
        NOP
        NOP
        DJNZ    R0，RLP         ；不够 8 位继续读取
        RET
```

```
; -------------------------------------------------------------------
DELAY:   MOV    R5,    #20
DE1:     MOV    R6,    #248
DE2:     MOV    R7,    #248
         DJNZ   R7,    $
         DJNZ   R6,    DE2
         DJNZ   R5,    DE1
         RET
         END
```

15.2　SPI串行总线接口及其扩展

SPI（Serial Peripheral Interface）是Motorola公司推出的同步串行外设接口，允许单片机与多个厂家生产的带有标准SPI接口的外围设备直接连接，以串行方式交换信息。

15.2.1　单片机扩展SPI总线的系统结构

标准型的51系列单片机没有配置SPI接口，但是可以利用其并行口线模拟SPI串行总线时序，这样就可以广泛地使用SPI串行接口芯片的资源。

SPI的典型应用是“主MCU＋多个从器件”的主从模式，从器件通常是外围接口器件，如存储器、I/O接口、A/D、D/A、键盘、日历/时钟和显示驱动等。扩展多个外围器件时，SPI无法通过数据线译码选择，故外围器件都有片选端。在扩展单个SPI器件时，外围器件的片选端$\overline{CS}$可以接地或通过I/O口控制；在扩展多个SPI器件时，单片机应分别通过I/O口线来分时选通外围器件。图15-11所示为51系列单片机SPI外围串行扩展结构示意图。

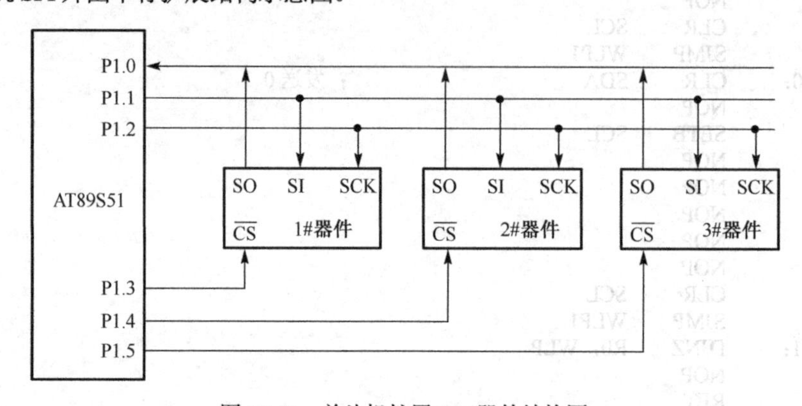

图15-11　单片机扩展SPI器件结构图

实际的SPI器件种类繁多，时序也可能不相同，但通常配有4个SPI引脚：串行传输时钟SCK，主器件输入/从器件输出数据线MISO（或SO），主器件输出/从器件输入数据线MOSI（SI）和从器件片选端$\overline{CS}$（或SS）。

15.2.2　单片机的SPI总线读写时序模拟

SPI传输的数据为8位。由单片机发出从器件片选信号，并产生移位脉冲。传输时高位有前低位在后，如图15-12所示（由于SCK相位和开始极性的不同，还有另外三种情况，请参阅有关数据手册）。

1. 单片机读数据

单片机读（从器件输出）操作时，在$\overline{CS}$有效的情况下，在SCK的下降沿，从器件将数据放在MISO线上，单片机延时并采样MISO线，将数据位读入。然后将SCK置为高电平形成上升沿将数据锁存。

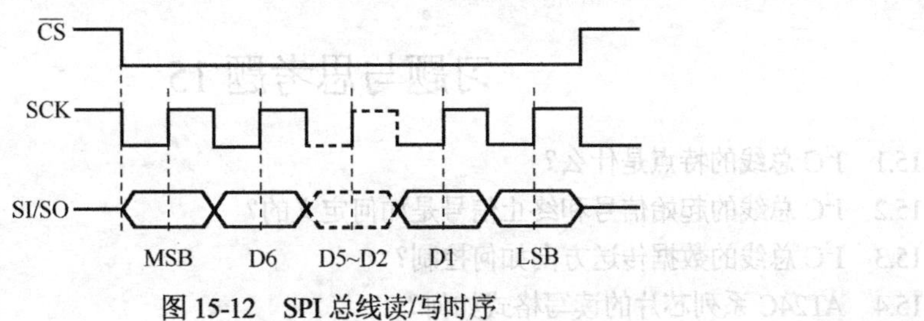

图 15-12　SPI 总线读/写时序

2. 单片机写数据

单片机写（从器件输入）操作时，在 $\overline{CS}$ 有效的情况下，在 SCK 的下降沿，单片机将数据放在 MOSI 线上，从器件经过延时后采样 MOSI 线，并将相应的数据位移入，然后在 SCK 被置为高电平时形成的上升沿将数据锁存，完成数据写入从器件的过程。

15.2.3 应用举例

【例 15-1】 单片机与具有 SPI 总线接口的 E^2PROM 器件 X25F008 的接口如图 15-13 所示。试根据图 15-12 所示的时序图，编写单片机读/写子程序。

定义单片机引脚如下：

```
MOSI   EQU   P1.0
SCK    EQU   P1.1
SS     EQU   P1.2
MISO   EQU   P1.3
```

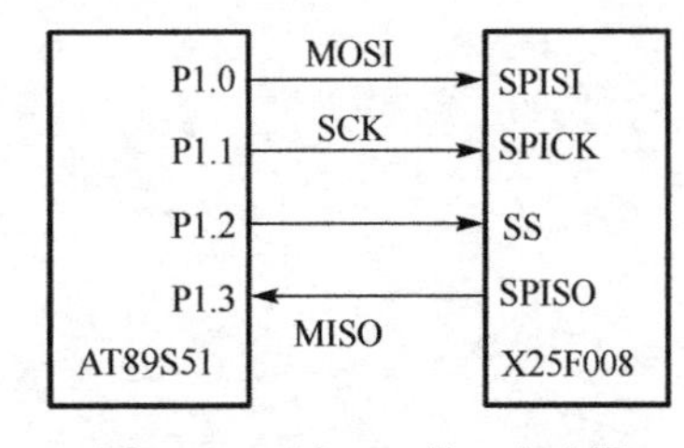

图 15-13　例 15-1 接口电路图

单片机读子程序：

出口参数：读取字节在累加器 A 中

```
SPIRD:   SETB   SCK
         CLR    SS
         MOV    R1，#8
RLOOP:   CLR    SCK
         NOP
         NOP
         MOV    C，MISO
         RLC    A
         SETB   SCK
         DJNZ   R1，RLOOP
         RET
```

单片机写子程序：

入口参数：发送字节在累加器 A 中

```
SPIWR:   SETB   SCK
         CLR    SS
         MOV    R1，#8
WLOOP:   CLR    SCK
         NOP
         NOP
         RLC    A
         MOV    MOSI，C
         SETB   SCK
         DJNZ   R1，WLOOP
         RET
```

习题与思考题15

15.1 I^2C 总线的特点是什么？

15.2 I^2C 总线的起始信号和终止信号是如何定义的？

15.3 I^2C 总线的数据传送方向如何控制？

15.4 AT24C 系列芯片的读写格式如何？

15.5 单片机如何对 I^2C 总线中的器件进行寻址？

15.6 SPI 接口线有哪几个？作用如何？

15.7 请说明 SPI 数据传输的基本过程。

第 16 章　单片机应用系统的设计与调试

内容提要

本章介绍单片机应用系统的设计与调试，主要内容包括：应用系统的设计方法和步骤，系统软件的总体框架及设计调试举例。此外，还将介绍目前常用的仿真开发工具及其对单片机应用系统开发调试的方法。

教学目标

- 了解单片机应用系统设计的基本要求。
- 了解单片机应用系统的开发步骤。
- 了解单片机应用系统的基本结构。
- 了解单片机开发系统的类型。
- 了解单片机应用系统电路设计和软件设计的要点。
- 了解工具软件 Keil μVision 和 Proteus 在单片机应用系统开发中的应用。

单片机应用系统是指以单片机为核心，配以一定的外围电路和软件，能实现用户所要求的测控功能的系统。单片机作为微型计算机的一个分支，其应用系统的设计方法和思想与一般的微型计算机应用系统的设计在许多方面是一致的。但由于单片机应用系统通常作为一个大系统的最前端，设计时更应该注意应用现场的工程实际问题，使系统的可靠性能够满足用户的要求。

16.1　单片机应用系统的设计过程

16.1.1　单片机应用系统的基本要求

设计单片机应用系统之前，首先应该了解单片机应用系统的基本要求。根据单片机应用的特点，对单片机应用系统的基本要求主要包括如下 3 个方面。

1. 可靠性高

单片机系统的任务通常是整个大系统的前端信号采集和输出控制，一旦出现故障，必将造成整个大系统或生产过程的混乱和失控。因此对可靠性的考虑应该贯穿于单片机应用系统设计的全过程。通常应该从以下 5 个方面进行考虑。

（1）选用可靠性高的电子元器件。

（2）采取必要的抗干扰措施，防止环境干扰、信号串扰，以及电源或地线的干扰；单片机作为测控系统的主控端，在对电机、继电器等对象进行控制时必须采用低电平触发，以防止其误动作。

（3）整个系统中相关器件的性能应匹配，如读/写速度匹配、精度匹配等。

（4）当单片机外接电路较多时，须考虑其驱动能力。

（5）在软件上应做必要的冗余设计和增加自诊断功能。

2. 性能价格比高

为使产品具有良好的市场竞争力，在提高系统功能指标的同时，还要优化系统设计，采用硬件软化技术提高系统的性能价格比。

3. 操作简单方便

一个好的产品，除了功能强、性价比好、可靠性高以外，还应该使用和维护方便，尽量减少人机交互接口，多考虑设计傻瓜式、学习型的操作界面，以方便任何人使用。

16.1.2 单片机应用系统设计的步骤

单片机应用系统的设计工作，需经过深入细致的需求分析、周密而科学的方案论证才能使系统设计工作顺利完成。应用系统设计一般可分为5个阶段。

1. 明确任务和需求分析及拟定设计方案阶段

明确系统要完成的任务十分重要，这是设计工作的基础及系统设计方案正确性的保证。

需求分析的内容主要包括：被测控参数的形式（电量、非电量、模拟量、数字量等）、被测控参数的范围、性能指标、系统功能、工作环境、显示、报警、打印要求等。

拟定设计方案就是根据任务的需求分析，先确定大致方向和准备采用的手段。

2. 硬件和软件设计阶段

根据拟定的方案，设计出相应的系统硬件电路。硬件设计的前提是必须能够完成系统的要求和保证可靠性。在硬件设计时，如能将硬件电路设计与软件设计结合起来考虑，效果会更好。因为当有些问题在硬件电路中无法完成时，可直接由软件来完成；当软件编写程序很麻烦时，通过稍改动硬件电路（或尽可能不改动）可能会使软件变得简单。另外在要求系统实时性强、响应速度快的场合，往往必须用硬件代替软件来完成某些功能。可直接由软件来完成（如软件滤波、校准功能等）。所以硬件设计时，最好与软件的设计结合起来，统一考虑，合理地安排软、硬件的比例，使系统具有最佳性价比。当硬件电路设计完成后，就可以进行硬件电路板绘制和焊接工作了。

接下来的工作就是软件设计。正确的编程方法就是根据需求分析，先绘制出软件的流程图，该环节十分重要。流程图绘制往往不能一次成功，需多次修改。

流程图的绘制可由简到繁逐步细化，先绘制系统大体上需要执行的程序模块，然后将这些模块按照要求组合在一起（如主程序、子程序及中断服务子程序等），在大方向没问题后，再将每个模块细化，最后形成流程图。这为后面的程序编写工作带来了很大的便利，同时为后面的调试工作带来很多方便，如调试中某模块不正常，就可以通过流程图来查找问题的原因。

设计者也可在上述软/硬件设计完成后，先使用单片机的EDA软件仿真开发工具Proteus，来进行仿真设计。用软件仿真开发工具Proteus设计的系统与用户样机在硬件上无任何联系，是一种完全用软件手段来对单片机硬件电路和软件进行设计、开发与仿真调试的开发工具。如果先在软件仿真工具的软环境下进行系统设计并调试通过，虽然还不能完全说明实际系统就完全通过，但至少在逻辑上是行得通的。软件仿真通过后，再进行软/硬件设计与实现，可大大减少设计上所走的弯路。这也是目前世界上流行的一种开发方法。

3．硬件与软件联合调试阶段

软/硬件的设计工作完成后，就进入软/硬件的联合调试阶段，需通过硬件仿真开发工具来进行，具体的调试方法和过程，在本章 16.3 节介绍。

所有软件和硬件电路全部调试通过，并不意味系统设计成功，还需通过运行来调整系统的运行状态，例如系统中的 A/D 转换结果是否正确，如果不正确，是否要调零和调整基准电压等。

4．考机定型阶段

开发出的样机还应该在使用现场进行试用，对发现的问题进行改进，使性能进一步优化。然后才能软件固化、组装定型。

5．资料与文件整理编制阶段

产品定型后，就进入资料与文件整理编制阶段。

资料与文件包括：任务描述、设计的指导思想及设计方案论证、性能测定及现场试用报告与说明、使用指南、软件资料（流程图、子程序使用说明、地址分配、程序清单）、硬件资料（电原理图、元件布置图及接线图、接插件引脚图、线路板图、注意事项）。

文件不仅是设计工作的结果，而且是以后使用、维修及进一步再设计的依据。因此，要精心编写，描述清楚，使数据及资料齐全。

单片机应用系统的整个开发过程可用图 16-1 来简洁地表述。

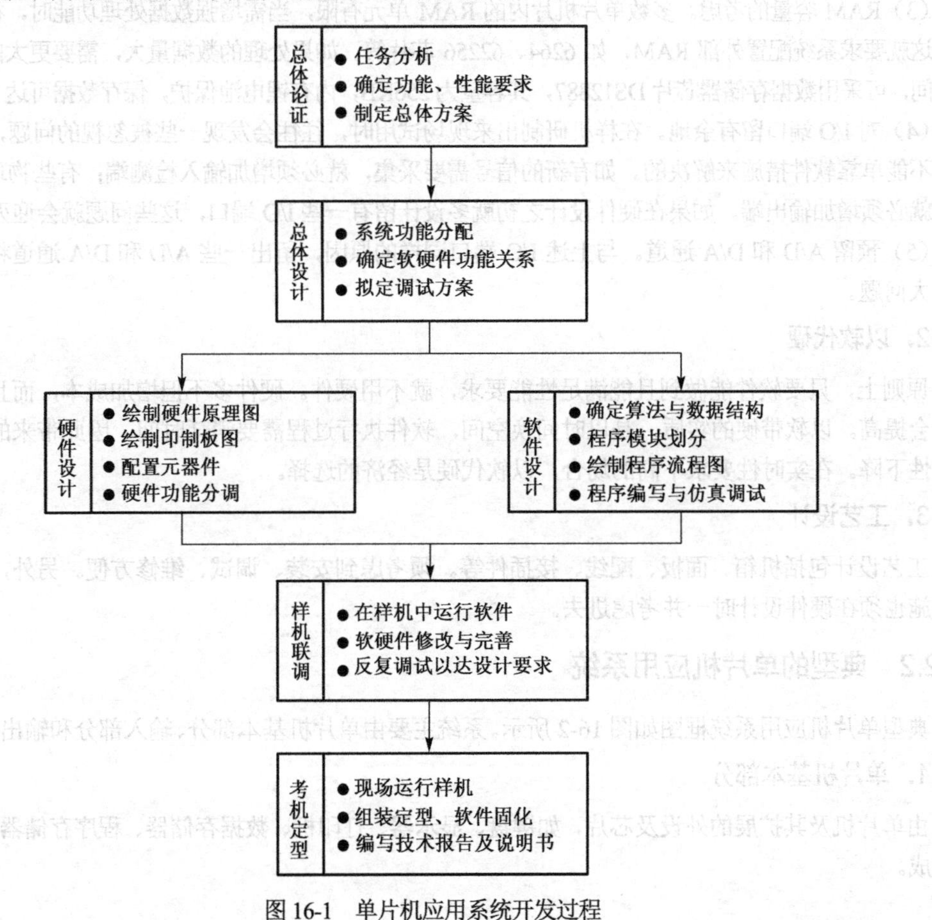

图 16-1　单片机应用系统开发过程

16.2 单片机应用系统设计

在总体方案和总体设计确定下来后，就进入具体的设计工作阶段。本节主要介绍如何进行系统的设计。主要从硬件设计和软件设计两方面考虑。

16.2.1 硬件设计应考虑的问题

硬件设计时，应重点考虑以下问题。

1. 尽可能采用功能强的芯片

（1）单片机选型。单片机的集成度越来越高，许多外围部件都已集成在芯片内，有的单片机本身就是一个系统，这可省去许多外围部件的扩展工作，使设计工作简化。

例如，目前市场上较为流行的美国 Cygnal 公司的 C8051F020 单片机，片内集成有 8 通道 A/D、两路 D/A、两路电压比较器，内置温度传感器、定时器、可编程数字交叉开关和 64 个通用 I/O 口、电源监测、看门狗、多种类型的串行总线（两个 UART、SPI）等。用 1 片 C8051F020 单片机，就构成一个应用系统。再如系统需要较大的 I/O 驱动能力和较强的抗干扰能力，可考虑选用其他系列的单片机，如 AVR 单片机等。

（2）优先选片内有闪存的产品。例如，使用 ATMEL 公司的 AT89C5x 系列产品、Philips 公司的 89C58（内有 32KB 的闪速存储器）等，可省去片外扩展程序存储器的工作，减少芯片数量，缩小系统体积。

（3）RAM 容量的考虑。多数单片机片内的 RAM 单元有限，当需增强数据处理功能时，往往觉得不足，这就要求系统配置外部 RAM，如 6264、62256 芯片等。如果处理的数据量大，需要更大的数据存储器空间，可采用数据存储器芯片 DS12887，其容量为 256KB，内有锂电池保护，保存数据可达 10 年以上。

（4）对 I/O 端口留有余地。在样机研制出来现场试用时，往往会发现一些被忽视的问题，而这些问题是不能单靠软件措施来解决的。如有新的信号需要采集，就必须增加输入检测端；有些物理量需要控制，就必须增加输出端。如果在硬件设计之初就多设计留有一些 I/O 端口，这些问题就会迎刃而解。

（5）预留 A/D 和 D/A 通道。与上述 I/O 端口同样的原因，留出一些 A/D 和 D/A 通道将来可能会解决大问题。

2. 以软代硬

原则上，只要软件能做到且能满足性能要求，就不用硬件。硬件多不但增加成本，而且系统故障率也会提高。以软带硬的实质，是以时间换空间，软件执行过程需要消耗时间，因此带来的问题就是实时性下降。在实时性要求不高的场合，以软代硬是经济的选择。

3. 工艺设计

工艺设计包括机箱、面板、配线、接插件等。须考虑到安装、调试、维修方便。另外，硬件抗干扰措施也须在硬件设计时一并考虑进去。

16.2.2 典型的单片机应用系统

典型单片机应用系统框图如图 16-2 所示。系统主要由单片机基本部分、输入部分和输出部分组成。

1. 单片机基本部分

由单片机及其扩展的外设及芯片，如键盘、显示器、打印机、数据存储器、程序存储器、数字 I/O 等组成。

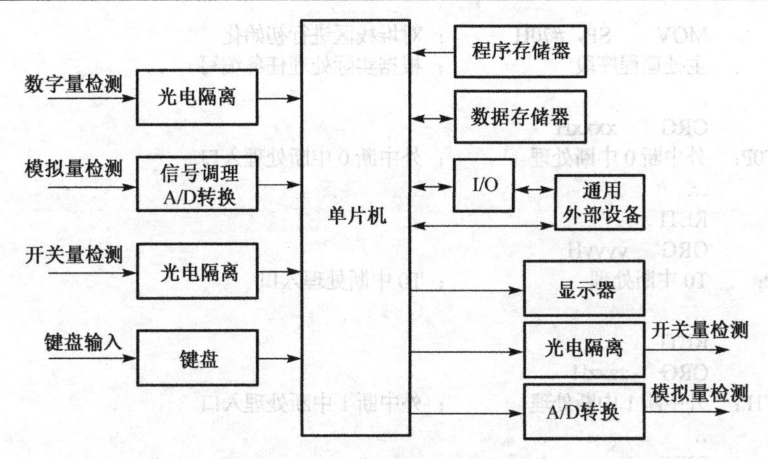

图 16-2 单片机典型应用系统框图

2. 输入部分

这是测控系统中“测”的部分，被“测”的信号类型有：数字量、模拟量和开关量。模拟量输入检测的对象主要包括信号调理电路及 A/D 转换器。A/D 转换器中又包括多路切换、采样保持、A/D 转换电路，目前都集成在 A/D 转换器芯片中，或直接集成在单片机片内。

连接传感器与 A/D 转换器之间的桥梁是信号调理电路，传感器输出的模拟信号要经信号调理电路对信号进行放大、滤波、隔离、量程调整等，变换成适合 A/D 转换的电压信号。信号放大通常由单片式仪表放大器承担。仪表放大器对信号进行放大比普通运算放大器具有更优异的性能。如何根据不同的传感器正确地选择仪表放大器来进行信号调理电路的设计，请读者参阅有关资料和文献。

3. 输出部分

输出部分是应用系统“控”的部分，包括数字量、开关量控制信号的输出和模拟量控制信号（常用于伺服控制）的输出。

16.2.3 单片机应用系统软件的总体框架

不同的应用系统或不同的设计者设计的软件各不相同，但是软件的总体框架还是类似的。设下面以 AT89S51 单片机 5 个中断源都用到的情况为例，提供一个典型的总体程序框架，供软件设计时参考。

【例 16-1】有一个 AT89S51 应用系统，假设 5 个中断源都已用到，应用系统的程序框架如下。

```
        ORG     0000H           ; 系统程序入口
        LJMP    MAIN            ; 转向主程序入口 MAIN
        ORG     0003H           ; 外中断 0 中断向量入口
        LJMP    TOINT0P         ; 转向外中断 0 入口 IINT0P
        ORG     000BH           ; T0 中断向量入口
        LJMP    TOT0P           ; 转向 T0 中断入口 IT0P
        ORG     0013H           ; 外中断 0 中断向量入口
        LJMP    TOINT1P         ; 转向外中断 1 入口 IINT1P
        ORG     001BH           ; T1 中断向量入口
        LJMP    TOT1P           ; 转向 T1 中断处理程序入口 IT1P
        ORG     0023H           ; 串行口中断向量入口
        LJMP    TOSIOP          ; 转向串行口中断处理程序入口 ISIOP
        ORG     0030H           ; 主程序入口
MAIN:   …                       ; 对片内各功能部件及扩展的各 I/O 接口芯片初始化
```

```
            MOV     SP，#70H        ；对堆栈区进行初始化
            主处理程序段              ；根据实际处理任务编写
            …
            ORG     xxxxH
TOINT0P：   外中断0中断处理           ；外中断0中断处理入口
            …
            RETI
            ORG     yyyyH
TOT0P：     T0中断处理               ；T0中断处理入口
            …
            RETI
            ORG     zzzzH
TOINT1P：   外中断1中断处理           ；外中断1中断处理入口
            …
            RETI
            ORG     uuuuH
TOT1P：     T1中断处理               ；T1中断处理子程序IT0P入口
            …
            RETI
            ORG     vvvvH
TOSIOP：    串行口中断处理            ；串行口中断处理子程序入口
            …
            RETI
            END
```

在实际应用中，5个中断源也未必全用，上述程序框架仅供参考。

如果用C51来编写系统程序，则中断处理通过中断函数实现，其他功能模块也是以函数的形式编制，易于实现模块化的结构。

16.3　单片机应用系统的仿真与调试

单片机应用系统设计安装完毕后，应先进行硬件的静态检查，即在不加电的情况下用万用表等工具检查电路的接线是否正确，电源对地是否短路。加电后在不插芯片情况下，检查各插座引脚的电位是否正常，检查无误以后，再在断电的情况下插上芯片。静态检查可以防止电源短路或烧坏元器件，然后再进行软/硬件的联调。

单片机应用系统的调试常用有3种方法。

1．编程器直接烧录程序

通过编译软件把源程序编译为HEX文件，通过烧录器烧入EPROM（E^2PROM）中，直接上电运行。这种方式是通过反复地上机试用和反复插、拔芯片和擦除、烧写完成开发的，对于有经验的工作人员，在正确后，也可以一次烧写成功。如果在烧写前先进行软件模拟调试，待程序执行无误后再烧写，是可以提高开发效率的。采用ISP单片机，如AT89S51，并配上相应编程电路即可实现在系统烧写的功能并可立即执行，实现编程器和实验台双重功能。

这种开发方式的优点是所需的投资少，一般教学单位或小公司乃至个人，均会有PC，所需购买的只是编程器，且一个实验室只需购买一两台即可。模拟仿真软件网上可以下载或向商家索取。缺点是无跟踪调试功能，只适用于小系统开发，开发效率较低。

2. 采用在线仿真器

在线仿真器是目前设计者使用最多的一类开发装置，是一种通过 PC 的并行口、串行口或 USB 口，外加在线仿真器的仿真开发系统，如图 16-3 所示。

图 16-3　通用机仿真开发系统

在线仿真器一侧与 PC 的串口（或并口、USB 口）相连。在线仿真器另一侧的仿真插头插入用户样机的单片机插座上，对样机的单片机进行“仿真”。从仿真插头向在线仿真器看去，看到的就是一个“单片机”。这个“单片机”用来“代替”用户样机上的单片机。但是这个“单片机”片内程序的运行是由 PC 上的软件控制的。由于在线仿真器有 PC 及其仿真开发软件的强大支持，可以在 PC 的屏幕上观察用户程序的运行情况，可以采用单步、设断点等手段逐条跟踪用户程序并进行修改和调试，以及查找软、硬件故障。

在线仿真器除了“出借”单片机外，还“出借”存储器，即仿真 RAM。就是说，在用户样机调试期间，仿真器把开发系统的一部分存储器“变换”成为用户样机的存储器。这部分存储器与用户样机的程序存储器具有相同的存储空间，用来存放待调试的用户程序。

在调试用户程序时，仿真器的仿真插头必须插入用户样机空出的单片机插座中。当仿真开发系统与 PC 联机后，用户可利用 PC 上的仿真开发软件，在 PC 上编辑、修改源程序，然后通过交叉汇编软件将其汇编成机器代码，传送到在线仿真器中的仿真 RAM 中。这时用户可用单步、断点、跟踪、全速等方式运行用户程序，系统状态实时地显示在屏幕上。程序调试通过，再使用编程器，把调试完毕的程序写入单片机内的 Flash 存储器中或外扩的 EPROM 中。此类仿真开发系统是目前最流行的仿真开发工具。配置不同的仿真插头，可以仿真开发各种单片机。

通用机仿真开发系统中还有另一种仿真器：独立型仿真器。该类仿真器采用模块化结构，配有不同外设，如外存板、打印机、键盘/显示器等，用户可根据需要选用。在工业现场，往往没有 PC 的支持，这时使用独立型仿真器也可进行仿真调试工作，只不过要输入机器码，稍显麻烦一些。

3. 采用软件仿真开发工具 Proteus

在使用 Proteus 软件进行仿真开发时，编译调试环境可选用 Keil μVision 软件。该软件支持众多不同公司的 MCS-51 架构的单片机，集编辑、编译和程序仿真等于一体，同时还支持汇编和 C 语言的程序设计，界面友好易学，在调试程序、软件仿真方面有很强大的功能。

用 Proteus 软件调试不需要任何硬件在线仿真器，也不需要用户硬件样机，直接就可以在 PC 上开发和调试单片机软件。调试完毕的软件可以将机器代码固化，一般能直接投入运行。

尽管 Proteus 软件具有开发效率高、不需要附加的硬件开发装置等优点，但软件模拟器是使用纯软件来对用户系统仿真，对硬件电路的实时性还不能完全准确地模拟，不能进行用户样机硬件部分的诊断与实时在线仿真。因此在系统开发中，一般是先用 Proteus 设计出系统的硬件电路，编写程序，然后在 Proteus 环境下仿真调试通过。然后依照仿真的结果，完成实际硬件设计。再将仿真通过的程序烧录到编程器中，然后安装到用户样机硬件板上去观察运行结果，如有问题，再连接硬件仿真器去分析、调试。

16.4 单片机应用系统设计举例——基于AT89S51和模糊控制算法的温控仪的设计

温度是科学技术中最基本的物理量之一，物理、化学、生物等学科都离不开温度。在工农业生产和实验研究中，在诸如电力、化工、石油、冶金、航空航天、机械制造、粮食存储、酒类生产等的领域内，温度常常是表征对象和过程状态的最重要参数之一。

在绪论部分曾介绍过一个极为简单的单片机控制温度的例子。但是，实际应用系统无论是硬件还是软件方面都远比那个例子复杂得多。下面依据上节所介绍的单片机应用系统设计的思路和步骤，介绍一个实用温控仪的整个设计过程。

16.4.1 设计任务及要求

1. 设计目的

设计基于模糊控制算法的温控仪。

2. 设计要求

（1）采用Pt100温度传感器，测温范围0～100℃。
（2）系统可以设定温度值。
（3）设定温度值与测量温度值可实时显示。
（4）控温精度为±0.5℃。

3. 设计任务

（1）拟定电路。
（2）编制软件流程图及给出系统软件的源程序。
（3）对系统进行调试。

16.4.2 总体方案设计

1. 工作原理分析

所要设计的温控仪属于典型的计算机控制系统，其工作原理框图如图16-4所示。

从本质上看，计算机控制系统的工作原理可归纳为以下3个步骤：

① 实时数据采集：对来自测量变送装置的被控量的瞬时值进行检测和输入。

② 实时控制决策：在计算机内对采集到的被控量进行分析和处理，并按预定的控制规律，决定将要采取的控制策略，如PID、模糊控制等。

③ 实时控制输出：计算机根据控制决策，适时地对执行机构发出相应的控制信号，完成控制任务。

上述过程不断重复，使整个系统按照一定的品质指标进行工作，并对被控量和设备本身的异常现象及时做出处理。

2. 系统总体方案设计

本温控仪的被控量是温度。在此，温度测量变送装置选用测温范围宽，测量精度高的铂热电阻作为温度系统的测量元件并配置相应的转换电路。

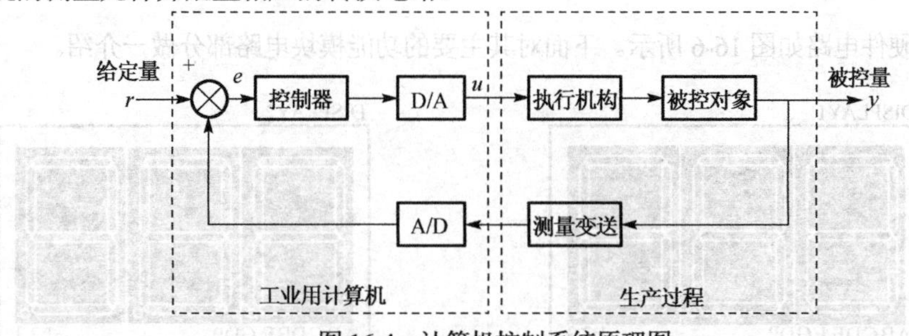

图 16-4　计算机控制系统原理图

温度控制系统具有非线性、时滞以及不确定性。单纯依靠传统的控制方式或现代控制方式都很难达到高质量的控制效果。而智能控制中的模糊控制通过从专家们积累的经验中总结出的控制规则，对温度进行控制，可以有效地解决温度控制系统的非线性、时滞以及不确定性。因此，本方案的实时控制决策采用模糊控制算法。

本系统的执行机构采用电加热丝升温及风扇排风降温的方案。考虑到系统的规模及工作环境，工业用计算机采用 AT89S51 单片机，构建以 AT89S51 单片机为核心的温度控制仪，对温度进行控制。

16.4.3　硬件设计

1. 硬件设计的整体思路

在此温度测量控制系统中，实际温度值由铂电阻恒流工作调理电路进行测量。为了克服铂电阻的非线性特点，在信号调理电路中加入负反馈非线性校正网络；调理电路的输出电压经过 ADC0809 转换后送入单片机 AT89S51；对采样数据进行滤波及标度变换处理后，由 3 位八段数码管显示。输入的设定值则由 4 位的独立式键盘电路进行调整，可分别对设定值的十位和个位进行加 1 和减 1 的操作，送入单片机 AT89S51 后，由另一个 3 位八段数码管显示。数码管的段码由 74LS05 驱动，而位码由三极管 9013 驱动。为了使两组数码管实时显示，对两组数码管显示器进行动态扫描。

本系统的模糊控制由单片机 AT89S51 的程序来实现。首先由温度采样值与设定值之差求出温度误差，进一步求出误差变化率，经量化及限幅子程序处理，得到误差语言变量 E 和误差变化率语言变量 EC，直接查询模糊控制表就可以获得控制量 U，然后由定时子程序处理，发出控制信号，控制电加热丝及风扇工作。加热丝及风扇的控制电路分别采用晶体管驱动的双向可控硅和直流电磁继电器，通过输入可以改变占空比的 PWM 信号，就可以改变双向可控硅或直流电磁继电器的通断时间，从而达到调节温度的目的。若系统温度偏高，则控制风扇电路工作，进行降温；若温度未达到设定值，则输出温度控制信号，控制加热电路，进行加热。从而实现自动控制温度的目的。整个系统框图如图 16-5 所示。

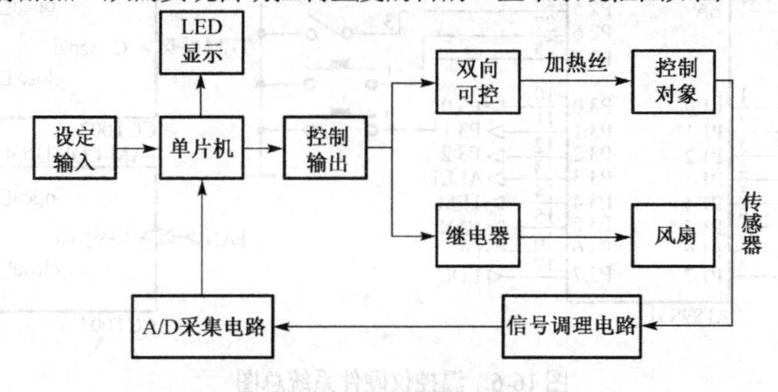

图 16-5　整体电路框图

2. 功能模块电路设计

整个系统的硬件电路如图16-6所示。下面对其主要的功能模块电路部分做一介绍。

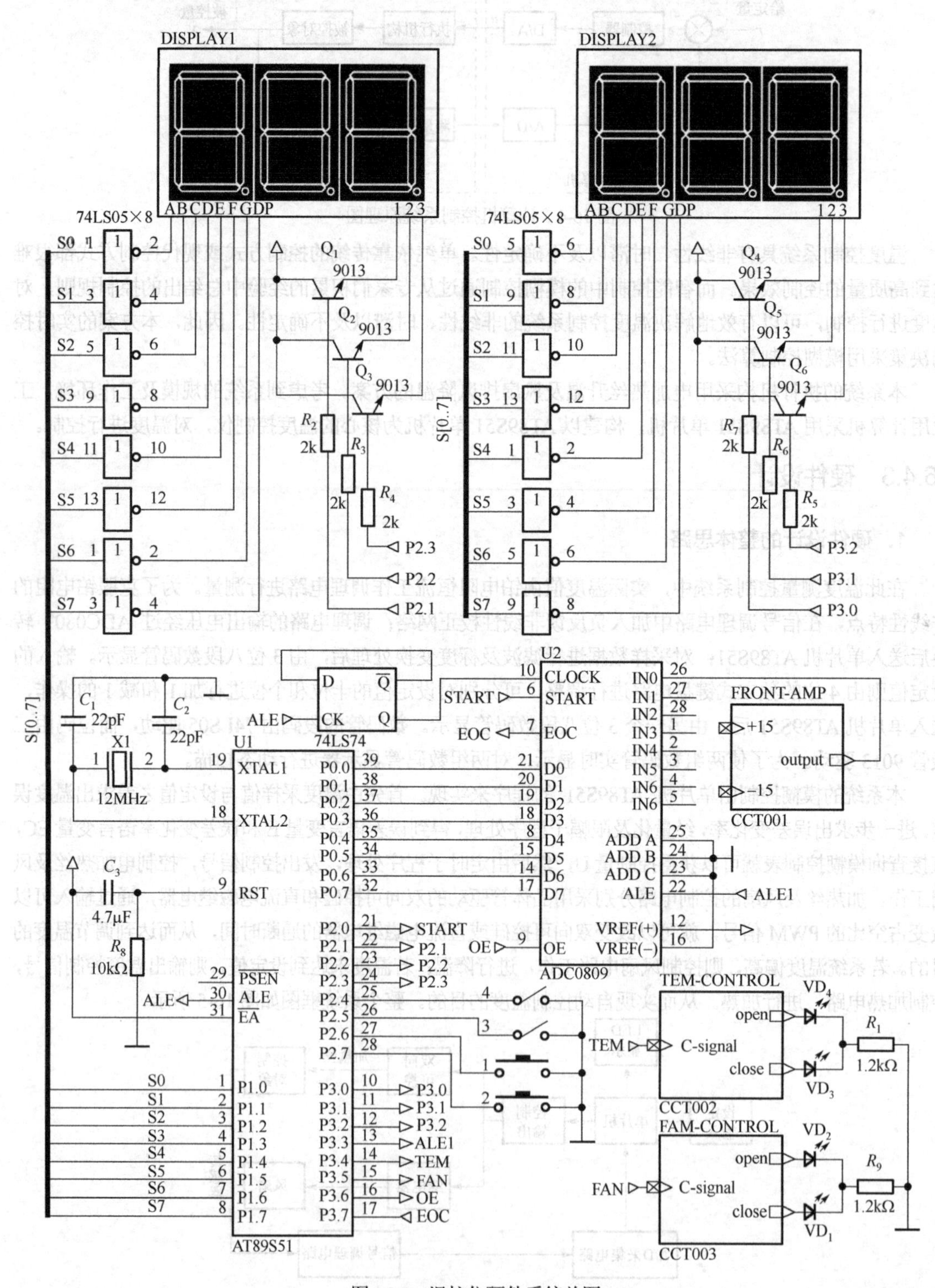

图16-6　温控仪硬件系统总图

（1）铂电阻测温调理电路

如图 16-7 所示，本系统采用恒流工作调理电路，铂电阻采用标称值为 100Ω的 RT100 作为温度传感器，其物理、化学性能在高温和氧化性介质中非常稳定，在–259.34℃～630.74℃温域内，可作为温度标准。A1、A2 和 A3 采用低漂移运放 OP07C，由于有电流流经铂电阻传感器，所以当温度为 0℃时，在铂电阻传感器上有电压降，这个电压为铂电阻传感器的偏置电压，是运放 A1 输出电压的一部分，使恒流工作调理电路的输出实际不为 0。所以需要对这个偏置电压调零，图中 R3 为调零电阻，其作用为当温度为 0℃时，将恒流工作调理电路的输出调到零。又因为铂电阻的电阻特性为非线性，铂电阻在 0～100℃变化范围内非线性误差为 0.4%（0.4℃），由于本系统无小数显示，0.4℃的误差本身不会对 A/D 量化和数码管显示造成影响，但由于在软件编制中，对标度变换子程序中变换系数做了近似，使得非线性误差接近 0.79%（0.79℃），就有可能对 A/D 量化和数码管显示造成影响，所以加进了线性化电路，图中运放 A3 及电阻 R1、R4 和 R6 一同构成了负反馈非线性校正网络。R5 用于调整 A2 的增益。本部分电路对应硬件系统总图的 CCT001。

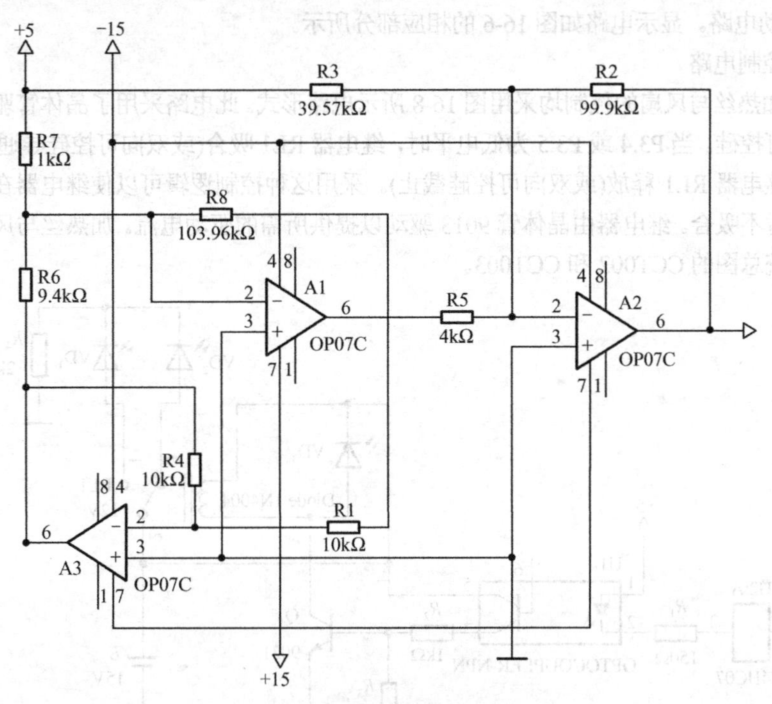

图 16-7　铂电阻测温调理电路

（2）A/D 接口电路

本系统采用 5V 的电压源，用 Pt100 电阻传感器组成的信号调理电路作为信号的输入装置，当铂电阻传感器置于温度场时，调理电路将根据铂电阻的阻值输出相应的电压值。将其输出电压送到 ADC0809 的模拟量输入通道 IN0，经 ADC0809 进行数模转换，将标准的模拟信号转换为等价的数字信号。本设计选用 IN0 作为模拟量输入通道，则将 ADC0809 的 A、B、C 这 3 条地址线均置为低电平。转换启动信号 START 接到 AT89S51 的 P2.0，转换结束信号 EOC 接 P3.7，输出允许信号 OE 接 P3.6，地址锁存允许信号 ALE 接 P3.3，由于 ADC0809 内部没有时钟电路，所以用 AT89S51 的 ALE 经二分频接 ADC0809 的 CLK 端，VREF(–)接地，VREF(+)接+5V 电压。通过软件编程给地址锁存允许信号 ALE 提供一上跳沿，使 A、B、C 地址状态送入地址锁存器中，给 START 加一上跳沿使内部寄存器清 0，再给其加以下跳沿，启动 A/D 转换。在 A/D 转换期间，START 保持低电平。然后判断转换结束状态信号 EOC 是否为 1，为 1 则将转换好的数据经 ADC0809 的 8 个数据输出端 D0～D7 送到 AT89S5 的 P0 口输入。A/D 转换接口电路图可参阅图 16-6 的相关部分。

（3）键盘输入电路

本系统采用独立式键盘，可参阅图 16-6 的相关部分。本键盘的功能为输入控制系统的设定值，以便与系统的采样值比较，求出系统的误差与误差变化率，供以后的模糊控制子程序使用。

（4）显示电路

显示器采用两个 3 位共阳极 LED 数码管构成，接口电路如图 16-6 的相关部分所示，由于段码要经过反相驱动器送达数码管，因此，所用的实际上是共阴极的段码。两个显示器中，左边的显示采集的实际温度值，显示范围 0～100℃，而右边的显示由键盘输入的设定值，用于显示对系统的温度设定，同样用 3 位数字显示，显示范围 0～100℃。单片机对 LED 数码管显示器的控制采用动态扫描方式，由 P1 口输出段代码；位控线由 P2.1、P2.2、P2.3、P3.0、P3.1 和 P3.2 担当。为提高显示亮度，采用了 74LS05 进行段码输出驱动。由于位控线的驱动电流较大，八段全亮需 40～60mA，所以采用了三极管 9013 构建的驱动电路。显示电路如图 16-6 的相应部分所示。

（5）温度控制电路

系统对电加热丝与风扇的控制均采用图 16-8 所示电路形式。此电路采用了晶体管驱动的直流电磁继电器或双向可控硅。当 P3.4 或 P3.5 为低电平时，继电器 RL1 吸合(或双向可控硅导通)；P3.4 和 P3.5 为高电平时，继电器 RL1 释放(或双向可控硅截止)。采用这种控制逻辑可以使继电器在上电复位或单片机受控复位时不吸合。继电器由晶体管 9013 驱动以提供所需的驱动电流。加热丝与风扇的控制电路各对应硬件系统总图的 CCT002 和 CCT003。

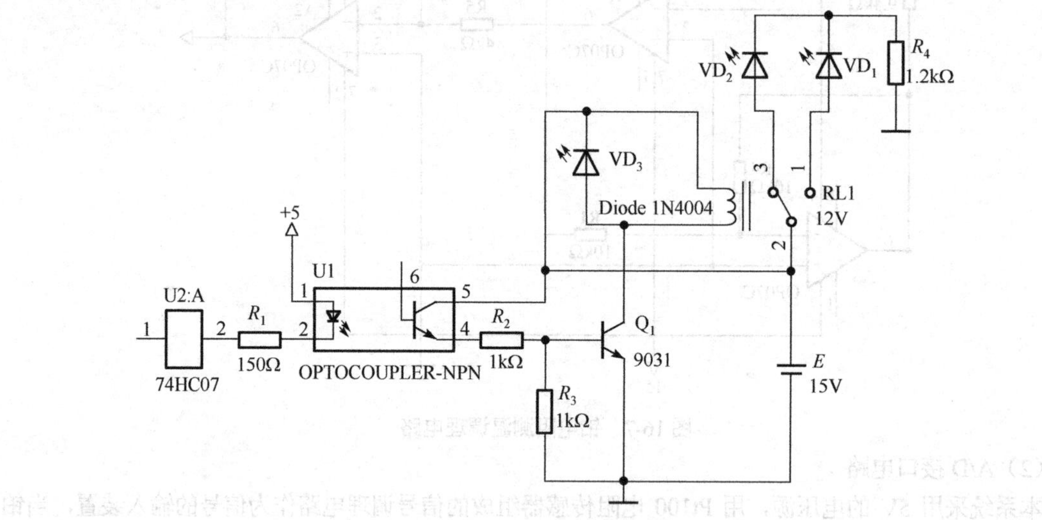

图 16-8 输出信号控制电路

16.4.4 系统控制算法的实现

1. 模糊控制的基本原理

模糊控制的基本原理如图 16-9 所示。其核心部分是模糊控制器，如图中的虚线框部分表示，它主要包括输入量的模糊化、模糊推理和逆模糊化（或称模糊判决）3 部分。

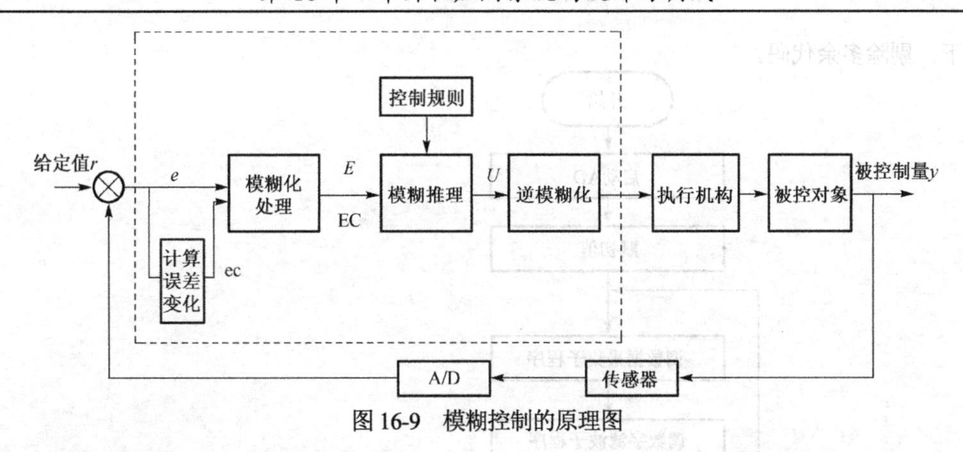

图 16-9　模糊控制的原理图

2. 模糊控制程序的设计思想

本系统所用的模糊控制器由单片机程序来实现，用单片机实现的具体过程如下：

（1）求系统给定值与反馈值得误差 *e*。

（2）计算误差变化率 ec（即 d*e*/d*t*）。

（3）输入量的模糊化。将前面得到的误差及误差变化率的精确值模糊化，变成模糊量 *E* 和 EC（d*E*/d*t*），并将控制量输出量 *u* 模糊化为 *U*。

（4）编写控制规则。

（5）进行模糊推理。

（6）逆模糊化。

（7）根据建立的模糊控制查询表，单片机通过查表快速获取控制量输出给执行机构。

单片机执行完（1）～（7）步骤后，即完成了对被控对象的一步控制，然后等到下一次 A/D 采样，再进行第二步控制，如此循环下去，就完成了对被控对象的控制。

3. 模糊控制算法的实现

要实现模糊控制算法，首先要建立系统的模糊控制规则表，再据此建立系统的模糊控制规则查询表，利用此表就可以去模糊化获得精确控制量，对执行机构进行控制。控制量作用的占空比子程序，采用定时程序来完成，调整占空比时，使 T0、T1 同时配合使用，T0 专用于置低电平定时，即双向可控硅导通，T1 专用于置高电平定时，即双向可控硅关断，在总定时周期不变的情况下，调节 T0、T1 的定时时间，以改变其占空比的大小，来完成对控制量的操作。

16.4.5　系统软件的实现

温控仪的主程序流程图如图 16-10 所示。依据这个流程图，至上而下地充实每个框，即可得到各子程序的流程图，根据这些流程图即可编制出整个系统软件。受篇幅所限，程序清单在此略去。

16.4.6　软件调试与系统仿真

1. 软件调试

依据系统需要完成的功能所编写的流程图，对各功能模块进行逐一编写程序并利用 Keil μVision 进行编译和调试。各功能模块调试正常后，进行联编。一定要保证逐一地址的分配、程序的连贯性及各功能的相互搭配。最后，对总程序进行统调，调试完成后，还要对总程序进行精简，在完成各功能

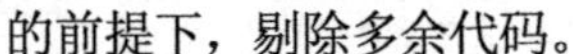

的前提下，剔除多余代码。

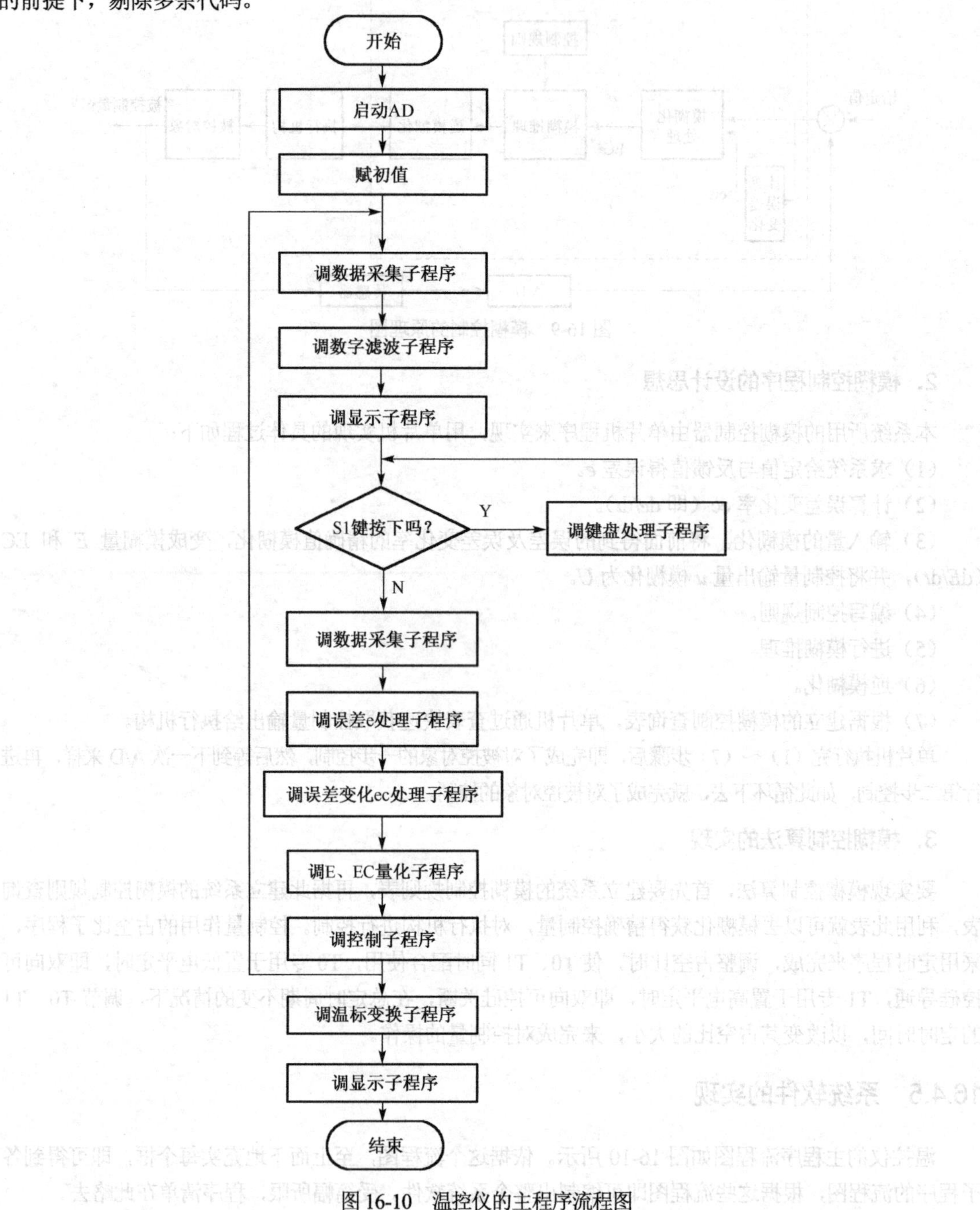

图 16-10　温控仪的主程序流程图

2. 系统仿真

将上述程序调试完成后，可进一步在 Proteus 中进行系统仿真。打开 AT89S51 单片机的属性对话框，装入目标文件后，即可对系统进行仿真。对于实时性要求高的系统，还可使用硬件仿真系统进行仿真调试。仿真效果满意后，即可进行样机的制作和试运行，在仿真或样机的试运行中如果发现问题，则还需要返回去修改和改进。直到满意后，产品就可定型投产了。

习题与思考题16

16.1　单片机应用系统的设计有哪些要求？

16.2　单片机应用系统的设计有哪些步骤？

16.3　提高单片机应用系统的可靠性有哪些措施？

16.4　下列（　　）项说法是正确的。

A. AT89S51单片机P0～P3口的驱动能力是相同的

B. AT89S51单片机P0～P3口在口线输出为高电平的驱动能力和输出为低电平的驱动能力是相同的

C. AT89S51单片机扩展的外围芯片较多时，需加总线驱动器，P2口应加单向驱动器，P0口应加双向驱动器

D. AT89S51单片机最小系统可对温度传感器的模拟信号进行温度测量

16.5　为什么单片机应用系统的开发与调试离不开仿真系统？

16.6　仿真开发系统由哪几部分组成？

16.7　利用仿真开发系统对用户样机调试，需经过哪几个步骤？各步骤的作用是什么？

16.8　利用软件仿真开发工具能否对用户样机中硬件部分进行调试与实时在线仿真？

附录A　ASCII码表

（American Standard Code for Information Interchange）

低4位	高3位	0	1	2	3	4	5	6	7
		000	001	010	011	100	101	110	111
0	0000	NUL	DLE	SP	0	@	P	`	p
1	0001	SOH	DC1	!	1	A	Q	a	q
2	0010	STX	DC2	"	2	B	R	b	r
3	0011	ETX	DC3	#	3	C	S	c	s
4	0100	EOT	DC4	$	4	D	T	d	t
5	0101	ENQ	NAK	%	5	E	U	e	u
6	0110	ACK	SYN	&	6	F	V	f	v
7	0111	BEL	ETB	'	7	G	W	g	w
8	1000	BS	CAN	(	8	H	X	h	x
9	1001	HT	EM	)	9	I	Y	i	y
A	1010	LF	SUB	*	:	J	Z	j	z
B	1011	VT	ESC	+	;	K	[	k	{
C	1100	FF	FS	,	<	L	\	l	|
D	1101	CR	GS	-	=	M	]	m	}
E	1110	SO	RS	.	>	N	↑	n	~
F	1111	SI	US	/	?	O	←	o	DEL

表中符号说明：

NUL	空	DLE	数据链换码
SOH	标题开始	DC1	设备控制1
STX	正文结束	DC2	设备控制2
ETX	文本结束	DC3	设备控制3
EOT	传输结束	DC4	设备控制4
ENQ	询问	NAK	否定
ACK	承认	SYN	空转同步
BEL	报警符	ETB	信息组传送结束
BS	退一格	CAN	作废
HT	横向列表	EM	纸尽
LF	换行	SUB	减
VT	垂直制表	ESC	换码
FF	走纸控制	FS	文字分隔符
CR	回车	GS	组分隔符
SO	移位输出	RS	记录分隔符
SI	移位输入	US	单元分隔符
SP	空格	DEL	作废

附录B　常用逻辑门电路图形符号对照表

电路名称	原部颁标准	国际流行符号	国家标准（GB4728）和国家标准（IEC617）
与门	1 2 3 例：74LS08	1 2 3 74LSO8	1 2 & 3 74LSO8
或门	1 2 + 3 例：74LS32	1 2 3 74LS32	1 2 ≥1 3 74LS32
非门	1 2 例：74LS04	1 2 74LS04	1 1 2 74LS04
或非门	1 2 + 3 例：74LS02	1 2 3 74LS02	1 2 ≥1 3 74LS02
二输入端与非门	1 3 例：74LS00	1 2 3 74LS00	1 2 & 3 74LS00
四输入端与非门	1 2 4 5 6 例：74LS20	1 2 4 5 6 74LS20	1 2 4 5 & 6 74LS20
集电极开路的二输入端与非门(OC门)	1 2 3 例：74LS03	1 2 ∝ 3 74LS03	1 2 & ◇ 3 74LS03
缓冲输出的二输入端与非门（驱动器）	1 2 3 例：74LS37	1 2 3 74LS37	1 2 & ▷ 3 74LS37
异或门	1 2 ⊕ 3 例：74LS86	1 2 3 74LS86	1 2 =1 3 74LS86
带施密特触发特性的非门	1 2 例：74LS14	1 2 74LS14	1 1 2 74LS14

附录C 按字母顺序排列的指令表

操作码	操作数	代码	字节数	机器周期
ACALL	addrll	&1 addr(7~0)	2	2
ADD	A, Rn	28H~2FH	1	1
ADD	A, direct	25H, direct	2	1
ADD	A, @Ri	26H~27H	1	1
ADD	A, #data	24H, data	2	1
ADDC	A, Rn	38H~3FH	1	1
ADDC	A, direct	35H, direct	2	1
ADDC	A, @Ri	36H~37H	1	1
ADDC	A, #data	34H , data	2	1
AJMP	addrll	&0 addr7~0	2	2
ANL	A, Rn	58H~5FH	1	1
ANL	A, direct	55H, direct	2	1
ANL	A, @Ri	56H~57H	1	1
ANL	A, #data	54H, data	2	1
ANL	direct, A	52H, direct	2	1
ANL	direct, #data	53H, direct, data	3	1
ANL	C, bit	82H, bit	2	2
ANL	C, /bit	B0H, bit	2	2
CJNE	A, direct, rel	B5H, direct, rel	3	2
CJNE	A, #data, rel	B4H, data, rel	3	2
CJNE	Rn, #data, rel	B8H~BFH, data, rel	3	2
CJNE	@Ri, #data, rel	B6H~B7H, data, rel	3	2
CLR	A	E4H	1	1
CLR	C	C3H	1	1
CLR	bit	C2H, bit	2	1
CPL	A	F4H	1	1
CPL	C	B3	1	1
CPL	Bit	B2H, bit	2	1
DA	A	D4H	1	1
DEC	A	14H	1	1
DEC	Rn	18H~1FH	1	1
DEC	direct	15H, direct	2	1
DEC	@Ri	16H~17H	1	1
DIV	AB	84H	1	4
DJNZ	Rn, rel	D8H~DFH rel	2	2
DJNZ	direct, rel	D5H direct, rel	3	2
INC	A	04H	1	1
INC	Rn	08H~0FH	1	1
INC	direct	05H direct	2	1

续表

操 作 码	操 作 数	代 码	字 节 数	机器周期
INC	@Ri	06H~07H	1	1
INC	DPTR	A3H	1	2
JB	bit, rel	20H bit rel	3	2
JBC	bit, rel	10H bit rel	3	2
JC	rel	40H rel	2	2
JMP	@A+DPTR	73H	2	2
JNB	bit, rel	30H bit rel	3	2
JNC	Rel	50H rel	2	2
JNZ	Rel	70H rel	2	2
JZ	Rel	60H rel	2	2
LCALL	Addr16	12 addr 15~8 addr7~0	3	2
LJMP	Addrl6	02 addr 15~8 addr7~0	3	2
MOV	A, Rn	E8H~EFH	1	1
MOV	A, direct	E5Hdirect	2	1
MOV	A, @Ri	E6H~E7H	1	1
MOV	A, #data	74H data	2	1
MOV	Rn, A	F8H~FFH	1	1
MOV	Rn, direct	A8H~AFH, direct	2	1
MOV	Rn, #data	78H~7FH, data	2	1
MOV	direct, A	F5H, direct	2	1
MOV	direct, Rn	88H~8FH, direct	2	1
MOV	direct1, direct2	85H, direct2, direct1	3	2
MOV	direct, @Ri	86H~87H, direct	2	2
MOV	direct, #data	75H, direct, data	3	2
MOV	@Ri, A	F6H~F7H	1	1
MOV	@Ri, direct	A6H~77H, data	2	2
MOV	@Ri, #data	76H~77H, data	2	1
MOV	C, bit	A2H, bit	2	2
MOV	Bit, C	92H, bit	2	2
MOV	DPTR, #data16	90 data15~8 data7~0	3	2
MOVC	A, @A+DPTR	93H	1	2
MOVC	A, @A+PC	83H	1	2
MOVX	A, @Ri	E2H~E3H	1	2
MOVX	A, @DPTR	E0H	1	2
MOVX	@Ri, A	F2H~F3H	1	2
MOVX	@DPTR, A	F0H	1	2
MUL	AB	A4H	1	4
NOP		00	1	1
ORL	A , Rn	48H~4FH	1	1
ORL	A, direct	45H direct	2	1
ORL	A, @Ri	46H~47H	1	1
ORL	A, #data	44H data	2	1
ORL	direct, A	42H direct	2	1
ORL	direct, #data	43H direct data	3	2

续表

操作码	操作数	代码	字节数	机器周期
ORL	C, bit	72H bit	2	2
ORL	C, /bit	A0H bit	2	2
POP	Direct	D0H direct	2	2
PUSH	Direct	C0H direct	2	2
RET		22H	1	2
RETI		32H	1	2
RL	A	23H	1	1
RLC	A	33H	1	1
RR	A	03H	1	1
RRC	A	13H	1	1
SETB	C	D3H	1	1
SETB	Bit	D2 bit	2	1
SJMP	rel	80 rel	2	2
SUBB	A , Rn	98H~9FH	1	1
SUBB	A, direct	95 direct	2	1
SUBB	A, @Ri	96H~97H	1	1
SUBB	A, #data	94 data	2	1
SWAP	A	C4H	1	1
XCH	A , Rn	C8H~CFH	1	1
XCH	A, direct	C5 direct	2	1
XCH	A, @Ri	C6H~C7H	1	1
XCHD	A, @Ri	D6h~D7H	1	1
XRL	A , Rn	68H~6FH	1	1
XRL	A, direct	65 direct	2	1
XRL	A, @Ri	66H~67H	1	1
XRL	A, #data	64 data	2	1
XRL	direct, A	62 direct	2	1
XRL	direct, #data	63 direct data	3	2

注：&1=$a_{10}a_9a_8$10001, &0=$a_{10}a_9a_8$00001。

参考文献

[1] 郑学坚，周斌．微型计算机原理及应用．北京：清华大学出版社，2001.

[2] 李伯成，顾新．计算机组成与设计．北京：清华大学出版社，2011.

[3] 张慰兮，王颖．微型计算机（MCS-51 系列）原理、接口及应用．南京：南京大学出版社，2001.

[4] 胡汉才．单片机原理及其接口技术．北京：清华大学出版社，2004.

[5] Atmel. Atmel 8051Microtrollers Hardware Manual, 2004

[6] Atmel.8-bit Microtroller with 4K Bytes in-system Programmable Flash AT89S51, 2001

[7] 秦实宏，徐春辉．MCS-51 单片机原理及应用．武汉：华中科技大学出版社，2010.

[8] 张毅刚，彭喜元，彭宇．单片机原理及应用．北京：高等教育出版社，2010.

[9] 马忠梅，籍顺心，张凯，马岩．单片机的 C 语言应用程序设计．北京：北京航空航天大学出版社，2007.

[10] 李群芳，肖看，张士军．单片微型计算机与接口技术．北京：电子工业出版社，2012.

[11] 林立，张俊亮，曹旭东，刘得军．单片机原理及应用——基于 Proteus 和 Keil C．北京：电子工业出版社，2009.

[12] 周润景，张丽娜．基于 Proteus 的电路及单片机系列设计与仿真．北京：北京航空航天大学出版社，2006.

[13] 李全利．单片机原理及接口技术．北京：高等教育出版社，2009.

[14] 陈蕾，邓晶，仲兴荣．单片机原理与接口技术．北京：机械工业出版社，2012.

[15] 李华等．MCS-51 系列单片机实用接口技术．北京：北京航空航天大学出版社，1993.

[16] 蒋辉平，周国维．基于 Proteus 的单片机系统设计与仿真实例．北京：机械工业出版社，2009.

[17] 陈桂友，万鹏，吴延荣．单片微型计算机原理及接口技术．北京：高等教育出版社，2012.

[18] 王建华．计算机控制技术．北京：高等教育出版社，2009.

[19] 朱兆优，陈坚，王海涛，邓文娟．单片机原理及应用．北京：电子工业出版社，2010.

[20] 徐春辉．单片微机原理及应用．北京：电子工业出版社，2013.

[21] http://www.keil.com/

[22] http://www.labcenter.com/

[23] http://www.vsmtronics.com/

反侵权盗版声明

举报电话：（010）88254396；（010）88258888

传　　真：（010）88254397

E-mail:　　dbqq@phei.com.cn

通信地址：北京市海淀区万寿路 173 信箱

电子工业出版社总编办公室

邮　　编：100036